国家出版基金资助项目
现代数学中的著名定理纵横谈丛书
丛书主编　王梓坤

HÖLDER THEOREM

Hölder定理

刘培杰数学工作室　编著

哈尔滨工业大学出版社
HARBIN INSTITUTE OF TECHNOLOGY PRESS

内容简介

本书对凸函数展开了详尽的叙述。本书共分三编:凸函数、再论凸函数、凸集与凸区域。6个附录主要介绍了凸函数的新性质和一些相关猜想、公开问题。通过介绍凸函数的定理、性质,引出凸函数与其他相关定理之间的关系和凸函数的众多应用。

本书适合高等院校师生和数学爱好者阅读参考。

图书在版编目(CIP)数据

Holder 定理/刘培杰数学工作室编著. —哈尔滨:哈尔滨工业大学出版社,2018.1
(现代数学中的著名定理纵横谈丛书)
ISBN 978 − 7 − 5603 − 6683 − 8

Ⅰ.①H… Ⅱ.①刘… Ⅲ.①Holder 不等式 Ⅳ.①O151.21

中国版本图书馆 CIP 数据核字(2017)第 136896 号

策划编辑	刘培杰 张永芹
责任编辑	张永芹 聂兆慈
封面设计	孙茵艾
出版发行	哈尔滨工业大学出版社
社　　址	哈尔滨市南岗区复华四道街 10 号　邮编 150006
传　　真	0451 − 86414749
网　　址	http://hitpress.hit.edu.cn
印　　刷	黑龙江艺德印刷有限责任公司
开　　本	787mm×960mm　1/16　印张 27.5　字数 306 千字
版　　次	2018 年 1 月第 1 版　2018 年 1 月第 1 次印刷
书　　号	ISBN 978 − 7 − 5603 − 6683 − 8
定　　价	98.00 元

(如因印装质量问题影响阅读,我社负责调换)

代 序

读书的乐趣

你最喜爱什么——书籍.

你经常去哪里——书店.

你最大的乐趣是什么——读书.

这是友人提出的问题和我的回答.真的,我这一辈子算是和书籍,特别是好书结下了不解之缘.有人说,读书要费那么大的劲,又发不了财,读它做什么?我却至今不悔,不仅不悔,反而情趣越来越浓.想当年,我也曾爱打球,也曾爱下棋,对操琴也有兴趣,还登台伴奏过.但后来却都一一断交,"终身不复鼓琴".那原因便是怕花费时间,玩物丧志,误了我的大事——求学.这当然过激了一些.剩下来唯有读书一事,自幼至今,无日少废,谓之书痴也可,谓之书橱也可,管它呢,人各有志,不可相强.我的一生大志,便是教书,而当教师,不多读书是不行的.

读好书是一种乐趣,一种情操;一种向全世界古往今来的伟人和名人求教的方法,一种和他们展开讨论的方式;一封出席各种活动、体验各种生活、结识各种人物的邀请信;一张迈进科学官殿和未知世界的入场券;一股改造自己、丰富自己的强大力量.书籍是全人类有史以来共同创造的财富,是永不枯竭的智慧的源泉.失意时读书,可以使人重整旗鼓;得意时读书,可以使人头脑清醒;疑难时读书,可以得到解答或启示;年轻人读书,可明奋进之道;年老人读书,能知健神之理.浩浩乎!洋洋乎!如临大海,或波涛汹涌,或清风微拂,取之不尽,用之不竭.吾于读书,无疑义矣,三日不读,则头脑麻木,心摇摇无主.

潜能需要激发

我和书籍结缘,开始于一次非常偶然的机会.大概是八九岁吧,家里穷得揭不开锅,我每天从早到晚都要去田园里帮工.一天,偶然从旧木柜阴湿的角落里,找到一本蜡光纸的小书,自然很破了.屋内光线暗淡,又是黄昏时分,只好拿到大门外去看.封面已经脱落,扉页上写的是《薛仁贵征东》.管它呢,且往下看.第一回的标题已忘记,只是那首开卷诗不知为什么至今仍记忆犹新:

日出遥遥一点红,飘飘四海影无踪.

三岁孩童千两价,保主跨海去征东.

第一句指山东,二、三两句分别点出薛仁贵(雪、人贵).那时识字很少,半看半猜,居然引起了我极大的兴趣,同时也教我认识了许多生字.这是我有生以来独立看的第一本书.尝到甜头以后,我便千方百计去找书,向小朋友借,到亲友家找,居然断断续续看了《薛丁山征西》《彭公案》《二度梅》等,樊梨花便成了我心中的女英雄.我真入迷了.从此,放牛也罢,车水也罢,我总要带一本书,还练出了边走田间小路边读书的本领,读得津津有味,不知人间别有他事.

当我们安静下来回想往事时,往往会发现一些偶然的小事却影响了自己的一生.如果不是找到那本《薛仁贵征东》,我的好学心也许激发不起来.我这一生,也许会走另一条路.人的潜能,好比一座汽油库,星星之火,可以使它雷声隆隆、光照天地;但若少了这粒火星,它便会成为一潭死水,永归沉寂.

抄,总抄得起

好不容易上了中学,做完功课还有点时间,便常光顾图书馆.好书借了实在舍不得还,但买不到也买不起,便下决心动手抄书.抄,总抄得起.我抄过林语堂写的《高级英文法》,抄过英文的《英文典大全》,还抄过《孙子兵法》,这本书实在爱得狠了,竟一口气抄了两份.人们虽知抄书之苦,未知抄书之益,抄完毫末俱见,一览无余,胜读十遍.

始于精于一,返于精于博

关于康有为的教学法,他的弟子梁启超说:"康先生之教,专标专精、涉猎二条,无专精则不能成,无涉猎则不能通也."可见康有为强烈要求学生把专精和广博(即"涉猎")相结合.

在先后次序上,我认为要从精于一开始.首先应集中精力学好专业,并在专业的科研中做出成绩,然后逐步扩大领域,力求多方面的精.年轻时,我曾精读杜布(J. L. Doob)的《随机过程论》,哈尔莫斯(P. R. Halmos)的《测度论》等世界数学名著,使我终身受益.简言之,即"始于精于一,返于精于博".正如中国革命一样,必须先有一块根据地,站稳后再开创几块,最后连成一片.

丰富我文采,澡雪我精神

辛苦了一周,人相当疲劳了,每到星期六,我便到旧书店走走,这已成为生活中的一部分,多年如此.一次,偶然看到一套《纲鉴易知录》,编者之一便是选编《古文观止》的吴楚材.这部书提纲挈领地讲中国历史,上自盘古氏,直到明末,记事简明,文字古雅,又富于故事性,便把这部书从头到尾读了一遍.从此启发了我读史书的兴趣.

我爱读中国的古典小说,例如《三国演义》和《东周列国志》.我常对人说,这两部书简直是世界上政治阴谋诡计大全.即以近年来极时髦的人质问题(伊朗人质、劫机人质等),这些书中早就有了,秦始皇的父亲便是受害者,堪称"人质之父".

《庄子》超尘绝俗,不屑于名利.其中"秋水""解牛"诸篇,诚绝唱也.《论语》束身严谨,勇于面世,"己所不欲,勿施于人",有长者之风.司马迁的《报任少卿书》,读之我心两伤,既伤少卿,又伤司马;我不知道少卿是否收到这封信,希望有人做点研究.我也爱读鲁迅的杂文,果戈理、梅里美的小说.我非常敬重文天祥、秋瑾的人品,常记他们的诗句:"人生自古谁无死,留取丹心照汗青""休言女子非英物,夜夜龙泉壁上鸣".唐诗、宋词、《西厢记》《牡丹亭》,丰富我文采,澡雪我精神,其中精粹,实是人间神品.

读了邓拓的《燕山夜话》,既叹服其广博,也使我动了写《科学发现纵横谈》的心.不料这本小册子竟给我招来了上千封鼓励信.以后人们便写出了许许多多的"纵横谈".

从学生时代起,我就喜读方法论方面的论著.我想,做什么事情都要讲究方法,追求效率、效果和效益,方法好能事半而功倍.我很留心一些著名科学家、文学家写的心得体会和经验.我曾惊讶为什么巴尔扎克在51年短短的一生中能写出上百本书,并从他的传记中去寻找答案.文史哲和科学的海洋无边无际,先哲们的明智之光沐浴着人们的心灵,我衷心感谢他们的恩惠.

读书的另一面

以上我谈了读书的好处,现在要回过头来说说事情的另一面.

读书要选择.世上有各种各样的书:有的不值一看,有的只值看20分钟,有的可看5年,有的可保存一辈子,有的将永远不朽.即使是不朽的超级名著,由于我们的精力与时间有限,也必须加以选择.决不要看坏书,对一般书,要学会速读.

读书要多思考.应该想想,作者说得对吗?完全吗?适合今天的情况吗?从书本中迅速获得效果的好办法是有的放矢地读书,带着问题去读,或偏重某一方面去读.这时我们的思维处于主动寻找的地位,就像猎人追找猎物一样主动,很快就能找到答案,或者发现书中的问题.

有的书浏览即止,有的要读出声来,有的要心头记住,有的要笔头记录.对重要的专业书或名著,要勤做笔记,"不动笔墨不读书".动脑加动手,手脑并用,既可加深理解,又可避忘备查,特别是自己的灵感,更要及时抓住.清代章学诚在《文史通义》中说:"札记之功必不可少,如不札记,则无穷妙绪如雨珠落大海矣."

许多大事业、大作品,都是长期积累和短期突击相结合的产物.涓涓不息,将成江河;无此涓涓,何来江河?

爱好读书是许多伟人的共同特性,不仅学者专家如此,一些大政治家、大军事家也如此.曹操、康熙、拿破仑、毛泽东都是手不释卷,嗜书如命的人.他们的巨大成就与毕生刻苦自学密切相关.

王梓坤

第一编　凸函数

第0章　引言 //3

第1章　什么是凸函数 //14

第2章　特殊类的凸函数 //40

第3章　p-凸函数与几类不等式 //110

第4章　凸函数与凸规划 //121

第5章　极小问题和变分不等式：凸性、单调性和不动点 //146

第6章　HILBERT空间凸规划最优解的可移性 //171

第7章　凸函数和凸映射 //187

第8章　线性约束凸规划的既约变尺度法 //207

第二编　再论凸函数

第0章　一道美国数学月刊征解题的解答及其推广 //225

第1章　许瓦兹、赫尔德与闵可夫斯基不等式与凸函数 //231

第2章　函数凸性的应用 //246

第3章　函数的凸性与李普希兹条件 //253

第 4 章 关于调和凸函数的两个积分不等式 //255
第 5 章 一类新的伪凸函数 //264
第 6 章 凸函数的某些性质及其奇异边值问题的应用 //278

第三编 凸集与凸区域

第 0 章 从函数的凸性到区域的凸性 //289
第 1 章 关于序凸集的一些注记 //296
第 2 章 广义凸函数相关集合的稠密性问题 //302
第 3 章 具有 β-中点性质的非 β-凸集($0<\beta<1$) //321
第 4 章 凸性模估计定理的推广 //330

附录

附录 Ⅰ 赋范空间中凸泛函 Lipschitz 连续性与函数有下界的关系 //345
附录 Ⅱ 凸函数的一些新性质 //351
附录 Ⅲ 多元函数凹凸性的定义和判别法 //361
附录 Ⅳ 关于 (α,m)-预不变凸函数的 Ostrowski 型不等式 //371
附录 Ⅴ 凸函数的性质 //380
附录 Ⅵ 非线性分析与优化中的猜想和公开问题荟萃 //399

编辑手记 //425

第一编

凸函数

第一编 凸函数

引　言

§1　一个闭区间内取值的凸函数最值定理的两个应用

定理 0.1.1　$f(x)$ 为定义在 $[a,b] \in \mathbf{R}$ 上的实的凸函数，实数 $x_1, x_2, \cdots, x_n \in [a,b]$，且满足
$$x_1 + x_2 + \cdots + x_n = s \quad (na \leqslant s \leqslant nb)$$
下列表达式
$$F = f(x_1) + f(x_2) + \cdots + f(x_n)$$
F 取得最大值，当且仅当数组 $(x_1, x_2, \cdots, x_n)$ 中至少有 $n-1$ 个元素等于 a 或者 b.

证明　这个定理直接从 $n=2$ 的情况可以得到. 事实上，只需要证明：如果 $x, y \in [a,b]$ 且 $2a \leqslant x+y \leqslant 2b$，则
$$f(x) + f(y) \leqslant \begin{cases} f(a) + f(s-a), & s \leqslant a+b \\ f(b) + f(s-b), & s \geqslant a+b \end{cases}$$

实际上，假设 $s \leqslant a+b$，则 $s-a \leqslant b$. 由于 $x \in [a, s-a]$，则存在数 $t \in [0,1]$ 使得 $x = ta + (1-t)(s-a)$, $y = (1-t)a + t(s-a)$. 由凸函数的定义，我们有 $f(x) \leqslant tf(a) + $

$(1-t)f(s-a)$,以及 $f(y) \leq (1-t)f(a) + tf(s-a)$,两式相加,我们得到
$$f(x) + f(y) \leq f(a) + f(s-a)$$
在 $s \geq a+b$ 的情况下,定理类似可证.

下面我们应用这个定理解决几个自主招生和中国数学奥林匹克中的试题:

例 0.1.1 (2012 年"华约"自主招生数学选择压轴题) 已知
$$-6 \leq x_i \leq 10 (i=1,2,\cdots,10), \sum_{i=1}^{10} x_i = 50$$
当 $\sum_{i=1}^{10} x_i^2$ 取得最大值时,在 $x_1, x_2, \cdots, x_{10}$ 这 10 个数中等于 -6 的数共有( ).

A.1 个　　B.2 个　　C.3 个　　D.4 个

解 由于 $f(x) = x^2$ 是下凸函数,从而由定理可知 $\sum_{i=1}^{10} x_i^2$ 取得最大值时,$x_1, x_2, \cdots, x_{10}$ 中至少有 9 个等于 -6 或 10.

设其中有 m 个 -6,$9-m$ 个 10,则余下一个为 $50-(-6m+90-10m) = 16m-40$,注意到 $-6 \leq 16m-40 \leq 10$,即 $2.125 \leq m \leq 3.125$,故整数 m 只能取 3,此时 $16m-40 = 8 \neq -6$,从而本题选 C.

例 0.1.2 (1997 年中国数学奥林匹克) 设实数 $x_1, x_2, \cdots, x_{1\,997}$ 满足如下两个条件:

(1) $-\dfrac{1}{\sqrt{3}} \leq x_i \leq \sqrt{3} (i=1,2,\cdots,1\,997)$;

(2) $x_1 + x_2 + \cdots + x_{1\,997} = -318\sqrt{3}$.

试求:$x_1^{12} + x_2^{12} + \cdots + x_{1\,997}^{12}$ 的最大值,并说明理由.

解 由于 $f(x)=x^{12}$ 是下凸函数,从而 $\sum_{i=1}^{1997} x_i^{12}$ 取得最大值时,$x_1,x_2,\cdots,x_{1997}$ 中至少有 1 996 个等于 $-\frac{1}{\sqrt{3}}$ 或 $\sqrt{3}$.

设其中有 t 个 $-\frac{1}{\sqrt{3}}$,1 996 $-t$ 个 $\sqrt{3}$,则余下一个为

$$-318\sqrt{3}-\left[-\frac{1}{\sqrt{3}}t+(1\ 996-t)\sqrt{3}\right]=\frac{4}{\sqrt{3}}t-2\ 314\sqrt{3}$$

由已知 $-\frac{1}{\sqrt{3}}\leqslant\frac{4}{\sqrt{3}}t-2\ 314\sqrt{3}\leqslant\sqrt{3}$,解之得

$$1\ 735.25\leqslant t\leqslant 1\ 736.25$$

注意到 $t\in\mathbf{N}$,故 $t=1\ 736$.

进一步 $1\ 996-t=260$.

所以由定理可知:当 $x_1,x_2,\cdots,x_{1997}$ 中有 1 736 个取 $-\frac{1}{\sqrt{3}}$,260 个取 $\sqrt{3}$,一个取 $\frac{2\sqrt{3}}{3}$ 时,$\sum_{i=1}^{1997} x_i^{12}$ 取最大值,其最大值为

$$\left(-\frac{1}{\sqrt{3}}\right)^{12}\times 1\ 736+(\sqrt{3})^{12}\times 260+\left(\frac{2\sqrt{3}}{3}\right)^{12}=189\ 548$$

例 0.1.3 (1993 年中国数学奥林匹克(第八届数学冬令营))给定 $k\in\mathbf{N}$ 及实数 $a>0$,在条件

$$k_1+k_2+\cdots+k_r=k \quad (k_i\in\mathbf{N},1\leqslant r\leqslant k)$$

下,求

$$a^{k_1}+a^{k_2}+\cdots+a^{k_r}$$

的最大值.

解 由定理可知,当且仅当 $k_1,k_2,\cdots,k_r$ 中有 $r-1$ 个 1,一个为 $k-r+1$ 时取最大值,最大值为

$$(r-1)a+a^{k-r+1}$$

Hölder 定理

对于凸函数的重要性,在数学奥林匹克中表现最突出. 它在许多高难的试题的解答中起到了关键的作用. 举一个最近的例子:

例 0.1.4 (2017 年中国国家集训队测试四,韩京俊供题) 设 $x_1, x_2, \cdots, x_m (m \geq 2)$ 是非负实数,证明

$$(m-1)^{m-1}\left(\sum_{i=1}^m x_i^m - m\prod_{i=1}^m x_i\right)$$
$$\geq \left(\sum_{i=1}^m x_i\right)^m - m^m \prod_{i=1}^m x_i$$

并确定等号成立条件.

证法一 当 $m=2$ 时为等式,下面考虑 $m \geq 3$ 的情形. 记

$$f(x_1, \cdots, x_m) = (m-1)^{m-1}\sum_{i=1}^m x_i^m +$$
$$(m^{m-1} - (m-1)^{m-1})m\prod_{i=1}^m x_i -$$
$$\left(\sum_{i=1}^m x_i\right)^m$$

固定 $\sum_{i=1}^m x_i = S$ 不变,连续函数 f 在有界闭集 $\sum_{i=1}^m x_i = S$ 上能取到最小值,不妨设 $(x_1, \cdots, x_m) = (a_1, \cdots, a_m)$ 时 f 取到最小值. 若 a_i 中有数为 0,不妨设 $a_m = 0$,则由均值不等式知

$$(m-1)^{m-1}\sum_{i=1}^{m-1} a_i^m \geq \left(\sum_{i=1}^{m-1} a_i\right)^m$$

也即 $f(a_1, \cdots, a_m) \geq 0$,原不等式得证. 若 a_i 均不为 0,则我们有(这一步也可由线性约束的拉格朗日乘数法直接得到)

第一编 凸函数

$$\frac{\partial f(S-x_2-\cdots-x_m,x_2,\cdots,x_m)}{\partial x_i}\Big|_{(x_1,\cdots,x_m)=(a_1,\cdots,a_m)}=0$$

$$\Rightarrow \frac{\partial f}{\partial x_1}(a_1,\cdots,a_m)=\frac{\partial f}{\partial x_i}(a_1,\cdots,a_m)$$

记

$$\beta_m = m^{m-1}-(m-1)^{m-1},\ \prod_{i=1}^m x_i = T$$

$$g(x_1) \stackrel{\triangle}{=\!=\!=} \frac{\partial f}{\partial x_1} = m(m-1)^{m-1}x_1^{m-1}+m\beta_m\frac{T}{x_1}-mS^{m-1}$$

$g(z)$ 是一个下凸函数,故对任意实数 c,$g(z)=c$ 至多有两组解,也即 $\{a_i\}$ 中至多有两个元素.若 a_i 全相等,则不等式为等式;否则不妨设其中有 a 个取值为 x,b 个取值为 y,其中 $x\neq y$,$a+b=m$,$m-1\geqslant a\geqslant 1$.则由 $g(z)=g(y)$,有

$$m(m-1)^{m-1}(x^{m-1}-y^{m-1})=m\beta_m T\frac{x-y}{xy}$$

将上述关系带入原不等式,故此时我们只需证明对于非负实数 $x\neq y$,$a+b=m$,且 $m-1\geqslant a\geqslant 1$ 时,有

$$(m-1)^{m-1}(ax^m+by^m)+m(m-1)^{m-1}\cdot$$
$$\frac{(x^{m-1}-y^{m-1})xy}{x-y}-(ax+by)^m\geqslant 0$$

不等式左边是关于 a 的上凸函数,因此我们只需考虑 $a=1$ 或 $a=m-1$ 的情形.由 x,y 地位的对称性,我们不妨设 $a=1$.由不等式的齐次性,我们还可以设 $y=1$,于是只需证明

$$(m-1)^{m-1}[x^m+(m-1)]+$$
$$m(m-1)^{m-1}x(1+x+\cdots+x^{m-2})$$
$$\geqslant [x+(m-1)]^m$$

或

Hölder 定理

$$(m-1)^{m-1}x^m + (m-1)^m + m(m-1)^{m-1}\sum_{i=1}^{m-1}x^i$$

$$\geqslant \sum_{i=0}^{m}(m-1)^{m-i}\binom{m}{i}x^i$$

比较两边 x^i 的次数,若 $i=0$, $(m-1)^m = (m-1)^m$. 若 $i=m$, 则 $(m-1)^{m-1} \geqslant 1$. 若 $m-1 \geqslant i \geqslant 1$, 则

$$m(m-1)^{m-1} = (m-1)^{m-i}m(m-1)^{i-1}$$

$$\geqslant (m-1)^{m-i}\binom{m}{i}$$

因此不等式左边每一项的系数均大于或等于不等式右边,当且仅当 $x=0$ 时等号成立. 此时对应了情形 $x_1 = 0, x_2 = x_3 = \cdots = x_m$ 及其轮换,原不等式等号能成立.

综上我们证明了原不等式,$m=2$ 时为等式,$m \geqslant 3$ 时等号成立当且仅当 $x_1 = x_2 = \cdots = x_m$ 或 $x_1 = 0, x_2 = x_3 = \cdots = x_m$ 及其轮换.

证法二 同证法一,有

$$m(m-1)^{m-1}(x^{m-1}-y^{m-1}) = m\beta_m T \frac{x-y}{xy}$$

$$\Leftrightarrow (m-1)^{m-1}(x^{m-2}+\cdots+y^{m-2}) = \beta_m x^{a-1}y^{b-1}$$

若 $\min\{a,b\} \geqslant 2$, 则

$$(x^{m-2}+\cdots+y^{m-2}) \geqslant 2x^{a-1}y^{b-1}$$

又 $3(m-1)^{m-1} > m^{m-1}$, 故

$$(m-1)^{m-1}(x^{m-2}+\cdots+y^{m-2})$$

$$\geqslant 2(m-1)^{m-1}x^{a-1}y^{b-1} > \beta_m x^{a-1}y^{b-1}$$

矛盾,因此 $\min\{a,b\} = 1$, 也即我们只需证明 $x_1 = \cdots = x_{m-1} = 1, x_m = x$ 时不等式成立即可,此时原不等式等价于

$$f(x) = (m-1)^{m-1}(m-1+x^m) +$$

$$(m^{m-1} - (m-1)^{m-1})mx - (m-1+x)^m$$
$$\geq 0$$

注意到
$$f'(x) = m(m-1)^{m-1}x^{m-1} - m(m-1+x)^{m-1} + (m^{m-1} - (m-1)^{m-1})m$$
$$f''(x) = m(m-1)^m x^{m-2} - m(m-1)(m-1+x)^{m-2}$$
$$= m(m-1)x^{m-2}\left[(m-1)^{m-1} - \left(\frac{m-1}{x}+1\right)^{m-2}\right]$$

显然$(m-1)^{m-1} - \left(\frac{m-1}{x}+1\right)^{m-2}$在$(0,+\infty)$上单调. 由均值不等式,我们有

$$1 \cdot (m-1+1)^{m-2} \leq \left(\frac{1+m(m-2)}{m-1}\right)^{m-1} = (m-1)^{m-1}$$

且等号无法取到. 因此$f''(1) > 0$,而显然$f''(0) < 0$,因此$f''(x)$在$(0,1)$上恰好有一个实根α,在$(1,+\infty)$上恒正,故$f'(x)$在$(0,\alpha)$上单调递减,在$(\alpha,+\infty)$上单调递增. 而$f'(1) = 0$,因此$f'(\alpha) < 0$,$f'(x)$在$(0,\alpha)$上至多有一个根,若$f'(x)$在$(0,\alpha)$上没有实根,即$f'(0) \leq 0$,故$f(x)$在$[0,1]$上单调递减且不恒为0,这与$f(0) = f(1) = 0$矛盾. 若$f'(x)$在$(0,\alpha)$上有一个实根β,则$f(x)$在$(0,\beta)$上单调递增,在$(\beta,1)$上单调递减,在$[1,+\infty)$上单调递增. 故$f(x)$在$[0,+\infty)$上的最小值必在$0,1$处取到,而$f(0) = f(1) = 0$,原不等式得证.

证法三(周行健) 同证法一,只需证明变量中有a个取值为x,b个取值为y的情形即可,其中$a + b = m, m - 1 \geq a \geq 1$. 根据原问题的齐次性,我们不妨设$x > 1, x^a y^b = 1$,设$x = z^b, y = z^{-a}$,则只需证明当$z \geq 1$时有

Hölder 定理

$$h(z) = (m-1)^{m-1}(az^{bm} + bz^{-am}) + m\beta_m - (az^b + bz^{-a})^m \geq 0$$

我们有

$$h'(z) = m(m-1)^{m-1}\frac{ab}{z}(z^{bm} - z^{-am}) - m\frac{ab}{z}(z^b - z^{-a})(az^b + bz^{-a})^{m-1}$$

设 $z^b = A, z^{-a} = B$, 当 $A \geq B$ 时, 我们有

$$(aA + bB)^{m-1} \leq ((m-1)A + B)^{m-1}$$
$$\leq (m-1)^{m-1} \cdot (A^{m-1} + \cdots + B^{m-1})$$

因此当 $z \geq 1$ 时, $h'(z) \geq 0$. 而 $h(1) = 0$, 故命题得证.

证法四(丁力煌) 设 $\sigma_{m,k}$ 为关于变量 $x_1, \cdots, x_m$ 的第 k 个初等对称多项式, 也即

$$\sigma_{m,k} = \sum_{i_1 < i_2 < \cdots < i_k} x_{i_1} x_{i_2} \cdots x_{i_k}$$

我们用归纳法证明更强的命题, 对 $m \geq k \geq 2$ 有

$$f_{m,k} = (m-1)^{m-1}\sum_{i=1}^m x_i^k + \frac{m^m - m(m-1)^{m-1}}{\binom{m}{k}}\sigma_{m,k} - m^{m-k}\left(\sum_{i=1}^m x_i\right)^k \geq 0$$

当 $m = k = 2$ 时, 上式为等式, 由均值不等式, 我们有 $f_{m,2} \geq 0$. 我们对 $m + k$ 归纳, 假设命题对 $m + k - 1$ 成立, 由归纳假设我们有

$$\frac{\partial f_{m,k}(x_1 + t, \cdots, x_m + t)}{\partial t}$$
$$= \sum_{i=1}^m \frac{\partial f_{m,k}(x_1 + t, \cdots, x_m + t)}{\partial x_i}$$
$$= k f_{m,k-1}(x_1 + t, \cdots, x_m + t) \geq 0$$

不妨设 $x_m = \min\{x_1, \cdots, x_m\}$,则
$$f_{m,k}(x_1, \cdots, x_m) \geqslant f_{m,k}(x_1 - x_m, \cdots, x_m - x_m)$$
故我们只需证明 $x_m = 0$ 的情形即可,即证明
$$g_{m,k} = (m-1)^{m-1} \sum_{i=1}^{m-1} x_i^k + \frac{m^m - m(m-1)^{m-1}}{\binom{m}{k}} \sigma_{m-1,k} -$$
$$m^{m-k} \left(\sum_{i=1}^{m-1} x_i \right)^k \geqslant 0$$
即可. 由归纳假设,我们有
$$f_{m-1,k} = (m-2)^{m-2} \sum_{i=1}^{m-1} x_i^k + \frac{(m-1)^{m-1} - (m-1)(m-2)^{m-2}}{\binom{m-1}{k}} \cdot$$
$$\sigma_{m-1,k} - (m-1)^{m-k-1} \left(\sum_{i=1}^{m-1} x_i \right)^k \geqslant 0$$
因此只需证明
$$\frac{(m-1)^{m-1}}{m^{m-k}} \sum_{i=1}^{m-1} x_i^k + \frac{m^m - m(m-1)^{m-1}}{m^{m-k} \binom{m}{k}} \sigma_{m-1,k}$$
$$\geqslant \frac{(m-2)^{m-2}}{(m-1)^{m-k-1}} \sum_{i=1}^{m-1} x_i^k +$$
$$\frac{(m-1)^{m-1} - (m-1)(m-2)^{m-2}}{(m-1)^{m-k-1} \binom{m-1}{k}} \sigma_{m-1,k}$$

我们先证明
$$\frac{(m-1)^{m-1}}{m^{m-k}} \geqslant \frac{(m-2)^{m-2}}{(m-1)^{m-k-1}}$$
$$\Leftrightarrow (m-1)^{2m-2-k} \geqslant m^{m-k}(m-2)^{m-2}$$
由均值不等式我们有
$$m^{m-k}(m-2)^{m-2} \leqslant \left(\frac{m(m-k) + (m-2)^2}{2m-2-k} \right)^{2m-2-k}$$

Hölder 定理

$$\leqslant (m-1)^{2m-2-k}$$

注意到

$$\frac{\sum_{i=1}^{m-1} x_i^k}{m-1} \geqslant \frac{\sigma_{m-1,k}}{\binom{m-1}{k}}$$

我们只需证明

$$\left(\frac{(m-1)^{m-1}}{m^{m-k}} - \frac{(m-2)^{m-2}}{(m-1)^{m-1-k}}\right) \cdot \frac{m-1}{\binom{m-1}{k}} +$$

$$\frac{m^m - m(m-1)^{m-1}}{m^{m-k}\binom{m}{k}}$$

$$\geqslant \frac{(m-1)^{m-1} - (m-1)(m-2)^{m-2}}{(m-1)^{m-k-1}\binom{m-1}{k}}$$

$$\Leftrightarrow \frac{(m-1)^m}{m^{m-k}} + \frac{(m^{m-1} - (m-1)^{m-1})(m-k)}{m^{m-k}} \geqslant \frac{(m-1)^{m-1}}{(m-1)^{m-1-k}}$$

$$\Leftrightarrow (m-k)m^{m-1} + (k-1)(m-1)^{m-1} \geqslant (m-1)^k m^{m-k}$$

由 AM - GM 不等式,我们有

$$(m-k)m^{m-1} + (k-1)(m-1)^{m-1}$$
$$\geqslant (m-1) \cdot m^{m-k}(m-1)^{k-1}$$
$$= (m-1)^k m^{m-k}$$

因此,$f_{m,k} \geqslant 0$,命题成立. 从而我们证明了原不等式.

评注 在本题中 $m = 3$ 时,即为 Schur 不等式,因此本题可看作 Schur 不等式多个变元的推广.

若控制 $\sum_{i=1}^{m} x_i$ 与 $\prod_{i=1}^{m} x_i$ 不变,我们可以说明 $\sum_{i=1}^{m} x_i^m$

取到最小值时必有 $x_1 = \cdots = x_{m-1} \geqslant x_m$ 或 $x_m = 0$,则欲证明原不等式,只需证明在这两种情形下不等式成立即可,这一结论的证明可参见韩京俊《初等不等式的证明方法》一书.

参 考 文 献

[1] 庄燕文.最新竞赛试题选编及解析[M].北京:首都师范大学出版社,2011.

[2] 2017年IMO中国国家集训队教练组.数学奥林匹克试题集锦(2017)[M].上海:华东师范大学出版社,2017.

Hölder 定理

什么是凸函数

§1 Jensen 凸函数的定义

在本节中，I 表示区间 (a,b)，$\bar{I}$ 表示线段 $[a,b]$，f 表示定义在 I 或 $\bar{I}$ 上的实函数.

定义 1.1.1 函数 f 称为 Jensen 意义下的凸函数，或称为 J 凸函数，如果对任意两点 $x, y \in \bar{I}$，f 满足不等式

$$f\left(\frac{x+y}{2}\right) \leqslant \frac{f(x)+f(y)}{2} \quad (1.1.1)$$

定义 1.1.2 一个在 I 上的 J 凸函数 f 称为严格 J 凸函数，如果对每一对点 $x, y \in \bar{I}, x \neq y$，不等式 (1.1.1) 中的严格不等式成立.

定义 1.1.3 函数 f 称为 $\bar{I}$ 上的 J 凹函数（严格 J 凹函数），如果函数 $x \mapsto -f(x)$ 是 $\bar{I}$ 上的 J 凸函数（严格 J 凸函数）.

注 有的文献中，满足定义 1.1.1 的条件的函数称为 J 非凹函数，定义为 J 凹的那些函数称为 J 非凸函数，因此严格 J 凸和严格 J 凹函数分别称为 J 凸和 J 凹函数.

第一编 凸函数

与 J 凸函数类似,我们定义凸序列如下:

定义 1.1.4 实数序列 $a = (a_1, \cdots, a_n)$ 称为凸序列,如果对 $k = 1, \cdots, n-1$,有
$$2a_k \leq a_{k-1} + a_{k+1}$$

当序列是无限时,也可用类似的定义.

定理 1.1.1 设 f 是 $\bar{I}'$ 上的 J 凸函数,g 是 $\bar{I}''$ 上的 J 凸函数,并设 $\bar{I} = \bar{I}' \cap \bar{I}''$ 至少有两点,则:

(1) $x \mapsto \max\{f(x), g(x)\}$ 是 $\bar{I}$ 上的 J 凸函数.

(2) $x \mapsto h(x) = f(x) + g(x)$ 是 $\bar{I}$ 上的 J 凸函数.

(3) 假定 f, g 都是 $\bar{I}$ 上的正的非减函数,则 $x \mapsto f(x) \cdot g(x)$ 是 $\bar{I}$ 上的 J 凸函数.

(4) 假定 g 是 $\bar{I}''$ 上的非减函数,$[f(a), f(b)] \subset \bar{I}''$,则 $x \mapsto g(f(x))$ 是 $\bar{I}'$ 上的 J 凸函数.

证明 对于实数 x, y, u, v,不等式
$$\max\{x+y, u+v\} \leq \max\{x, u\} + \max\{y, v\}$$
成立,由此得出结论(1).

对 $x, y \in \bar{I}$,我们有
$$h\left(\frac{x+y}{2}\right) = f\left(\frac{x+y}{2}\right) + g\left(\frac{x+y}{2}\right)$$
$$\leq \frac{f(x)+f(y)}{2} + \frac{g(x)+g(y)}{2}$$
$$= \frac{h(x)+h(y)}{2}$$

这就证明了(2).

f, g 在 $\bar{I}$ 上非减的假设蕴涵着
$$(f(x) - f(y))(g(y) - g(x)) \leq 0 \quad (x, y \in \bar{I})$$

Hölder 定理

即
$$f(x)g(y) + f(y)g(x) \leq f(x)g(x) + f(y)g(y) \quad (1.1.2)$$

若我们把下列不等式相乘
$$f\left(\frac{x+y}{2}\right) \leq \frac{f(x)+f(y)}{2}, g\left(\frac{x+y}{2}\right) \leq \frac{g(x)+g(y)}{2}$$
根据假设,其中 f,g 是正的,则应用(2),我们得到所要求的结论(3).

因为 g 在 $\bar{I}''$ 上非减,由
$$f\left(\frac{x+y}{2}\right) \leq \frac{f(x)+f(y)}{2} \quad (x,y \in \bar{I}')$$
我们得到
$$h\left(\frac{x+y}{2}\right) = g\left(f\left(\frac{x+y}{2}\right)\right) \leq g\left(\frac{f(x)+f(y)}{2}\right)$$
$$\leq \frac{g(f(x))+g(f(y))}{2} = \frac{h(x)+h(y)}{2}$$
这就证明了(4).

下面,我们证明 J 凸函数的一个有趣的不等式,在某种意义上,J 凸函数是最好的一类凸函数.

定理 1.1.2 假定 f 是 $\bar{I}$ 上的 J 凸函数,对于任意的点 $x_1, \cdots, x_n \in \bar{I}$ 以及任意非负有理数 $r_1, \cdots, r_n$(满足 $r_1 + \cdots + r_n = 1$),我们有
$$f\left(\sum_{i=1}^{n} r_i x_i\right) \leq \sum_{i=1}^{n} r_i f(x_i) \quad (1.1.3)$$

证明 **情形 1** $r_i = \frac{1}{n}$ ($i=1,\cdots,n$). 此时式(1.1.3)即变成
$$f\left(\frac{1}{n}\sum_{i=1}^{n} x_i\right) \leq \frac{1}{n}\sum_{i=1}^{n} f(x_i) \quad (1.1.4)$$

式(1.1.4)的证明是用对 n 的归纳法. 当 $n = 2$ 时,因为它与定义 1.1.1 一致,所以式(1.1.4)成立. 假定对于 $n = 2^k$(k 是自然数),定理 1.1.2 成立. 对于 $x_1, \cdots, x_m \in \bar{I}$ 和 $m = 2^{k+1} = 2 \cdot 2^k = 2n$,我们有

$$f\left(\frac{x_1 + \cdots + x_m}{m}\right) = f\left(\frac{\frac{1}{n}\sum_{m=1}^{n} x_m + \frac{1}{n}\sum_{m=1}^{n} x_{m+n}}{2}\right)$$

$$\leqslant \frac{f\left(\frac{1}{n}\sum_{m=1}^{n} x_m\right) + f\left(\frac{1}{n}\sum_{m=1}^{n} x_{m+n}\right)}{2}$$

$$\leqslant \frac{\sum_{m=1}^{n} f(x_m) + \sum_{m=1}^{n} f(x_{m+n})}{2n} = \frac{\sum_{m=1}^{2n} f(x_m)}{2n}$$

因此对于每个自然数 $n \in \{2, 2^2, 2^3, \cdots\}$,式(1.1.4)成立.

若我们证明对于 $n(n > 2)$,式(1.1.4)成立,则对于 $n - 1$,式(1.1.4)也成立. 设 $x_1, \cdots, x_{n-1} \in \bar{I}$. 对于数 $x_1, \cdots, x_{n-1}$ 和 $x_n = \frac{1}{n-1}(x_1 + \cdots + x_{n-1})$,式(1.1.4)成立,即

$$f\left(\frac{x_1 + \cdots + x_{n-1} + \frac{x_1 + \cdots + x_{n-1}}{n-1}}{n}\right)$$

$$\leqslant \frac{f(x_1) + \cdots + f(x_{n-1}) + f\left(\frac{x_1 + \cdots + x_{n-1}}{n-1}\right)}{n} \quad (1.1.5)$$

这个不等式的左边经过整理变为

$$f\left(\frac{x_1 + \cdots + x_{n-1}}{n-1}\right)$$

Hölder 定理

所以式(1.1.5)变为

$$f\left(\frac{x_1+\cdots+x_{n-1}}{n-1}\right) \leqslant \frac{1}{n}(f(x_1)+\cdots+f(x_{n-1})) + \frac{1}{n}f\left(\frac{x_1+\cdots+x_{n-1}}{n-1}\right)$$

由此得

$$f\left(\frac{x_1+\cdots+x_{n-1}}{n-1}\right) \leqslant \frac{f(x_1)+\cdots+f(x_{n-1})}{n-1}$$

因此,若对于 $n(n>2)$,式(1.1.4)成立,则对于 $n-1$,式(1.1.4)也成立.

这就完成了定理 1.1.2 在上述情形的证明.

情形 2 因为 $r_1,\cdots,r_n$ 是非负的有理实数,因此存在一个自然数 m 和非负整数 $p_1,\cdots,p_n$,使 $m=p_1+\cdots+p_n$ 且 $r_i=\frac{p_i}{m}(i=1,\cdots,n)$.现在,根据情形 1,我们有

$$f\left(\frac{(x_1+\cdots+x_1)+\cdots+(x_n+\cdots+x_n)}{m}\right)$$
$$\leqslant \frac{(f(x_1)+\cdots+f(x_1))+\cdots+(f(x_n)+\cdots+f(x_n))}{m}$$

(1.1.6)

其中第一个括号里有 p_1 项,……,第 n 个括号里有 p_n 项,于是式(1.1.6)变成

$$f\left(\frac{1}{m}\sum_{i=1}^{n} p_i x_i\right) \leqslant \sum_{i=1}^{n}\frac{p_i}{m}f(x_i)$$

注 假定 n 维欧氏空间的子集 $\overline{I}$ 有中点性质,即由 $x,y\in\overline{I}$ 可推出 $\frac{x+y}{2}\in\overline{I}$,则 J 凸函数的定义、定理 1.1.1 和定理 1.1.2 对于在 $\overline{I}$ 上定义的任意实值函数 f

也适用.

J. L. W. V. Jensen(见文献[1]和[2])是第一个用不等式(1.1.1)定义凸函数并对它们的重要性引起注意的人,他还证明了定理 1.1.2. 我们在这里引用他的已完全被证明是正确的话:"我觉得凸函数的概念和正函数、增函数一样也是基本的. 如果这一点我没有弄错的话,这个概念应当在初等的实变函数理论陈述中占有自己的位置"(见文献[2]的 p.191).

但是,甚至在 Jensen 以前,已有关于凸函数的结果,例如,在 1889 年,O. Hölder[3]证明了在 f(在 I 上)两次可微,$f''(x) \geq 0$(即 f 是凸的,虽然在文章中没有明确说明)的条件下,不等式(1.1.3)成立. 让我们还提一下 1893 年由 O. Stolz[4] 提出的关于满足不等式(1.1.1)的连续函数的左、右导数存在的结果. 这个结果将在 §4 的定理 1.4.1 中正式叙述,我们同意 T. Popoviciu(见文献[5]的 p.48)的说法:看来是 Stolz 首先通过证明刚才提到的结果而引入凸函数的,1893 年,Hadamard[6]的结果也是属于比 Jensen 的论文发表更早的时期,这个结果是:若函数 f 是可微的,且它的导数是 $\overline{I}$ 上的递增函数,则对于所有的 $x_1, x_2 \in I(x_1 \neq x_2)$,有

$$f\left(\frac{x_1 + x_2}{2}\right) < \frac{1}{x_2 - x_1} \int_{x_1}^{x_2} f(x) \, dx$$

(见文献[7]的 p.441).

§2 Jensen 凸函数的连续性

若 f 是 $\overline{I}$ 上的 J 凸函数,则根据 §1 中的定理 1.1.2,

Hölder 定理

对所有 $x,y \in \bar{I}$ 和所有有理数 $\lambda \in [0,1]$,不等式
$$f(\lambda x + (1-\lambda)y) \leqslant \lambda f(x) + (1-\lambda)f(y) \tag{1.2.1}$$
成立. 因此,若 f 是连续的,则对所有实数 $\lambda \in [0,1]$,式(1.2.1)成立.

但是,在 $\bar{I}$ 上的 J 凸函数不一定在 $\bar{I}$ 上连续. 我们给出一个这样的函数的例子(见文献[7]). 设 f 是 Cauchy 函数方程
$$f(x+y) = f(x) + f(y)$$
的任意不连续解(G. Hamel[8]证明了这种解的存在性;这个函数方程的通解见 J. Aczél[9]). 由 $g(x) = \max\{x^2, f(x) + x^2\}$ 定义的函数是 J 凸且不连续的.

此外,由
$$f(x) = x \quad (-1 < x < 1)$$
$$f(-1) = f(1) = 2$$
定义的函数在 $[-1,1]$ 上是 J 凸的,在 $(-1,1)$ 上连续,但在区间的端点不连续.

有许多结果保证 J 凸函数在各种条件下的连续性,我们只介绍其中一些,最重要的一个结果是由不等式(1.2.1)得到的,即(见 Jensen[1]以及 F. Bernstein 和 G. Doetsch[10]的结果):

定理 1.2.1 若一个 J 凸函数在 I 上有定义并且有上界,则它在 I 上连续.

W. Sierpiński[11]推广了这个结果. 他还证明了以一个可测函数(在 Lebesgue 意义下)为上界的 J 凸函数 f 是连续的. A. Ostrowski[12]证明了在一个正测度的集合上有界的 J 凸函数也是连续的,从而推广了那个结果. S. Kurepa[13]研究了若 J 凸函数 f 在 T 上有界,则

第一编 凸函数

在中点集合

$$\frac{1}{2}(T+T) = \left\{\frac{t+s}{2} \mid t,s \in T\right\}$$

上也有界. 因此, 若集合 T 是使 $\frac{1}{2}(T+T)$ 的内测度为严格正时,则在 T 上 f 的有界性蕴涵着 f 的连续性;若 T 是正测度集合,则 $\frac{1}{2}(T+T)$ 也是正测度集合. 关于这一方面, 一个有趣的事实是:存在测度为零的集合,对于这个集合, $T+T$ 是一个区间. 这方面进一步的结果见 R. Ger 和 M. Kuczma 的文献[14].

§3 凸 函 数

定义 1.3.1　函数 f 称为在线段 $\bar{I}$ 上是凸的,当且仅当对所有 $x,y \in \bar{I}$ 和所有实数 $\lambda \in [0,1]$

$$f(\lambda x + (1-\lambda)y) \leq \lambda f(x) + (1-\lambda)f(y) \quad (1.3.1)$$

成立.

如果对于 $x \neq y$,式(1.3.1)中严格不等式成立,那么称 $\bar{I}$ 上的凸函数 f 是严格凸的.

显然,一个凸函数必是 J 凸函数,并且每一个连续的 J 凸函数是凸的.

注　函数 f 在 $\bar{I}$ 上为凸的,当且仅当对所有的 $x,y \in \bar{I}$ 和所有的实数 $p,q > 0$,有

$$f\left(\frac{px+qy}{p+q}\right) \leq \frac{pf(x)+qf(y)}{p+q} \quad (1.3.2)$$

成立.

函数 f 在 $\bar{I}$ 上是严格凸的几何意义是:联结(a,

Hölder 定理

$f(a))$ 和 $(b, f(b))(a,b \in I)$ 的线段位于 f 的图形之上.

因为这个几何解释代替了凸性的解析条件,因此常以此作为凸函数的定义(见 N. Bourbaki 的著作[15]).

定理 1.3.1 函数 $f: \bar{I} \to \mathbf{R}$ 在 $\bar{I}$ 上是凸的,当且仅当对 $\bar{I}$ 上的任意三点 $x_1, x_2, x_3 (x_1 < x_2 < x_3)$,下列不等式成立

$$\begin{vmatrix} x_1 & f(x_1) & 1 \\ x_2 & f(x_2) & 1 \\ x_3 & f(x_3) & 1 \end{vmatrix} = (x_3 - x_2)f(x_1) + (x_1 - x_3)f(x_2) + (x_2 - x_1)f(x_3) \geq 0 \quad (1.3.3)$$

证明 在式(1.3.1)中设 $x = x_1, y = x_3, \lambda x + (1-\lambda)y = x_2$,经整理,我们便得到式(1.3.3). 反之,在式(1.3.3)中设 $x_1 = x, x_2 = \lambda x + (1-\lambda)y, x_3 = y$,我们便得到 $x < y$ 条件下的式(1.3.1). 若 $x > y$,设 $x_1 = y, x_2 = \lambda x + (1-\lambda)y, x_3 = x$,则又得到式(1.3.1).

考虑 $x_1, x_2, x_3 \in \bar{I} (x_1 < x_2 < x_3)$ 以及值 $f(x_1), f(x_2), f(x_3)$,以 $(x_1, f(x_1)), (x_2, f(x_2)), (x_3, f(x_3))$ 为顶点的三角形的面积 P 为

$$P = \frac{1}{2} \begin{vmatrix} x_1 & f(x_1) & 1 \\ x_2 & f(x_2) & 1 \\ x_3 & f(x_3) & 1 \end{vmatrix}$$

其图形如图 1.3.1 所示的函数是凸的:这时 $P > 0$. 在图 1.3.2 中,对于凹函数的情形,我们有 $P < 0$.

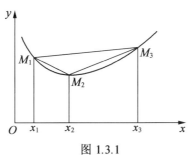

图 1.3.1

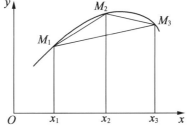

图 1.3.2

注 把式(1.3.3)改写一下,我们得到 f 是凸的,当且仅当

$$\frac{f(x_1)}{(x_1-x_2)(x_1-x_3)} + \frac{f(x_2)}{(x_2-x_1)(x_2-x_3)} + \frac{f(x_3)}{(x_3-x_1)(x_3-x_2)} \geq 0 \qquad (1.3.4)$$

不等式(1.3.4)常写成如下的形式

$$[x_1, x_2, x_3; f] \geq 0 \qquad (1.3.5)$$

一般地,$[x_1, \cdots, x_n; f]$ 由下面递归关系

$$[x_1, \cdots, x_n; f] = \frac{[x_2, \cdots, x_n; f] - [x_1, \cdots, x_{n-1}; f]}{x_n - x_1}$$

$$[x; f] = f(x)$$

来定义.

最早用不等式(1.3.5)来定义凸函数的是

Hölder 定理

L. Galvani[16].

定义 1.3.2 函数 $f: \bar{I} \to \mathbf{R}$ 称为在 $\bar{I}$ 上的 $n(n \geqslant 2)$ 阶凸函数,当且仅当对所有的 $x_1, \cdots, x_{n+2} \in \bar{I}$,有
$$[x_1, \cdots, x_{n+2}; f] \geqslant 0$$

对 n 阶凸函数来说,也已得到类似于所列出的关于凸函数连续性的结果(见文献[5][17]和[59]).

§4 凸函数的连续性和可微性

O. Stolz[4]已经证明了下列结果:若 f 是 $\bar{I}$ 上的连续函数,且 f 满足
$$f\left(\frac{x+y}{2}\right) \leqslant \frac{f(x)+f(y)}{2}$$
则 f 在 I 的每一点有左、右导数.

定理 1.4.1 假定 f 是 $\bar{I}$ 上的凸函数,那么:(1)f 在 I 上连续;(2)f 在 I 上有左、右导数;(3)对于 $x \in I$,有 $f'_-(x) \leqslant f'_+(x)$.

证明 我们将给出本定理第一部分的几何证明(根据 W. Rudin: Real and Complex Analysis, New York, 1966, p. 60, 61). 假定 $a < x_1 < x_2 < x_3 < x_4 < b$,并用 $X_i(i=1,2,3,4)$ 表示点 $(x_i, f(x_i))$,那么 X_2 在联结 X_1 和 X_3 的直线上或在该直线的下方,而 X_3 在联结 X_1 和 X_2 的直线上或在该直线的上方,而且 X_3 在联结 X_2 和 X_4 的直线上或在该直线的下方. 当 $x_3 \to x_2$ 时,我们有 $X_3 \to X_2$,即 $f(x_3) \to f(x_2)$. 同样的过程用于左极限,就得到 f 的连续性.

注 这个定理叙述了以下事实:在 $\bar{I}$ 上凸的函数

第一编 凸函数

只在 I 上连续,未必在 $\bar{I}$ 上连续. 事实上,函数 $f(x)=0$ ($0 \leqslant x < 1$)且 $f(1)=1$ 在 $[0,1]$ 上凸,但在这条线段上,f 不是连续的.

下面的定理提供了判别函数凸性的准则.

定理 1.4.2 若函数 f 在区间 I 内有二阶导数,则
$$f''(x) \geqslant 0 \quad (x \in I)$$
是函数 f 在该区间上凸的充分必要条件.

证明 条件是必要的. 事实上,若函数 f 是凸的,则对任意三个不同的点 $x_1, x_2, x_3 \in I$,不等式(1.3.3)成立,这个不等式可以写成如下的形式

$$\frac{\dfrac{f(x_3)-f(x_2)}{x_3-x_2} - \dfrac{f(x_2)-f(x_1)}{x_2-x_1}}{x_3-x_1} \geqslant 0$$

由此可推出对所有的 $x_3 \in I, f''(x_3) \geqslant 0$.

条件是充分的. 设 x_1 和 x_2 是区间 (a,b) 中的任意两点,在点 $\dfrac{1}{2}(x_1+x_2)$ 的一个邻域中应用 Taylor 公式,我们得到

$$f(x_1) = f\left(\frac{x_1+x_2}{2}\right) + \left(x_1 - \frac{x_1+x_2}{2}\right) f'\left(\frac{x_1+x_2}{2}\right) +$$
$$\frac{1}{2}\left(x_1 - \frac{x_1+x_2}{2}\right)^2 f''(\xi_1)$$

$$f(x_2) = f\left(\frac{x_1+x_2}{2}\right) + \left(x_2 - \frac{x_1+x_2}{2}\right) f'\left(\frac{x_1+x_2}{2}\right) +$$
$$\frac{1}{2}\left(x_2 - \frac{x_1+x_2}{2}\right)^2 f''(\xi_2)$$

这里

$$\xi_1 \in \left(x_1, \frac{x_1+x_2}{2}\right), \xi_2 \in \left(\frac{x_1+x_2}{2}, x_2\right)$$

由此我们得到
$$\frac{f(x_1)+f(x_2)}{2}=f\left(\frac{x_1+x_2}{2}\right)+$$
$$\frac{1}{8}(x_2-x_1)^2[f''(\xi_1)+f''(\xi_2)] \quad (1.4.1)$$
因为 $f''(\xi_1) \geqslant 0$ 和 $f''(\xi_2) \geqslant 0$,由式(1.4.1)我们得到
$$\frac{f(x_1)+f(x_2)}{2} \geqslant f\left(\frac{x_1+x_2}{2}\right) \quad (x_1, x_2 \in I)$$
这意味着函数 f 是 J 凸的. 因为二阶导数存在,f 在 I 上连续,所以 J 凸性蕴涵着定义 1.3.1 中所定义的凸性.

这就完成了证明.

类似地可以证明:若在 I 上 $f''(x) \leqslant 0$,则函数 f 在 $\bar{I}$ 上是凹的.

下面更一般的定理也成立.

定理 1.4.3 (1)函数 f 在 $\bar{I}$ 上是凸的,当且仅当对每一点 $x_0 \in \bar{I}$,函数 $x \mapsto \dfrac{f(x)-f(x_0)}{x-x_0}$ 在 $\bar{I}$ 上非减.

(2)可微函数 f 是凸的,当且仅当 f' 在 $\bar{I}$ 上是非减函数.

(3)二次可微函数 f 在 $\bar{I}$ 上是凸的,当且仅当对所有 $x \in I$,有 $f''(x) \geqslant 0$.

§5 对数性凸函数

定义 1.5.1 函数 f 在 $\bar{I}$ 上是对数性凸的(logarithmatically convex),如果 f 在 $\bar{I}$ 上是正的并且函数 $x \mapsto \ln f(x)$ 在 $\bar{I}$ 上是凸的.

第一编　凸函数

定理 1.5.1　若函数 f_1 和 f_2 在 $\bar{I}$ 上是对数性凸的,则函数 $x \mapsto f_1(x) + f_2(x)$ 和 $x \mapsto f_1(x)f_2(x)$ 在 $\bar{I}$ 上也是对数性凸的.

P. Montel[18]证明了下列定理:

定理 1.5.2　一个正函数 f 是对数性凸的,当且仅当 $x \mapsto e^{ax}f(x)$ 对所有的实数 a 是凸函数.

关于 P. Montel 的结果的推广,可详细参看 G. Valiron 的论文[19]和[20].

定理 1.5.3(三线定理)　设 f 是复值函数,并且是复变量 $z = x + iy$ 的解析函数,假定 f 在带域 $a \leqslant x \leqslant b, -\infty < y < +\infty$ 内有定义并且有界,$M:[a,b] \to \mathbf{R}$ 由

$$M(x) = \sup_{-\infty < y < +\infty} |f(x+iy)|$$

定义,则 M 在 $[a,b]$ 上是对数性凸的.

这个定理由 M. Riesz 导出.

定理 1.5.4(三圆定理)　设 f 是复值函数,并且在环域 $a < |z| < b$ 内解析,则 $\ln M(r)$ 是 $\ln r (a < r < b)$ 的凸函数,这里

$$M(r) = \max_{|z|=r} |f(z)|$$

这个定理属于 J. Hadamard.

定理 1.5.5　设 f 是复值函数,并在环域 $a < |z| < b$ 内解析. 若 $1 \leqslant p < +\infty$,则 $\ln M_p(r)$ 是 $\ln r$ 的凸函数,这里

$$M_p(r) = \left(\int_0^{2\pi} |f(re^{i\varphi})|^p d\varphi \right)^{\frac{1}{p}}$$

这个定理属于 G. H. Hardy.

定理 1.5.6　设 f 是复值函数,并在环域 $a < |z| < b$ 内解析,又设 $0 < \alpha < 1$ 和

Hölder 定理

$$M_\alpha(r) = \max_{|z_1|=|z_2|=r} \frac{|f(z_1)-f(z_2)|}{|z_1-z_2|}$$

则 $M_\alpha(r)$ 是 $\ln r (a<r<b)$ 的凸函数.

关于定理 1.5.3～1.5.6 以及它们的推广,参看文献[21][22][23].

§6 凸函数概念的一些推广

我们已经给出了 n 阶凸函数的定义,现在我们将引证一些扩充凸函数概念的结果.

Ⅰ. E. Ovčarenko[24]引进了下列定义:

定义 1.6.1 有界函数 f 在 $\bar{I}$ 上关于函数 g 是凸的,如果对每一个 $x \in I$,存在一个数 $\delta_x > 0$,使得对于 $x_1 < x < x_3, x_3 - x_1 < \delta_x$,有

$$f(x_1)g(x-x_3) + f(x)g(x_3-x_1) + f(x_3)g(x_1-x) \leq 0$$

对于 $g(x) = x$,这个定义就变为凸函数的定义.

在 T. Bonnesen 的书[25]中,我们看到:

定义 1.6.2 设 g 是正方形 $(a,b) \times (a,b)$ 上的连续函数($\mathbf{R}^2 \to \mathbf{R}$),并设 $\alpha \leq g(x_1,x_2) \leq 1-\alpha$,其中 $\alpha(0<\alpha<1)$ 是一个固定的数,函数 f 在 $[a,b]$ 上是类可凸的(convexoidal),如果对所有 $x_1 < x_2$,有

$$f(x_1 g(x_1,x_2) + x_2(1-g(x_1,x_2)))$$
$$\leq g(x_1,x_2)f(x_1) + (1-g(x_1,x_2))f(x_2)$$

对于 $g(x_1,x_2) = \dfrac{1}{2}$,这个定义便是 J 凸函数的定义.

对凸函数,有下面的定理成立(可参看 M. A. Krasnosel'skiǐ 和 Ya. B. Rutickiǐ 的著作[26]):

定理1.6.1 任意满足 $f(a)=0$ 的凸函数能表示为形式
$$f(u) = \int_a^u p(t)\,dt$$
其中 p 是非减的右连续函数.

下面的定义与上面的定理有关.

定义1.6.3 函数 f 称为 N 函数,如果它能表示为形式
$$f(u) = \int_0^{|u|} p(t)\,dt$$
其中函数 p 对 $t \geq 0$ 是右连续的,对 $t > 0$ 是正的和非减的,并且满足
$$p(0) = 0,\ \lim_{t\to+\infty} p(t) = +\infty$$

定义1.6.4 设 p 是具有定义1.6.3中那样性质的函数,对于 $s \geq 0$,定义函数 q 为
$$q(s) = \sup_{p(t) \leq s} t$$
则函数
$$f(u) = \int_0^{|u|} p(t)\,dt \text{ 和 } g(v) = \int_0^{|v|} q(s)\,ds$$
称为互补 N 函数.

注 若 p 是连续单调增函数,则 q 是 p 的逆函数. 否则,q 称为 p 的右逆函数. 容易证明 q 具有定义1.6.3中对函数 p 给出的那样的性质.

关于 N 函数,互补 N 函数的进一步的内容以及它们在 Orlicz 空间的应用可参看文献[26].

最后,我们说一下由 Á. Császár[27] 提出的内函数的定义.

定义1.6.5 实函数 f 称为在 I 上的内函数(intern function),如果对所有 $x,y \in I$,有

Hölder 定理

$$\min\{f(x),f(y)\} \leq f\left(\frac{x+y}{2}\right) \leq \max\{f(x),f(y)\}$$

内函数的性质曾是 Á. Császár(参看文献[27]和[28])和 S. Marcus(参看文献[29]和[30])的研究课题.

J. Aczél[31]用规范平均值(normal mean values)给出了凸函数概念的推广.

关于凸性概念有趣而重要的推广见 A. Ostrowski 的论文[32].

与凸函数理论不同,J 凸函数的理论只能部分地移植到多变量函数. 这些函数的某些性质是由 H. Blumberg[33]和 E. Mohr[34]给出的,它们与 F. Bernstein 和 G. Doetsch 所引证的一致. S. Marcus[35]给出了类似于 A. Ostrowski[12]和 M. Hukuhara[36]给出的关于多变量函数的定理.

作为两个实变量的函数的凸性概念的自然推广,人们研究了次调和(subharmonic)函数和双凸(double convex)函数的概念. 有关这些函数,参看 P. Montel[21]和 M. Nicolesco[37]的论文.

关于凸函数和推广的凸函数理论,大量深入细致的工作已经完成. 除在 E. F. Beckenbach 和 R. Bellman[38],G. H. Hardy, J. E. Littlewood 和 G. Pólya[39],T. Popoviciu[5]的书以及 E. F. Beckenbach 的论文[7]中引用的文献以外,还可以参看文献[40]~[64].

关于 n 阶凸性的应用,特别可参看 E. Moldovan-Popoviciu 的评注文章.

§7 凸性的谱系

设 $K(b)$ 为所有在线段 $I=[0,b]$ 上连续和非负的,并且满足 $f(0)=0$ 的函数 $f:\mathbf{R}\to\mathbf{R}$ 的集合.

函数 $f\in K(b)$ 的平均函数 F 定义为
$$F(x)=\frac{1}{x}\int_0^x f(t)\,\mathrm{d}t \quad (0<x\leqslant b)$$
$$F(0)=0$$
F 也属于集合 $K(b)$.

设 $K_1(b)$ 表示在 I 上凸的函数 $f\in K(b)$ 的集合.

设 $K_2(b)$ 表示使 $F\in K_1(b)$ 的函数 $f\in K(b)$ 的集合.

设 $K_3(b)$ 表示下列函数 f 的集合,这些 f 在线段 I 上关于原点成星形,即函数 f 具有性质:对所有 $x\in I$ 和所有 $t(0\leqslant t\leqslant 1)$,下列不等式
$$f(tx)\leqslant tf(x)$$
成立.

我们说函数 f 属于集合 $K_4(b)$,当且仅当在 I 上是超加的(superadditive),即当且仅当 x,y 和 $x+y\in I$ 时
$$f(x+y)\geqslant f(x)+f(y)$$

若 F 属于 $K_3(b)$,我们称 f 属于 $K_5(b)$. 若 F 属于 $K_4(b)$,我们称 f 属于 $K_6(b)$.

A. M. Bruckner 和 E. Ostrow[55] 已经证明了下面结论成立
$$K_1(b)\subset K_2(b)\subset K_3(b)\subset K_4(b)\subset K_5(b)\subset K_6(b)$$

E. F. Beckenbach[65] 给出了说明
$$K_6(b)\neq K_5(b),K_5(b)\neq K_4(b),K_4(b)\neq K_3(b)$$

Hölder 定理

$$K_3(b) \neq K_2(b), K_2(b) \neq K_1(b)$$

的例子.

M. Petrović 的下列结果也是关于这方面的.

定理 1.7.1 若 f 是在 $\bar{I}=[0,a]$ 上的凸函数,且 $x_i \in \bar{I}(i=1,\cdots,n), x_1+\cdots+x_n \in \bar{I}$,则

$$f(x_1)+\cdots+f(x_n) \leqslant f(x_1+\cdots+x_n)+(n-1)f(0) \quad (1.7.1)$$

证明 在 §3 的式(1.3.2)中设 $p=x_1, q=x_2, x=x_1+x_2, y=0(x_1,x_2>0)$,我们便得到

$$f(x_1) \leqslant \frac{x_1 f(x_1+x_2)}{x_1+x_2} + \frac{x_2}{x_1+x_2}f(0) \quad (1.7.2)$$

交换 x_1 和 x_2,我们得到

$$f(x_2) \leqslant \frac{x_2 f(x_1+x_2)}{x_1+x_2} + \frac{x_1}{x_1+x_2}f(0) \quad (1.7.3)$$

把(1.7.2)和(1.7.3)两式相加,我们得到

$$f(x_1)+f(x_2) \leqslant f(x_1+x_2)+f(0) \quad (1.7.4)$$

因此,对 $n=2$,定理 1.7.1 成立.假定对某个 n 定理成立,则由不等式(1.7.4),我们有

$$f(x_1+\cdots+x_n+x_{n+1}) = f((x_1+\cdots+x_n)+x_{n+1})$$
$$\geqslant f(x_1+\cdots+x_n)+f(x_{n+1})-f(0)$$

再由归纳假设,得

$$f(x_1)+\cdots+f(x_n)+f(x_{n+1}) \leqslant$$
$$f(x_1+\cdots+x_n+x_{n+1})+nf(0)$$

这就完成了归纳证明.

对于 $n=2$,我们得到:若 $f(0)=0$ 且 f 是凸函数,则 f 是超加的.

式(1.7.1)的一些推广由 D. Marković[66],P. M. Vasić[67],J. D. Kečkić 和 I. B. Lacković 给出.

最后应该强调,根据这一节中叙述的凸性理论,再用一些初等方法,可以推导出分析中大量的最熟悉的和最重要的不等式.

参 考 文 献

[1] JENSEN J L W V. Om konvexe funktioner og uligheder mellem middelvaerdier［N］. Nyt：Tidsskr. for Math. ,1905,16B:49-69.

[2] JENSEN J L W V. Sur les fonctions convexes et les inégalités entre les valeurs moyennes［J］. Acta Math. 1906,30:175-193.

[3] HÖLDER O. Über einen Mittelwerthssatz［M］. Nachr. Ges. Wiss. Göttingen,1889:38-47.

[4] STOLZ O. Grundzüge der Differential-und Integral-rechnung, vol 1［M］. Leipzig,1893:35-36.

[5] POPOVICIU T. Les fonctions convexes［M］. Paris：Actualités sci. Ind. No. 992,1945.

[6] HADAMARD J. Étude sur les propriétés des fonctions entiéres eten particulier d'une fonction considérée par Riemann［J］. J. Math. Pures Appl. ,1893,58:171-215.

[7] BECKENBACH E F. Convex functions［J］. Bull. Amer. Math. ,1948,54:439-460.

[8] HAMEL G. Eine Basis aller Zahlen und die unstetigen Lösungen der Funktionaigleichung：$f(x) + f(y) = f(x+y)$［J］. Math. Ann. ,1905,60:459-462.

Hölder 定理

[9] ACZÉL J. Lectures on Functional Equations and Their Applications [M]. New York-London: Academic Press, 1966.

[10] BERNSTEIN F, DOETSCH G. Zur Theorie der konvexen Funktionen [J]. Math. Ann. , 1915, 76: 514-526.

[11] SIERPIŃSKI W. Sur les fonctions convexes mesurables [J]. Fund. Math. ,1920,1:124-129.

[12] OSTROWSKI A. Zur Theorie der konvexen Funktionen [J]. Comment. Math. Helv. , 1929, 1: 157-159.

[13] KUREPA S. Convex functions [J]. Glasnik Mat-Fiz. Astronom. Ser. $\prod$, Društvo Mat. -Fiz. Hrvatske, 1956, 11:89-94.

[14] GER R, KUCZMA M. On the boundedness and continuity of convex functions and additive functions [J]. Aequationes Math. ,1970,4(1):157-162.

[15] BOURBAKI N. Fonctions d'une variable réelle[M]. Paris: Hermann, 1976.

[16] GALVANI L. Sulle funzioni convesse di una o due variabili definite in aggregate qualunque [J]. Rend. Circ. Mat. Palermo, 1916, 41: 103-134.

[17] KUREPA S. A property of aset of positive measure and its application[J]. J. Math. Soc. Japan, 1961, 13:13-19.

[18] MONTEL P. Sur les fonctions convexes et les fonctions sousharmoniques[J]. J. Math. Pures Appl. , 1928, 7(9) :29-60.

[19] VALIRON G. Remarques sur certaines fonctions convexes[J]. Proc Phys. -Math. Soc. Japan, 1931, 13(3):19-38.

[20] VALIRON G. Fonctions convexes et fonctions entiéres[J]. Bull. Soc. Math. France, 1932, 60: 278-287.

[21] MONTEL P. Sur les fonctions sousharmoniques et leurs rapports avec les fonctions convexes [J]. C. R. Acad. Sci. Paris, 1927, 185:633-635.

[22] THORIN G O. Convexity theorems generalizing those of M. Riesz and Hadamard with some applications[J]. Medd Lunds Univ. Mat. Sem., 1948, 9:1-57.

[23] SALEM R. Convexity theorems. Bull[J]. Amer. Math. 1949, 55:851-859.

[24] OVČARENKO I E. On three types of convexity (Russian)[J]. Zap Meh. -Mat. Fak. Har'kov. Gos. Univ. i Har'kov. Mat. Obšč., 1964, 4(30):106-113.

[25] BONNESEN T. Les problémes des isopérimétres et des isépiphanes[M]. Paris: Gauthier-Villars, 1929: 30.

[26] KRASNOSEL'SKIĬ M A, RUTICKIĬ Ya B. Convex Functions and Orlicz Spaces (Russian) [M]. Moscow: Leo F. Boron, 1958.

[27] CSÁSZÁR Á. Sur une classe des fonctions non mesurables[J]. Fund. Math., 1949, 36:72-76.

[28] CSÁSZÁR Á. Sur les fonctions internes, non monotones[J]. Acta Sci. Math. (Szeged), 1949, 13: 48-50.

Hölder 定理

[29] MARCUS S. Fonctions convexes et fonctions nternes [J]. Bull. Sci. Math. ,1957,81:66-70.

[30] MARCUS S. Critéres de majoration pour les fonctions sousadditives, convexes ouintérnes[J]. C. R. Acad. Sci. Paris,1957: 244,2270-2272, 3195.

[31] ACZÉL J. A generalization of the notion of convex functions[J]. Norske Vid. Selsk. Forh. (Trondheim)19,1947,24:87-90.

[32] OSTROWSKI A. Sur quelques applications des fonctions convexes et concaves au sens de I[J]. Schur. J. Math. Pures Appl. ,1952,(9)31:253-292.

[33] BLUMBERG H. On convex functions[J]. Trans. Amer. Math. ,1919,20:40-44.

[34] MOHR E. Beitrag zur Theorie der konvexen Funktionen[J]. Math. Nachr. ,1952,8:133-148.

[35] MARCUS S. Généralisation aux fonctions de plusieurs variables des théorémes de Alexander Ostrowski et de Masuo Hukuhara concernant les fonctions convexes[J]. J. Math. Soc. Japan, 1959,11: 171-176.

[36] HUKUHARA M. Sur la fonction convexe[J]. Proc. Japan Acad. ,1954,30:683-685.

[37] NICOLESCO M. Familles de fonctions convexes et de fonctions doublement convexes[J]. Bull. Soc Roumaine Sci. ,1928,40:3-10.

[38] BECKENBACH E F, BELLMAN R. Inequalities. [M]. 2nd ed. Berlin-Heidelberg-New York:Springer-Verlag,1965.

第一编 凸函数

[39] HARDY G H, LITTLEWOOD J E, PÓLYA G. Inequalities. [M]. 2nd ed. Cambridge:Cambridge University Press,1952.

[40] BECHKENBACH E F. An inequality of Jensen[J]. Amer. Math. Monthly, 1946,53:501-505.

[41] MARCUS M, MINC H. A Survey of Matrix Theory and Matrix Inequalities[M]. Boston:Allyn and Bacon. inc. ,1964.

[42] PONSTEIN J. Seven kinds of convexity[J]. SIAM Review,1967,9:115-119.

[43] POPOVICIU T. Sur les fonctions convexes d'une variable réelle[J]. C. R. Acad. Sci. Paris, 1930, 190:1481-1483.

[44] THUNSDORFF H. Konvexe Funktionen und Ungleichungen [M]. Göttingen, Inaugural-Dissertation, 1932.

[45] CINOUINI S. Sopra una disuguaglianza di Jensen [J]. Rend. Cire. Mat. Palermo, 1934, 58:335-358.

[46] TAYLOR A E. Derivatives in the calculus[J]. Amer. Math. Monthly,1942,49:631-642.

[47] BECKENBACH E F, BING R H. On generalized convex functions[J]. Trans. Amer. Math. Soc., 1945,58:220-230.

[48] WOODS C L. Arestricted class of convex functions. [J]Bull. Amer. Math. Soc. ,1946,52:117-128.

[49] SENGENHORST P. Über konvexe Funktionen[J]. Math-Phys. Semesterber,1952,2:217-230.

[50] WRIGHT E M. An inequallty for eonvex functions [J]. Amer. Math. Monthly,1954,61:620-622.

[51] MIRSKY L. Inequalities for certain classes of convex functions[J]. Proc. Edinburgh Math. Soc. ,1959, 11:231-235.

[52] BRUCKNER A. Minimal superadditive extensions of superadditive functions[J]. Pacific J. Math. ,1960, 10:1155-1162.

[53] COTUSSO L. Sulle funzioni convesse e su una estensione del teorema di Cavalieri-Lagrange[J]. Periodico Mat. ,1962,40(4):287-313.

[54] BRUCKNER A M. Tests for the superadditivity of functions[J]. Proc Amer. Math. Soc. ,1962,13: 126-130.

[55] BRUCKNER A M, OSTROW E. Some function classes related to the class of convex functions[J]. Pacific J. Math. ,1962,12:1203-1215.

[56] KARLIN S, NOVIKOFF A. Generalized convex inequallties [J]. Pacitic J. Math. , 1963, 13: 1251-1279.

[57] BRUCKNER A M. Some relationships between locally superadditive functions and convex functions [J]. Proc. Amer. Math. Soc. ,1964,15:61-65.

[58] MARSHALL A W,PROSCHAN F. An inequality for convex funotions involving majorization [J]. J. Math. Anal. Appl. ,1965,12:87-90.

[59] CIESIELSKI Z. Some properties of convex functions of higher orders[J]. Ann. Polon. Math. ,1959,7:1-7.

[60] BOEHME T K, BRUCKNER A M. Functions with convex means [J]. Pacific J. Math., 1964, 14: 1137-1149.

[61] GODUNOVA E K. Inequalities based on convex functions (Russian) [J]. Izv. Vysš. Učebn. Zav Mat., 1965, 4(47): 45-53.

[62] GODUNOVA E K. An integral inequality with an arbitrary convex function (Russian) [J]. Uspehi Mat. Nauk 20, 1965, 6(126): 66-67.

[63] POPOVICIU T. Sur certaines inégalités qui caractérisent les fonctions convexes [J]. An. Sti. Univ. Al. I Cuza Iasi Sect. I a Mat. (N. S.), 1965, 11B: 155-164.

[64] GODUNOVA E K. Convexity of composed functions and its applications to the proof of inequalities (Russian) [J]. Mat. Zametki, 1967, 1: 495-500.

[65] BECKENBACH E F. Superadditivity inequalities [J]. Pacific J. Math., 1964, 14: 421-438.

[66] MARKOVIĆ D. On an inequality of M. Petrović (Serbian) [J]. Bull. Soc. Math. Phys. Serbie, 1959, 11: 45-53.

[67] VASIĆ P M. Sur une inégalité de M. Petrović [J]. Mat. Vesnik, 1968, 5(20): 473-478.

Hölder 定理

特殊类的凸函数

§1 N-函数

1. 凸函数

实变量 u 的实值函数 $M(u)$ 称为凸的,假如对于 u_1 和 u_2 的一切值满足不等式

$$M\left(\frac{u_1+u_2}{2}\right) \leqslant \frac{M(u_1)+M(u_2)}{2} \quad (2.1.1)$$

我们仅对连续的凸函数感兴趣,条件 (2.1.1) 表明联结函数 $M(u)$ 的图形上任何两点的弦的中点恒位于图形的对应点之上.

从几何上(图 2.1.1)易见所有的弦均位于函数的图形之上,即对于一切 α ($0 \leqslant \alpha \leqslant 1$),不等式

$$M[\alpha u_1+(1-\alpha)u_2]$$
$$\leqslant \alpha M(u_1)+(1-\alpha)M(u_2) \quad (2.1.2)$$

恒成立. 这个不等式称为 Jensen 不等式. 我们还可以用解析的方法来证明该不等式. 事实上,假设不等式 (2.1.2) 不是对于 [0,1] 上的一切 α 均能满足,那么连续函数

第 2 章

$$f(\alpha) = M[\alpha u_1 + (1-\alpha)u_2] - \alpha M(u_1) - (1-\alpha)M(u_2)$$

在 $[0,1]$ 上的最大值 M_0 为正. 我们把使得 $f(\alpha)$ 具有值 M_0 的自变量的最小值记为 α_0. 又假定 $\delta > 0$ 是这样的数,它使得区间 $[\alpha_0 - \delta, \alpha_0 + \delta]$ 包含在 $[0,1]$ 内,于是对点

$$u_1^* = (\alpha_0 - \delta)u_1 + (1 - \alpha_0 + \delta)u_2$$
$$u_2^* = (\alpha_0 + \delta)u_1 + (1 - \alpha_0 - \delta)u_2$$

应用不等式(2.1.1)并且转到函数 $f(\alpha)$ 即得

$$f(\alpha_0) \leq \frac{f(\alpha_0 - \delta) + f(\alpha_0 + \delta)}{2} < M_0$$

于是发生矛盾,因而不等式(2.1.2)获证.

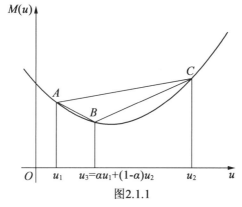

图2.1.1

如果 $u_1 \neq u_2$,或者只有当 $\alpha = 0$ 和 $\alpha = 1$ 时,或者对于一切 $\alpha \in [0,1]$,则不等式(2.1.2)中的等号成立. 事实上,假设对某个 $\alpha_0 \in (0,1)$ 式(2.1.2)中的等号成立,即 $f(\alpha_0) = 0$. 今证在此情况下对于一切 $\alpha \in [0,1]$ 有 $f(\alpha) = 0$. 容易看出,连续函数 $f(\alpha)$ 是凸的,因此它同样也满足 Jensen 不等式. 假设对于某个 $\alpha_1 \in (0,1)$ 有 $f(\alpha_1) < 0$(根据已经证明的结论 $f(\alpha)$ 不能为

Hölder 定理

正). 为了确定起见, 假定 $\alpha_1 < \alpha_0$, 因为 $\alpha_0 = \dfrac{1-\alpha_0}{1-\alpha_1}\alpha_1 + \dfrac{\alpha_0-\alpha_1}{1-\alpha_1}$, 则由 Jensen 不等式得

$$f(\alpha_0) \leqslant \dfrac{1-\alpha_0}{1-\alpha_1}f(\alpha_1) + \dfrac{\alpha_0-\alpha_1}{1-\alpha_1}f(1) = \dfrac{1-\alpha_0}{1-\alpha_1}f(\alpha_1) < 0$$

这与 $f(\alpha_0) = 0$ 矛盾.

不等式(2.1.1)还可以再推广成如下的形式: 对任何 $u_1, u_2, \cdots, u_n$, 有

$$M\left(\dfrac{u_1+u_2+\cdots+u_n}{n}\right)$$
$$\leqslant \dfrac{1}{n}[M(u_1)+M(u_2)+\cdots+M(u_n)] \qquad (2.1.3)$$

对形如 2^k 的一切 n, 只要连续应用不等式(2.1.1)就能证明不等式(2.1.3), 较复杂的是任意 n 的情形. 假设 m 是这样的数, 它使得 $n+m=2^k$, 则

$$M\left(\dfrac{u_1+u_2+\cdots+u_n+mu^*}{n+m}\right)$$
$$\leqslant \dfrac{1}{n+m}[M(u_1)+M(u_2)+\cdots+M(u_n)+mM(u^*)]$$

令 $u^* = \dfrac{u_1+u_2+\cdots+u_n}{n}$, 即得不等式(2.1.3).

设 $u_1 \leqslant u_3 \leqslant u_2$, 则

$$u_3 = \dfrac{u_2-u_3}{u_2-u_1}u_1 + \dfrac{u_3-u_1}{u_2-u_1}u_2$$

于是由不等式(2.1.2), 可得

$$M(u_3) \leqslant \dfrac{u_2-u_3}{u_2-u_1}M(u_1) + \dfrac{u_3-u_1}{u_2-u_1}M(u_2)$$

故得

$$\frac{M(u_3)-M(u_1)}{u_3-u_1} \leqslant \frac{M(u_2)-M(u_1)}{u_2-u_1} \leqslant \frac{M(u_2)-M(u_3)}{u_2-u_3}$$

(2.1.4)

所得到的不等式(参看图2.1.1)表明弦 AB 的角系数小于弦 AC 的角系数,而它又小于弦 BC 的角系数.

2. 凸函数的积分表达式

引理 2.1.1 连续凸函数 $M(u)$ 在每一点都有右导数 $p_+(u)$ 和左导数 $p_-(u)$,并且

$$p_-(u) \leqslant p_+(u) \qquad (2.1.5)$$

证明 由不等式(2.1.4),当 $0<h_1<h_2$ 时

$$\frac{M(u)-M(u-h_2)}{h_2} \leqslant \frac{M(u)-M(u-h_1)}{h_1}$$

$$\leqslant \frac{M(u+h_1)-M(u)}{h_1} \leqslant \frac{M(u+h_2)-M(u)}{h_2}$$

(2.1.6)

从这些不等式即可推出关系式

$$\frac{M(u)-M(u-h)}{h}$$

是非减的,因而当 $h\to 0^-$ 时有极限 $p_-(u)$.类似地,关系式 $\dfrac{M(u+h)-M(u)}{h}$ 是非增的,因而当 $h\to 0^+$ 时有极限 $p_+(u)$,至于不等式(2.1.5)同样能由不等式(2.1.6)推出.

引理 2.1.2 连续凸函数 $M(u)$ 的右导数 $p_+(u)$ 是非减的右连续函数.

证明 假设 $u_1<u_2$,则当正数 h 充分小时

$$u_1+h<u_2-h$$

于是由不等式(2.1.4),得

Hölder 定理

$$\frac{M(u_1+h)-M(u_1)}{h} \leqslant \frac{M(u_2)-M(u_2-h)}{h} \quad (2.1.7)$$

取极限并利用不等式(2.1.5)即得

$$p_+(u_1) \leqslant p_+(u_2) \quad (2.1.8)$$

这样,函数 $p_+(u)$ 的单调性就得到证明了.

在证明引理 2.1.1 时曾经指出,对于一切 $h>0$

$$p_+(u) \leqslant \frac{M(u+h)-M(u)}{h}$$

固定 h 并且取当 $u \to u_0+0$ 时的极限,由函数 $M(u)$ 的连续性即得

$$\lim_{u \to u_0+0} p_+(u) \leqslant \frac{M(u_0+h)-M(u_0)}{h} \quad (2.1.9)$$

由于函数 $p_+(u)$ 的单调性,不等式左端的极限是存在的. 再在式(2.1.9)中取当 $h \to 0^+$ 时的极限,得到

$$\lim_{u \to u_0+0} p_+(u) \leqslant p_+(u_0)$$

另一方面,当 $u \geqslant u_0$ 时,$p_+(u) \geqslant p_+(u_0)$,由此

$$\lim_{u \to u_0+0} p_+(u) \geqslant p_+(u_0)$$

因而

$$\lim_{u \to u_0+0} p_+(u) = p_+(u_0)$$

上述等式表明了函数 $p_+(u)$ 的右连续性.

引理证毕.

注 完全类似地可以证明 $p_-(u)$ 是非减的左连续函数.

引理 2.1.3 凸函数 $M(u)$ 在任何有限区间内绝对连续且满足 Lipschitz 条件.

证明 考察任一区间 $[a,b]$. 假设 $a<u_1<u_2<b$. 由于不等式(2.1.4)

第一编 凸函数

$$\frac{M(u_1)-M(a)}{u_1-a} \leqslant \frac{M(u_2)-M(u_1)}{u_2-u_1} \leqslant \frac{M(b)-M(u_2)}{b-u_2}$$

从上述不等式即可推出

$$p_+(a) \leqslant \frac{M(u_2)-M(u_1)}{u_2-u_1} \leqslant p_-(b)$$

亦即对于区间 $[a,b]$ 内的一切 u_1, u_2,量 $\left|\dfrac{M(u_2)-M(u_1)}{u_2-u_1}\right|$ 是有界的.

引理证毕.

定理 2.1.1 任何满足条件 $M(a)=0$ 的凸函数 $M(u)$ 可表为

$$M(u) = \int_a^u p(t)\,\mathrm{d}t \qquad (2.1.10)$$

其中 $p(t)$ 是非减的右连续函数.

证明 首先注意函数 $M(u)$ 几乎处处有导数. 事实上,由于式(2.1.7)和(2.1.5),当 $u_2 > u_1$ 时

$$p_-(u_2) \geqslant p_+(u_1) \geqslant p_-(u_1) \qquad (2.1.11)$$

因为函数 $p_-(u)$ 是单调的,所以它几乎处处连续. 假设 u_1 是函数 $p_-(u)$ 的连续点,在式(2.1.11)中取当 $u_2 \to u_1$ 时的极限,即得

$$p_-(u_1) \geqslant p_+(u_1) \geqslant p_-(u_1)$$

于是

$$p_-(u_1) = p_+(u_1)$$

因而几乎处处有

$$M'(u) = p(u) = p_+(u)$$

由引理 2.1.3,函数 $M(u)$ 绝对连续. 因此它就是自己的导数的不定积分.

定理证毕.

3. N-函数的定义

函数 $M(u)$ 称为 N-函数,如果它能够表示为

$$M(u) = \int_0^{|u|} p(t) \, dt \qquad (2.1.12)$$

其中 $p(t)$ 当 $t>0$ 时为正,又当 $t \geq 0$ 时是右连续的非减函数并且还满足条件

$$p(0) = 0, \, p(\infty) = \lim_{t \to \infty} p(t) = \infty \qquad (2.1.13)$$

简言之,上述条件表明,函数 $p(t)$ 必须具有形如图 2.1.2 的图形,而 N-函数的值就是相应的曲线梯形的面积.

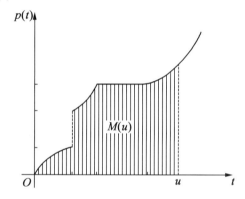

图 2.1.2

譬如函数

$$M_1(u) = \frac{|u|^\alpha}{\alpha} (\alpha > 1), \, M_2(u) = e^{u^2} - 1$$

就是 N-函数的例子. 对于其中的第一个,$p_1(t) = M_1'(t) = t^{\alpha-1}$,而对于第二个,$p_2(t) = M_2'(t) = 2t e^{t^2}$.

4. N-函数的性质

由表达式(2.1.12)可推出每一个 N-函数是连续的偶函数,它在零点的值为零并且当自变量的值为正

第一编 凸函数

时还是增加的.

N-函数是凸的,事实上,如果 $0 \leqslant u_1 < u_2$,则由于 $p(t)$ 的单调性

$$M\left(\frac{u_1+u_2}{2}\right) = \int_0^{\frac{u_1+u_2}{2}} p(t)\,\mathrm{d}t \leqslant \int_0^{u_1} p(t)\,\mathrm{d}t +$$

$$\frac{1}{2}\left[\int_{u_1}^{\frac{u_1+u_2}{2}} p(t)\,\mathrm{d}t + \int_{\frac{u_1+u_2}{2}}^{u_2} p(t)\,\mathrm{d}t\right]$$

$$= \frac{1}{2}\left[\int_0^{u_1} p(t)\,\mathrm{d}t + \int_0^{u_2} p(t)\,\mathrm{d}t\right]$$

$$= \frac{1}{2}[M(u_1) + M(u_2)]$$

在 u_1, u_2 任意的情况下

$$M\left(\frac{u_1+u_2}{2}\right) = M\left(\frac{|u_1+u_2|}{2}\right) \leqslant M\left(\frac{|u_1|+|u_2|}{2}\right)$$

$$\leqslant \frac{1}{2}[M(u_1) + M(u_2)]$$

在式(2.1.2)中假设 $u_2 = 0$,可得

$$M(\alpha u_1) \leqslant \alpha M(u_1) \quad (0 \leqslant \alpha \leqslant 1) \quad (2.1.14)$$

条件(2.1.13)的第一个等式表明

$$\lim_{u \to 0} \frac{M(u)}{u} = 0 \quad (2.1.15)$$

从条件(2.1.13)的第二个条件又可推出

$$\lim_{u \to \infty} \frac{M(u)}{u} = \infty \quad (2.1.16)$$

因为当 $u > 0$ 时

$$\frac{M(u)}{u} = \frac{1}{u}\int_0^u p(t)\,\mathrm{d}t \geqslant \frac{1}{u}\int_{\frac{u}{2}}^u p(t)\,\mathrm{d}t \geqslant \frac{1}{2} p\left(\frac{u}{2}\right)$$

我们指出,对 N-函数而言,不等式(2.1.14)中仅当 $\alpha = 0, 1$ 或 $u_1 = 0$ 时等号成立. 事实上,假设 $u_1 \neq 0$

Hölder 定理

并且对于某个 $\alpha \in (0,1)$,式(2.1.14)中的等号成立,则由 §1 所证明的结论在式(2.1.14)中对于一切 $\alpha \in [0,1]$ 等号成立,于是对于一切 $\alpha \in [0,1]$,有
$$\frac{M(\alpha u_1)}{\alpha u_1} = \frac{M(u_1)}{u_1}$$
在此等式中取当 $\alpha \to 0$ 时的极限,得到
$$\lim_{\alpha \to 0} \frac{M(\alpha u_1)}{\alpha u_1} = \frac{M(u_1)}{u_1}$$
这与条件(2.1.15)矛盾.

由此可见
$$M(\alpha u) < \alpha M(u) \quad (0 < \alpha < 1, u \neq 0)$$
$$(2.1.17)$$

由上述不等式可推出函数 $\dfrac{M(u)}{u}$ 当 u 为正值时是严格增加的
$$\frac{M(u')}{u'} < \frac{M(u)}{u} \quad (0 < u' < u) \quad (2.1.18)$$

为了证明这个断言,只需在式(2.1.17)中令 $\alpha = \dfrac{u'}{u}$.

我们所得到的性质已经完全足以描述 N-函数的图形了(图 2.1.3). 性质(2.1.15)表明横轴与 N-函数的图形在原点相切. 而性质(2.1.18)和(2.1.16)给出联结原点与 N-函数图形上的动点的弦的角系数的变化特征. N-函数的图形可能包含间断点和直线段,间断点对应于函数 $p(t)$ 的间断点,而直线段对应于函数 $p(t)$ 的常数区间.

第一编 凸函数

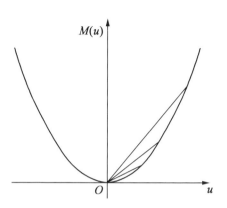

图 2.1.3

当自变量为非负值时,N-函数 $M(u)$ 的反函数记为 $M^{-1}(v)(0 \leqslant v < +\infty)$,这个函数是凹的,因为由不等式(2.1.2)知,当 $v_1,v_2 \geqslant 0$ 时
$$M^{-1}[\alpha v_1 + (1-\alpha)v_2] \geqslant \alpha M^{-1}(v_1) + (1-\alpha)M^{-1}(v_2)$$

从 N-函数 $M(u)$ 的右导数 $p(u)$ 的单调性可推出不等式
$$\begin{aligned}M(u)+M(v) &= \int_0^{|u|} p(t)\mathrm{d}t + \int_0^{|v|} p(t)\mathrm{d}t \\ &\leqslant \int_0^{|u|} p(t)\mathrm{d}t + \int_{|u|}^{|u|+|v|} p(t)\mathrm{d}t \\ &= \int_0^{|u|+|v|} p(t)\mathrm{d}t = M(|u|+|v|) \quad (2.1.19)\end{aligned}$$

假设 $a = M(u)$,$b = M(v)$ 是任意非负的数,则由(2.1.19)又得到
$$M^{-1}(a+b) \leqslant M^{-1}(a) + M^{-1}(b) \quad (2.1.20)$$

5. N-函数的第二种定义

使用以下的定义有时是很方便的. 连续凸函数 $M(u)$ 称为 N-函数,假如它是偶函数并且满足条件

(2.1.15)和(2.1.16). 今证这个定义与前面的定义等价. 显然我们只需证从 N-函数的第二个定义可以推出把它表示为(2.1.12)形式的可能性.

由式(2.1.15)知 $M(0)=0$,因此由函数 $M(u)$ 的偶函数性和定理 2.1.1,能把它表示为

$$M(u)=\int_0^{|u|}p(t)\mathrm{d}t$$

的形式,其中 $p(u)$ 是当 $u>0$ 时非减的右连续函数(函数 $M(u)$ 的右导数). 因为当 $u>0$ 时

$$p(u)\geqslant\frac{M(u)}{u}$$

则当 $u>0$ 时 $p(u)>0$,并且由(2.1.16)可知

$$\lim_{u\to\infty}p(u)=\infty$$

另一方面,当 $u>0$ 时

$$M(2u)=\int_0^{2u}p(t)\mathrm{d}t>\int_u^{2u}p(t)\mathrm{d}t>up(u)$$

因而

$$p(u)<\frac{M(2u)}{u}$$

由此由(2.1.15)

$$p(0)=\lim_{u\to 0}p(u)=0$$

6. N-函数的复合函数

两个 N-函数 $M_1(u)$ 和 $M_2(u)$ 的复合函数 $M(u)=M_2[M_1(u)]$ 仍然是 N-函数. 事实上,函数 $M(u)$ 有右导数(当 $u>0$ 时)

$$p(u)=p_2[M_1(u)]p_1(u)$$

其中 $p_1(u),p_2(u)$ 是 N-函数 $M_1(u)$ 和 $M_2(u)$ 的右导数. 函数 $p(u)$ 右连续,非减且满足条件(2.1.13),因为函数 $p_1(u)$ 和 $p_2(u)$ 满足这些条件.

第一编 凸函数

其逆亦真:任何 N-函数 $M(u)$ 都是两个 N-函数的复合函数 $M(u) = M_2[M_1(u)]$.

如果 $M_1(u)$ 为一给定的 N-函数,则函数 $M_2(u)$ 由等式
$$M_2(u) = M[M_1^{-1}(|u|)] \quad (2.1.21)$$
唯一确定,其中 $M_1^{-1}(v)$ 是 $M_1(u)$ 的反函数.

这样一来,为了将 $M(u)$ 表成复合函数的形式,必须找出这样的 N-函数 $M_1(u)$,使 $M_2(u) = M[M_1^{-1}(|u|)]$ 也是 N-函数.

因为当 $u > 0$ 时
$$p_2(u) = \frac{p[M_1^{-1}(u)]}{p_1[M_1^{-1}(u)]}$$

所以欲使 $M_2(u)$ 是 N-函数,必须且只需函数 $\dfrac{p(u)}{p_1(u)}$ 非减、右连续并且满足条件(2.1.13),因为连续函数 $M_1^{-1}(v)$ 单调且与 v 一起趋近于零和无穷.

这样,如果我们找到了非减、右连续并且满足条件(2.1.13)的函数 $p_1(u)$,使 $\dfrac{p(u)}{p_1(u)}$ 同样是非减、右连续并且满足条件(2.1.13)的函数,那么函数
$$M_1(u) = \int_0^{|u|} p_1(t)\,\mathrm{d}t$$
和由等式(2.1.21)所定义的 $M_2(u)$ 都是 N-函数,并且等式 $M(u) = M_2[M_1(u)]$ 成立.

作为函数 $p_1(u)$ 特别可以取
$$p_1(u) = [p(u)]^{\varepsilon_0} \quad (0 < \varepsilon_0 < 1)$$

让我们再指出,如果 N-函数 $M(u)$ 是两个 N-函数 $M_1(u)$ 和 $M_2(u)$ 的复合函数,则对每一个 $k > 0$ 相应地有常数 $u_0 \geqslant 0$,使当 $u \geqslant u_0$ 时
$$M(u) > M_2(ku)$$

Hölder 定理

§2 余 N- 函数

1. 定义

假设 $p(t)$ 当 $t>0$ 时为正,当 $t \geq 0$ 时是右连续的非减函数并且满足 §1 中的条件 (2.1.13). $q(s)(s \geq 0)$ 是由等式

$$q(s) = \sup_{p(t) \leq s} t \qquad (2.2.1)$$

所定义的函数.

不难看出,函数 $q(s)$ 具有与函数 $p(t)$ 同样的性质:当 $s>0$ 时为正,当 $s \geq 0$ 时是右连续的非减函数并且满足条件

$$q(0) = 0, \lim_{s \to \infty} q(s) = \infty \qquad (2.2.2)$$

直接从函数 $q(s)$ 的定义可推出不等式

$$q[p(t)] \geq t, p[q(s)] \geq s \qquad (2.2.3)$$

并且当 $\varepsilon > 0$ 时

$$q[p(t) - \varepsilon] \leq t, p[q(s) - \varepsilon] \leq s \qquad (2.2.4)$$

如果函数 $p(t)$ 连续而且单调增加,则函数 $q(s)$ 是函数 $p(t)$ 的通常反函数. 在一般情况下,函数 $q(s)$ 称为 $p(t)$ 的右反函数. 函数 $p(t)$ 同样也是 $q(s)$ 的右反函数. 描绘在图 2.2.1 上的函数 $q(s)$ 就是描绘在图 2.1.2 上的函数 $p(t)$ 的右反函数.

函数

$$M(u) = \int_0^{|u|} p(t) \mathrm{d}t, N(v) = \int_0^{|v|} q(s) \mathrm{d}s$$

称为互余的 N-函数.

假设 $\Phi(u)$ 和 $\Psi(v)$ 是互余的 N-函数,在许多场合需要我们研究 N-函数 $\Phi_1(u) = a\Phi(bu)(a, b > 0)$. 显

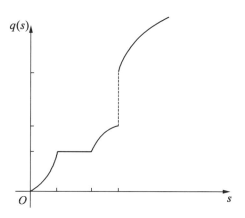

图 2.2.1

然它的余 N-函数 $\Psi_1(v)$ 由下列等式确定

$$\Psi_1(v) = a\Psi\left(\frac{v}{ab}\right) \qquad (2.2.5)$$

事实上,函数 $\Phi_1(u)$ 的右导数 $p_1(t)$ 等于 $abp(bt)$,其中 $p(t)$ 是 N-函数 $\Phi(u)$ 的右导数,因此

$$q_1(s) = \frac{1}{b}q\left(\frac{s}{ab}\right)$$

从而

$$\Psi_1(v) = \int_0^{|v|} q_1(s)\,\mathrm{d}s = \frac{1}{b}\int_0^{|v|} q\left(\frac{s}{ab}\right)\mathrm{d}s = a\int_0^{\frac{|v|}{ab}} q(s)\,\mathrm{d}s$$

故得式(2.2.5).

2. 杨格不等式

我们运用通常推导 Hölder 不等式的思考方法,在图 2.2.2 上面积 T 和 S 分别表示 N-函数 $M(u)$ 和 $N(v)$ 的值. 从几何上显然有

$$uv \leqslant T + S = M(u) + N(v)$$

由于函数 $M(u)$ 和 $N(v)$ 均为偶函数,所以上述不等式

Hölder 定理

对于一切的 u,v 都成立,它称为杨格不等式,由此可见
$$uv \leqslant M(u) + N(v) \quad (2.2.6)$$

同样从图 2.2.2 可以看出不等式(2.2.6)变成等式,假如对于已给的 $u, v = p(|u|)\operatorname{sign} u$ 和对于已给的 $v, u = q(|v|)\operatorname{sign} v$,这样一来
$$|u|p(|u|) = M(u) + N[p(|u|)] \quad (2.2.7)$$
和
$$|v|q(|v|) = M[q(|v|)] + N(v) \quad (2.2.8)$$

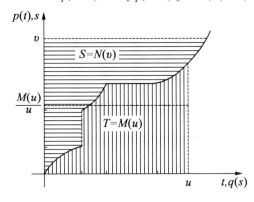

图 2.2.2

从(2.2.6)可推出
$$N(v) \geqslant uv - M(u)$$
又由式(2.2.8),该不等式当 $u = q(|v|)\operatorname{sign} v$ 时变成等式,因此
$$N(v) = \max_{u \geqslant 0}[u|v| - M(u)] \quad (2.2.9)$$

公式(2.2.9)也可以作为 $M(u)$ 的余 N-函数的定义.

从杨格不等式得知
$$M^{-1}(v)N^{-1}(v) \leqslant 2v \quad (v > 0)$$

另一方面,从图 2.2.2 又可看出 $N\left[\dfrac{M(u)}{u}\right] < M(u)$,于是当 $M(u) = v$ 时就得到
$$v < M^{-1}(v) N^{-1}(v)$$
这样一来,对于一切的 $v > 0$
$$v < M^{-1}(v) N^{-1}(v) \leqslant 2v \quad (2.2.10)$$

3. 例

我们已经指出函数 $M_1(u) = \dfrac{|u|^\alpha}{\alpha} (\alpha > 1)$ 是 N-函数,今求其余 N-函数. 显然当 $t > 0$ 时
$$p_1(t) = M_1'(t) = t^{\alpha-1}$$
因此
$$q_1(s) = s^{\beta-1} \quad (s \geqslant 0)$$
其中 $\dfrac{1}{\alpha} + \dfrac{1}{\beta} = 1$,于是
$$N_1(v) = \int_0^{|v|} q_1(s) \mathrm{d}s = \dfrac{|v|^\beta}{\beta}$$

作为第二个例子,我们来计算 N-函数 $M_2(u) = \mathrm{e}^{|u|} - |u| - 1$ 的余 N-函数. 对于这个函数
$$p_2(t) = M_2'(t) = \mathrm{e}^t - 1 \quad (t \geqslant 0)$$
因此
$$q_2(s) = \ln(s+1) \quad (s \geqslant 0)$$
于是
$$N_2(v) = \int_0^{|v|} q_2(s) \mathrm{d}s = (1+|v|) \ln(1+|v|) - |v|$$
$$(2.2.11)$$

注 在很多情况下是不能求出余 N-函数的明显公式的. 例如,若 $M(u) = \mathrm{e}^{u^2} - 1$,则 $p(t) = 2t\mathrm{e}^{t^2}$,但不能把 $q(s)$ 表示成明显的形式.

4. 余函数的不等式

定理 2.2.1 设 N-函数 $M_1(u)$ 和 $M_2(u)$ 当 $u \geq u_0$ 时满足不等式
$$M_1(u) \leq M_2(u)$$
则对余 N-函数 $N_1(v)$ 和 $N_2(v)$,不等式
$$N_2(v) \leq N_1(v)$$
当 $v \geq v_0 = p_2(u_0)$ 时成立.

证明 假设 $p_2(u)$ 是 N-函数 $M_2(u)$ 的右导数,由函数 $q_2(v)$ 的单调性,当 $v \geq v_0 = p_2(u_0)$ 时有不等式 $q_2(v) \geq u_0$,由式(2.2.8)得
$$q_2(v) \cdot v = M_2[q_2(v)] + N_2(v)$$
又由杨格不等式知
$$q_2(v) \cdot v \leq M_1[q_2(v)] + N_1(v)$$
有
$$M_2[q_2(v)] + N_2(v) \leq M_1[q_2(v)] + N_1(v)$$
再因当 $v \geq v_0$ 时 $M_2[q_2(v)] \geq M_1[q_2(v)]$,故
$$N_2(v) \leq N_1(v)$$

定理证毕.

§3 N-函数的比较

1. 定义

我们知道当 $u \to \infty$ 时 N-函数的值的增加速度很快,这在以后的研究中起着重要的作用. 为了方便起见,引入以下记号,我们记
$$M_1(u) \prec M_2(u) \qquad (2.3.1)$$
假如能够找到正常数 u_0 和 k 使得
$$M_1(u) \leq M_2(ku) \quad (u \geq u_0) \qquad (2.3.2)$$

第一编　凸函数

N-函数 $M_1(u)$ 和 $M_2(u)$ 称为可比较的,假如关系式 $M_1(u) \prec M_2(u)$ 或 $M_2(u) \prec M_1(u)$ 成立.

不难看出,从 $M_1(u) \prec M_2(u)$ 和 $M_2(u) \prec M_3(u)$ 可推出 $M_1(u) \prec M_3(u)$. 若在元素的集合中引入(2.3.1)型的关系式并且满足上述所指出的性质,则称此集合为半序集合. 这样一来,N-函数关于符号"$\prec$"构成半序集合.

假设 $\alpha_1 < \alpha_2$,那么函数 $M_1(u) = |u|^{\alpha_1}$,$M_2(u) = |u|^{\alpha_2}$($\alpha_1, \alpha_2 > 1$)就是满足关系式(2.3.1)的 N-函数的最简单的例子.

现在来研究 N-函数 $M(u) = |u|^\alpha (|\ln|u|| + 1)$ ($\alpha > 1$). 显然,对于任何 $\varepsilon > 0$,$|u|^\alpha \prec M(u) \prec |u|^{\alpha + \varepsilon}$.

2. 等价的 N-函数

若 $M_1(u) \prec M_2(u)$ 和 $M_2(u) \prec M_1(u)$ 同时成立,则称 N-函数 $M_1(u)$ 和 $M_2(u)$ 是等价的,记为 $M_1(u) \sim M_2(u)$.

显然,每一个 N-函数等价于它自己. 若两个 N-函数等价于第三个 N-函数,则它们彼此等价. 由此可知,所有 N-函数的集合可以分解成彼此等价的函数类.

从定义可以推出,N-函数 $M_1(u)$ 和 $M_2(u)$ 等价的充要条件为存在正常数 k_1, k_2 和 u_0,使得

$$M_1(k_1 u) \leqslant M_2(u) \leqslant M_1(k_2 u) \quad (u \geqslant u_0) \quad (2.3.3)$$

特别,从此不等式可以得出,对于任何的 $k > 0$,N-函数 $M(u)$ 等价于 N-函数 $M(ku)$,显然,满足条件

$$\lim_{u \to \infty} \frac{M(u)}{M_1(u)} = a > 0 \quad (2.3.4)$$

的 N-函数 $M(u)$ 和 $M_1(u)$ 也是等价的.

定理 2.3.1　假设 $M_1(u) \prec M_2(u)$,则其余 N-函

Hölder 定理

数有关系式
$$N_2(v) < N_1(v)$$

证明 根据已知条件,可以找到这样的 $k, u_0 > 0$,使得
$$M_1(u) \leqslant M_2(ku) \quad (u \geqslant u_0) \quad (2.3.5)$$

令 $M(u) = M_2(ku)$,则由 (2.2.5) 可知 $M(u)$ 的余 N-函数 $N(v)$ 等于 $N_2\left(\dfrac{v}{k}\right)$.

于是不等式 (2.3.5) 可以写成
$$M_1(u) \leqslant M(u) \quad (u \geqslant u_0)$$

从而由定理 2.2.1,能够找到这样的 $v_0 > 0$,使得
$$N(v) \leqslant N_1(v) \quad (v \geqslant v_0)$$

故有
$$N_2(v) \leqslant N_1(kv) \quad \left(v \geqslant \dfrac{v_0}{k}\right)$$

定理证毕.

从上述定理直接得到:

定理 2.3.2 若 N-函数 $M_1(u)$ 和 $M_2(u)$ 等价,则它们的余 N-函数 $N_1(v)$ 和 $N_2(v)$ 也等价.

定理 2.3.2 表明,彼此等价的 N-函数类的余 N-函数也是等价的 N-函数类.

3. N-函数的主要部分

凸函数 $Q(u)$ 称为 N-函数 $M(u)$ 的主要部分 (гл. ч.),假如对自变量较大的值 $Q(u) = M(u)$.

定理 2.3.3 若凸函数 $Q(u)$ 满足条件
$$\lim_{u \to \infty} \dfrac{Q(u)}{u} = \infty \quad (2.3.6)$$

则 $Q(u)$ 是某个 N-函数的主要部分.

第一编 凸函数

证明 从条件(2.3.6)可推出 $\lim\limits_{u\to\infty}Q(u)=\infty$. 假定凸函数 $Q(u)$ 当 $u\geqslant u_0$ 时是正的,由定理 2.1.1,函数 $Q(u)$ 可以表示为

$$Q(u)=\int_{u_0}^{u}p(t)\mathrm{d}t+Q(u_0)$$

其中 $p(u)$ 是非减的右连续函数,此函数满足条件 $\lim\limits_{u\to\infty}p(u)=\infty$,因为从函数 $p(u)$ 的有界性,即从 $p(u)\leqslant b$,可推出

$$Q(u)\leqslant b(u-u_0)+Q(u_0)$$

这与式(2.3.6)矛盾. 不失一般性,可以认为 $p(u)$ 当 $u\geqslant u_0$ 时是正的.

因为 $p(u)$ 无限增加,所以可以指出,这样的 $u_1\geqslant u_0+1$,使得

$$p(u_1)\geqslant p(u_0+1)+Q(u_0)$$

于是

$$\begin{aligned}Q(u_1)&=\int_{u_0}^{u_0+1}p(t)\mathrm{d}t+\int_{u_0+1}^{u_1}p(t)\mathrm{d}t+Q(u_0)\\&\leqslant p(u_0+1)+Q(u_0)+p(u_1)(u_1-u_0-1)\\&\leqslant p(u_1)(u_1-u_0)\end{aligned}$$

因而

$$\alpha=\frac{u_1p(u_1)}{Q(u_1)}>1$$

定义函数 $M(u)$,借助于等式

$$M(u)=\begin{cases}\dfrac{Q(u_1)}{u_1^{\alpha}}|u|^{\alpha}&\text{当}|u|\leqslant u_1\text{ 时}\\Q(u)&\text{当}|u|\geqslant u_1\text{ 时}\end{cases}$$

则 $M(u)$ 是 N-函数,因为它的右导数

Hölder 定理

$$M'_+(u) = \begin{cases} \dfrac{\alpha Q(u_1)}{u_1^\alpha} u^{\alpha-1} & \text{当 } 0 \leq u \leq u_1 \text{ 时} \\ p(u) & \text{当 } u \geq u_1 \text{ 时} \end{cases}$$

当 $u>0$ 时是正的,当 $u \geq 0$ 时是右连续的非减函数并且满足条件(2.1.13).

定理证毕.

4. 关于等价性的一种判别法

数轴上的集合 F 称为完全测度集合,如果不属于 F 的点的集合的测度等于零.

今考察两个 N-函数

$$M_1(u) = \int_0^{|u|} p_1(t)\,\mathrm{d}t, \quad M_2(u) = \int_0^{|u|} p_2(t)\,\mathrm{d}t$$

(2.3.7)

引理 2.3.1 假设存在常数 $k, u_0 > 0$ 和完全测度集合 F,使

$$p_1(u) \leq p_2(ku) \quad (u \geq u_0, u \in F)$$

则 N-函数

$$M_1(u) = \int_0^{|u|} p_1(t)\,\mathrm{d}t \text{ 和 } M_2(u) = \int_0^{|u|} p_2(t)\,\mathrm{d}t$$

满足关系式 $M_1(u) \prec M_2(u)$.

证明 从 u_0 到 u 积分在引理的条件中所给出的不等式,得到

$$M_1(u) - M_1(u_0) \leq \frac{1}{k}[M_2(ku) - M_2(ku_0)]$$

$$< \frac{1}{k} M_2(ku) \quad (u \geq u_0)$$

不失一般性,可以认为 $k > 1$. 由于 $M_1(u)$ 无限增加,于是可以找到这样的 $u_1 \geq u_0$,使当 $u \geq u_1$ 时

$$M_1(u) - M_1(u_0) \geq \frac{1}{k} M_1(u)$$

因此当 $u \geq u_1$ 时
$$M_1(u) \leq M_2(ku)$$
引理证毕.

如果对于较大的 u 满足不等式 $p_1[\alpha q_2(\beta u)] < u$,则从引理 2.3.1 可推出 $M_1(u) < M_2(u)$.

引理 2.3.2 假设
$$\lim_{\substack{u \to \infty \\ u \in F}} \frac{p_1(u)}{p_2(u)} = b > 0 \qquad (2.3.8)$$
其中 F 是完全测度集合,则 $M_1(u) \sim M_2(u)$.

证明 由式(2.3.8)可选出这样的 $u_0 > 0$,使当 $u \geq u_0, u \in F$ 时
$$p_1(u) \leq 2b p_2(u)$$
从 u_0 到 u 积分最后的不等式,得到
$$M_1(u) - M_1(u_0) \leq 2b[M_2(u) - M_2(u_0)] \quad (u \geq u_0)$$
由此及 $\lim_{u \to \infty} M_2(u) = \infty$ 可推出,对于较大的 u 值
$$M_1(u) \leq (2b+1) M_2(u)$$
由上述不等式和式(2.1.17)又可推出,对于较大的 u 值
$$M_1(u) \leq M_2[(2b+1)u]$$
即
$$M_1(u) < M_2(u)$$
类似地可以证明 $M_2(u) < M_1(u)$.

引理证毕.

在引理 2.3.2 的条件中,起作用的只是在自变量的值较大时函数 $p_1(u)$ 和 $p_2(u)$ 的值. 此处以及另外一些考虑 N-函数 $M(u)$ 的右导数 $p(u)$ 的情况中,重要的只是当自变量 u 的值较大时函数 $p(u)$ 的公式. 由于这个原因,我们采用下面的定义:函数 $\varphi(u)$ 称为函数

Hölder 定理

$p(u)$ 的主要部分(гл. ч.),如果当自变量的值较大时它们相同.

定理2.3.4 假设给定了 N-函数(2.3.7)和它们的余 N-函数

$$N_1(v) = \int_0^{|v|} q_1(s)\,\mathrm{d}s, N_2(v) = \int_0^{|v|} q_2(s)\,\mathrm{d}s$$

又设存在完全测度集合 F_1,使

$$\lim_{\substack{v \to \infty \\ v \in F_1}} \frac{p_1[q_2(v)]}{v} = b > 0 \qquad (2.3.9)$$

则 $M_1(u) \sim M_2(u)$.

证明 引入符号 $q_2(v) = u$. 由式(2.2.3)得

$$p_2[q_2(v)] = p_2(u) \geqslant v \qquad (2.3.10)$$

又由式(2.2.4),对于任意的 $\varepsilon > 0$,有

$$p_2(u - \varepsilon) \leqslant v \qquad (2.3.11)$$

用 F 表示函数 $p_1(u)$ 和 $p_2(u)$ 的连续点所构成的 F_1 的子集,因为任何单调函数的间断点不多于可数个,因此 F 仍然是完全测度集合.

从式(2.3.10)可推出

$$\frac{p_1(u)}{p_2(u)} \leqslant \frac{p_1(u)}{v} = \frac{p_1[q_2(v)]}{v}$$

由此和式(2.3.9)可推出

$$\varlimsup_{\substack{u \to \infty \\ u \in F_1}} \frac{p_1(u)}{p_2(u)} \leqslant b \qquad (2.3.12)$$

由式(2.3.11)得知,对于一切的 $u \in F$

$$\frac{p_1(u)}{p_2(u)} = \lim_{\varepsilon \to 0} \frac{p_1(u)}{p_2(u - \varepsilon)} \geqslant \frac{p_1(u)}{v} = \frac{p_1[q_2(v)]}{v}$$

由此和式(2.3.9)可推出

$$\varliminf_{\substack{u \to \infty \\ u \in F}} \frac{p_1(u)}{p_2(u)} \geqslant b \qquad (2.3.13)$$

从不等式(2.3.12)和(2.3.13)可推出
$$\lim_{\substack{u\to\infty\\u\in F}}\frac{p_1(u)}{p_2(u)}=b$$
从最后的等式和引理 2.3.2 即得 $M_1(u) \sim M_2(u)$. 定理证毕.

5. 各种不同的类的存在

由于引入了等价 N-函数类,于是就产生了存在"多少"不同的类的问题. 显然,例如 N-函数 $|u|^\alpha$ 对于不同的 $\alpha>1$ 属于不同的类. N-函数 $M(u)=(1+|u|)\cdot\ln(1+|u|)-|u|$ 满足关系式 $M(u)<|u|^\alpha(\alpha>1)$,然而它不等价于任何一个 N-函数 $|u|^\alpha$. 又满足关系式 $|u|^\alpha<M_1(u)$ 的 N-函数 $M_1(u)=e^{|u|}-|u|-1$,它也不等价于任何一个 N-函数 $|u|^\alpha$.

今假设
$$M_n(u)=\int_0^{|u|}p_n(t)\mathrm{d}t\quad(n=1,2,\cdots)$$
(2.3.14)
是任意的一个 N-函数列. 我们来作出这样的 N-函数 $M(u)$ 和 $\Phi(u)$,使
$$M_n(u)<M(u)\quad(n=1,2,\cdots)\quad(2.3.15)$$
和
$$\Phi(u)<M_n(u)\quad(n=1,2,\cdots)\quad(2.3.16)$$
假设当 $n-1\leqslant t<n$ 时 $p(t)=p_1(t)+p_2(t)+\cdots+p_n(t)$,则函数 $p(t)$ 右连续、单调增加并且满足条件 (2.1.13). 由引理 2.3.1,N-函数
$$M(u)=\int_0^{|u|}p(t)\mathrm{d}t$$
满足关系式(2.3.15).

根据已有的证明又可以构造出 N-函数 $\Psi(v)$,满

Hölder 定理

足关系式
$$N_n(v) < \Psi(v)$$
其中 $N_n(v)$ 是 N-函数 (2.3.14) 的余 N-函数. 再由定理 2.3.1, N-函数 $\Psi(v)$ 的余 N-函数 $\Phi(u)$ 就满足条件 (2.3.16).

假设 $M(u)$ 是某个 N-函数, 则函数 $M_1(u) = e^{M(u)} - 1$ 也是 N-函数. 显然, $M(u) < M_1(u)$. 容易看出, 当 $M(u)$ 不比幂函数增加得快时, $M_1(u)$ 不等价于 $M(u)$, 而且对于很多其他的 N-函数, 这些函数也不互相等价. 然而确实存在 N-函数 $M(u)$, 使 $e^{M(u)} - 1 \sim M(u)$ (请读者自己作出实例).

不难对任何 N-函数 $M(u)$ 作出与它不等价的 N-函数 $Q(u)$ 和 $R(u)$, 使
$$Q(u) < M(u) < R(u)$$
为此, 由等式
$$r(u) = np(nu) \text{ 当 } n-1 \leqslant u < n \text{ 时} \quad (n=1,2,\cdots)$$
确定了函数 $R(u)$ 的右导数 $r(u)$, 又函数 $Q(u)$ 可以确定为满足条件
$$N(v) < \Psi(v), \text{ 而 } \Psi(v) \text{ 不等价于 } N(v)$$
的 N-函数 $\Psi(v)$ 的余 N-函数, 其中 $N(v)$ 是函数 $M(u)$ 的余 N-函数.

容易看出, 所作出的函数 $Q(u)$ 和 $R(u)$ 具有下列性质: 对每一个 $n=1,2,\cdots$, 相应地有 u_n^*, 使当 $u > u_n^*$ 时
$$Q(u) < M\left(\frac{u}{n}\right) < M(nu) < R(u) \quad (2.3.17)$$
在本节的最后, 我们来证明对每一个 N-函数 $M(u)$ 相应地有这样的 N-函数 $\Phi(u)$, 使关系式

$M(u) < \Phi(u)$ 和 $\Phi(u) < M(u)$ 均不成立. 为此,我们首先作出满足关系式(2.3.17)的 N-函数 $Q(u)$ 与 $R(u)$,不失普遍性,可以认为

$$Q(u) < R(u) \quad (u \geqslant u_0)$$

其中 u_0 是某个正数. 让我们描绘所要作出的函数 $\Phi(u)$ 的图像(图 2.3.1).

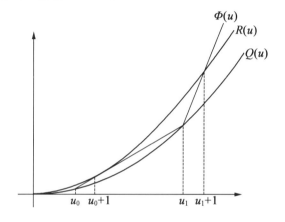

图 2.3.1

首先,假定当 $0 \leqslant u \leqslant u_0$ 时 $\Phi(u) = Q(u)$. 其次,过点 $(u_0, Q(u_0))$ 和 $(u_0 + 1, R(u_0 + 1))$ 引直线,由于 (2.1.16)这条直线还与函数 $Q(u)$ 的图像交于另一点,记这点的横坐标为 u_1,再过点 $(u_1, Q(u_1))$ 和 $(u_1 + 1, R(u_1 + 1))$ 引新直线,它又与函数 $Q(u)$ 的图像相交,交点的横坐标记为 u_2. 继续这个过程,就得到联结点 $(u_0, Q(u_0)), (u_1, Q(u_1)), (u_2, Q(u_2))$ 等的折线, 这条折线就是当 $u \geqslant u_0$ 时 N-函数 $\Phi(u)$ 的图像.

根据 $\Phi(u)$ 的作法知它具有以下的性质

$$\Phi(u_n) = Q(u_n) \quad (n = 1, 2, \cdots) \quad (2.3.18)$$

Hölder 定理

和
$$\Phi(u_n+1) = R(u_n+1) \quad (n=1,2,\cdots)$$
$$(2.3.19)$$

假设 $\Phi(u) < M(u)$,那么能找到 k 和 $u^* > 0$,使
$$\Phi(u) \leqslant M(ku) \quad (u \geqslant u^*) \quad (2.3.20)$$

由式(2.3.17)又能找到 $u_n > u^*$,使
$$M[k(u_n+1)] < R(u_n+1)$$

再由式(2.3.19)得
$$M[k(u_n+1)] < \Phi(u_n+1)$$

这与式(2.3.20)矛盾.

类似地可以证明,关系式 $M(u) < \Phi(u)$ 不成立.

我们让读者自己证明,对于任意的 N-函数列 $M_n(u)(n=1,2,\cdots)$ 存在 N-函数 $\Phi(u)$ 与 $\Psi(u)$,使 $\Phi(u) < M_n(u) < \Psi(u)$,并且 $\Phi(u)$ 与 $\Psi(u)$ 不等价于函数 $M_n(u)$ 中的任何一个.

§4 Δ_2- 条 件

1. 定义

我们称 N-函数 $M(u)$ 对较大的 u 值满足 Δ_2-条件,如果存在常数 $k > 0$, $u_0 \geqslant 0$,使
$$M(2u) \leqslant kM(u) \quad (u \geqslant u_0) \quad (2.4.1)$$

容易看出,总有 $k > 2$,因为由式(2.1.17)知当 $u \neq 0$ 时
$$M(2u) > 2M(u)$$

Δ_2-条件等价于对较大的 u 值满足不等式
$$M(lu) \leqslant k(l)M(u) \quad (2.4.2)$$

其中 l 可以是任何大于 1 的数.

事实上,假设 $2^n \geqslant l$,则从式(2.4.1)当 $u \geqslant u_0$ 时得

到
$$M(lu) \leqslant M(2^n u) \leqslant k^n M(u) = k(l)M(u)$$
反之,如果 $2 \leqslant l^n$,则从式(2.4.2)得到
$$M(2u) \leqslant M(l^n u) \leqslant k^n(l) M(u)$$

N-函数 $M(u) = a|u|^\alpha (\alpha > 1)$ 可以作为对于一切 u 值均满足 Δ_2-条件的函数的最简单例子,因为
$$M(2u) = a 2^\alpha |u|^\alpha = 2^\alpha M(u)$$

显然,对于较大的 u 值满足 Δ_2-条件,如果
$$\varlimsup_{u \to \infty} \frac{M(2u)}{M(u)} < \infty \qquad (2.4.3)$$

同样不难看出,对于一切 u 值满足 Δ_2-条件,即对一切 $u \geqslant 0$ 满足不等式(2.4.1),等价于条件(2.4.3)和条件
$$\varlimsup_{u \to 0} \frac{M(2u)}{M(u)} < \infty \qquad (2.4.4)$$

如果 $M(u)$ 满足 Δ_2-条件,则任何等价于 $M(u)$ 的 N-函数也满足此条件. 事实上,假设 $M_1(u) \sim M(u)$,这就表明能找到数 $\alpha < \beta$ 与 $u_1 \geqslant 0$,使
$$M(\alpha u) \leqslant M_1(u) \leqslant M(\beta u) \quad (u \geqslant u_1)$$
因而,当 $u \geqslant \max\{u_0, u_1\}$ 时
$$M_1(2u) \leqslant M(2\beta u) \leqslant k\left(\frac{2\beta}{\alpha}\right) M(\alpha u) \leqslant k\left(\frac{2\beta}{\alpha}\right) M_1(u)$$

注 在每一个满足 Δ_2-条件的等价 N-函数类中,有对于一切 u 值满足不等式(2.4.1)的 N-函数. 事实上,假设 $M(u)$ 当 $u \geqslant u_0$ 时满足不等式(2.4.1),如同证明定理 2.3.3 时一样,用等式
$$M_1(u) = \begin{cases} \dfrac{M(u_0)}{u_0^\alpha} |u|^\alpha & \text{当} |u| \leqslant u_0 \text{时} \\ M(u) & \text{当} |u| \geqslant u_0 \text{时} \end{cases}$$

(2.4.5)

确定 N-函数 $M_1(u)$，其中 $\alpha = \dfrac{u_0 p(u_0)}{M(u_0)} > 1$，那么对于一切 u 值

$$M_1(2u) \leqslant \max[2^\alpha, k] M_1(u)$$

2. Δ_2-条件的判别法

定理 2.4.1　欲 N-函数 $M(u)$ 满足 Δ_2-条件，必须且只需存在常数 α 与 $u_0 > 0$，使当 $u \geqslant u_0$ 时

$$\dfrac{up(u)}{M(u)} < \alpha \qquad (2.4.6)$$

其中 $p(u)$ 是 N-函数 $M(u)$ 的右导数.

证明　因为总有 $up(u) > M(u)$，那么 $\alpha > 1$，假定 $u \geqslant u_0$，则由 (2.4.6) 得到

$$\int_u^{2u} \dfrac{p(t)}{M(t)} \mathrm{d}t < \alpha \int_u^{2u} \dfrac{\mathrm{d}t}{t} = \alpha \ln 2$$

即有 $M(2u) < 2^\alpha M(u)$. 这样一来，条件 (2.4.6) 的充分性就证明了.

今假设当 $u \geqslant u_0$ 时

$$M(2u) \leqslant k M(u)$$

那么

$$k M(u) \geqslant M(2u) = \int_0^{2u} p(t)\mathrm{d}t > \int_u^{2u} p(t)\mathrm{d}t > up(u)$$

即当 $u \geqslant u_0$ 时满足不等式 (2.4.6).

定理证毕.

由上述证明可见，$M(u)$ 对于一切 $u > 0$ 满足 Δ_2-条件，如果它对于一切 $u > 0$ 满足不等式 (2.4.6).

定理 2.4.1 使我们能简单地证明，满足 Δ_2-条件的 N-函数 $M(u)$，不比幂函数增加得快，事实上，当其满足 Δ_2-条件时，从式 (2.4.6) 就得到

第一编 凸函数

$$\int_{u_0}^{u} \frac{p(t)}{M(t)} dt < \alpha \int_{u_0}^{u} \frac{dt}{t}$$

即当 $u \geqslant u_0$ 时

$$M(u) < \frac{M(u_0)}{u_0^{\alpha}} u^{\alpha} \qquad (2.4.7)$$

不难验证,N-函数满足 Δ_2-条件,如果它的右导数 $p(u)$ 满足不等式

$$p(2u) \leqslant lp(u) \quad (u \geqslant u_0) \qquad (2.4.8)$$

其中 $l > 1, u_0 \geqslant 0$.

特别,不等式(2.4.8)满足,若函数 $p(u)$ 对于大的自变量的值是凹的,即对于较大的 u_1 和 u_2

$$p\left(\frac{u_1+u_2}{2}\right) \geqslant \frac{p(u_1)+p(u_2)}{2}$$

3. 对余 N-函数的 Δ_2-条件

我们有兴趣的是下面的问题:直接从给定的 N-函数 $N(v)$ 指出它的余 N-函数 $M(u)$ 是否满足 Δ_2-条件?

定理 2.4.2 欲使 N-函数 $N(v)$ 的余函数 $M(u)$ 满足 Δ_2-条件,必须且只需存在常数 $l > 1$ 和 $v_0 \geqslant 0$,使

$$N(v) \leqslant \frac{1}{2l} N(lv) \quad (v \geqslant v_0) \qquad (2.4.9)$$

证明 假设条件(2.4.9)满足,令 $N_1(v) = \frac{1}{2l} N(lv)$. 由等式(2.2.5),$N_1(v)$ 的余 N-函数 $M_1(u)$ 被等式 $M_1(u) = \frac{1}{2l} M(2u)$ 确定,又不等式(2.4.9)可写成

$$N(v) \leqslant N_1(v)$$

于是由定理 2.2.1 得出,当自变量的值较大时

$$M_1(u) \leqslant M(u)$$

也就是

Hölder 定理

$$M(2u) \leqslant 2lM(u)$$

可类似地证明从式(2.4.1)可推出式(2.4.9).

定理证毕.

如果对于一切 $v > 0$ 满足式(2.4.9),则对一切 u, $M(u)$ 满足 Δ_2-条件.

在前一段中曾经指出,N-函数满足 Δ_2-条件,如果它的导数当自变量的值较大时是凹的,显然,函数是凹的,如果它的反函数是凸的,这样一来,N-函数满足 Δ_2-条件,如果它的余 N-函数有凸的导数.

为了证明下一定理,我们需要下面的辅助命题.

引理 2.4.1 假设函数 $p(u)$ 和 $q(v)$ 连续,则欲满足不等式(2.4.6),必须且只需对于较大的 v 值有不等式

$$\frac{vq(v)}{N(v)} > \frac{\alpha}{\alpha - 1} \qquad (2.4.10)$$

证明 例如,我们证明从式(2.4.6)可推出式(2.4.10). 由于式(2.2.7)

$$M(u) = up(u) - N[p(u)]$$

因此从式(2.4.6)得出

$$\frac{up(u)}{up(u) - N[p(u)]} < \alpha \quad (u \geqslant u_0)$$

于是

$$\frac{up(u)}{N[p(u)]} > \frac{\alpha}{\alpha - 1} \quad (u \geqslant u_0) \qquad (2.4.11)$$

在此不等式中令 $u = q(v)$(因为函数 $p(u)$ 和 $q(v)$ 连续,故有 $p(u) = v$),即得式(2.4.10). 类似地可以证明从式(2.4.10)能够推出式(2.4.6).

引理证毕.

由上面所证明的引理和定理 2.4.1 即可得出定理

2.4.3.

定理 2.4.3 假设 N-函数 $N(v)$ 当 v 的值较大时有单调增加的连续导数,则其余 N-函数 $M(u)$ 满足 Δ_2-条件当且仅当对于较大的 v 值有不等式

$$\frac{vq(v)}{N(v)} > \alpha_1 \qquad (2.4.12)$$

其中 $\alpha_1 > 1$.

要证此定理只需指出,从函数 $q(v)$ 的单调性即可得出函数 $p(u)$ 的连续性.

与定理 2.4.1 的情况一样,N-函数 $M(u)$ 对一切 u 满足 Δ_2-条件,如果对一切 $u > 0$ 不等式(2.4.12)满足.

4. 例

我们已经指出,N-函数 $M(u) = a|u|^\alpha (\alpha > 1)$ 对于一切 u 值满足 Δ_2-条件.

作为例子我们来研究 N-函数

$$M(u) = |u|^\alpha (\ln|u| + 1) \qquad (2.4.13)$$

对于此函数,当 $u > 1$ 时

$$\frac{up(u)}{M(u)} = \frac{\alpha + \alpha \ln u + 1}{\ln u + 1}$$

于是

$$\lim_{u \to \infty} \frac{up(u)}{M(u)} = \alpha$$

因此由定理 2.4.1 便知 N-函数(2.4.13)对于较大的 u 值满足 Δ_2-条件. 直接计算可得

$$\lim_{u \to \infty} \frac{M(2u)}{M(u)} = \lim_{u \to 0} \frac{M(2u)}{M(u)} = 2^\alpha$$

即满足条件(2.4.3)和(2.4.4),这表明 N-函数(2.4.13)对一切 u 满足 Δ_2-条件.

Hölder 定理

我们让读者自己证明，N-函数(2.4.13)的余 N-函数也满足 Δ_2-条件.

N-函数
$$N(v) = e^{|v|} - |v| - 1 \qquad (2.4.14)$$
不满足 Δ_2-条件，因为它比任何幂函数都增加得快. 函数 $N(v)$ 的导数等于 $e^v - 1(v \geq 0)$，它是凸的，于是从前一段的注得出，$N(v)$ 的余函数 $M(u)$ 满足 Δ_2-条件. 不难看出，函数 $N(v)$ 满足条件(2.4.9)，也可以直接验证，N-函数(2.4.14)的余函数 $M(u)$ 满足 Δ_2-条件，因为已经知道它的明显表达式(见(2.2.11))
$$M(u) = (1+|u|)\ln(1+|u|) - |u|$$
此时不难看出，对于一切的 u 满足 Δ_2-条件.

现在再来研究 N-函数
$$N(v) = e^{v^2} - 1 \qquad (2.4.15)$$
我们已知其余函数 $M(u)$ 不能找到明显的表达式. 然而不难指出，对于自变量的一切值 $M(u)$ 都满足 Δ_2-条件，为此可利用定理 2.4.2.

我们首先注意，函数 $\varphi(t) = e^{4t} - 4e^t + 3$ 当 $t>0$ 时是单调增加的，因为 $\varphi'(t) = 4e^t(e^{3t} - 1) > 0$. 因此，当 $v > 0$ 时
$$\frac{e^{4v^2} - 1}{4} > e^{v^2} - 1$$
上述不等式是对于函数(2.4.15)当 $l = 2$ 时的条件(2.4.9).

在研究上述例子时可能产生这样的猜测，两个互余 N-函数中至少有一个满足 Δ_2-条件. 此外，还可能产生这样的猜测，每一个比幂函数增加得慢的 N-函数一定满足 Δ_2-条件. 我们引用例子来说明这些猜测都是

错误的.

作 N-函数 $M(u)$,它的导数 $p(t)$ 由等式

$$p(t)=\begin{cases} t & \text{如果 } t\in[0,1) \\ k! & \text{如果 } t\in[(k-1)!,k!)(k=2,3,\cdots) \end{cases}$$

确定.

为了证明 N-函数 $M(u)=\int_0^{|u|}p(t)\mathrm{d}t$ 不满足 Δ_2-条件,我们只需证存在着数列 $u_n\to\infty$,使

$$M(2u_n)>nM(u_n) \quad (n=1,2,\cdots) \quad (2.4.16)$$

假设

$$u_n=n! \quad (n=1,2,\cdots)$$

则

$$M(2u_n)>\int_{n!}^{2n!}p(t)\mathrm{d}t>(n+1)!\cdot n!$$

而

$$nM(u_n)=n\int_0^{n!}p(t)\mathrm{d}t<n\cdot n!\cdot n!$$

于是得到式(2.4.16).

显然,函数 $q(s)$ 由等式

$$q(s)=\begin{cases} s & \text{如果 } s\in[0,1) \\ (k-1)! & \text{如果 } s\in[(k-1)!,k!](k=2,3,\cdots) \end{cases}$$

确定.

我们指出 N-函数 $N(v)=\int_0^{|v|}q(s)\mathrm{d}s$ 也不满足 Δ_2-条件. 为此,考察数列 $v_n=n!$ $(n=1,2,\cdots)$,此时

$$N(2v_n)>\int_{n!}^{2n!}q(s)\mathrm{d}s>n!\cdot n!$$

而

$$nN(v_n)=n\int_0^{n!}q(s)\mathrm{d}s<n\cdot n!\cdot(n-1)!=n!\cdot n!$$

Hölder 定理

即 $N(2v_n) > nN(v_n)$ $(n=1,2,\cdots)$，此函数不比 $\dfrac{v^2}{2}$ 增加得快，因为 $q(s) \leqslant s (s \geqslant 0)$.

§5 Δ'- 条 件

1. 定义

我们称 N-函数 $M(u)$ 满足 Δ'-条件，如果存在正常数 c 和 u_0，使

$$M(uv) \leqslant cM(u)M(v) \quad (u,v \geqslant u_0) \quad (2.5.1)$$

引理 2.5.1 如果 N-函数 $M(u)$ 满足 Δ'-条件，则它满足 Δ_2-条件.

证明 假设 $k = cM(u_0+2)$，即当 $u \geqslant u_0+2$ 时

$$M(2u) \leqslant M[(u_0+2)u] \leqslant cM(u_0+2)M(u) = kM(u)$$

引理证毕.

假设 N-函数 $M(u)$ 满足 Δ'-条件，而 N-函数 $M_1(u)$ 等价于 $M(u)$. 我们指出，此时 $M_1(u)$ 也满足 Δ'-条件，即 Δ'-条件是彼此等价的 N-函数类的特性. 因为 $M(u) \sim M_1(u)$，则存在正常数 k_1, k_2 和 u_1，使

$$M(k_1 u) \leqslant M_1(u) \leqslant M(k_2 u) \quad (u \geqslant u_1)$$
$$(2.5.2)$$

为方便起见，我们认为，$k_1 < 1, u_0, u_1, k_2 > 1$.

由此引理 2.5.1，可以找到 $k_3 > 0$ 和 $u_2 \geqslant 0$，使

$$M\left(\dfrac{\sqrt{k_2}}{k_1} u\right) \leqslant k_3 M(u) \quad (u \geqslant u_2) \quad (2.5.3)$$

因而，当 $u, v \geqslant \max\left\{u_0, u_1, \dfrac{u_2}{k_1}\right\}$ 时

$$M_1(uv) \leqslant M(k_2 uv) < cM(\sqrt{k_2}\,u)M(\sqrt{k_2}\,v)$$
$$\leqslant ck_3^2 M(k_1 u)M(k_1 v) \leqslant ck_3^2 M_1(u)M_1(v)$$

我们还不知道在每一个满足 Δ'-条件的等价 N-函数类中，是否存在对于一切 u,v 都满足该条件的函数.

必须指出，满足 Δ'-条件的 N-函数类与满足 Δ_2-条件的 N-函数类有本质上的不同. 例如，考察函数 $M(u) = \dfrac{u^2}{\ln(e+|u|)}$. 它是 N-函数，因为它的导数 $p(u) = \dfrac{2u(u+e)\ln(u+e) - u^2}{(u+e)\ln^2(u+e)}$ （$u \geqslant 0$）满足条件 (2.1.13) 并且单调增加. 显然仅需证明最后的结论，它可从下列事实推出

$$p'(u) = \frac{2}{(u+e)^2 \ln^3(u+e)}\Big[(u+e)^2 \ln^2(u+e) -$$
$$2u(u+e)\ln(u+e) + u^2 + \frac{u^2 \ln(u+e)}{2}\Big]$$
$$> \frac{2}{(u+e)^2 \ln^3(u+e)}\big[(u+e)\ln(u+e) - u\big]^2$$
$$\geqslant 0 \quad (u>0)$$

N-函数 $M(u)$ 满足 Δ_2-条件，因为

$$\lim_{u\to\infty} \frac{M(2u)}{M(u)} = 4$$

此函数不满足 Δ'-条件，因为

$$\lim_{u\to\infty} \frac{M(u^2)}{M^2(u)} = \infty$$

2. 满足 Δ'-条件的充分判别法

定理 2.5.1 假设存在数 $u_0 > 1$，使得对于每一确定的 $u \geqslant u_0$，函数

$$h(t) = \frac{p(ut)}{p(t)}$$

Hölder 定理

当 $t \geq u_0$ 时是非增的,则 N-函数

$$M(u) = \int_0^{|u|} p(t) \mathrm{d}t$$

满足 Δ'-条件.

证明 假设 $u, v \geq u_0$,于是由定理的条件

$$\frac{p(ut)}{p(t)} \leq \frac{p(uu_0)}{p(u_0)} \quad (t \geq u_0)$$

利用上述不等式于表达式

$$M(uv) = \int_0^{uv} p(t) \mathrm{d}t = u \int_0^v p(ut) \mathrm{d}t$$

$$= u \int_0^{u_0} p(ut) \mathrm{d}t + u \int_{u_0}^v p(ut) \mathrm{d}t$$

中,得到

$$M(uv) \leq uu_0 p(uu_0) + u \frac{p(uu_0)}{p(u_0)} \int_0^v p(t) \mathrm{d}t$$

$$= uu_0 p(uu_0) \left[1 + \frac{M(v)}{u_0 p(u_0)} \right]$$

又因为

$$uu_0 p(uu_0) < \frac{1}{u_0 - 1} \int_{uu_0}^{uu_0^2} p(t) \mathrm{d}t$$

$$\leq \frac{1}{u_0 - 1} \int_0^{uu_0^2} p(t) \mathrm{d}t = \frac{M(uu_0^2)}{u_0 - 1}$$

则

$$M(uv) \leq \frac{M(uu_0^2)}{u_0 - 1} \left[1 + \frac{M(v)}{u_0 p(u_0)} \right] \quad (2.5.4)$$

从最后的不等式得出,N-函数 $M(u)$ 满足 Δ_2-条件. 事实上,从(2.5.4)于 $u = u_0$ 时可推出

$$M(u_0 v) \leq \frac{2M(u_0^3)}{(u_0 - 1) u_0 p(u_0)} M(v) \quad (v \geq v_0)$$

其中 v_0 是使 $M(v_0) > u_0 p(u_0)$ 的数.

由 Δ_2-条件可找到数 $k>0$,使当 $u \geqslant v_0$ 时
$$M(uu_0^2) \leqslant kM(u)$$
这意味着从(2.5.4)得出
$$M(uv) \leqslant \frac{2k}{(u_0-1)u_0 p(u_0)} M(u)M(v) \quad (u,v \geqslant v_0)$$
定理证毕.

现在假定对于较大的 t 值函数 $p(t)$ 可微.

引理 2.5.2 函数
$$h(t) = \frac{p(ut)}{p(t)}$$
对于确定的 $u \geqslant u_0 > 1$ 当 $t \geqslant u_0$ 时非增,如果函数
$$g(t) = \frac{tp'(t)}{p(t)}$$
当 $t \geqslant u_0$ 时非增.

证明 函数 $h(t)$ 当 $t \geqslant u_0$ 时非增的充要条件为它的导数
$$h'(t) = \frac{up'(ut)p(t) - p'(t)p(ut)}{p^2(t)}$$
当 $t \geqslant u_0$ 时是非正的,即
$$\frac{up'(ut)}{p(ut)} \leqslant \frac{p'(t)}{p(t)}$$
而最后的不等式可从引理的条件直接得出.

引理证毕.

从这个引理和定理 2.5.1 得到:

定理 2.5.2 假设对于较大的 t 值函数 $p(t)$ 可微,并且函数
$$g(t) = \frac{tp'(t)}{p(t)} \qquad (2.5.5)$$
非增,则 N-函数

Hölder 定理

$$M(u) = \int_0^{|u|} p(t)\,\mathrm{d}t$$

满足 Δ'-条件.

3. 余函数的 Δ'-条件

定理 2.5.3 假设 N-函数 $M(u)$ 的导数 $p(u)$ 当 $u \geq u_0 > 1$ 时可微,并且函数

$$g(t) = \frac{tp'(t)}{p(t)}$$

当 $t \geq u_0$ 时非减,则 N-函数 $M(u)$ 的余 N-函数

$$N(v) = \int_0^{|v|} q(s)\,\mathrm{d}s$$

满足 Δ'-条件.

证明 因为函数 $g(t)$ 非减,则对充分大的 t,它取正值,这意味着,对自变量较大的值 $p'(t) > 0$. 于是得出函数 $p(t)$ 的反函数 $q(s)$ 的可微性.

由引理 2.5.2,为了证明此定理,只要能找到 $s_0 > 1$,使当 $s \geq s_0$ 时函数

$$g_1(s) = \frac{sq'(s)}{q(s)}$$

非增.

假定 $s = p(t)$,则当 $t > t_0 = \max\{u_0, q(1)\}$, $s > s_0 = p(t_0) > 1$ 时有

$$q'(s) = \frac{1}{p'(t)}$$

$$g_1(s) = \frac{sq'(s)}{q(s)} = \frac{p(t)}{tp'(t)} = \frac{1}{g(t)}$$

又因为函数 $g(t)$ 非减,故函数 $g_1(s)$ 非增.

定理证毕.

在下一节里,我们将分出满足 Δ'-条件的 N-函数类.

4. 例

如果

$$M_1(u) = \frac{|u|^\alpha}{\alpha} \quad (\alpha > 1)$$

则显然对于一切 u, v

$$M_1(uv) = \alpha M_1(u) M_1(v)$$

即 $M(u)$ 满足 Δ'-条件.

N-函数

$$M_2(u) = |u|^\alpha (|\ln|u|| + 1) \quad (\alpha > 1)$$

给出对一切 u, v 满足 Δ'-条件的 N-函数的第二个例子.

事实上

$$M_2(uv) = |uv|^\alpha (|\ln|uv|| + 1)$$
$$\leq |u|^\alpha |v|^\alpha (|\ln|u|| + |\ln|v|| + 1)$$
$$\leq |u|^\alpha (|\ln|u|| + 1) \cdot |v|^\alpha (|\ln|v|| + 1)$$
$$= M_2(u) M_2(v)$$

现在考察 N-函数

$$M_3(u) = (1 + |u|) \ln(1 + |u|) - |u|$$

函数

$$Q(u) = u \ln u$$

对于较大的 u 值是凸的, 并且满足条件(2.3.6), 由定理 2.3.3, 函数 $Q(u)$ 是某个 N-函数 $\Phi(u)$ 的主部: гл. ч. $\Phi(u) = Q(u)$.

又由定理 2.5.2, 函数 $\Phi(u)$ 满足 Δ'-条件, 因为

$$g(t) = \frac{\ln t + 1}{\ln t} = 1 + \frac{1}{\ln t}$$

N-函数 $\Phi(u)$ 和 $M_3(u)$ 满足条件(2.3.4), 因而是等价的, 这意味着, N-函数 $M_3(u)$ 满足 Δ'-条件.

Hölder 定理

看来 N-函数 $M_3(u)$ 不是对一切的 u,v 都满足 Δ'-条件. 事实上, 如果存在常数 c, 使对一切 u,v 均有
$$M(uv) \leqslant cM(u)M(v)$$
则函数
$$f(u,v) = \frac{M(u)M(v)}{M(uv)}$$
$$= \frac{[(1+|u|)\ln(1+|u|) - |u|][(1+|v|)\ln(1+|v|) - |v|]}{(1+|uv|)\ln(1+|uv|) - |uv|}$$
的值以正数 $\frac{1}{c}$ 为下界. 但若假定 $u = n, v = \frac{1}{\sqrt{n}}$, 则容易验证
$$\lim_{n \to \infty} f\left(n, \frac{1}{\sqrt{n}}\right) = 0$$

作为最后一个例子, 我们指出, 利用定理 2.5.3 能够验证 N-函数
$$M(u) = (1 + |u|)^{\sqrt{\ln(1+|u|)}} - 1$$
的余 N-函数 $N(v)$ 满足 Δ'-条件, 对于 $M(u)$ 函数
$$g(t) = \frac{tp'(t)}{p(t)} = \left[\frac{3}{2}\sqrt{\ln(1+t)} - 1 + \frac{1}{2\ln(1+t)}\right]\frac{1}{1+t}$$
当 t 值较大时单调增加, 因为它的导数
$$g'(t) = \frac{t}{(1+t)^2}\left[\frac{3}{2\sqrt{\ln(1+t)}} - \frac{1}{2\ln^2(1+t)}\right] +$$
$$\frac{1}{(1+t)^2}\left[\frac{3}{2}\sqrt{\ln(1+t)} - 1 + \frac{1}{2\ln(1+t)}\right]$$
是正的.

第一编　凸函数

§6　较幂函数增加得快的 N-函数

1. Δ_3-条件

我们称 N-函数 $M(u)$ 满足 Δ_3-条件,如果它等价于 N-函数 $|u|M(u)$.因为当 $u>1$ 时总有 $|u|M(u)>M(u)$,所以 Δ_3-条件意味着,当 u 值大于某 u_0 时

$$|u|M(u)<M(ku) \qquad (2.6.1)$$

其中 k 是某一常数.

如果 N-函数 $M(u)$ 满足 Δ_3-条件,则容易看出,等价于 $M(u)$ 的一切 N-函数均满足此条件.

具有主部 $e^u, e^{u^2}, u^{\ln u}$ 等的 N-函数 $M(u)$,可以作为满足 Δ_3-条件的 N-函数的例子,因为它们显然满足条件 (2.6.1).

在所有引用的例子中,N-函数 $M(u)$ 比任何幂函数增加得快.这并不是偶然的,因为每一个满足 Δ_3-条件的 N-函数 $M(u)$,都比任何幂函数 u^n 增加得快.事实上,由式 (2.6.1) 当 $u \geqslant u_0 k^n$ 时

$$M(u) > \frac{u}{k} M\left(\frac{u}{k}\right) > \frac{u^2}{k^3} M\left(\frac{u}{k^2}\right) > \cdots$$

$$> \frac{u^n}{k^{\frac{n(n+1)}{2}}} M\left(\frac{u}{k^n}\right) > \frac{M(u_0)}{k^{\frac{n(n+1)}{2}}} u^n$$

然而并非一切比任何幂函数增加得快的 N-函数都满足 Δ_3-条件,例如,对于 гл. ч. $M(u)=u^{\sqrt{\ln u}}$ 的 N-函数 $M(u)$ 就不满足此条件,因为它对于任何 $k>0$

$$\lim_{u \to \infty} \frac{M(ku)}{|u|M(u)} = 0$$

Hölder 定理

2. 余函数的估计式

定理 2.6.1　假设 N-函数 $M(u)$ 满足 Δ_3-条件,则其余 N-函数 $N(v)$ 对于较大的 v 值满足不等式

$$k_1 v M^{-1}(k_1 v) \leq N(v) \leq k_2 v M^{-1}(k_2 v) \quad (2.6.2)$$

其中 $M^{-1}(v)$ 是函数 $M(u)$ 的反函数,$k_1 \leq k_2$ 是常数.

证明　我们首先指出,N-函数

$$M_1(u) = \int_0^{|u|} M(t)\,dt$$

等价于 N-函数 $M(u)$. 事实上,根据定理的条件,当 u 较大时

$$M_1(u) = \int_0^u M(t)\,dt < uM(u) \leq M(ku)$$

其中 k 是常数. 另一方面,当 $u > 1$ 时

$$M_1(2u) = \int_0^{2u} M(t)\,dt > \int_u^{2u} M(t)\,dt > uM(u) > M(u)$$

可见 $M_1(u) \sim M(u)$.

因此 $M_1(u)$ 的余函数 $N_1(v)$ 等价于 $N(v)$. 显然,我们可以直接写出函数 $N_1(v)$

$$N_1(v) = \int_0^{|v|} M^{-1}(t)\,dt \quad (2.6.3)$$

于是得到

$$N_1(v) < |v| M^{-1}(|v|)$$

和

$$N_1(v) = \int_0^{|v|} M^{-1}(t)\,dt > \int_{\frac{|v|}{2}}^{|v|} M^{-1}(t)\,dt > \frac{|v|}{2} M^{-1}\left(\frac{|v|}{2}\right)$$

从最后的不等式和 $N_1(v) \sim N(v)$ 即可推出式 (2.6.2).

定理证毕.

第一编 凸函数

注 当 v 充分大时,不等式(2.6.2)的左端对于任何函数 $M(u)$(没有关于 Δ_3-条件的假设)和任何常数 $k_1 < 1$ 都是正确的,事实上,从杨格不等式得出,当 v 较大时

$$k_1 v M^{-1}(k_1 v) \leqslant k_1 N(v) + k_1^2 v < N(v)$$

3. 等价余 N-函数的构造

我们已经指出,仅在个别的情况下余 N-函数才可能有明显的表达式. 然而对于应用来说,在很多情况下并不需要知道余 N-函数的精确公式,而只要知道任何与它等价的 N-函数的公式就够了,现在来说明对于某些 N-函数类我们能够给出等价余 N-函数的公式,而其中的一类就可以借助 Δ_3-条件加以表示.

从定理 2.6.1 直接得出:

定理 2.6.2 假设 N-函数 $M(u)$ 满足 Δ_3-条件,又假设函数 $Q(v) = |v| M^{-1}(|v|)$ 是某 N-函数 $\Psi(v)$ 的主部,则 $\Psi(v) \sim N(v)$.

为了使得函数 $Q(v)$ 是某 N-函数的主部,显然只需当 $v \to \infty$ 时函数 $Q'(v)$ 单调增加地趋向于无穷,因为当 $v > 0$ 时

$$Q'(v) = M^{-1}(v) + \frac{v}{p[M^{-1}(v)]}$$

所以

$$\lim_{v \to \infty} Q'(v) = \infty$$

易见欲使 $Q'(v)$ 单调增加,又只需 $Q''(v)$ 对于较大的 v 值是非负的. 而最后的条件满足,如果对于较大的 u 值

$$2p^2(u) - M(u)p'(u) \geqslant 0 \qquad (2.6.4)$$

例如,гл. ч. $M_1(u) = e^u$,гл. ч. $M_2(u) = e^{u^2}$,гл. ч. $M_3(u) = u^{\ln u}$ 的 N-函数 $M_1(u), M_2(u), M_3(u)$ 就满足

Hölder 定理

这个不等式.因此它们的余 N-函数相应地等价于 N-函数 $\Psi_1(v),\Psi_2(v),\Psi_3(v)$ 而

$$\text{гл. ч. } \Psi_1(v) = v\ln v, \text{гл. ч. } \Psi_2(v) = v\sqrt{\ln v}$$

$$\Psi_3(v) = v^{1+\frac{1}{\sqrt{\ln v}}} \text{的主部} \qquad (2.6.5)$$

前面我们曾经指出,满足 Δ_3-条件的 N-函数 $M(u)$ 比任何幂函数 $|u|^\alpha (\alpha > 1)$ 都增加得快,这表明

$$M(u) > \frac{u^\alpha}{\alpha} \quad (u \geq u_0)$$

其中 u_0 是某个非负数.因而对于余函数从定理 2.2.1 可推出

$$N(v) < \frac{v^\beta}{\beta} \quad \left(\frac{1}{\alpha} + \frac{1}{\beta} = 1\right)$$

这样一来,满足 Δ_3-条件的 N-函数的余 N-函数比任何幂函数 $v^\beta (\beta > 1)$ 都增加得慢.例如(2.6.5)的函数就是如此.

在考察比任何幂函数都增加得慢的 N-函数时,自然会产生这样的猜测:它是某个满足 Δ_3-条件的 N-函数的余函数,这个猜测在许多情况下能够实现.例如,考虑 N-函数 $N(v)$,对于它 гл. ч. $N(v) = v(\ln v)^2$,如果将它写成

$$N(v) = vQ^{-1}(v) \text{的主部}$$

则 $Q(u) = e^{\sqrt{u}}$,显然 $Q(u)$ 是某个满足 Δ_3-条件的 N-函数 $M_1(u)$ 的主部.由定理 2.6.2,$N(v)$ 等价于 $N_1(v)$.

前面例子所进行的讨论,包含了作出相当广泛的一类比任何幂函数增加得慢的 N-函数的等价余 N-函数的普遍方法.假设已给 N-函数 $N(v)$,把它写成 $N(v) = |v|Q^{-1}(|v|)$.如果判明函数 $Q(u)$ 是满足 Δ_3-条件的 N-函数 $M_1(u)$ 的主部,则从定理 2.6.2 可

84

知 $M_1(u) < M(u)$,其中 $M(u)$ 是 $N(v)$ 的余 N-函数.

我们还可能从另外的途径作出比任何幂函数 $v^\beta(\beta>1)$ 增加得慢的 N-函数的等价余 N-函数. 假设 $q(v) = N'(v)$,并且函数 гл. ч. $q^{-1}(u) = M_1(u)$,其中 $M_1(u)$ 是满足 Δ_3-条件的 N-函数,于是从定理2.6.1的证明过程中可知

$$M_1(u) \sim M_2(u) = \int_0^{|u|} M_1(t)\mathrm{d}t$$

这就意味着与 $M_1(u)$ 及 $M_2(u)$ 相应的余 N-函数 $N_1(v)$ 及 $N_2(v)$ 等价,并且

$$N_2(v) = \int_0^{|v|} M_1^{-1}(s)\mathrm{d}s$$

因为当 v 的值很大时 $M_1^{-1}(v) = q(v)$,所以 $N_2(v) \sim N(v)$,因而 $M_2(u) \sim M(u)$,于是 N-函数 $M_1(u)$ 即为所求的等价于 $M(u)$ 的函数.

4. 余函数的复合函数

假设 $M(u)$ 和 $Q(u)$ 都是 N-函数.

N-函数 $M(u)$ 和 $M[Q(u)]$ 任何时候也不会等价,因为对于任何 $k>0$

$$\lim_{u\to\infty}\frac{M[Q(u)]}{M(ku)} = \infty$$

而这一点又可从下列事实推出,由于对于充分大的 u

$$Q(u) > nku, M(nku) > nM(ku)$$

其中 n 是任何已给定的数,所以

$$\frac{M[Q(u)]}{M(ku)} > \frac{M(nku)}{M(ku)} > n$$

然而,N-函数 $M(u)$ 和 $Q[M(u)]$ 在某种情况下还是可能等价的. 在此情况下,如果 $M_1(u) \sim M(u)$ 和 $Q_1(u) \sim Q(u)$,那么函数 $M_1(u)$ 和 $Q_1[M_1(u)]$ 等价

Hölder 定理

当且仅当 N-函数 $M(u)$ 和 $Q[M(u)]$ 等价.

我们再作一个明显的附注: 如果 $M(u) \sim Q[M(u)]$, 则 $M(u) \sim Q[Q[\cdots Q[M(u)]]]$.

定理 2.6.3 欲 N-函数 $M(u)$ 满足 Δ_3-条件, 必须且只需满足关系式
$$N[M(u)] \sim M(u)$$
其中 $N(v)$ 是 $M(u)$ 的余函数.

证明 假设 $M(u)$ 满足 Δ_3-条件. 今证 $N_1[M(u)] \sim M(u)$, 其中 $N_1(v)$ 是由等式 (2.6.3) 所定义的 N-函数. 因为 $N_1(v) \sim N(v)$, 所以定理条件的必要性就证明了.

根据函数 $N_1(v)$ 的定义
$$N_1(v) \leq |v| M^{-1}(|v|)$$
于是对于较大的 u 值
$$N_1[M(u)] \leq M(u) u \leq M(ku)$$
这是因为 $|u| M(u) \sim M(u)$.

另一方面, 对于任意 N-函数 $N_1(v)$, 当自变量的值较大时
$$N_1[M(u)] > M(u)$$
这样一来, $N_1[M(u)] \sim M(u)$.

现在来证明定理条件的充分性. 设 $N[M(u)] \sim M(u)$, 即对自变量较大的值有 $N[M(u)] \leq M(k_1 u)$. 又因为由 Jensen 不等式, 当自变量的值较大时
$$vM^{-1}(v) \leq N(v) + v < 2N(v)$$
因此对较大的 u 值
$$uM(u) \leq 2N[M(u)] \leq 2M(k_1 u) < M(2k_1 u)$$
这样一来, N-函数 $M(u)$ 满足 Δ_3-条件.

定理证毕.

第一编 凸函数

假设 $M(u)$ 与 $Q(u)$ 是两个 N-函数,其中的第一个满足 Δ_3-条件. 今证复合函数 $M[Q(u)]$ 与 $Q[M(u)]$ 仍然满足 Δ_3-条件. 此结论的正确性可以从当自变量的值较大时

$$uM[Q(u)] \leq Q(u)M[Q(u)] \leq M[kQ(u)] \leq M[Q(ku)]$$

和

$$uQ[M(u)] \leq Q[uM(u)] \leq Q[M(ku)]$$

这一串明显的不等式得出.

5. Δ^2-条件

在许多情况中,$M(u)$ 和 $Q[M(u)]$ 等价仅当 $Q(u)$ 真正比函数 $M(u)$ 的余函数 $N(v)$ 增加得快,今后我们有兴趣的是 $Q(v) = v^2$ 的情形.

我们称 N-函数 $M(u)$ 满足 Δ^2-条件,如果

$$M(u) \sim M^2(u)$$

即如果存在这样的 $k > 1$,使对一切充分大的 u

$$M^2(u) \leq M(ku) \tag{2.6.6}$$

容易看出,N-函数 $M(u)$ 满足 Δ^2-条件,如果对于某个 $\alpha > 1$,$M(u) \sim M^{\alpha}(u)$. 反之,如果 N-函数 $M(u)$ 满足 Δ^2-条件,则对于任何 $\alpha > 1$,$M(u) \sim M^{\alpha}(u)$.

可以直接验证,如果 $M(u)$ 的任何一个等价 N-函数满足 Δ^2-条件,则 N-函数 $M(u)$ 满足 Δ^2-条件.

主部为 e^u, e^{u^2} 等的 N-函数可以作为满足 Δ^2-条件的函数的例子.

如果 N-函数 $M(u)$ 满足 Δ^2-条件,那么它满足 Δ_3-条件. 事实上,从 Δ^2-条件得出,存在 $k > 1$,使对较大的 u 值有 $M(ku) \geq M^2(u)$. 又因当 u 值较大时 $M(u) > u$,故 $M(ku) > uM(u)$,即满足不等式 (2.6.1),这就表明 N-函数 $M(u)$ 满足 Δ_3-条件.

Hölder 定理

然而,满足 Δ_3-条件的 N-函数类比满足 Δ^2-条件的 N-函数类更为广泛,例如,主部为 $u^{\ln u}$ 的 N-函数 $M(u)$ 满足 Δ_3-条件,而不满足 Δ^2-条件,因为对于任何 $k>0$

$$\lim_{u\to\infty}\frac{u^{2\ln u}}{(ku)^{\ln ku}}=\infty$$

我们曾经在前面指出,每一个满足 Δ_2-条件的 N-函数比某个幂函数增加得慢,这个事实不仅仅对于 N-函数正确. 事实上,假设 $f(u)$ 是任意非负的非减函数并且当 $u\geqslant u_0$ 时满足不等式

$$f(2u)\leqslant kf(u)$$

那么从 $2^n u_0 < u \leqslant 2^{n+1} u_0$ 可推出 $k^n < \left(\dfrac{u}{u_0}\right)^{\ln 2k}$ 和

$$f(u)\leqslant k^{n+1}f(u_0)\leqslant kf(u_0)\left(\frac{u}{u_0}\right)^{\ln 2k}$$

今考察当 $u\geqslant u_0$ 时满足不等式

$$2f(u)<f(ku) \tag{2.6.7}$$

的非减函数 $f(u)$,显然 $k>1$. 假设 $k^n u_0 < u \leqslant k^{n+1} u_0$,那么 $2^n \geqslant \left(\dfrac{u}{ku_0}\right)^{\ln k^2}$ 并且

$$f(u) > f(k^n u_0) > 2^n f(u_0) \geqslant f(u_0)\left(\frac{u}{ku_0}\right)^{\ln k^2}$$

这样一来,从式(2.6.7)得出,当 u 的值较大时

$$f(u) > u^\alpha \tag{2.6.8}$$

其中 $\alpha < \ln k^2$.

引理 2.6.1 假设正的非减函数 $p(u)$ 当自变量的值较大时大于 1 并且满足不等式

$$p^2(u) < p(ku) \tag{2.6.9}$$

则存在这样的 $\alpha > 0$,使当 u 的值较大时

$$p(u) > e^{u^\alpha}$$

证明 由引理的条件得知,函数 $f(u)=\ln p(u)$ 满足不等式(2.6.7). 因此它满足不等式(2.6.8),即
$$\ln p(u) > u^{\alpha}$$
引理证毕.

由此引理可推出,每一个满足 Δ^2-条件的 N-函数,当自变量的值较大时要比某个函数 e^{u^α} 增加得快.

定理 2.6.4 假设 N-函数 $M(u)$ 的右导数 $p(u)$ 当 $u \geqslant u_0$ 时满足条件(2.6.9),则 $M(u)$ 满足 Δ^2-条件.

证明 由于引理 2.6.1,可以认为当 $u \geqslant u_0$ 时 $2u < p(ku)$. 因此当 $u \geqslant u_0$ 时
$$2up^2(u) < 2up(ku) < p^2(ku) < p(k^2 u)$$
于是由不等式 $M(u) < up(u)$ 可推出,当 $u > u_0$ 时
$$M^2(u) = 2\int_0^u M(t)p(t)\,\mathrm{d}t \leqslant M^2(u_0) +$$
$$2\int_{u_0}^u tp^2(t)\,\mathrm{d}t < M^2(u_0) +$$
$$\int_0^u p(k^2 t)\,\mathrm{d}t < M^2(u_0) + M(k^2 u)$$

又当 u 的值较大时 $M^2(u_0) < M(k^2 u)$,因此由上述不等式得到
$$M^2(u) < 2M(k^2 u) < M(2k^2 u)$$
定理证毕.

我们已经指出,满足 Δ^2-条件的 N-函数比某个形如 $e^{u^\alpha}(\alpha > 0)$ 的函数增加得快,反之并不成立. 请读者自己举出这样的 N-函数的例子,它比某个函数 $e^{u^\alpha}(\alpha > 0)$ 增加得快,然而既不满足 Δ^2-条件,也不满足 Δ_3-条件.

下列结论给出 N-函数 $M(u)$ 满足 Δ^2-条件的简明判别法.

Hölder 定理

假设能找到这样的 $\alpha > 0$,使函数

$$\varphi(u) = \frac{\ln M'(u)}{u^{\alpha}} \qquad (2.6.10)$$

当 u 的值大于某个 u_0 时是非减的,则 N-函数 $M(u)$ 满足 Δ^2-条件.

事实上,假设 $u \geqslant u_0$,则

$$M^2(u) = e^{2\ln M(u)} = e^{2u^{\alpha}\frac{\ln M(u)}{u^{\alpha}}} \leqslant e^{2u^{\alpha}\frac{\ln M(2^{\frac{1}{\alpha}}u)}{2u^{\alpha}}} = M(2^{\frac{1}{\alpha}}u)$$

此外又因为对于充分大的 u 值

$$M(u) < M^2(u)$$

所以

$$M(u) \sim M^2(u)$$

这就是我们所要证明的结论.

我们已经指出,N-函数 $M(u)$ 与 $Q(u)$ 的复合函数 $M[Q(u)]$ 与 $Q[M(u)]$ 满足 Δ_3-条件,如果 N-函数 $M(u)$ 满足此条件. 今假设 $M(u)$ 满足 Δ^2-条件,此时 $M[Q(u)]$ 仍然满足 Δ^2-条件,这是因为对于较大的 u 值

$$M^2[Q(u)] < M[kQ(u)] < M[Q(ku)]$$

让我们来说明,这时 N-函数 $Q[M(u)]$ 可能不满足 Δ^2-条件,并且更进一步对于无论什么样的 N-函数 $M(u)$ 总可作出这样的 N-函数 $Q(u)$,使 $Q[M(u)]$ 不满足 Δ^2-条件.

假设

$$0 < v_0 < M(v_0) < v_1 < M(v_1) < \cdots < v_n < M(v_n) < \cdots$$

定义 N-函数 $Q(u)$,当 $0 < u < M(v_0)$ 时它等于 u^2,而在每一个区间 $M(v_{n-1}) \leqslant u \leqslant M(v_n)$ 上定义它为线性函数 $Q(v_{n-1}) + k_n[u - M(v_{n-1})]$. 选择角系数 k_n 使其恒

增,以使 $Q(u)$ 是凸函数,并且更进一步可以要求这些角系数增加的速度达到这种程度,使对于一切 n 都能满足不等式

$$\{Q(v_{n-1}) + k_n[v_n - M(v_{n-1})]\}^2$$
$$> Q(v_{n-1}) + k_n[M(v_n) - M(v_{n-1})]$$

此时 N-函数 $Q(u)$ 满足不等式

$$Q^2(v_n) > Q[M(v_n)] \quad (n = 1, 2, \cdots)$$

假设 $v_n = M(u_n)$. 不失一般性,我们可以认为 $M(u_n) > nu_n$,那么从所得到的不等式可推出

$$Q^2[M(u_n)] > Q\{M[M(u_n)]\} > Q[M(nu_n)]$$

这表明复合函数 $Q[M(u)]$ 不满足 Δ^2-条件.

6. 余函数的性质

定理 2.6.5 假设 N-函数 $N(v)$ 满足 Δ_3-条件,则 $M(u)$ 的余 N-函数 $N(v)$ 满足 Δ_2-条件.

证明 假设 k_1 和 k_2 是式(2.6.2)所确定的常数,则因 $M^{-1}(v)$ 是凹函数,又 $\dfrac{2k_2}{k_1} > 1$,故

$$M^{-1}\left(\frac{2k_2}{k_1}v\right) < \frac{2k_2}{k_1} M^{-1}(v)$$

因而由式(2.6.2),对于较大的 v 值

$$N(2v) \leq 2k_2 v M^{-1}(2k_2 v) < 2k_2 v \cdot \frac{2k_2}{k_1} M^{-1}(k_1 v)$$

$$\leq \left(\frac{2k_2}{k_1}\right)^2 N(v)$$

于是得到定理的结论.

定理 2.6.6 假设 N-函数 $M(u)$ 满足 Δ^2-条件,则它的余 N-函数 $N(v)$ 满足 Δ'-条件.

证明 因为 $M(u)$ 满足 Δ^2-条件,所以可以找到这

Hölder 定理

样的常数 t_0, k, 使当 $t \geq t_0$ 时
$$M(kt) \geq M^2(t)$$
不失一般性,可以认为 $t_0 > 1$.

假设 $t \geq s \geq t_0$,那么
$$M(kts) > M(kt) > M^2(t) \geq M(t)M(s)$$
在最后的不等式中,令 $t = M^{-1}(u), s = M^{-1}(v)$,则当 $u, v \geq M(t_0)$ 时我们得到
$$M^{-1}(uv) \leq kM^{-1}(u)M^{-1}(v)$$

由于在最后的不等式中对称地含有 u 和 v,因此它对一切的 $u, v \geq M(t_0)$ 都正确.

因为 N-函数 $M(u)$ 满足 Δ^2-条件,所以它也满足 Δ_3-条件. 由式(2.6.2)能找到这样的 $u_0 \geq M(t_0) + 1$,使当 $u \geq u_0$(或 $v \geq u_0$)时
$$k_1 u M^{-1}(k_1 u) \leq N(u) \leq k_2 u M^{-1}(k_2 u)$$
其中 k_1 和 k_2 是某个常数. 因而,当 $u, v \geq u_0$ 时
$$N(uv) \leq k_2 uv M^{-1}(k_2 uv)$$
$$= (\sqrt{k_2} u)(\sqrt{k_2} v) M^{-1}(\sqrt{k_2} u \sqrt{k_2} v)$$
故得
$$N(uv) \leq k \sqrt{k_2} u M^{-1}(\sqrt{k_2} u) \sqrt{k_2} v M^{-1}(\sqrt{k_2} v)$$
最后有
$$N(uv) \leq kN\left(\frac{\sqrt{k_2}}{k_1} u\right) N\left(\frac{\sqrt{k_2}}{k_1} v\right)$$
于是由上述定理 N-函数 $N(v)$ 满足 Δ_2-条件. 因此,从最后的不等式可推出,对于 u, v 较大的值
$$N(uv) \leq cN(u)N(v)$$
其中 c 是某个常数.

定理证毕.

定理 2.6.7 假设 N-函数 $M(u)$ 满足 Δ_3-条件,则其余 N-函数 $N(v)$ 满足 Δ'-条件的充要条件为对于 u 和 v 的较大值有不等式

$$M(uv) \geqslant M(\alpha u) M(\beta v) \quad (2.6.11)$$

其中 α, β 是某个数.

证明 假设满足条件(2.6.11),则对于较大的 u, v 不等式

$$M^{-1}(uv) \leqslant \frac{M^{-1}(u) M^{-1}(v)}{\alpha \beta}$$

成立. 由此不等式和定理 2.6.2 得到

$$N(uv) \leqslant k_2 uv M^{-1}(k_2 uv) \leqslant \frac{k_2 uv}{\alpha \beta} M^{-1}(k_2 u) M^{-1}(v)$$

$$\leqslant \frac{1}{\alpha \beta} N\left(\frac{k_2}{k_1} u\right) N\left(\frac{1}{k_1} v\right)$$

同时因由定理 2.6.5 知 $N(v)$ 满足 Δ_2-条件,故

$$N(uv) \leqslant c N(u) N(v)$$

条件(2.6.11)的充分性证毕.

假设 $N(v)$ 满足 Δ'-条件,由此及定理(2.6.2)表明,当 u, v 的值较大时

$$uv M^{-1}(uv) \leqslant k u M^{-1}(u) v M^{-1}(v)$$

因而得出,当自变量的值较大时

$$M(kuv) \geqslant M(u) M(v)$$

定理证毕.

由此定理及定理 2.6.6 可推出,满足 Δ^2-条件的 N-函数一定满足不等式(2.6.11). 此时还可以得到更强的结论:如果 $M(u)$ 满足 Δ^2-条件,则可以找到这样的 $u_0 > 0$,使当 $u, v \geqslant u_0$ 时

$$M(uv) \geqslant M(u) M(v) \quad (2.6.12)$$

Hölder 定理

应该取这样的数作为 u_0,使当 $u \geqslant u_0$ 时 $M^2(u) \leqslant M(u_0 u)$. 于是当 $u \geqslant v \geqslant u_0$ 时

$$M(u)M(v) \leqslant M^2(u) \leqslant M(u_0 u) \leqslant M(uv)$$

条件(2.6.11)通常容易检验. 例如,考察 N-函数 $M(u)$,гл. ч. $M(u) = u^{\ln u}$. 它满足 Δ_3-条件. 又条件 (2.6.11)意味着,对于较大的 u, v

$$e^{(\ln u + \ln v)^2} > e^{\ln^2 u} e^{\ln^2 v}$$

7. 余函数的 Δ^2-条件的判别法

在许多情况中,需要研究这样的 N-函数,它没有明显的表达式,只是给出其余函数 $N(v)$ 的公式. 自然发生下面的问题(该问题在以前研究另外的 N-函数类时已经解决过):如何由函数 $N(v)$ 来确定其余函数 $M(u)$ 是否满足 Δ^2-条件?

我们首先建立关于任意 N-函数的一个引理.

假设 $\Phi(u)$ 是 N-函数,由(2.1.18)可知,函数 $\dfrac{\Phi(u)}{u}$ 当 $u > 0$ 时是单调增加的,并且有 $\lim\limits_{u \to 0} \dfrac{\Phi(u)}{u} = 0$ 和 $\lim\limits_{u \to \infty} \dfrac{\Phi(u)}{u} = \infty$. 因此函数

$$\Phi_1(u) = \int_0^{|u|} \dfrac{\Phi(t)}{t} dt$$

是 N-函数.

引理 2.6.2 $\Phi_1(u) \sim \Phi(u)$.

证明 显然 $\Phi_1(u) \leqslant \Phi(u)$;另一方面,当 $u > 0$ 时

$$\Phi_1(u) = \int_0^u \dfrac{\Phi(t)}{t} dt > \int_{\frac{u}{2}}^u \dfrac{\Phi(t)}{t} dt > \Phi\left(\dfrac{u}{2}\right)$$

引理证毕.

定理 2.6.8 N-函数 $M(u)$ 满足 Δ^2-条件的充要条

第一编　凸函数

件为其余 N-函数 $N(v)$ 当自变量的值较大时满足不等式

$$\frac{N(v)}{v} < k \frac{N(\sqrt{v})}{\sqrt{v}} \quad (2.6.13)$$

其中 k 是某个数.

必要性　注意,满足 Δ^2-条件意味着,对于较大的 u 值

$$M^2(u) < M(k_1 u)$$

由此得知,对于较大的自变量的值

$$M^{-1}(v) \leqslant k_1 M^{-1}(\sqrt{v}) \quad (2.6.14)$$

其中 $M^{-1}(v)$ 是 $M(u)$ 的反函数.

因为函数 $M(u)$ 满足 Δ_3-条件,所以由定理 2.6.1,对于很大的自变量的值

$$vM^{-1}(v) < N(k_2 v) \quad (2.6.15)$$

和

$$N(v) \leqslant k_3 v M^{-1}(k_3 v) \quad (2.6.16)$$

由(2.6.16)与(2.6.14)可知

$$\frac{N(v)}{v} < k_3 M^{-1}(k_3 v) < k_1 k_3 M^{-1}(\sqrt{k_3 v})$$

又由(2.6.15)得

$$\frac{N(v)}{v} < \frac{k_1 k_3}{\sqrt{k_3 v}} N(k_2 \sqrt{k_3 v}) \quad (2.6.17)$$

由定理 2.6.5,函数 $N(v)$ 满足 Δ_2-条件,即对于较大的自变量的值

$$N(k_2 \sqrt{k_3 v}) < k_4 N(\sqrt{v})$$

因此,从(2.6.17)即可推出(2.6.13),其中 $k = k_1 k_4 \sqrt{k_3}$.

充分性　考察函数 $r(v) = \frac{N(v)}{v}$. 由引理 2.6.2,

Hölder 定理

N-函数

$$N_1(v) = \int_0^{|v|} r(t) dt$$

等价于函数 $N(v)$,直接计算可得 $N_1(v)$ 的余 N-函数

$$M_1(u) = \int_0^{|u|} r^{-1}(t) dt$$

其中 $r^{-1}(t)$ 是单调增函数 $r(t)$ 的反函数,又 N-函数 $M_1(u)$ 等价于 N-函数 $M(u)$.

由(2.6.13),对于较大的自变量的值

$$[r^{-1}(u)]^2 < r^{-1}(ku)$$

由此不等式和定理 2.6.4 得知,N-函数 $M_1(u)$ 满足 Δ^2-条件,这就表明 $M(u)$ 也满足这个条件.

定理证毕.

注 在条件(2.6.13)中总有 $k > 1$,因为对于任意 N-函数 $N(v)$ 当 $v > 1$ 时

$$\frac{N(v)}{v} > \frac{N(\sqrt{v})}{\sqrt{v}}$$

所有余函数满足 Δ^2-条件的 N-函数构成比任何函数 $|v|^\alpha (\alpha > 1)$ 都增加得慢的 N-函数类的子集,并且更进一步从引理 2.6.1,定理 2.2.1 及定理 2.6.1 可推出,这样的 N-函数对于自变量较大的值满足不等式

$$N(v) < v \ln^\beta v \quad (\beta > 0)$$

8. 再论 N-函数的复合函数

在这一段里,我们要建立满足 Δ_3-条件的 N-函数 $M_1(u)$ 与 $M_2(u)$ 的余 N-函数 $N_1(v)$ 与 $N_2(v)$ 的复合函数 $N_1[N_2(v)]$ 的几个性质.

首先证明一个对于任意 N-函数都正确的结论.

引理 2.6.3 假设 $\Phi_1(v)$ 及 $\Phi_2(v)$ 是两个 N-函

数,则函数

$$\Phi(v) = \frac{\Phi_1(v)\Phi_2(v)}{|v|}$$

也是 N-函数.

证明 因为函数 $\Phi(v)$ 是非负的偶函数,并且显然满足条件

$$\lim_{v \to 0} \frac{\Phi(v)}{v} = 0, \lim_{v \to \infty} \frac{\Phi(v)}{(v)} = \infty$$

所以由 N-函数的第二种定义,只要证明 $\Phi(v)$ 是凸函数,即

$$\Phi\left(\frac{v_1+v_2}{2}\right) \leqslant \frac{1}{2}\left[\Phi(v_1) + \Phi(v_2)\right] \quad (2.6.18)$$

由式(2.1.18),函数 $\dfrac{\Phi_1(v)}{v}$ 及 $\dfrac{\Phi_2(v)}{v}$ 对于正的 v 单调增加,因此函数 $\Phi(v)$ 单调增加.因而只需对于正的 v_1 及 v_2 来证明不等式(2.6.18).

显然

$$\left[\frac{\Phi_1(v_1)}{v_1} - \frac{\Phi_1(v_2)}{v_2}\right]\left[\frac{\Phi_2(v_1)}{v_1} - \frac{\Phi_2(v_2)}{v_2}\right] \geqslant 0$$

因为两个因子具有相同的符号,于是得

$$\frac{\left[\Phi_1(v_1)+\Phi_1(v_2)\right]\left[\Phi_2(v_1)+\Phi_2(v_2)\right]}{v_1+v_2}$$

$$\leqslant \frac{\Phi_1(v_1)\Phi_2(v_1)}{v_1} + \frac{\Phi_1(v_2)\Phi_2(v_2)}{v_2}$$

又由 $\Phi_1(v)$ 及 $\Phi_2(v)$ 是凸函数,故得

Hölder 定理

$$\Phi\left(\frac{v_1+v_2}{2}\right) = \frac{2}{v_1+v_2}\Phi_1\left(\frac{v_1+v_2}{2}\right)\Phi_2\left(\frac{v_1+v_2}{2}\right)$$

$$\leqslant \frac{1}{2(v_1+v_2)}[\Phi_1(v_1)+\Phi_1(v_2)][\Phi_2(v_1)+\Phi_2(v_2)]$$

$$\leqslant \frac{1}{2}\left[\frac{\Phi_1(v_1)\Phi_2(v_1)}{v_1}+\frac{\Phi_1(v_2)\Phi_2(v_2)}{v_2}\right]$$

从而推出(2.6.18).

引理证毕.

定理 2.6.9 假设 N-函数 $M_1(u)$ 及 $M_2(u)$ 满足 Δ_3-条件,并且 $M_1(u) < M_2(u)$,即

$$N_1[N_2(v)] \sim \Phi(v) = \frac{N_1(v)N_2(v)}{|v|}$$

证明 我们首先指出,关系式 $\frac{N_1(v)N_2(v)}{|v|} < N_1[N_2(v)]$ 对于任意 N-函数 $N_1(v)$ 及 $N_2(v)$ 都正确. 事实上,由不等式(2.1.16)可得

$$\frac{N_1(v)}{v} < \frac{N_1[N_2(v)]}{N_2(v)}$$

当 $N_2(v) > v$ 时成立,由此得出,对 v 的这些值

$$\frac{N_1(v)N_2(v)}{v} < N_1[N_2(v)]$$

现在我们来证明,在定理的条件下 $N_1[N_2(v)] < \frac{N_1(v)N_2(v)}{|v|}$.

关系式 $M_1(u) < M_2(u)$ 表明当自变量的值较大时

$$M_1(u) \leqslant M_2(k_1 u)$$

其中 k_1 是某个数,可以认为它是大于 1 的. 因此对于自变量较大的值

$$M_2^{-1}(v) \leqslant k_1 M_1^{-1}(v)$$

于是
$$vM_2^{-1}(v) \leq k_1 M_1^{-1}(v) M_1[M_1^{-1}(v)]$$

N-函数 $M_1(u)$ 满足 Δ_3-条件,因此有这样的 $k_2 > 1$,使当自变量的值较大时
$$uM_1(u) \leq M_1(k_2 u)$$
于是从上面的不等式得出,对于自变量较大的值
$$vM_2^{-1}(v) \leq k_1 M_1[k_2 M_1^{-1}(v)] \leq M_1[k_1 k_2 M_1^{-1}(v)]$$
$$(2.6.19)$$
因而
$$M_1^{-1}[vM_2^{-1}(v)] \leq k_1 k_2 M_1^{-1}(v)$$
和
$$vM_2^{-1}(v)M_1^{-1}[vM_2^{-1}(v)] \leq k_1 k_2 \frac{vM_1^{-1}(v)vM_2^{-1}(v)}{v}$$
$$(2.6.20)$$

由定理 2.6.1,有这样的常数 $k_3 < 1$ 及 $k_4 > 1$,使当自变量的值较大时
$$N_1(k_3 v) \leq vM_1^{-1}(v) \leq N_1(k_4 v)$$
$$N_2(k_3 v) \leq vM_2^{-1}(v) \leq N_2(k_4 v)$$
从这些不等式和式(2.6.20)可推出,对于较大的自变量的值
$$N_1[k_3 N_2(k_3 v)] \leq k_1 k_2 \frac{N_1(k_4 v) N_2(k_4 v)}{v} = k_1 k_2 k_4 \Phi(k_4 v)$$
于是
$$N_1[N_2(k_3^2 v)] \leq \Phi(k_1 k_2 k_4^2 v)$$
这样一来,$N_1[N_2(v)] \prec \Phi(v)$.

定理证毕.

定理 2.6.10 假设 $M_1(u)$ 满足 Δ^2-条件,而 $M_2(u)$ 满足 Δ_3-条件,则定理 2.6.9 的结论

Hölder 定理

$$N_1[N_2(v)] \sim \Phi(v) = \frac{N_1(v)N_2(v)}{|v|}$$

成立.

证明 因为对于较大的自变量的值 $M_2(u) > u$,所以对于较大的 v

$$vM_2^{-1}(v) < v^2 = M_1^2[M_1^{-1}(v)]$$

N-函数 $M_1(u)$ 满足 Δ^2-条件,这表明存在 $k_1 > 1$,使当自变量的值较大时 $M_1^2(u) \leq M_1(k_1 u)$. 因此对于 v 较大的值

$$vM_2^{-1}(v) \leq M_1[k_1 M_1^{-1}(v)]$$

此不等式与不等式(2.6.19)相同,如同证明前一定理时一样,由它即可推出 $N_1[N_2(v)] < \Phi(v)$. 又上面已经指出,关系式 $\Phi(v) < N_1[N_2(v)]$ 总是正确的.

定理证毕.

由此定理可得定理 2.6.11.

定理 2.6.11 假设 N-函数 $M_1(u)$ 和 $M_2(u)$ 满足 Δ^2-条件,则

$$N_1[N_2(v)] \sim N_2[N_1(v)] \sim \Phi(v) = \frac{N_1(v)N_2(v)}{|v|}$$

我们还不知道,定理 2.6.11 是否只需满足较弱的 Δ_3-条件就够了.

作为例子,我们来研究这样的 N-函数 $N_1(v)$ 及 $N_2(v)$

$$\text{гл. ч. } N_1(v) = v\ln v, \text{гл. ч. } N_2(v) = ve^{\sqrt{\ln v}}$$

函数 $M_1(u)$ 满足 Δ^2-条件,而函数 $M_2(u)$ 满足 Δ_3-条件,但不满足 Δ^2-条件. 此时 $M_2(u) < M_1(u)$,因为 $N_1(v) < N_2(v)$. 由定理 2.6.9

$$N_2[N_1(v)] \sim \frac{N_1(v)N_2(v)}{|v|}$$

而由定理 2.6.10

$$N_1[N_2(v)] \sim \frac{N_1(v)N_2(v)}{|v|}$$

这样一来,在此例子中定理 2.6.11 的条件虽然不满足,但它的结论却是正确的.

下面的结论自然地补充了定理 2.6.11.

定理 2.6.12 假设 N-函数 $M_1(u)$ 及 $M_2(u)$ 满足 Δ^2-条件,则 N-函数 $N_1[N_2(v)]$ 及 $N_2[N_1(v)]$ 的余 N-函数也满足 Δ^2-条件.

证明 由于定理 2.6.11,只需考察 N-函数 $\Phi(v) = \dfrac{N_1(v)N_2(v)}{|v|}$ 的余 N-函数 $\Psi(u)$.

由定理 2.6.8,对于自变量较大的值

$$\frac{N_1(v)}{v} < k_1 \frac{N_1(\sqrt{v})}{\sqrt{v}}, \frac{N_2(v)}{v} < k_2 \frac{N_2(\sqrt{v})}{\sqrt{v}}$$

因此

$$\frac{\Phi(v)}{v} = \frac{N_1(v)}{v} \cdot \frac{N_2(v)}{v} < k_1 k_2 \frac{N_1(\sqrt{v})N_2(\sqrt{v})}{\sqrt{v}\sqrt{v}}$$

$$= k_1 k_2 \frac{\Phi(\sqrt{v})}{\sqrt{v}}$$

于是再由定理 2.6.8 即可推出 $\Psi(u)$ 满足 Δ^2-条件.

定理证毕.

Hölder 定理

§7 关于一类 N-函数

1. 问题的提出

在前一节中,我们已经给出某 N-函数的等价余 N-函数的公式. 当时我们仅能研究这样的 N-函数,或者增加速度快于任意幂函数,或者增加速度慢于任何形如 $u^{1+\varepsilon}(\varepsilon>0)$ 的幂函数,这样的 N-函数并不能包括如下的函数 $M(u)$

$$M(u)=\frac{u^\alpha}{\alpha}(\ln u)^{\gamma_1}(\ln\ln u)^{\gamma_2}\cdots(\ln\ln\cdots\ln u)^{\gamma_n}$$
(2.7.1)

其中 $\alpha>1,\gamma_1,\gamma_2,\cdots,\gamma_n$ 是任意数.

本节研究特殊类的 N-函数,它包含主部形如式 (2.7.1) 的函数,并且要给出该类函数的等价余 N-函数的有效表达式.

为了叙述的简单起见,我们假定本节中所考虑的一切 N-函数对自变量较大的值有通常的(而非右的)导数.

2. 类 $\mathfrak{M}$

下面以 $\kappa_R(u)$ 表示函数

$$\kappa_R(u)=\frac{ur(u)}{R(u)} \qquad (2.7.2)$$

其中 $R(u)$ 是某一可微函数,而 $r(u)$ 是它的导数,显然,函数 $\kappa_R(u)$ 定义在这样的 u 值上,它使得 $r(u)$ 存在并且 $R(u)\neq 0$.

函数 $\kappa_R(u)$ 有下列明显的简单性质

$$\kappa_{R_1\cdot R_2}(u)=\kappa_{R_1}(u)+\kappa_{R_2}(u) \qquad (2.7.3)$$

第一编 凸函数

$$\kappa_{R_1[R_2]}(u) = \kappa_{R_1}[R_2(u)] \cdot \kappa_{R_2}(u) \quad (2.7.4)$$

这两个公式对这样的 u 值成立,它使得表达式的右端有意义.

注 对任何可微的 N-函数 $M(u)$

$$\kappa_M(u) > 1 \quad (2.7.5)$$

事实上,因为 $p(u) = M'(u)$ 渐升,所以

$$up(u) > M(u) = \int_0^{|u|} p(t) dt$$

因而推出(2.7.5).

用 $\mathfrak{M}$ 表示这样的函数 $R(u)$ 的类,它使得 $\kappa_R(u)$ 对一切较大的 u 有定义并且

$$\lim_{u \to \infty} \kappa_R(u) = 0 \quad (2.7.6)$$

由式(2.7.3)可知,类 $\mathfrak{M}$ 包含每一对函数 $R_1(u)$ 和 $R_2(u)$ 的同时,也包含它的乘积 $R_1(u)R_2(u)$,从同一性质(2.7.3)可推出

$$\kappa_{\frac{1}{R}}(u) = -\kappa_R(u)$$

因而又可推出类 $\mathfrak{M}$ 包含每一个函数 $R(u)$ 的同时,也包含函数 $\dfrac{1}{R(u)}$.

由式(2.7.4)可知,复合函数 $R_1[R_2(u)]$ 属于 $\mathfrak{M}$,假如 $R_2(u) \in \mathfrak{M}, \lim\limits_{u \to \infty} R_2(u) = \infty$,而 $\varlimsup\limits_{u \to \infty} \kappa_{R_1}(u) < \infty$.

从所叙述的类 $\mathfrak{M}$ 的性质可推出函数

$$(\ln u)^{\gamma_1}, (\ln \ln u)^{\gamma_2}, \cdots, (\ln \ln \cdots \ln u)^{\gamma_n}$$

(γ_i 是任意数)属于该类.

给定 $\varepsilon > 0$,则对函数 $R(u) \in \mathfrak{M}$ 可找到这样的 u_0 使得

$$\left| \frac{ur(u)}{R(u)} \right| < \varepsilon \quad (u \geqslant u_0)$$

103

Hölder 定理

因而
$$\frac{r(u)}{R(u)} < \frac{\varepsilon}{u} \quad (u \geq u_0)$$

从 u_0 到 u 积分上述不等式,得到
$$\ln\left|\frac{R(u)}{R(u_0)}\right| < \varepsilon \ln\frac{u}{u_0}$$

从而
$$|R(u)| < |R(u_0)|\left(\frac{u}{u_0}\right)^{\varepsilon} \quad (u \geq u_0) \quad (2.7.7)$$

从式(2.7.7)又可推出对今后有用的关系式
$$\lim_{u \to \infty} \frac{u}{|R(u)|} = \infty \quad (2.7.8)$$

引理 2.7.1 设函数 $R(u) \in \mathfrak{M}$ 对较大的值 u 是正的,则对任意 $\varepsilon > 0$ 函数 $u^\varepsilon R(u)$ 渐升于无穷.

证明 我们只需证函数 $h(u) = u^{\frac{\varepsilon}{2}} R(u)$ 对较大的 u 值有正的导数. 这从式(2.7.6)可推出,因为
$$h'(u) = \frac{\varepsilon}{2} u^{\frac{\varepsilon}{2}-1} R(u) + u^{\frac{\varepsilon}{2}} r(u) = u^{\frac{\varepsilon}{2}-1} R(u) \left[\frac{\varepsilon}{2} + \kappa_R(u)\right]$$

引理证毕.

引理 2.7.2 设 $R(u)$ 是 $\mathfrak{M}$ 中这样的函数,它使得
$$\frac{u^\alpha}{\alpha} R(u), \frac{v^\beta}{\beta R^{\beta-1}(v)} \quad \left(\alpha, \beta > 1, \frac{1}{\alpha} + \frac{1}{\beta} = 1\right)$$

分别是 N-函数 $M(u)$ 和 $N_1(v)$ 的主部,又设满足条件
$$\lim_{v \to \infty} \frac{R\left[\frac{v^{\beta-1}}{R^{\beta-1}(v)}\right]}{R(v)} = b > 0 \quad (2.7.9)$$

则 N-函数 $N_1(v)$ 等价于 N-函数 $M(u)$ 的余 N-函数 $N(v)$.

证明 考虑函数

$$p_2(u) = u^{\alpha-1} R(u), \quad q_3(v) = \left[\frac{v}{R(v)}\right]^{\beta-1}$$

由引理 2.7.1,这些函数对较大的值 u,v 渐升于无穷. 所以其中的每一个均可看成某一 N-函数 $M_2(u)$ 和 $N_3(v)$ 导数的主部.

直接计算可知,对较大的 u

$$\frac{p(u)}{p_2(u)} = 1 + \frac{1}{\alpha}\kappa_R(u), \quad \frac{q_1(v)}{q_3(v)} = 1 - \frac{\beta-1}{\beta}\kappa_R(u)$$

其中 $p(u) = M'(u), q_1(v) = N_1'(v)$. 从上述不等式和式(2.7.6)可推出

$$\lim_{u\to\infty}\frac{p(u)}{p_2(u)} = \lim_{v\to\infty}\frac{q_1(v)}{q_3(v)} = 1$$

于是由引理 2.3.2 得

$$M(u) \sim M_2(u), \quad N_1(v) \sim N_3(v) \quad (2.7.10)$$

因为

$$p_2[q_3(v)] = \frac{vR\left\{\left[\dfrac{v}{R(v)}\right]^{\beta-1}\right\}}{R(v)}$$

所以由(2.7.9)得

$$\lim_{v\to\infty}\frac{p_2[q_3(v)]}{v} = b > 0$$

因此从定理 2.3.4 和 2.3.2 可推出

$$M_2(u) \sim M_3(u), \quad N_2(v) \sim N_3(v) \quad (2.7.11)$$

其中 $M_3(u)$ 和 $N_2(v)$ 分别是 $N_3(v)$ 和 $M_2(u)$ 的余 N-函数.

从(2.7.10)和(2.7.11)可推出 $M(u) \sim M_3(u)$,换言之,$N(v) \sim N_3(v)$. 再由(2.7.10)可得

$$N(v) \sim N_1(v)$$

引理证毕.

3. 类 $\mathfrak{N}$

用 $\mathfrak{N}$ 表示这样的函数 $f(u)$ 的类,它对自变量较大的值连续、非负并且满足条件

$$\lim_{u\to\infty}\frac{f[u+\delta(u)]}{f(u)}=\text{const}>0 \qquad (2.7.12)$$

当

$$\lim_{u\to\infty}\frac{\delta(u)}{u}=d>-1 \qquad (2.7.13)$$

函数 $|u|^\gamma$ 对任何 γ,$\ln|u|$ 等均可作为类 $\mathfrak{N}$ 中的函数的例子,对于其中的第一个

$$\lim_{u\to\infty}\frac{f[u+\delta(u)]}{f(u)}=\lim_{u\to\infty}\left[1+\frac{\delta(u)}{u}\right]^\gamma=(1+d)^\gamma>0$$

对于第二个

$$\lim_{u\to\infty}\frac{f[u+\delta(u)]}{f(u)}=\lim_{u\to\infty}\left\{1+\frac{\ln\left[1+\dfrac{\delta(u)}{u}\right]}{\ln u}\right\}=1$$

与每一个函数 $f(u)$ 包含在类 $\mathfrak{N}$ 中的同时它也包含函数 $\dfrac{1}{f(u)}$,与每一对函数 $f_1(u)$ 和 $f_2(u)$ 包含在类 $\mathfrak{N}$ 中的同时它也包含乘积 $f_1(u)f_2(u)$;假如 $\lim\limits_{u\to\infty}f_2(u)=\infty$,那么与函数 $f_1(u)$ 和 $f_2(u)$ 包含在类 $\mathfrak{N}$ 中的同时它也包含复合函数 $f_1[f_2(u)]$.

我们只需证最后的结论,设函数 $\delta(u)$ 满足条件 (2.7.13) 和

$$\lim_{u\to\infty}\frac{f_2[u+\delta(u)]}{f_2(u)}=\gamma>0$$

则由等式

$$\delta_1[f_2(u)]=f_2[u+\delta(u)]-f_2(u)$$

所定义的函数 $\delta_1(v)$ 满足条件

$$\lim_{v\to\infty}\frac{\delta_1(v)}{v}=\lim_{u\to\infty}\frac{\delta_1[f_2(u)]}{f_2(u)}=\gamma-1>-1$$

因而

$$\lim_{u\to\infty}\frac{f_1\{f_2[u+\delta(u)]\}}{f_1[f_2(u)]}=\lim_{u\to\infty}\frac{f_1\{f_2(u)+\delta_1[f_1(u)]\}}{f_1[f_2(u)]}$$
$$=\lim_{v\to\infty}\frac{f_1[v+\delta_1(v)]}{f_1(v)}=\text{const}>0$$

换言之,$f_1[f_2(u)]\in\Re$.

从所叙述的类 $\Re$ 的性质可推出函数

$$f(u)=u^{\gamma_1}(\ln u)^{\gamma_2}(\ln\ln u)^{\gamma_3}\cdots(\ln\ln\cdots\ln u)^{\gamma_n}$$
$$(2.7.14)$$

的主部属于该类,在上述公式中 γ_i 是任意数.

引理 2.7.3 类 $\Re$ 中对较大的 u 值单调的函数 $f(u)$ 具有性质

$$\lim_{u\to\infty}\frac{\ln f(u)}{u}=0 \qquad (2.7.15)$$

证明 首先让我们来研究函数 $f(u)$ 渐升的情形. 从 (2.7.12),假如在此条件中令 $\delta(u)=u$,可推出当 u 大于某一 $u_0>0$ 时

$$f(2u)\leqslant kf(u)$$

其中 k 是某一正数,设 $2^n u_0<u\leqslant 2^{n+1}u_0$,则

$$f(u)\leqslant f(2^{n+1}u_0)\leqslant k^{n+1}f(u_0)\leqslant kf(u_0)2^{n\ln 2^k}\leqslant kf(u_0)\left(\frac{u}{u_0}\right)^{\ln 2^k}$$

从而

$$\ln f(u)\leqslant\ln[kf(u_0)u_0^{-\ln 2^k}]+\ln 2^k\cdot\ln u$$

因而推出 (2.7.15).

今设函数 $f(u)$ 下降,则函数 $f_1(u)=\dfrac{1}{f(u)}$ 渐升且仍属于类 $\Re$,从对渐升函数已证的结论可推出

$$\lim_{u\to\infty}\frac{\ln f(u)}{u}=-\lim_{u\to\infty}\frac{\ln f_1(u)}{u}=0$$

引理证毕.

注 我们不难验证函数(2.7.14)对较大的 u 值单调.

引理 2.7.4 设函数 $R(u) \in \mathfrak{M}$ 且可表示成 $R(u) = f(\ln u)$,其中 $f(u) \in \mathfrak{N}$ 单调,则对 $\alpha > 1$

$$\lim_{v \to \infty} \frac{R\left\{\left[\dfrac{v}{R(v)}\right]^{\alpha-1}\right\}}{R(v)} = \text{const} > 0$$

证明 设 $\delta(u) = (\alpha - 2)u - (\alpha - 1)\ln f(u)$,则由前面的引理

$$\lim_{u \to \infty} \frac{\delta(u)}{u} = \alpha - 2 > -1$$

又因

$$\frac{R\left\{\left[\dfrac{v}{R(v)}\right]^{\alpha-1}\right\}}{R(v)} = \frac{f[(\alpha-1)\ln v - (\alpha-1)\ln R(v)]}{f(\ln v)}$$

$$= \frac{f[\ln v + \delta(\ln v)]}{f(\ln v)}$$

故

$$\lim_{v \to \infty} \frac{R\left\{\left[\dfrac{v}{R(v)}\right]^{\alpha-1}\right\}}{R(v)} = \lim_{u \to \infty} \frac{f[u + \delta(u)]}{f(u)} = \text{const} > 0$$

引理证毕.

4. **余函数定理**

定理 2.7.1 设函数 $R(u) \in \mathfrak{M}$ 且可表成 $R(u) = f(\ln u)$,其中 $f(u) \in \mathfrak{N}$ 单调,又设有 N-函数 $M(u)$ 使得

$$\text{гл. ч.}\, M(u) = \frac{u^{\alpha}}{\alpha} R(u) \quad (\alpha > 1)$$

最后设函数 $\dfrac{v^{\beta}}{\beta} R^{1-\beta}(v) \left(\dfrac{1}{\alpha} + \dfrac{1}{\beta} = 1\right)$ 是某一 N-函数

$N_1(v)$ 的主部,则

$$N(v) \sim N_1(v) \qquad (2.7.16)$$

证明 从引理 2.7.4 可推出条件(2.7.9)满足,再从引理 2.7.2 即可推出(2.7.16).

定理证毕.

让我们回过来研究本节开头所提出的 N-函数 $M(u)$,即式(2.7.1)

$$M(u) = \frac{u^\alpha}{\alpha}(\ln u)^{\gamma_1}(\ln \ln u)^{\gamma_2}\cdots(\ln \ln\cdots\ln u)^{\gamma_n}$$

$$(\alpha > 1, \gamma_i \text{ 是任意数})$$

该函数可表示成

$$M(u) = \frac{u^\alpha}{\alpha} f(\ln u)$$

其中 $f(u)$ 由公式(2.7.14)所确定. 由此可见,函数 $M(u)$ 满足定理 2.7.1 的条件. 令

$$N_1(v) = \frac{v^\beta}{\beta}[(\ln v)^{-\gamma_1}(\ln \ln v)^{-\gamma_2}\cdots(\ln \ln\cdots\ln v)^{-\gamma_n}]^{\beta-1}$$

$$\left(\frac{1}{\alpha} + \frac{1}{\beta} = 1\right) \qquad (2.7.17)$$

从定理 2.7.1 可推出:

定理 2.7.2 主部为(2.7.17)的 N-函数 $N_1(v)$ 等价于主部为(2.7.1)的 N-函数 $M(u)$ 的余 N-函数.

Hölder 定理

p-凸函数与几类不等式[①]

§1 引 言

众所周知,凸函数是现代数学中最常见的概念之一,它在非线性分析中有着广泛应用.比如,规划理论、控制理论、最优化理论等.文献[1]中建立了一类 p-凸函数的概念,并给出了它的性质及判别准则,文献[2]也给出了相应的若干性质及它的离散型、积分型、Jensen 型不等式.另外,文献[3]等给出了 p-凸函数的离散型、乘积形式的 Rado 型及 Hadamard 型不等式,但他们的结论只涉及一些较简单的性质和应用,由此启发,本章进一步深入讨论 p-凸函数的性质,判别准则,并得到新的 Jensen 型不等式,Rado 型不等式及 Hadamard 型不等式.

§2 p-凸函数的性质与判别准则

本节中先给出 p-凸集的概念及 p-凸

---

① 石人杰,方钟波.中国海洋大学,数学科学学院.

第一编　凸函数

函数和已知结论基础上导出一些新的性质和判别准则.

1. 定义

定义 3.2.1[1]　设 $I\subseteq \mathbf{R}$, 若 $\forall x_1, x_2 \in I, \forall t \in [0, 1]$, 存在 $p = 2k+1$ 或 $p = \dfrac{n}{m}$ ($n = 2r+1, m = 2s+1$) ($k, r, s \in \mathbf{N}$), 有 $[tx_1^p + (1-t)x_2^p]^{\frac{1}{p}} \in I$, 则称 I 是 p-凸集, 且集合 $I^p = (\inf f(x^p), \sup f(x^p)), x \in I$.

定义 3.2.2[1]　设 $I \subseteq \mathbf{R}$ 是 p-凸集, $f: I \subseteq \mathbf{R} \to \mathbf{R}$, $\forall x_1, x_2 \in I, \forall t \in [0, 1]$, 有

$$f([tx_1^p + (1-t)x_2^p]^{\frac{1}{p}}) \leq tf(x_1) + (1-t)f(x_2)$$

则称 $f(x)$ 为 I 上的 p-凸函数.

2. 性质

我们已知 p-凸函数的一些基本性质: 比如, p-凸函数的线性组合还是 p-凸函数; 递增(递减)的非负值 p-凸函数的乘积还是 p-凸函数; $f(u)$ 是 I 上的递增(递减)凸函数, $\varphi(u)$ 是 M 上的 p-凸函数, 则复合函数是 p-凸函数等, 见文献[1]. 在此基础上, 我们还可以得到进一步的下列拟凸性等性质.

性质 3.2.1　设 $f(x), g(x)$ 在区间 I 上为 p-凸函数, 则 $\max[f(x), g(x)]$ 在区间 I 上也为 p-凸函数.

证明　对 $\forall x_1, x_2 \in I$ 和 $\forall t \in [0, 1]$, 有

$$f([tx_1^p + (1-t)x_2^p]^{\frac{1}{p}}) \leq tf(x_1) + (1-t)f(x_2)$$

$$g([tx_1^p + (1-t)x_2^p]^{\frac{1}{p}}) \leq tg(x_1) + (1-t)g(x_2)$$

令 $F(x) = \max[f(x), g(x)]$, 则

$$F([tx_1^p + (1-t)x_2^p]^{\frac{1}{p}})$$
$$= \max[f([tx_1^p + (1-t)x_2^p]^{\frac{1}{p}}), g([tx_1^p + (1-t)x_2^p]^{\frac{1}{p}})]$$

$$\leq \max[tf(x_1)+(1-t)f(x_2), tg(x_1)+(1-t)g(x_2)]$$
$$\leq t\max[f(x_1),g(x_1)]+(1-t)\max[f(x_2),g(x_2)]$$
$$=tF(x_1)+(1-t)F(x_2)$$

性质 3.2.2 设 $f(x)$ 是定义在 $I\subseteq \mathbf{R}$ 上的 p-凸函数且可微,若存在 $x^*\in I^p$, 对所有 $x\in I^p$, 有 $(f([x^*]^{\frac{1}{p}}))'(x^{\frac{1}{p}}-[x^*]^{\frac{1}{p}})\geq 0$, 则 $[x^*]^{\frac{1}{p}}$ 是 $f(x)$ 在 I 的最小点.

证明 已知 $f(x)$ 是定义在 $I\subseteq \mathbf{R}$ 上的 p-凸函数且可微,则对于任意 $x\in I^p$, 有
$$f(x^{\frac{1}{p}})\geq f([x^*]^{\frac{1}{p}})+(f([x^*]^{\frac{1}{p}}))'(x^{\frac{1}{p}}-[x^*]^{\frac{1}{p}})$$
而 $(f([x^*]^{\frac{1}{p}}))'(x^{\frac{1}{p}}-[x^*]^{\frac{1}{p}})\geq 0$, 则有
$$f(x^{\frac{1}{p}})\geq f([x^*]^{\frac{1}{p}})$$

性质 3.2.3 设 $f(x)$ 是定义在 $I\subseteq \mathbf{R}$ 上的 p-凸函数,如果 $f(x)$ 在 I 内达到最大值,则 $f(x)$ 是常值函数.

证明 不妨设在 x_0 到达最大值,则 $\forall a<x_0<b$, $\exists t\in[0,1]$, 有 $x_0=[ta^p+(1-t)b^p]^{\frac{1}{p}}\in I$. 由
$$\max f(x)=f(x_0)=f([ta^p+(1-t)b^p]^{\frac{1}{p}})$$
$$\leq tf(a)+(1-t)f(b)$$
$$\leq t\max f(x)+(1-t)\max f(x)=\max f(x)$$
可知 $f(x)$ 是常值函数.

3. 判别准则

文献[1]和[2]中已建立了 p-凸函数的几个判别标准. 比如, p-凸函数的充分必要条件是 $f([x_2^p+t(x_1^p-x_2^p)]^{\frac{1}{p}})$ 在 $[0,1]$ 上是凸函数或者 $f(x^{\frac{1}{p}})(x\in I^p)$ 是凸函数;若 $f(x)$ 一阶可导,则为 p-凸函数的充分必要条件是
$$f(x_1)\geq \frac{1}{p}f'(x_2)x_2^{1-p}(x_1^p-x_2^p)+f(x_2) \quad (\forall x_1,x_2\in I) 若$$

第一编 凸函数

$f(x)$ 二阶可导,则为 p-凸函数的充要条件是 $x^2 f''(x) + (1-p) x f'(x) \geqslant 0 (\forall x \in I)$. 进一步,我们得到另一类 p-凸函数的判别准则.

判别准则(充要条件) 设 $f(x^{\frac{1}{p}})$ 为区间 $I \subseteq \mathbf{R}$ 上的连续函数,则 $f(x)$ 为 p-凸函数,当且仅当 $\forall x_1 < x_2 \in I^p$, 有

$$f\left(\left|\frac{x_1+x_2}{2}\right|^{\frac{1}{p}}\right) \leqslant \frac{1}{2}[f(x_1^{\frac{1}{p}}) + f(x_2^{\frac{1}{p}})]$$

证明 **必要性** 由于 $f(x)$ 为 p-凸函数,则 $f(x^{\frac{1}{p}})$ 为 I^p 上的凸函数,故有

$$f\left(\left[\frac{x_1+x_2}{2}\right]^{\frac{1}{p}}\right) \leqslant \frac{1}{2}[f(x_1^{\frac{1}{p}}) + f(x_2^{\frac{1}{p}})]$$

充分性 令 $l(x^{\frac{1}{p}}) = \dfrac{f(b^{\frac{1}{p}}) - f(a^{\frac{1}{p}})}{b^{\frac{1}{p}} - a^{\frac{1}{p}}} (x^{\frac{1}{p}} - a^{\frac{1}{p}}) + f(a^{\frac{1}{p}})$, $\forall a < b \in I^p$

$$g(x^{\frac{1}{p}}) = f(x^{\frac{1}{p}}) - l(x^{\frac{1}{p}})$$

因为 $g(x^{\frac{1}{p}})$ 为连续函数,故 $g(x^{\frac{1}{p}})$ 在 $x_0 \in [a, b]$ 处取得最大值 M. 显然,下面只需证明 $M = 0$ 即可.

情形一:若 $x_0 = a$ 或 $x_0 = b$, 则显然 $M = 0$.

情形二:若 $x_0 \in (a, b)$, 不妨取 $x_0 < \dfrac{a+b}{2}$.

考虑 a 关于 x_0 的对称点 $x_1 = 2x_0 - a$, 则 $x_1 \in [a, b]$, 且

$$M = g(x_0^{\frac{1}{p}}) = g\left(\left[\frac{a+x_1}{2}\right]^{\frac{1}{p}}\right) \leqslant \frac{1}{2}[g(x_1^{\frac{1}{p}}) + g(a^{\frac{1}{p}})] \leqslant M$$

故 $M = g(a^{\frac{1}{p}}) = 0$.

Hölder 定理

§3 p-凸函数的几类不等式

迄今为止,有一些文献给出了 p-凸函数的几类不等式. 比如,离散型、积分型、Jensen 型;离散型、乘积形式的 Rado 型及 Hadamard 型等,参见文献[1]~[3].

1. p-凸函数的 Jensen 型不等式

本小节中,在定义 3.2.1 的意义下得到了抽象测度空间的子集 A 上的 Jensen 型不等式.

定理 3.3.1 设 $\psi(x)$ 非负且 $\int_A \psi(x)\,\mathrm{d}\mu(x) > 0$, φ 在 A 上有界可测,f 在包含 φ 值域的区间上是可微的 p-凸函数,则

$$f\left(\left[\frac{\int_A \psi(x)(\varphi(x))^p \,\mathrm{d}\mu(x)}{\int_A \psi(x)\,\mathrm{d}\mu(x)}\right]^{\frac{1}{p}}\right) \leqslant \frac{\int_A \psi(x) f(\varphi(x))\,\mathrm{d}\mu(x)}{\int_A \psi(x)\,\mathrm{d}\mu(x)}$$

证明 令 $c = \left[\dfrac{\int_A \psi(x)(\varphi(x))^p\,\mathrm{d}\mu(x)}{\int_A \psi(x)\,\mathrm{d}\mu(x)}\right]^{\frac{1}{p}} \in \varphi(A)$,

则 $\forall y \in \varphi(A)$,由 f 为可微的 p-凸函数得

$$f(y) \geqslant \frac{1}{p} f'(c) c^{1-p}(y^p - c^p) + f(c)$$

把 $y = \varphi(x)$ 代入式子,得

$$f(\varphi(x)) \geqslant \frac{1}{p} f'(c) c^{1-p}((\varphi(x))^p - c^p) + f(c)$$

两边同时乘以 $\psi(x) > 0$ 且在 A 上求积分,则

$$\int_A \psi(x) f(\varphi(x))\,\mathrm{d}\mu(x)$$

$$\geqslant \frac{1}{p}f'(c)c^{1-p}\int_A \psi(x)((\varphi(x))^p - c^p)\mathrm{d}\mu(x) +$$
$$f(c)\int_A \psi(x)\mathrm{d}\mu(x)$$
$$= f(c)\int_A \psi(x)\mathrm{d}\mu(x) + \frac{1}{p}f'(c)c^{1-p}$$
$$\left[\int_A \psi(x)(\varphi(x))^p \mathrm{d}\mu(x) - \int_A \psi(x)c^p \mathrm{d}\mu(x)\right]$$
$$= f(c)\int_A \psi(x)\mathrm{d}\mu(x)$$

由于 $\int_A \psi(x)\mathrm{d}\mu(x) > 0$,所以

$$f\left(\left[\frac{\int_A \psi(x)(\varphi(x))^p \mathrm{d}\mu(x)}{\int_A \psi(x)\mathrm{d}\mu(x)}\right]^{\frac{1}{p}}\right) \leqslant \frac{\int_A \psi(x)f(\varphi(x))\mathrm{d}\mu(x)}{\int_A \psi(x)\mathrm{d}\mu(x)}$$

推论 设 μ 是 A 上的有限测度,φ 在 A 上有界可测,f 在包含 φ 值域的区间上是可微的 p-凸函数,则

$$f\left(\left[\frac{\int_A \varphi^p \mathrm{d}\mu}{\int_A \mathrm{d}\mu}\right]^{\frac{1}{p}}\right) \leqslant \frac{\int_A f(\varphi)\mathrm{d}\mu}{\int_A \mathrm{d}\mu}$$

证明 上一定理证明中只需取 $\psi(x) = 1$ 即可.

2. p-凸函数的 Rado 型不等式

本小节中,我们建立了更一般形式的 p-凸函数的乘积形式 Rado 型不等式.

定理 3.3.2 设 f_k 在区间 I_k 上的正值 p-凸函数,$\forall x_{k_i} \in I_k, i = 1, 2, \cdots, n, k = 1, 2, \cdots, m$ 和 $\forall t_i > 0$,$T_j = \sum_{i=1}^{j} t_i$,记

$$F(n;m) = \prod_{k=1}^{m} \sum_{i=1}^{n} t_i f_k(x_{k_i}) - T_n^m \prod_{k=1}^{m} f_k\left(\left[\frac{1}{T_n}\sum_{i=1}^{n} t_i x_{k_i}^p\right]^{\frac{1}{p}}\right)$$

Hölder 定理

则下式成立

$$F(n;m) \geqslant F(n-1;m) \geqslant 0$$

证明 由 p-凸函数的 Jensen 型不等式及 t_i, T_{n-1}, T_n, f_k 的正值性可得

$$F(n;m) = \prod_{k=1}^{m}\sum_{i=1}^{n}t_i f_k(x_{k_i}) - T_n^m \prod_{k=1}^{m} f_k\left(\left[\frac{1}{T_n}\sum_{i=1}^{n}t_i x_{k_i}^p\right]^{\frac{1}{p}}\right)$$

$$= \prod_{k=1}^{m}\left(\sum_{i=1}^{n-1}t_i f_k(x_{k_i}) + t_n f_k(x_{k_n})\right) -$$

$$T_n^m \prod_{k=1}^{m} f_k\left(\left[\frac{T_{n-1}}{T_n}\left(\frac{1}{T_{n-1}}\sum_{i=1}^{n-1}t_i x_{k_i}^p\right) + \frac{t_n}{T_n}x_{k_n}^p\right]^{\frac{1}{p}}\right)$$

$$\geqslant \prod_{k=1}^{m}\left(\sum_{i=1}^{n-1}t_i f_k(x_{k_i}) + t_n f_k(x_{k_n})\right) -$$

$$\prod_{k=1}^{m}\left(T_{n-1}f_k\left(\frac{1}{T_{n-1}}\sum_{i=1}^{n-1}t_i x_{k_i}^p\right)^{\frac{1}{p}} + t_n f_k(x_{k_n})\right)$$

$$= F(n-1;m) + t_n \sum_{j=1}^{m} f_j(x_{j_n})\left[\prod_{k=1,k\neq j}^{m}\left(\sum_{i=1}^{n-1}t_i f_k(x_{k_i})\right) - \right.$$

$$\left.\prod_{k=1,k\neq j}^{m} T_{n-1}f_k\left(\left(\frac{1}{T_{n-1}}\sum_{i=1}^{n-1}t_i x_{k_i}^p\right)^{\frac{1}{p}}\right)\right] + \cdots +$$

$$t_n^s \sum_{1<j_1<\cdots<j_s<m}(f_{j_1}(x_{j_{1_n}})\cdots f_{j_s}(x_{j_{s_n}}))\left[\prod_{k\in D_s}\left(\sum_{i=1}^{n-1}t_i f_k(x_{k_i})\right) - \right.$$

$$\left.\prod_{k\in D_s} T_{n-1}f_k\left(\left(\frac{1}{T_{n-1}}\sum_{i=1}^{n-1}t_i x_{k_i}^p\right)^{\frac{1}{p}}\right)\right] + t_n^m\left[\prod_{k=1}^{m} f_k(x_{k_n}) - \right.$$

$$\left.\prod_{k=1}^{m} f_k(x_{k_n})\right]$$

$$= F(n-1;m) + 0 + \cdots + 0 = F(n-1;m)$$

其中 $D_s = \{1,2,\cdots,m\}/\{(j_1,j_2\cdots,j_n)|1\leqslant j_1\cdots j_n\leqslant m\}$。

推论 设 $f(x)$ 是 $I \subseteq \mathbf{R}$ 上的 p-凸函数，$\forall x_i \in I$ 和

$\forall t_i > 0, T_j = \sum_{i=1}^{j} t_i$，则

$$\sum_{i=1}^{n} t_i f(x_i) - T_n f\left(\left[\frac{1}{T_n}\sum_{i=1}^{n} t_i x_i^p\right]^{\frac{1}{p}}\right)$$

$$\geqslant \sum_{i=1}^{n-1} t_i f(x_i) - T_{n-1} f\left(\left[\frac{1}{T_{n-1}}\sum_{i=1}^{n-1} t_i x_i^p\right]^{\frac{1}{p}}\right)$$

证明

$$\sum_{i=1}^{n} t_i f(x_i) - T_n f\left(\left[\frac{1}{T_n}\sum_{i=1}^{n} t_i x_i^p\right]^{\frac{1}{p}}\right)$$

$$= \sum_{i=1}^{n-1} t_i f(x_i) + t_n f(x_n) - T_n f\left(\left[\frac{T_{n-1}}{T_n}\left(\frac{1}{T_{n-1}}\sum_{i=1}^{n-1} t_i x_i^p\right) + \frac{t_n}{T_n}x_n^p\right]^{\frac{1}{p}}\right)$$

$$\geqslant \sum_{i=1}^{n-1} t_i f(x_i) + t_n f(x_n) - T_n\left(\frac{T_{n-1}}{T_n}f\left(\left[\frac{1}{T_{n-1}}\sum_{i=1}^{n-1} t_i x_i^p\right]^{\frac{1}{p}}\right) + \frac{t_n}{T_n}f(x_n)\right)$$

$$= \sum_{i=1}^{n-1} t_i f(x_i) - T_{n-1} f\left(\left[\frac{1}{T_{n-1}}\sum_{i=1}^{n-1} t_i x_i^p\right]^{\frac{1}{p}}\right)$$

3. p-凸函数的 Hadamard 型不等式

我们已知 Hadamard 型不等式：若 $f(x)$ 是在区间 $[a,b]$ 上的凸函数，则有

$$f\left(\frac{a+b}{2}\right) \leqslant \frac{1}{b-a}\int_a^b f(x)\,\mathrm{d}x \leqslant \frac{f(a)+f(b)}{2}$$

此类不等式已有许多推广和应用[6]−[9]，比如，在文献[8]中建立了 S-凸函数的 Hadamard 型不等式. 本小节中，我们的目的在于定义 3.2.2 的意义下得到 Hadamard 型不等式的推广.

定理 3.3.3 设 $f(x)$ 是 $I \subseteq \mathbf{R}$ 上的 p-凸函数，则对于 $a \leqslant x_1 < x_2 \leqslant b$，有

Hölder 定理

$$f\left(\left[\frac{x_1^p + x_2^p}{2}\right]^{\frac{1}{p}}\right) \leq \frac{1}{x_2 - x_1} \int_{x_1}^{x_2} f\left(\left[\frac{x - x_1}{x_2 - x_1}x_2^p + \frac{x_2 - x}{x_2 - x_1}x_1^p\right]^{\frac{1}{p}}\right) dx$$

$$\leq \frac{f(x_1) + f(x_2)}{2}$$

证明 由 $f(x)$ 是 p-凸函数,则对于 $x_1 < x < x_2$,有

$$f\left(\left[\frac{x - x_1}{x_2 - x_1}x_2^p + \frac{x_2 - x}{x_2 - x_1}x_1^p\right]^{\frac{1}{p}}\right) \leq \frac{x - x_1}{x_2 - x_1}f(x_2) + \frac{x_2 - x}{x_2 - x_1}f(x_1)$$

将两边积分易得右边的不等式,为了证明左边不等式,令 $x = \frac{1}{2}(x_1 + x_2) + t$,则有

$$\int_{-\frac{1}{2}(x_2-x_1)}^{\frac{1}{2}(x_2-x_1)} f\left(\left[\frac{1}{2}(x_1^p + x_2^p) + \frac{x_2^p - x_1^p}{x_2 - x_1}t\right]^{\frac{1}{p}}\right) dt$$

$$= \int_0^{\frac{1}{2}(x_2-x_1)} f\left(\left[\frac{1}{2}(x_1^p + x_2^p) + \frac{x_2^p - x_1^p}{x_2 - x_1}t\right]^{\frac{1}{p}}\right) dt +$$

$$\int_0^{\frac{1}{2}(x_2-x_1)} f\left(\left[\frac{1}{2}(x_1^p + x_2^p) - \frac{x_2^p - x_1^p}{x_2 - x_1}t\right]^{\frac{1}{p}}\right) dt$$

$$\geq \int_0^{\frac{1}{2}(x_2-x_1)} 2f\left(\left[\frac{1}{2}(x_1^p + x_2^p)\right]^{\frac{1}{p}}\right) dt$$

$$= (x_2 - x_1)f\left(\left[\frac{x_1^p + x_2^p}{2}\right]^{\frac{1}{p}}\right)$$

下面我们还可以得到,文献[10]中 Dragoslav 提出的对凸函数的 Hadamard 型不等式推广到 p-凸函数的 Hadamard 型不等式.

定理 3.3.4 $f(x)$ 是 $[a, b]$ 上的 p-凸函数,$p_1, p_2 > 0$,$A = \dfrac{p_1 a + p_2 b}{p_1 + p_2}$,则对 $y \neq 0$,有

$$f\left(\left[\frac{p_1a^p+p_2b^p}{p_1+p_2}\right]^{\frac{1}{p}}\right) \leq \frac{1}{2y}\int_{A-y}^{A+y}f\left(\left[\frac{x-a}{b-a}b^p+\frac{b-x}{b-a}a^p\right]^{\frac{1}{p}}\right)\mathrm{d}x$$

$$\leq \frac{p_1f(a)+p_2f(b)}{p_1+p_2}$$

证明

$$\frac{1}{2y}\int_{A-y}^{A+y}f\left(\left[\frac{x-a}{b-a}b^p+\frac{b-x}{b-a}a^p\right]^{\frac{1}{p}}\right)\mathrm{d}x$$

$$\leq \frac{1}{2y}\int_{A-y}^{A+y}\left(\frac{x-a}{b-a}f(b)+\frac{b-x}{b-a}f(a)\right)\mathrm{d}x$$

$$= \frac{1}{4y}\left[\frac{4(A-a)y}{b-a}f(b)+\frac{4(b-A)y}{b-a}f(a)\right]$$

$$= \frac{p_1f(a)+p_2f(b)}{p_1+p_2}$$

其次,证明左边的不等式,令 $x=A+t$,则有

$$\frac{1}{2y}\int_{A-y}^{A+y}f\left(\left[\frac{x-a}{b-a}b^p+\frac{b-x}{b-a}a^p\right]^{\frac{1}{p}}\right)\mathrm{d}x$$

$$= \frac{1}{2y}\int_{-y}^{y}f\left(\left[\frac{A+t-a}{b-a}b^p+\frac{b-A-t}{b-a}a^p\right]^{\frac{1}{p}}\right)\mathrm{d}t$$

$$= \frac{1}{2y}\int_{-y}^{y}f\left(\left[\frac{A-a}{b-a}b^p+\frac{b-A}{b-a}a^p+\frac{b^p-a^p}{b-a}t\right]^{\frac{1}{p}}\right)\mathrm{d}t$$

$$= \frac{1}{2y}\int_{0}^{y}f\left(\left[\frac{A-a}{b-a}b^p+\frac{b-A}{b-a}a^p+\frac{b^p-a^p}{b-a}t\right]^{\frac{1}{p}}\right)\mathrm{d}t +$$

$$\frac{1}{2y}\int_{0}^{y}f\left(\left[\frac{A-a}{b-a}b^p+\frac{b-A}{b-a}a^p-\frac{b^p-a^p}{b-a}t\right]^{\frac{1}{p}}\right)\mathrm{d}t$$

$$\geq \frac{1}{2y}\int_{0}^{y}2f\left(\left[\frac{A-a}{b-a}b^p+\frac{b-A}{b-a}a^p\right]^{\frac{1}{p}}\right)\mathrm{d}t$$

$$= f\left(\left[\frac{p_1a^p+p_2b^p}{p_1+p_2}\right]^{\frac{1}{p}}\right)$$

Hölder 定理

参考文献

[1] 张孔生,万建平. p-凸函数及其性质[J]. 纯粹数学与应用数学,2007,23(1):130-133.

[2] 宋振云. 关于 p-凸函数的积分型 Jensen 不等式[J]. 纯粹数学与应用数学,2012,28(1):36-40.

[3] 宋振云,涂琼霞. 关于 p-凸函数的 Hadamard 型不等式[J]. 纯粹数学与应用数学,2011,27(3):313-317.

[4] 梅加强. 数学分析[M]. 北京:高等教育出版社,2011.

[5] 王良成. 凸函数的 Rado 型不等式的推广[J]. 四川大学学报(自然科学版),2003,40(3):403-406.

[6] DRAGOMIR S S. Two mappings in connection to Hadamard's inequalities[J]. J. Math. Anal. Appl.,1992,167:49-56.

[7] DRAGOMIR S S, CHO Y J, KIM S S. Inequalities of Hadamard's type for Lipschitzian mappings and their applications[J]. J. Math. Anal. Appl.,2000,245:489-501.

[8] HUSSAIN S, BHATTI M I, IQBAL M. Hadamard-type inequalities for s-convex functions[J]. I. Punjab Univ. J. Math.,2009,41:51-60.

[9] ALZER H. A note on Hadamard's inequalities[J]. C. R. Math. Rep. Acad. Sci. Canada,1989:255-258.

[10] 匡继昌. 常用不等式[M]. 济南:山东科学技术出版社,2004.

第一编 凸函数

凸函数与凸规划

§1 单变量凸函数

在讨论一般线性空间上的凸函数以前,先在这节中讨论实数区间上的单变量凸函数.

设 $(a,b) \subset \mathbf{R}$ 为实数轴上的开区间, $-\infty \leqslant a < b \leqslant +\infty$. 函数 $f:(a,b) \to \mathbf{R}$ 称为 (a,b) 上的凸函数,是指

$$f((1-\lambda)x_1 + \lambda x_2) \leqslant (1-\lambda)f(x_1) + \lambda f(x_2)$$

$(\forall x_1, x_2 \in (a,b), \forall \lambda \in [0,1])$ (4.1.1)

它的几何意义为其图像是下凸的(图4.1.1).

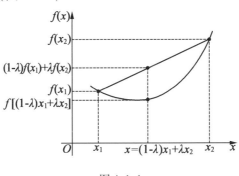

图 4.1.1

第 4 章

Hölder 定理

如果式(4.1.1)中的不等号始终是严格的,那么 f 称为 (a,b) 上的严格凸函数. 如果 $-g$ 是 (a,b) 上的凸函数,那么 g 称为 (a,b) 上的凹函数. 此外,还可注意,式(4.1.1)也等价于更强的不等式

$$f\left(\sum_{i=1}^{n} \lambda_i x_i\right) \leqslant \sum_{i=1}^{n} \lambda_i f(x_i)$$

$(\forall x_1, \cdots, x_n \in (a,b), \lambda_1, \cdots, \lambda_n \in [0,1], \sum_{i=1}^{n} \lambda_i = 1)$.

命题 4.1.1 f 为 (a,b) 上的凸函数等价于下列条件中的任何一个:

(1) $\forall x_1, x_2 \in (a,b), x_2 > x_1, \forall x \in (x_1, x_2)$

$$\frac{f(x_1) - f(x)}{x_1 - x} \leqslant \frac{f(x_2) - f(x)}{x_2 - x} \qquad (4.1.2)$$

即左差商不大于右差商.

(2) $\forall x_1, x_2 \in (a,b), x_2 > x_1, \forall x \in (x_1, x_2)$

$$\frac{f(x) - f(x_1)}{x - x_1} \leqslant \frac{f(x_2) - f(x_1)}{x_2 - x_1} \qquad (4.1.3)$$

即右差商当自变量差分减小时是不增的.

(3) $\forall x_1, x_2 \in (a,b), x_2 > x_1, \forall x \in (x_1, x_2)$

$$\frac{f(x_1) - f(x_2)}{x_1 - x_2} \leqslant \frac{f(x) - f(x_2)}{x - x_2} \qquad (4.1.4)$$

即左差商当自变量差分减小时是不减的.

(4) $F(x,y) = \frac{f(x) - f(y)}{x - y}, x \neq y$, 作为 x 或 y 的函数在 (a,b) 上不减.

证明 设 $x = (1-\lambda)x_1 + \lambda x_2$, 则式(4.1.2)等价于

$$\frac{f(x_1) - f(x)}{\lambda(x_1 - x_2)} \leqslant \frac{f(x_2) - f(x)}{(1-\lambda)(x_2 - x_1)}$$

第一编　凸函数

即
$$f(x)=f((1-\lambda)x_1+\lambda x_2)\leqslant(1-\lambda)f(x_1)+\lambda f(x_2)$$
式(4.1.3)(4.1.4)的证明类似,(4)只是(1)~(3)的统一叙述.

命题4.1.2　设f为(a,b)上的凸函数,那么f在(a,b)上处处左、右可导,从而处处连续. 同时,其左、右导数f'_-,f'_+满足
$$\forall x_1,x_2\in(a,b),x_1<x_2$$
$$f'_-(x_1)\leqslant f'_+(x_1)\leqslant\frac{f(x_2)-f(x_1)}{x_2-x_1}$$
$$\leqslant f'_-(x_2)\leqslant f'_+(x_2) \qquad (4.1.5)$$

证明　事实上,由式(4.1.2)与(4.1.3)可知,当$x>x_2>x_1$时,有
$$f'_+(x_2)=\lim_{\substack{x\to x_2\\ x>x_2}}\frac{f(x)-f(x_2)}{x-x_2}$$
$$=\inf_{x>x_2}\frac{f(x)-f(x_2)}{x-x_2}\geqslant\frac{f(x_2)-f(x_1)}{x_2-x_1} \qquad (4.1.6)$$

同样,由式(4.1.2)与(4.1.4)可知,当$x<x_1<x_2$时,有
$$f'_-(x_1)=\lim_{\substack{x\to x_1\\ x<x_1}}\frac{f(x)-f(x_1)}{x-x_1}$$
$$=\sup_{x<x_1}\frac{f(x)-f(x_1)}{x-x_1}\leqslant\frac{f(x_2)-f(x_1)}{x_2-x_1} \qquad (4.1.7)$$

由x_1,x_2的任意性,式(4.1.6)和(4.1.7)同时也指出了f在(a,b)中处处左、右可导. 再由式(4.1.2)~(4.1.4)易证,当$x_1<x_2$时,有下式成立
$$f'_+(x_2)\geqslant f'_-(x_2)\geqslant\frac{f(x_2)-f(x_1)}{x_2-x_1}$$

Hölder 定理

$$\frac{f(x_2)-f(x_1)}{x_2-x_1} \geqslant f'_+(x_1) \geqslant f'_-(x_1)$$

命题 4.1.2 的逆也成立. 其证明需要下列推广的中值定理:

引理 4.1.1 设 (a,b) 上的连续函数 f 处处有右导数 f'_+. 那么

$$\inf_{x \in (x_1,x_2)} f'_+(x) \leqslant \frac{f(x_2)-f(x_1)}{x_2-x_1} \leqslant \sup_{x \in (x_1,x_2)} f'_+(x)$$

$$(\forall x_1, x_2 \in (a,b))$$

证明 首先证明,如果 (x_1,x_2) 上的连续函数 $g(x)$ 处处有 g'_+,且

$$g'_+(x) \geqslant 0, \forall x \in (x_1,x_2) \quad (4.1.8)$$

那么

$$\forall x'_1, x'_2 \in (x_1,x_2), x'_2 > x'_1, g(x'_2) \geqslant g(x'_1) \quad (4.1.9)$$

事实上,这时有

$$\forall x \in (x_1,x_2), \forall \varepsilon > 0, \exists \delta_x > 0, \forall h \in [0,\delta_x]$$

$$g(x+h) - g(x) \geqslant -\varepsilon h$$

于是设

$$x' = \sup\{x \in [x'_1, x'_2] \mid g(x) - g(x'_1) \geqslant -\varepsilon(x-x'_1)\}$$

那么必须有 $x' = x'_2$,否则,有 $x' < x'_2$,从而由 x' 的定义和 $g(x)$ 的连续性,可知

$$g(x') - g(x'_1) \geqslant -\varepsilon(x'-x'_1)$$

而对于 x',又存在 $\delta_{x'} > 0$,使得

$$\forall h \in [0, \delta_{x'}], g(x'+h) - g(x') \geqslant -\varepsilon h$$

以至

$$g(x'+h) - g(x'_1) \geqslant -\varepsilon(x'+h-x'_1)$$

这与 x' 的定义相矛盾. 这样一来,就有

$$g(x'_2) - g(x'_1) \geqslant -\varepsilon(x'_2-x'_1)$$

由 ε 的任意性,(4.1.9)得证.

现在令
$$M = \sup_{x \in (x_1, x_2)} f'_+(x)$$

那么
$$g(x) = Mx - f(x)$$

满足式(4.1.8).因此,由式(4.1.9),当
$$x'_1, x'_2 \in (x_1, x_2), x'_2 > x'_1$$

时
$$Mx'_2 - f(x'_2) \geqslant Mx'_1 - f(x'_1)$$

由 f 的连续性,即得
$$\frac{f(x_2) - f(x_1)}{x_2 - x_1} \leqslant M = \sup_{x \in (x_1, x_2)} f'_+(x)$$

再令
$$m = \inf_{x \in (x_1, x_2)} f'_+(x)$$

对
$$h(x) = f(x) - mx$$

作同样讨论,引理即得证.

定理 4.1.1 f 是 (a,b) 上的凸函数的充要条件为 f 在 (a,b) 处处左、右可导,且其左、右导数 f'_-, f'_+ 满足
$$\forall x_1, x_2 \in (a,b), x_1 < x_2$$
$$f'_-(x_1) \leqslant f'_+(x_1) \leqslant \frac{f(x_2) - f(x_1)}{x_2 - x_1}$$
$$\leqslant f'_-(x_2) \leqslant f'_+(x_2) \quad (4.1.5)$$

证明 只需证明充分性:事实上,由引理 4.1.1 和 (4.1.5),立即可得
$$\forall x_1, x_2 \in (a,b), x_2 > x_1, \forall x \in (x_1, x_2)$$
$$\frac{f(x_1) - f(x)}{x_1 - x} \leqslant \sup_{y \in (x_1, x)} f'_+(y) \leqslant$$

Hölder 定理

$$\inf_{y \in (x, x_2)} f'_+(y) \leq \frac{f(x_2) - f(x)}{x_2 - x}$$

因此,由命题 4.1.1, f 为 (a,b) 上的凸函数.

推论 1 设 f 为 (a,b) 上的可导函数,那么 f 是 (a,b) 上的凸函数的充要条件为 $f'(x)$ 在 (a,b) 上不减.

推论 2 设 f 为 (a,b) 上的二次可导函数,那么 f 是 (a,b) 上的凸函数的充要条件为

$$f''(x) \geq 0, \forall x \in (a,b)$$

推论 3 设 f 为 (a,b) 上的凸函数,那么 f 在 (a,b) 上至多除可数个点外,处处可导.

证明 f 的不可导点即

$$f'_-(x_0) \neq f'_+(x_0)$$

的点 $x_0 \in (a,b)$,由式(4.1.5)可知,在 f 的任何两个不可导点 $x_0, x_1 \in (a,b)$,区间 $(f'_-(x_0), f'_+(x_0))$ 和 $(f'_-(x_1), f'_+(x_1))$ 不相交. 从而这种区间至多只有可数个.

注 1 把上面的论证中的不等号改为严格不等号,即可相应地得到一系列有关严格凸函数的结果.

注 2 用定义直接来判断一个函数是不是凸函数,往往是很困难的,但是用定理 4.1.1 的推论 1 和 2 来判断一个光滑函数是否凸,则是相当简便的. 在实际应用中,常常先用导数来肯定函数的凸性. 然而,反过来引出它必定满足凸性不等式. 例如,利用二阶导数,可以肯定 $y = x^\alpha$ 当 $\alpha \geq 1$ 时是 $(0, \infty)$ 上的凸函数. 因此,下列不等式成立

$$(\lambda_1 x_1 + \cdots + \lambda_n x_n)^\alpha \leq \lambda_1 x_1^\alpha + \cdots + \lambda_n x_n^\alpha$$

$(\forall x_1, \cdots, x_n \geq 0, \forall \lambda_1, \cdots, \lambda_n \in [0,1], \lambda_1 + \cdots + \lambda_n = 1)$

特别是

第一编 凸函数

$$\left(\frac{x_1+\cdots+x_n}{n}\right)^{\alpha}\leqslant\frac{x_1^{\alpha}+\cdots+x_n^{\alpha}}{n},\forall x_1,\cdots,x_n\geqslant 0$$

众所周知,这类不等式的直接证明是不容易的.

注3 尽管凸函数总是至多除了可数个点以外,处处可导,但它的导数却可能在一个处处稠密的集合上不存在. 例如,设$\{r_n\}$为 $\mathbf{R}$ 上的有理数全体

$$\alpha_n>0(n=1,2,\cdots),\sum_{n=1}^{\infty}\alpha_n<\infty$$

令

$$g(x)=\sum_{r_n<x}\alpha_n,\forall x\in\mathbf{R}$$

$$f(x)=\int_0^x g(t)\mathrm{d}t,\forall x\in\mathbf{R}$$

那么,由于 g 为递增函数,f 为凸函数,但 f 在所有有理点上都不存在导数. 由于这样的函数存在,我们一般无法讨论凸函数的二阶导数. 然而,А. Д. Александров (Уч. записки ЛГУ. Сср. матеи.,1936(6):3-35)指出,凸函数却几乎处处存在二阶逼近,即

$$f(x)=f(x_0)+\frac{f'(x_0)}{1!}(x-x_0)+\frac{\tilde{f}''(x_0)}{2!}(x-x_0)^2+o(|x-x_0|^2)$$

于是也可以说,凸函数几乎处处有上式意义下的"二阶导数"$\tilde{f}''(x_0)$.

在这一节的最后,我们再把函数的凸性与图像空间中的凸集联系起来.

设 $f:(a,b)\to\mathbf{R}$ 为区间 (a,b) 上的函数,我们称图像空间 $\mathbf{R}^2$ 中的集合

$$\mathrm{epi}\,f=\{(x,y)\in\mathbf{R}^2\mid x\in(a,b),f(x)\leqslant y\}$$

127

Hölder 定理

为 f 的上图(epigraph).

命题 4.1.3 f 在 (a,b) 上凸等价于 epi f 是 $\mathbf{R}^2$ 中的凸集.

证明 设 f 为 (a,b) 上的凸函数,$(x_1,y_1),(x_2,y_2) \in \mathrm{epi}\, f$,则
$$x_1,x_2 \in (a,b), f(x_1) \leqslant y_1, f(x_2) \leqslant y_2$$
由式(4.1.1)
$$f((1-\lambda)x_1 + \lambda x_2) \leqslant (1-\lambda)f(x_1) + \lambda f(x_2)$$
$$\leqslant (1-\lambda)y_1 + \lambda y_2, \forall \lambda \in [0,1]$$
即
$$(1-\lambda)(x_1,y_1) + \lambda(x_2,y_2) \in \mathrm{epi}\, f, \forall \lambda \in [0,1]$$
因此,epi f 为凸集.

反之,设 epi f 为凸集,则由于对于任何
$$x_1,x_2 \in (a,b), (x_1,f(x_1)),(x_1,f(x_2)) \in \mathrm{epi}\, f$$
故
$$(1-\lambda)(x_1,f(x_1)) + \lambda(x_2,f(x_2))$$
$$\in \mathrm{epi}\, f, \forall \lambda \in [0,1]$$
因此
$$f((1-\lambda)x_1 + \lambda x_2) \leqslant (1-\lambda)f(x_1) + \lambda f(x_2)$$
$$\forall \lambda \in [0,1]$$
即 f 是凸函数.

命题 4.1.4 设 f 为 (a,b) 上的凸函数,那么对于任何 $x_0 \in (a,b)$,存在 $\alpha \in \mathbf{R}$,使得
$$f(x) - f(x_0) \geqslant \alpha(x - x_0), \forall x \in (a,b)$$

证明 由命题 4.1.3, epi f 是凸集,而
$$(x_0, f(x_0)) \notin (\mathrm{epi}\, f)^i \neq \varnothing$$
因此,由凸集分离定理,存在 $(\alpha_1, \alpha_2) \in \mathbf{R}^{2*}$,使得
$$\alpha_1 x + \alpha_2 y < \alpha_1 x_0 + \alpha_2 f(x_0), \forall (x,y) \in (\mathrm{epi}\, f)^i$$

因为 y 可任意大,故为使上述不等式成立,必须有 $\alpha_2 \leq 0$. 但 α_2 也不能为零,否则,由
$$(x_0, f(x_0) + \varepsilon) \in (\mathrm{epi}\, f)^i$$
上述不等式不可能成立,因此,$\alpha_2 < 0$. 取 $\alpha = \alpha_1 / - \alpha_2$, 即得
$$y - f(x_0) > \alpha(x - x_0),\ \forall (x, y) \in (\mathrm{epi}\, f)^i$$
由于 y 可任意靠近 $f(x)$,故命题得证.

由命题的证明可见,这里的 α 就是凸集 $\mathrm{epi}\, f$ 在点 $(x_0, f(x_0))$ 的承托直线的斜率.

引入下列记号
$$\partial f(x_0) = \{\alpha \in \mathbf{R} | f(x) - f(x_0) \geq \alpha(x - x_0),\ \forall x \in (a, b)\}$$
并称它为函数 f 在点 x_0 的次微分. 命题 4.1.4 说明,对于凸函数来说,$\partial f(x_0)$ 总是非空的.

命题 4.1.5 设 f 为 (a, b) 上的凸函数,那么
$$\partial f(x_0) = [f'_-(x_0), f'_+(x_0)],\ \forall x_0 \in (a, b)$$

证明 设
$$\alpha \in [f'_-(x_0), f'_+(x_0)]$$
则当 $x > x_0$,由式(4.1.5)可得
$$\frac{f(x) - f(x_0)}{x - x_0} \geq f'_+(x_0) \geq \alpha$$
当 $x < x_0$,由式(4.1.5)可得
$$\frac{f(x) - f(x_0)}{x - x_0} \leq f'_-(x_0) \leq \alpha$$
即
$$f(x) - f(x_0) \geq \alpha(x - x_0),\ \forall x \in (a, b)$$
反之,如果 $\alpha \in \partial f(x_0)$,则同样由式(4.1.5),有
$$f'_+(x_0) = \inf_{x > x_0} \frac{f(x) - f(x_0)}{x - x_0} \geq \alpha$$

Hölder 定理

$$\geq \sup_{x<x_0} \frac{f(x)-f(x_0)}{x-x_0}$$
$$= f'_-(x_0)$$

即
$$\alpha \in [f'_-(x_0), f'_+(x_0)]$$

命题 4.1.5 说明, 次微分 ∂f 这个概念可看作导数概念的推广. 凸函数 f 在点 x_0 可导当且仅当 $\partial f(x_0)$ 只包含一点. 以后我们将把这一概念推广到一般情形.

作为这节的结束, 我们还应指出, 式(4.1.1)也可作为闭区间$[a,b]$上的凸函数的定义, 即允许 x_1, x_2 取 a 或 b. 闭区间上的凸函数在区间内部的性态当然仍如前面所述的一样. 但是在区间的端点上, 凸函数不但可以没有单边导数, 甚至可以不连续. 然而, 仍可指出, 它必须在端点上上半连续, 即

$$f(a) \geq \limsup_{x \to a^+} f(x), f(b) \geq \limsup_{x \to b^-} f(x)$$

其证明留给读者作为练习.

§2 线性空间上的凸函数

现在讨论线性空间上的凸函数, 由于线性空间中只有代数结构, 我们不能在其中讨论凸函数的连续性和可微性, 从而在上节中单变量凸函数的大部分性质都只能在引进拓扑后的线性空间中才能推广. 本节中所论及的只是凸函数的"代数性质".

设 K 为线性空间 X 中的一个凸集. K 上的函数 $f:K \to \mathbf{R}$ 称为凸函数, 是指对于任何

$$x_1, x_2 \in K, g(t) = f(x_1 + t(x_2 - x_1))$$

是 $t \in [0,1]$ 上的凸函数, 它也可直接定义为

$$\forall x_1, x_2 \in K, \forall \lambda \in [0,1]$$
$$f((1-\lambda)x_1 + \lambda x_2) \leq (1-\lambda)f(x_1) + \lambda f(x_2)$$
(4.2.1)

同样也可定义严格凸函数与凹函数. 与以前一样,式(4.2.1)也等价于更强的不等式

$$\forall x_1, \cdots, x_n \in K, \forall \lambda_1, \cdots, \lambda_n \in [0,1], \sum_{i=1}^n \lambda_i = 1$$
$$f\left(\sum_{i=1}^n \lambda_i x_i\right) \leq \sum_{i=1}^n \lambda_i f(x_i) \quad (4.2.2)$$

线性空间上的凸函数也同样联系着图像空间 $X \times \mathbf{R}$ 中的一个凸集. 设 $f: K \to \mathbf{R}$ 为 $K \subset X$ 上的函数,那么 $X \times \mathbf{R}$ 的子集

$$\text{epi } f = \{(x,\alpha) \in X \times \mathbf{R} \mid x \in K, f(x) \leq \alpha\}$$
(4.2.3)

称为 f 的上图. 于是同样有:

命题 4.2.1 f 是凸集 $K \subset X$ 上的凸函数当且仅当 f 的上图 epi f 为 $X \times \mathbf{R}$ 的凸集.

证明与单变量的情形完全一样.

利用上图的概念和命题 4.2.1,我们也可以用"epi f 是凸集"来作为凸函数的定义. 这一新定义的好处还在于:它可把凸函数的概念推广到取广义实值 ($\mathbf{R} \cup \{\pm\infty\}$) 的函数. 对于取广义实值的凸函数用定义(4.2.1),会遇到 $(+\infty)+(-\infty)$ 等不定运算,但利用上图则不会有此困难. 不过,如果对 $\pm\infty$ 的运算,除了作通常的规定

$$\forall \alpha \in \mathbf{R}, (+\infty)+\alpha = +\infty, (-\infty)+\alpha = -\infty$$
$$(+\infty)+(+\infty) = +\infty, (-\infty)+(-\infty) = -\infty$$
$$\forall \lambda > 0, \lambda(+\infty) = +\infty, -\lambda(+\infty) = -\infty$$

Hölder 定理

$$0 \cdot (+\infty) = 0 \cdot (-\infty) = 0$$

此外,再规定

$$(+\infty) + (-\infty) = +\infty \quad (4.2.4)$$

那么,不难验证,用式(4.2.1)来作为取广义实值的凸函数的定义,仍有命题 4.2.1 成立.

把凸函数的值域扩充到 $\mathbf{R} \cup \{\pm\infty\}$ 以后,还可看到任何凸集 K 上的凸函数 f 都可用下列方式延拓到全空间 X,而成为 X 上的凸函数

$$\hat{f}(x) = \begin{cases} f(x) & \text{当 } x \in K \\ +\infty & \text{当 } x \notin K \end{cases}$$

这样一来,以后只需讨论全空间 X 上的取广义实值的凸函数,具体地说,函数

$$f: X \to \mathbf{R} \cup \{\pm\infty\}$$

为 X 上的凸函数,是指其上图

$$\mathrm{epi}\, f = \{(x, \alpha) \in X \times \mathbf{R} \mid f(x) \leq \alpha\} \quad (4.2.5)$$

为 $X \times \mathbf{R}$ 中的凸集,或者

$$\forall x_1, x_2 \in X, \forall \lambda \in [0,1]$$
$$f((1-\lambda)x_1 + \lambda x_2) \leq (1-\lambda)f(x_1) + \lambda f(x_2)$$
$$(4.2.6)$$

其中对 $\pm\infty$ 的加法运算,除遵循常用的规定外,还遵循规定(4.2.4).

注 需注意的是,对等式(4.2.4)只许用"消去",即

$$\forall \alpha \in \mathbf{R} \cup \{\pm\infty\}, (+\infty) + (-\infty) + \alpha = +\infty + \alpha$$

但不许用"移项",即不准把(4.2.4)的两端的项移到另一端去,例如,把右端的一项移到左端得到

$$(+\infty) + (-\infty) + (+\infty) = 0$$

或把左端的一项移到右端得到

第一编 凸函数

$$-\infty = +\infty - (+\infty)$$

等.

对于凸函数 $f: X \to \mathbf{R} \cup \{\pm \infty\}$,下列 X 的集合

$$\mathrm{dom}\, f = \{x \in X \mid f(x) < \infty\}$$

称为 f 的有效域;不取 $-\infty$,且

$$\mathrm{dom}\, f \neq \varnothing$$

的凸函数称为真凸函数,真凸函数实际上是真正有意义的凸函数. 如果 f 是凸函数,但不是真凸函数,那么或者 $f(x) \equiv +\infty$;或者存在 $x_0 \in \mathrm{dom}\, f$,使得 $f(x_0) = -\infty$,而在后一情形,对于任何 $x \in (\mathrm{dom}\, f)^{ri}$,存在 $\varepsilon > 0$,使得

$$x_1 = x + \varepsilon(x - x_0) \in \mathrm{dom}\, f$$

从而

$$x = \frac{1}{1+\varepsilon} x_1 + \frac{\varepsilon}{1+\varepsilon} x_0$$

因此,由式(4.2.6)

$$f(x) \leq \frac{1}{1+\varepsilon} f(x_1) + \frac{\varepsilon}{1+\varepsilon} f(x_0) = -\infty$$

这样,f 只能在 $\mathrm{dom}\, f$ 的相对代数边界点

$$x \in \mathrm{dom}\, f \setminus (\mathrm{dom}\, f)^{ri}$$

上取有限值.

命题 4.2.2 设 $f_i(i=1,\cdots,n)$ 都是线性空间 X 上的凸函数. 那么,对于任何 $\lambda_i \geq 0 (i=1,\cdots,n)$,函数

$$f = \sum_{i=1}^{n} \lambda_i f_i : x \mapsto \sum_{i=1}^{n} \lambda_i f_i(x), \forall x \in X$$

也是 X 上的凸函数,其中加法运算遵循(4.2.4).

命题 4.2.3 设 $f_i(i \in I)$ 都是线性空间 X 上的凸函数,那么函数

$$f = \sup_{i \in I} f_i : x \mapsto \sup_{i \in I} f_i(x), \forall x \in X \quad (4.2.7)$$

也是 X 上的凸函数,特别是,仿射函数(线性形式与常数函数之和)族的上包络是凸函数,这里上包络是指用式(4.2.7)的方式来定义的函数.

证明由定义即得. 命题 4.2.2 适于用(4.2.6)来证明,而命题 4.2.3 则适于用上图来证明,因为下列等式成立

$$\mathrm{epi}(\sup_{i \in I} f_i) = \bigcap_{i \in I} \mathrm{epi}\, f_i$$

在此指出,命题 4.2.3 的后半部分的逆在一定条件下也成立,即在一定条件下,凸函数可表示为仿射函数族的上包络.

命题 4.2.4 设 f 为线性空间 X 上的真凸函数

$$(\mathrm{dom}\, f)^{ri} \neq \varnothing$$

$A(f)$ 表示所有不大于 f 的仿射函数全体,即 $a \in A(f)$ 表示存在 $x_a^* \in X^*, \alpha_a \in \mathbf{R}$,使得

$$a(x) = \langle x_a^*, x \rangle + \alpha_a \leq f(x), \forall x \in X$$

那么

$$f(x) = \sup_{a \in A(f)} a(x), \forall x \in (\mathrm{dom}\, f)^{ri} \quad (4.2.8)$$

证明 此命题的证明与命题 4.1.4 的证明类似. 事实上,只需证明,对于任何 $x_0 \in (\mathrm{dom}\, f)^{ri}$,存在 $\alpha_{x_0} \in A(f)$,满足

$$\alpha_{x_0}(x_0) = f(x_0)$$

首先,由 $(\mathrm{dom}\, f)^{ri} \neq \varnothing$,可指出 $(\mathrm{epi}\, f)^{ri} \neq \varnothing$,这是因为可以验证

$$(\mathrm{epi}\, f)^{ri} = \{(x, \alpha) \in X \times \mathbf{R} \mid x \in (\mathrm{dom}\, f)^{ri}, f(x) < \alpha\}$$
$$(4.2.9)$$

为此,设 (x, α) 满足 $x \in (\mathrm{dom}\, f)^{ri}, f(x) < \alpha$,那么对于

任何

$$(y,\beta) \in \text{aff epi } f - (x,\alpha) \subset (\text{aff dom } f - x) \times \mathbf{R}$$

存在 $\delta > 0$, 使得

$$x + \delta y \in \text{dom } f$$

以至对于任何 $\varepsilon \in (0,1)$, 有

$$f(x + \varepsilon \delta y) - (\alpha + \varepsilon \delta \beta)$$
$$= f((1-\varepsilon)x + \varepsilon(x + \delta y)) - (\alpha + \varepsilon \delta \beta)$$
$$\leq (1-\varepsilon)f(x) + \varepsilon f(x + \delta y) - (1-\varepsilon)\alpha - \varepsilon(\alpha + \delta \beta)$$
$$= (1-\varepsilon)(f(x) - \alpha) + \varepsilon c.$$

这里 c 与 ε 无关. 上式右端当 ε 充分小时是负的, 从而有

$$\exists \varepsilon > 0, [(x,\alpha),(x,\alpha) + \varepsilon \delta(y,\beta)] \subset \text{epi } f$$

即

$$(x,\alpha) \in (\text{epi } f)^{ri}$$

此外, epi f 中其他的元素显然不在 $(\text{epi } f)^{ri}$ 中, 因此, 式 (4.2.9) 成立.

其次, 由 $(x_0, f(x_0)) \notin (\text{epi } f)^{ri}$, 故由凸集分离定理, 存在 $(z^*, \gamma^*) \in X^* \times \mathbf{R}^*$, 满足

$$\langle z^*, x_0 \rangle + \gamma^* f(x_0) \leq \langle z^*, x \rangle + \gamma^* \alpha$$
$$\forall (x,\alpha) \in \text{epi } f \quad (4.2.10)$$
$$\langle z^*, x_0 \rangle + \gamma^* f(x_0) < \langle z^*, x \rangle + \gamma^* \alpha$$
$$\forall (x,\alpha) \in (\text{epi } f)^{ri} \quad (4.2.11)$$

由这两个不等式, 必须有 $\gamma^* \geq 0$, 否则, 由 α 可任意大, 上述两式不可能成立. 同时, $\gamma^* = 0$ 也不可能, 否则, 由

$$(x_0, f(x_0) + \varepsilon) \in (\text{epi } f)^{ri} \quad (\varepsilon > 0)$$

也使式 (4.2.11) 不成立. 这样, $\gamma^* > 0$. 令

$$\alpha_{x_0}(x) = -\langle z^*, x \rangle / \gamma^* + \langle z^*, x_0 \rangle / \gamma^* + f(x_0)$$

$$(4.2.12)$$

Hölder 定理

则由式(4.2.10),将有
$$\alpha_{x_0}(x) \leqslant f(x), \forall x \in \mathrm{dom}\, f$$
因此,$\alpha_{x_0} \in A(f)$,且由式(4.2.12)
$$\alpha_{x_0}(x_0) = f(x_0).$$

推论 设 $f: X \to \mathbf{R}$ 为 X 上的凸函数,那么
$$f(x) = \sup_{\alpha \in A(f)} a(x), \forall x \in X$$

命题 4.2.4 及其推论说明了凸函数实质上结构是很简单的,但是即使对于 $(\mathrm{dom}\, f)^{ri} \neq \varnothing$ 的真凸函数,式(4.2.8)也不能推广为
$$f(x) = \sup_{\alpha \in A(f)} a(x), \forall x \in \mathrm{dom}\, f \text{ 或 } X$$
例如,$X = \mathbf{R}$ 上的真凸函数
$$f(x) = \begin{cases} 0 & \text{当 } x \in (-1, 1) \\ 1 & \text{当 } x = \pm 1 \\ +\infty & \text{当 } |x| > 1 \end{cases}$$
那么在 $x = \pm 1$ 时,上述等式是不可能成立的. 下列定理指出了等式成立的充要条件.

定理 4.2.1 设 $f: X \to \mathbf{R} \cup \{+\infty\}$ 为 X 上的任意函数
$$\mathrm{dom}\, f = \{x \in X | f(x) < +\infty\}, (\mathrm{dom}\, f)^{ri} \neq \varnothing$$
那么,存在一族仿射函数 $a_i, i \in I$,使得
$$f(x) = \sup_{i \in I} a_i(x), \forall x \in X \quad (4.2.13)$$
的充要条件为:$\mathrm{epi}\, f$ 是代数闭凸集.

证明 如果式(4.2.13)成立,则
$$\mathrm{epi}\, f = \bigcap_{i \in I} \mathrm{epi}\, a_i$$
但每一 $\mathrm{epi}\, a_i$ 都是闭半空间,所以 $\mathrm{epi}\, f$ 是代数闭凸集.

反之,设 $\mathrm{epi}\, f$ 是代数闭凸集. 由假定 $(\mathrm{dom}\, f)^{ri} \neq \varnothing$,可同上面一样证明

第一编 凸函数

$$(\text{epi } f)^{ri} \neq \varnothing$$

则对于任何 $x_0 \in \text{dom } f$ 和 $\varepsilon > 0$，由

$$(x_0, f(x_0) - \varepsilon) \notin \text{epi } f = (\text{epi } f)^0$$

利用凸集强分离定理，可求得 $(z^*, \gamma^*) \in X^* \times \mathbf{R}^*$，使得

$$\langle z^*, x_0 \rangle + \gamma^* (f(x_0) - \varepsilon) < \langle z^*, x \rangle + \gamma^* \alpha$$
$$\forall (x, \alpha) \in \text{epi } f$$

同前面一样讨论，仍可得到 $\gamma^* > 0$. 令

$$\alpha_{x_0, \varepsilon}(x) = -\langle z^*, x \rangle / \gamma^* + \langle z^*, x_0 \rangle / \gamma^* + (f(x_0) - \varepsilon)$$

于是 $\alpha_{x_0, \varepsilon} \in A(f)$，且

$$\alpha_{x_0, \varepsilon}(x_0) = f(x_0) - \varepsilon$$

由 ε 的任意性，这就证明了

$$f(x) = \sup_{\alpha \in A(f)} \alpha(x), \forall x \in \text{dom } f$$

还需指出，当 $f(x_1) = +\infty$ 时，也有

$$\sup_{\alpha \in A(f)} \alpha(x_1) = +\infty$$

事实上，这时 $x_1 \notin \text{dom } f$，从而对于任何 $\beta \in \mathbf{R}, (x_1, \beta) \notin \text{epi } f$. 再利用凸集强分离定理，可求得 $(z_1^*, \gamma_1^*) \in X^* \times \mathbf{R}^*$，使得

$$\langle z_1^*, x_1 \rangle + \gamma_1^* \beta < \langle z_1^*, x \rangle + \gamma_1^* \alpha, \forall (x, \alpha) \in \text{epi } f$$

与前面一样，我们仍有 $\gamma_1^* \geq 0$，如果始终有 $\gamma_1^* > 0$，那么由于 β 可任意大，就有

$$\sup_{\alpha \in A(f)} \alpha(x_1) = +\infty$$

但是现在可能有 $\gamma_1^* = 0$. 这时，利用强分离条件，则有

$$\inf_{x \in \text{dom } f} \langle z_1^*, x - x_1 \rangle = \delta > 0$$

或

$$0 \geq \delta - \langle z_1^*, x - x_1 \rangle, \forall x \in \text{dom } f \quad (4.2.14)$$

由上面的证明可知，$A(f) \neq \varnothing$，故存在

137

Hölder 定理

$$a(x) = \langle x_0^*, x \rangle + \gamma_0^* \in A(f)$$

且

$$f(x) \geqslant \langle x_0^*, x \rangle + \gamma_0^*, \ \forall x \in X \quad (4.2.15)$$

把式(4.2.15)的两端加上 n 倍的式(4.2.14)的两端,于是有

$$f(x) \geqslant \langle x_0^*, x \rangle + \gamma_0^* + n\delta - \langle nz_1^*, x - x_1 \rangle, \ \forall x \in \mathrm{dom}\, f$$

令

$$a_{x_1,n}(x) = \langle x_0^*, x \rangle + \gamma_0^* + n\delta - \langle nz_1^*, x - x_1 \rangle$$

则 $a_{x_1,n} \in A(f)$,且

$$a_{x_1,n}(x_1) = \langle x_0^*, x_1 \rangle + \gamma_0^* + n\delta$$

因为 n 可任意大,这就证明了

$$\sup_{a \in A(f)} a(x_1) = +\infty$$

在这节的最后证明下面与线性形式延拓有关的著名定理:

定理 4.2.2 (Hahn-Banach) 设 L 为线性空间 X 的子空间,f 是 X 上的真凸函数,且

$$(\mathrm{dom}\, f)^{ri} \cap L \neq \varnothing$$

如果 L 上的线性形式 $x_L^* \in L^*$,满足

$$\forall x \in L, \langle x_L^*, x \rangle \leqslant f(x) \quad (4.2.16)$$

那么存在 $x^* \in X^*$,满足

$$\forall x \in L, \langle x_L^*, x \rangle = \langle x^*, x \rangle \quad (4.2.17)$$

$$\forall x \in X, \langle x^*, x \rangle \leqslant f(x) \quad (4.2.18)$$

证明 设

$$A = \mathrm{epi}\, f = \{(x, \alpha) \in X \times \mathbf{R} \mid f(x) \leqslant \alpha\};$$
$$B = \{(x, \alpha) \in X \times \mathbf{R} \mid x \in L, \langle x_L^*, x \rangle = \alpha\}$$

$$\quad (4.2.19)$$

那么 A 是凸集,且正如前面已指出的

第一编 凸函数

$$A^{ri} = \{(x,\alpha) | x \in (\text{dom } f)^{ri}, f(x) < \alpha\} \neq \varnothing$$
(4.2.20)

B 是 $X \times \mathbf{R}$ 上的子空间,从而
$$B^{ri} = B \neq \varnothing$$
再由式(4.2.16)和(4.2.19)(4.2.20)可得
$$A^{ri} \cap B^{ri} = \varnothing$$
这样一来,由凸集分离定理,A^{ri},$B^{ri} = B$ 可用超平面严格分离,即存在
$$(z^*, \gamma^*) \in X^* \times \mathbf{R}^*$$
使得
$$\langle z^*, y \rangle + \gamma^* \langle x_L^*, y \rangle < \langle z^*, x \rangle + \gamma^* \alpha$$
$$\forall y \in L, \forall (x, \alpha) \in A^{ri} \quad (4.2.21)$$
由 L 是子空间,故如果 $y \neq 0, y \in L$,则也有 $\forall \lambda \in \mathbf{R}$,$\lambda y \in L$,以至式(4.2.21)左端必须恒为零,即
$$\langle z^*, y \rangle + \gamma^* \langle x_L^*, y \rangle = 0, \forall y \in L \quad (4.2.22)$$
$$\langle z^*, x \rangle + \gamma^* \alpha > 0, \forall (x, \alpha) \in A^{ri} \quad (4.2.23)$$

另一方面,由于(4.2.23)中 α 可任意大,故必须有 $\gamma^* \geq 0$.

而又由于 $(\text{dom } f)^{ri} \cap L \neq \varnothing$,不可能有 $\gamma^* = 0$,否则,式(4.2.22)和(4.2.23)不能同时成立.因此,$\gamma^* > 0$,最后,令
$$x^* = -z^*/\gamma^*$$
由式(4.2.22)和(4.2.23)容易验证式(4.2.17)和(4.2.18)成立.

§3 次线性函数和 Minkowski 函数

有一类特别重要的凸函数 $f: X \to \mathbf{R} \cup \{+\infty\}$,称

139

Hölder 定理

为次线性函数,它满足

(1) $\forall x \in X, \forall t \geq 0, f(tx) = tf(x)$　　　(正齐次性)

(2) $\forall x_1, x_2 \in X, f(x_1+x_2) \leq f(x_1)+f(x_2)$ (次可加性)

$$(4.3.1)$$

任何线性形式(函数)当然都是次线性函数. 反之,易证:如果 $f: X \to \mathbf{R}$,且 f 和 $-f$ 都是次线性函数,那么 f 一定是线性函数.

由定义(4.2.6)式出发,可验证次线性函数必定是凸函数;于是次线性函数本质上也将是仿射函数族的上包络. 但由于次线性函数 f 还一定满足 $f(0)=0$ 等条件,我们还能得到更强的结果

命题 4.3.1 设线性空间 X 上的函数 $f: X \to \mathbf{R} \cup \{+\infty\}$,且 $0 \in (\mathrm{dom}\, f)^{ri}$,那么 f 是次线性函数的充要条件为:存在一族线性形式 $x_i^* \in X^*, i \in I$,使得

$$f(x) = \sup_{i \in I} \langle x_i^*, x \rangle, \forall x \in X \quad (4.3.2)$$

证明 如果式(4.3.2)成立,那么 f 显然满足条件(4.3.1),因而是次线性函数. 反之,令

$$L(f) = \{x^* \in X^* \mid \langle x^*, x \rangle \leq f(x), \forall x \in X\}$$

并指出当 f 是次线性函数,且满足 $0 \in (\mathrm{dom}\, f)^{ri}$ 时,

$$f(x) = \sup_{x^* \in L(f)} \langle x^*, x \rangle, \forall x \in X \quad (4.3.3)$$

为此,首先指出:当 $x_0 \in \mathrm{dom}\, f$ 时,存在 $x_0^* \in L(f)$,使得

$$\langle x_0^*, x_0 \rangle = f(x_0) \quad (4.3.4)$$

事实上,设 $L = \{x \in X \mid x = \lambda x_0, \lambda \in \mathbf{R}\}$,$x_{0L}^* \in L^*$ 定义为

$$\langle x_{0L}^*, \lambda x_0 \rangle = \lambda f(x_0), \forall \lambda \in \mathbf{R} \quad (4.3.5)$$

则当 $\lambda \geq 0$ 时,由 f 的正齐次性,有

$$\langle x_{0L}^*, \lambda x_0 \rangle = f(\lambda x_0)$$

当 $\lambda < 0$ 时,由 f 的正齐次性和次可加性,又有

第一编 凸函数

$$\langle x_{0L}^*, \lambda x_0 \rangle = -f(-\lambda x_0) \leqslant f(\lambda x_0)$$

因此

$$\langle x_{0L}^*, x \rangle \leqslant f(x), \forall x \in L$$

因为 $0 \in (\operatorname{dom} f)^{ri} \cap L$,故由 Hahn-Banach 定理 4.2.2,存在 $x_0^* \in L(f)$,并满足

$$\langle x_{0L}^*, x \rangle = \langle x_0^*, x \rangle, \forall x \in L$$

由式(4.3.5)可知(4.3.4)成立,于是式(4.3.3)对 $x \in \operatorname{dom} f$ 成立.

还需指出,当 $x_1 \notin \operatorname{dom} f$ 时,对于任意 $\beta > 0$,存在 $x_1^* \in L(f)$,使得 $\langle x_1^*, x_1 \rangle \geqslant \beta$. 这时,我们必定有 $-x_1 \notin \operatorname{dom} f$,否则,由 $0 \in (\operatorname{dom} f)^{ri}$,存在 $\varepsilon > 0$,使得

$$(-\varepsilon x_1, \varepsilon x_1) \subset \operatorname{dom} f$$

由 f 的正齐次性,这与 $x_1 \notin \operatorname{dom} f$ 矛盾. 这样,就有

$$f(x_1) = f(-x_1) = +\infty$$

设 $L_1 = \{x \in X | x = \lambda x_1, \lambda \in \mathbf{R}\}$, $x_{1L1}^* L_1^*$ 定义为

$$\langle x_{1L1}^*, \lambda x_1 \rangle = \lambda \beta$$

于是与上面同样证明,存在 $x_1^* \in L(f)$,且满足 $\langle x_1^*, x_1 \rangle = \beta$,这就证明了式(4.3.3)对 $x \notin \operatorname{dom} f$ 也成立.

推论 设 f 是满足 $0 \in (\operatorname{dom} f)^{ri}$ 的次线性函数,那么 epi f 是代数闭凸集.

这是定理 4.2.1 与上述命题的结果.

$L(f)$ 实际上是 X^* 中的集合,为了更明确起见,我们把它再表示为 $K_f^* = L(f)$,即

$$K_f^* = \{x^* \in X^* | \langle x^*, x \rangle \leqslant f(x), \forall x \in X\}$$

(4.3.6)

则已证明了当 $0 \in (\operatorname{dom} f)^{ri}$ 时

$$f(x) = \sup_{x^* \in K_f^*} \langle x^*, x \rangle$$

141

Hölder 定理

K_f^* 显然是 X^* 中的代数闭凸集,而 $f(x)$ 则可称为 K_f^* 的承托函数. 在 X 中则有如下的相应结果:

定理 4.3.1 设 K 为线性空间 X 中的集合,且 $K^{ri} \neq \emptyset$,$\sigma_K : X^* \to \mathbf{R} \cup \{+\infty\}$ 是它的承托函数,即

$$\sigma_K(x^*) = \sup_{x \in K} \langle x^*, x \rangle$$

那么

$$K = \{x \in X \mid \langle x^*, x \rangle \leq \sigma_K(x^*), \forall x^* \in X^*\}$$

$$(4.3.7)$$

的充要条件为:K 是代数闭凸集.

证明 如果(4.3.7)成立,那么 K 显然是代数闭凸集. 反之,如果 K 是代数闭凸集,$x_0 \notin K$,那么由凸集强分离定理,存在 $x_0^* \in X^*$,使得

$$\langle x_0^*, x_0 \rangle > \sup_{x \in K} \langle x_0^*, x \rangle = \sigma_K(x_0^*)$$

即 x_0 也不属于式(4.3.7)的右端,从而 K 包含右端,反向关系是显然的.

式(4.3.7)与(4.3.6)在形式上几乎一样,但由于 X 与 X^* 的地位不是平等的,故它们在含义上就不完全一致. 式(4.3.7)说明任何相对代数内部非空的代数闭凸集一定是一族闭半空间的交,或者说是由一族超平面所"围"成的. 式(4.3.6)虽然说的是在 X^* 中的类似情况,但由于当 X 为无限维时,$X^{**} \neq X$,式(4.3.6)只表达了那些承托函数的有效域在 X 中的 X^* 的代数闭凸集. 然而,如果 X 为有限维,这种不对称性就会消失,在拓扑线性空间中讨论这一问题时,也同样可使式(4.3.6)和(4.3.7)统一起来.

非负的次线性函数称为 Minkowski 函数. 这种函数与包含原点的凸集紧密相关,设 $A \subset X$ 为凸集,且

$0 \in A$. 令
$$p_A(x) = \inf\{\alpha > 0 \mid [0, x/\alpha] \subset A\} \quad (4.3.8)$$
这里规定 $\inf \varnothing = +\infty$. 于是有

命题 4.3.2 $p_A(x)$ 是 Minkowski 函数.

证明 $p_A(x) \geq 0$ 由定义 (4.3.8) 可得,我们验证它也满足 (4.3.1). 事实上,首先由定义, $p_A(0) = 0$; 而当 $t > 0$ 时
$$p_A(tx) = \inf\{\alpha > 0 \mid [0, tx/\alpha] \subset A\}$$
$$= t\inf\{\alpha/t > 0 \mid [0, tx/\alpha] \subset A\} = tp_A(x)$$
故条件 (4.3.1) 的 (1) 成立.

另一方面,对于任何 $x_1, x_2 \in X$ 和任何 $\varepsilon > 0$, 存在 $\alpha_1, \alpha_2 > 0$, 使得 $x_1 \in \alpha_2 A, x_2 \in \alpha_1 A$, 且
$$p_A(x_1) > \alpha_1 - \varepsilon, \quad p_A(x_2) > \alpha_2 - \varepsilon \quad (4.3.9)$$
由于 A 是凸集
$$\alpha_1 A + \alpha_2 A = (\alpha_1 + \alpha_2)\left(\frac{\alpha_1}{\alpha_1 + \alpha_2}A + \frac{\alpha_2}{\alpha_1 + \alpha_2}A\right)$$
$$= (\alpha_1 + \alpha_2)A$$
从而
$$x_1 + x_2 \in \alpha_1 A + \alpha_2 A = (\alpha_1 + \alpha_2)A$$
这样,由式 (4.3.8), (4.3.9) 有
$$p_A(x_1 + x_2) \leq (\alpha_1 + \alpha_2) < p_A(x_1) + p_A(x_2) + 2\varepsilon$$
由于 ε 的任意性,即得 p_A 满足 (4.3.1) 的 (2).

命题 4.3.2 设 A 为 X 中的凸集,且 $0 \in A^{ri}$, p_A 如式 (4.3.8) 所定义. 那么
$$\begin{aligned} A^{ri} &= \{x \in X \mid p_A(x) < 1\} \\ A^0 &= \{x \in X \mid p_A(x) \leq 1\} \end{aligned} \quad (4.3.10)$$

证明 事实上
$$A^{ri} = \bigcup_{x \in A \setminus \{0\}} [0, x)$$

Hölder 定理

又
$$A^0 = \{x \in X \mid [0,x) \subset A^{ri}\}$$

联系式(4.3.8),易证(4.3.10)成立. 详细过程留给读者作为练习.

命题 4.3.3 设 $p: X \to \mathbf{R}_+ \cup \{+\infty\}$ 为 Minkowski 函数. 凸集 A 满足

$$\{x \in X \mid p(x) < 1\} \subset A \subset \{x \in X \mid p(x) \leq 1\}$$
$$(4.3.11)$$

那么必定有
$$p(x) = p_A(x) = \inf\{\alpha > 0 \mid [0, x/\alpha] \subset A\}$$

证明 事实上,对于任何 $x \in X$,有
$$p_A(x) = \inf\{\alpha > 0 \mid [0, x/\alpha] \subset A\}$$
$$\geq \inf\{\alpha > 0 \mid p(x/\alpha) \leq 1\}$$
$$= \inf\{\alpha > 0 \mid p(x) \leq \alpha\} = p(x)$$

而另一方面,又有
$$p(x) = \inf\{\alpha > 0 \mid p(x) < \alpha\}$$
$$= \inf\{\alpha > 0 \mid p(x/\alpha) < 1\}$$
$$\geq \inf\{\alpha > 0 \mid x/\alpha \in A\} = p_A(x)$$

故命题得证.

命题 4.3.2 把一个相对代数内部非空的凸集与一个 Minkowski 函数联系起来,且它的相对代数内部与代数闭包也都可用这个 Minkowski 函数表示. 命题 4.3.3 又说明这样的 Minkowski 函数联系的是一族有相同的相对代数内部和代数闭包的凸集. 值得注意的是:命题 4.3.3 中并无 A 的相对代数内部包含原点的要求. 于是式(4.3.11)的两端又可看作相对代数内部和代数闭包概念的某种推广(这里用 A 的锥包代替 A 的仿射包来考虑).

当 $0 \in (\operatorname{dom} p)^{ri}$ 时,Minkowski 函数 p 将联系着 X 和 X^* 的一对代数闭凸集,即
$$K_p = \{x \in X | p(x) \leq 1\}$$
$$K_p^* = \{x^* \in X^* | \langle x^*, x \rangle \leq p(x), \forall x \in X\}$$
于是有
$$\langle x^*, x \rangle \leq 1, \forall x^* \in K_p^*, \forall x \in K_p$$
且易证
$$K_p = \{x \in X | \langle x^*, x \rangle \leq 1, \forall x^* \in K_p^*\}$$
$$K_p^* = \{x^* \in X^* | \langle x^*, x \rangle \leq 1, \forall x \in K_p\}$$
K_p 与 K_p^* 互称为对方的极化集.

Hölder 定理

极小问题和变分不等式：凸性、单调性和不动点

第 5 章

本章目的在于展示变分不等式基本理论的一些简单的几何特性,变分不等式在求一个凸泛函在凸集上极小化的问题里,也是基本的.

这些问题解的大部分特征导致一些涉及给定泛函的微分的不等式. 这个微分是从泛函所定义的空间到其对偶空间的一个单调映射. 对于函数空间中的极小问题而言,这些不等式应被看成变分学中 Euler 条件在解的单边约束下的类似形式.

变分不等式方法在于直接处理这样的不等式,而不预先假定所涉及的单调算子是一个凸泛函的微分. 此外,即使在这种特殊的情况下,像 Euler 方程那样,它们常常被用来考察原来极小问题的性质,例如正则性,即解的光滑性,而且它们也出现在不同于直接 Ritz 解法的各种近似解法里.

因此,单调不等式具有凸优化的某些基本特征,这件事是很有趣的,在本章里我们将要讨论到这种单调不等式.

第一编 凸函数

让我们来回忆一下凸性的某些基本性质.

首先,任何一个局部极小实际上是总体极小. 这个性质的好处是显然的:例如,只要求对泛函和约束作"局部"的研究,这意味着在用计算机时只需要存贮较少的信息.

把一个无限维极小问题建立在一个凸框架中(如果可能的话)的另一个动机,是这样可以提供一个"好"的拓扑. 事实上,众所周知在足够弱的拓扑下凸泛函会保持它们的半连续性(semicontinuity),这里所说的足够弱是指:在合理的有界性假设下,在适当的函数空间里约束集是紧致集,上述有界性假设在所研究的问题里多数是固有的,因而极小值的存在是 Weierstrass 定理的一个直接结果.

凸性的另一个特点是某种线性化总是可能的. 从另一方面来说,这是存在好的拓扑的根本原因. 正像后面我们将要看到的,在无限维变分不等式的存在性理论中,问题的线性化是基本的工具.

在本章我们将要讨论的凸极小问题的等价形式,可以暂时命名如下:

Ⅰ 直接形式

Ⅱ 梯度或弱形式

Ⅲ 线性化形式

Ⅳ 不动点和迭代的不动点形式

Ⅴ 上图形式

应当提到的进一步方法是:

Ⅵ 对偶性和极小极大方法

Ⅶ 补偿化和正则化方法

也许我们还应当说,这些解法中的许多方法经常

Hölder 定理

是同时被采用,并且可以以各种形式与有限维的近似解法结合起来.

在下面的§1~§5 里我们首先直观地概述 Ⅰ~Ⅴ,而把它们等价性的严格证明推迟到后面几节,在那里我们还将讨论单调变分不等式的进一步性质. 关于对偶性理论的详细叙述及在上述Ⅵ和Ⅶ里提到的其他课题(尽管它们是重要的),在本章里将不予涉及.

我们要指出,在 J. L. Lions 的著作里可以找到关于变分不等式的基于补偿化和正则化策略的方法的详细讨论,而对偶性和极小极大方法的叙述可以在 J. L. Lions,R. Glowinski 和 R. Tremolieres 的著作中找到.

§1 直 接 形 式

考虑在 n 维欧氏空间 E^n 的一个凸子集 K 上,使一个实值凸函数 F 极小化的问题,即问题

Ⅰ $u \in K : F(u) \leqslant F(v)$ 对所有 $v \in K$

如果对于空间的任何一个固定的向量 v,我们引进 F 在 K 上的**水平集** $L(v)$(可能为空集)

$$L(v) = \{w \in K, F(w) \leqslant F(v)\}$$

则 Ⅰ 可以等价地写成为

$$u \in \bigcap_{v \in k} L(v)$$

注 如图 5.1.1,问题 Ⅰ 的所有解 u 的集合是凸的,因为对于每个 v, $L(v)$ 是凸的. 倘若 F 是下半连续(lower semicontinuous)的且 K 是闭的,则所有解 u 的集合也是闭的,因为此时 $L(v)$ 也是闭的.

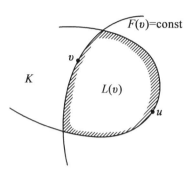

图 5.1.1

注意在整个这一章里,我们均不考虑解的存在性问题.换句话说,我们假定解存在,而仅仅根据 F 和 K 来考察解和解的集合的性质.

§2 弱 形 式

现在假定 F 在 E^n 上是可微的,令

$$\nabla F(v) = \left(\frac{\partial F}{\partial v_1}, \cdots, \frac{\partial F}{\partial v_n}\right)$$

是 F 在 E^n 中的点 $v = (v_1, \cdots, v_n)$ 处的梯度

$$\nabla F : E^n \to E^n$$

而且 $(\nabla F(v) | w) = \sum_{i=1}^{n} \frac{\partial F}{\partial v_i} \cdot w_i, w = (w_1, \cdots, w_n)$.

注 1 如图 5.2.1, $\nabla F(z)$ 是在 z 点指向 F 最大增加方向的一个向量:由于 F 是凸的,因此 F 的水平集也是凸的,在任何点 z,指向同一个由 $\nabla F(z)$ 定向的半空间的所有方向 $w - z$ 都是使 F 增加(即非减少)的方向,即所有使

$$(\nabla F(z) | w - z) \geqslant 0$$

Hölder 定理

的向量,我们将称它们为 z 的前方.

对于 E^n 中任何一个固定的 v,现在引进集合
$$M(v) = \{z \in K : (\nabla F(z) | v - z) \geq 0\}$$

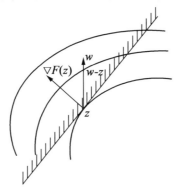

图 5.2.1

它是 K 中所有这样的 z 的集合,由 z 来看 v 位于其前方.

显然,一个向量 u 使 F 在 K 上达到极小,当且仅当从 u 看 K 中所有的向量 v 都是在前方,即 I 等价于结论
$$u \in \bigcap_{v \in k} M(v)$$

即是说上述问题 I 等价于问题

II $u \in K : (\nabla F(u) | v - u) \geq 0$ 对所有 $v \in K$

注2 若 u 属于 K 的内部,则 II 等价于

$u \in K, (\nabla F(u) | w) = 0$ 对所有 $\omega \in E^n$

它是下述方程的弱形式
$$\nabla F(u) = 0$$

事实上,如果 $u \in \operatorname{int} K$,则对于所有充分小的 $\rho < 0$,向量 $v = u \pm \rho w$ 均属于 K,而不管 w 是空间的什么向量;因此,我们可以把这样的 v 代入不等式 II,得到

$\pm\rho(\nabla F(u)|w) \geq 0$,由于 $\rho > 0$,所以 $(\nabla F(u)|w) = 0$.

§3 线性化形式

Ⅰ 和 Ⅱ 两者均可以看作 u 的无限非线性不等式组. 然而,正如下面将会看到的,我们可以用线性不等式组来刻画 Ⅰ 和 Ⅱ 的解 u.

对于空间的任一给定点 v,引入如下一个集合是方便的

$$N(v) = \{w \in K: \nabla F(v)|(v-w) \geq 0\}$$

它是所有位于 v 的后方的那些 w 的集合.

注意,这儿的后方不一定表示 F 不增加的方向;它只是表示方向 $w-v$ 指向 $\nabla F(v)$ 的相反半空间.

显然,u 使 F 在 K 上达到极小,当且仅当对 K 中所有点 v 而言,u 均位于后方,即

$$u \in \bigcap_{v \in k} N(v)$$

因此,问题 Ⅰ 等价于

Ⅲ $u \in K: (\nabla F(v)|v-u) \geq 0$ 对所有 $v \in K$

它的确是 u 的线性不等式组.

注 我们不能直接看出问题 Ⅱ 的所有解的集合是凸的,然而对于上述问题 Ⅲ 而言,这个性质是显而易见的,正像对于直接极小问题 Ⅰ 那样,即使用任何由 E^n 到其自身的映射 A 来代替 ∇F 也是如此.

§4 不动点形式

令 u 是 K 中一个向量,它使 F 在 K 上达到极小,

Hölder 定理

并假定 $\nabla F(u) \neq 0$. 如果我们由 u 向后移动到某个向量

$$u - \rho \nabla F(u), \rho > 0$$

则我们便沿着正交于支撑超平面的方向离开了凸集 K.

向量 $u - \rho \nabla F(u)$ 不可能属于 K. 因为, 否则, 将与 F 在 u 点达到其在 K 上的极小相矛盾.

因此, 如果我们把向量 $u - \rho \nabla F(u)$ 投影到 K 上 (图 5.4.1), 则又落到了我们的出发点 u, 即有

Ⅳ $u = P_K(u - \rho \nabla F(u)), \rho > 0$

其中 P_K 表示到 K 上的最小距离投影. 这说明了 u 是下述映射的不动点

$$P_K(I - \rho \nabla F), \rho > 0$$

I 表示 E^n 上的恒等映射. 注意, 如果 $\nabla F(u) = 0$, 则Ⅳ简化为 $u = P_K u$, 是 $u \in K$ 的平凡结果.

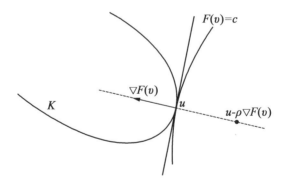

图 5.4.1

现在假设 u 是映射 $P_K(I - \rho \nabla F)$ 的不动点, 我们来证明 u 必定是 F 在 K 上的极小点.

让我们分两种情况证明:

情况 1
$$u - \rho \nabla F(u) \in K$$
则
$$u = P_K(u - \rho F(u)) = u - \rho \nabla F(u)$$
因此
$$\nabla F(u) = 0$$
这意味着 u 使 F 达到了极小.

情况 2
$$u - \rho \nabla F(u) \notin K, 特别是 \nabla F(u) \neq 0$$
则 $u - \rho \nabla F(u)$ 在 K 上的投影 u 无疑将位于 K 的边界上在 u 点垂直于 $\nabla F(u)$ 的超平面将是凸集 K 的支撑超平面, K 将全部包含在点 u 的前方半空间里, 这即是 u 使 F 在 K 上达到极小.

注 如图 5.4.2, 不动点形式 Ⅳ 暗示了一个寻求极小点 u 的迭代算法, 即

Ⅳ$_n$ $\quad u_{n+1} = P_K(u_n - \rho \nabla F(u_n)), \rho > 0$

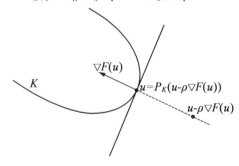

图 5.4.2

只要映射
$$P_K(\text{I} - \rho \nabla F)$$
在 K 上是一个压缩映射, 可以预料, 从 Ⅳ$_n$ 将得到近似

Hölder 定理

u_n 的一个收敛序列. 在优化理论里,算法 $Ⅳ_n$ 作为一个"投影梯度法"是众所周知的.

§5 上 图 形 式

至今所讨论的极小化向量 u 的全部特征均要求 F 是可微的. 但是,即使 F 不可微,借助于一个不等式组来给出 u 的特征也是可能的,这涉及 F 的上图(epigraph),即积空间 $E^n \times \mathbf{R}$ 的子集

$$\text{epi } F = \{[v,\beta] : F(v) \leq \beta\}$$

事实上,令 $\tilde{K}$ 是 epi F 与空间 $E^n \times \mathbf{R}$ 的"柱体" $K \times \mathbf{R}$ 的交集(图 5.5.1),即

$$\tilde{K} = \{[v,\beta] : v \in K, F(v) \leq \beta\}$$

显然,u 使 F 在 K 上达到极小,当且仅当 $[u, F(u)]$ 使函数

$$\Phi([v,\beta]) = \beta$$

在凸集 $\tilde{K}$ 上达到极小. 注意,Φ 的水平集是 $E^n \times \mathbf{R}$ 的半空间:$\{[w,\gamma] : \gamma \leq \beta\}, \beta \in \mathbf{R}$.

在 $E^n \times \mathbf{R} \hookrightarrow E^{n+1}$ 上,凸函数 Φ 显然是可微的,并且梯度不变,对于所有 $[v,\gamma] \in E^n \times \mathbf{R}$,均有

$$\nabla \Phi([v,\gamma]) = [0,1]$$

即

$$\nabla \Phi = 0 \times 1$$

因此,$\tilde{u} = [u, F(u)]$ 使函数 Φ 在凸集 $\tilde{K}$ 上达到极小,当且仅当 $\tilde{u}$ 是下述不等式组的一个解时

$$\text{V} \quad \tilde{u} \in \tilde{K} \quad (\nabla \Phi(\tilde{u}) | \tilde{v} - \tilde{u}) \geq 0 \quad \text{对所有 } \tilde{u} \in \tilde{K}$$

我们原来的极小问题 Ⅰ 与上述问题 Ⅴ 的等价性还

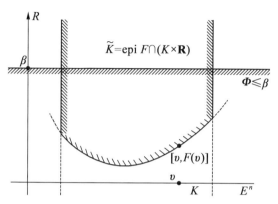

图 5.5.1

可以通过直接计算来验证(参看§9).

§6 赋范空间中的极小问题

本节我们将在无限维赋范空间框架下,证明§3～§5 中的问题的等价性.

设 X 为一个实赋范空间,X^* 为 X 的对偶空间,(v^*,v) 为 $v\in X$ 和 $v^* \in X^*$ 对偶积. 设
$$F:X\to \mathbf{R}$$
为一凸泛函,我们假定它是(Gateaux)可微的,其微分
$$DF:X\to X^*$$
定义为
$$(DF(v),w) = \frac{\mathrm{d}}{\mathrm{d}t}F(v+tw)|_{t=0}, w\in X$$

我们有以下命题:

命题 5.6.1 设 F 是 X 上的一可微凸泛函,K 是 X 的一凸子集,则下列结论等价

Hölder 定理

(1) $u \in K, F(u) \leqslant F(v), v \in K$

(2) $u \in K, (DF(u), v-u) \geqslant 0, v \in K$

(3) $u \in K, (DF(v), v-u) \geqslant 0, v \in K$

且所有解 u 的集合是凸的(可能为空集),同时若 K 闭,则解集亦闭.

证明 (1)⇒(2):我们利用 DF 的定义,事实上,假如 u 使 F 在 K 上取极小,则对每一 $v \in K, t \in [0, \delta)$, $\delta > 0$ 上实函数

$$t \to F(u + t(v-u))$$

在 $t = 0$ 处取极小,因而有

$$0 \leqslant \frac{d}{dt} F(u+t(v-u))|_{t=0^+} = (DF(u), v-u)$$

(5.6.1)

注 这里没有用到 F 的凸性,甚至没有用到 F 在 u 达到整体极小. 上述证明实际上表明了对任意可微泛函 F 在 $u \in K$ 有局部极小,(2)是必要的条件.

(2)⇒(1):这是可微凸泛函 F 下述性质的直接推论

$$F(v) \geqslant F(u) + (DF(u), v-u) \quad (u, v \in X)$$

(5.6.2)

以上不等式可以证明如下:由 $t \to F(u+tw)$ 的凸性,出现在 DF 定义中的导数是 t 减少到 0 时 F 的微商的非增极限. 因此,对所有 $t > 0$ 和所有 $u, w \in X$ 有

$$F(u+tw) - F(u) \geqslant t(DF(u), w)$$

取 $t=1$ 和 $w = v - u$ 给出上述(5.6.2).

(2)⇒(3):这是 DF 的下述基本性质的推论

$$(DF(u)) - DF(v), u - v) \geqslant 0 \quad (u, v \in X) \quad (5.6.3)$$

即 $DF: X \to X^*$ 是单调算子.

式(5.6.3)容易用下述方法证明:对给定的向量 u 和 v 利用不等式(5.6.2),再交换 v、u,然后把得到的两个不等式相加.

(3)⇒(2):这是

$$t \to \frac{\mathrm{d}}{\mathrm{d}t}F(u+tw) \quad (u,w \in X)$$

的连续性,因而也是

$$t \to (DF(u+tw),w) \quad (u,w \in X)$$

的连续性的推论. 此连续性是实轴上可微凸函数熟知的基本性质.

事实上,我们可以用向量

$$u+t(v-u)$$

(对所有 $0 \leqslant t \leqslant 1$ 此向量属于 K)代替(3)中的向量 v,得到

$$(DF(u+t(v-u)),v-u) \geqslant 0$$

由 $(DF(u+tw),w)$ 在 0^+ 的连续性,取 $t \downarrow 0$ 时的极限得到(2).

注 应该指出,上述证明中只用到 F 在点 $u \in K$ 沿任意向量 $v-u, v \in K$ 的右边可微性. 而在下述命题 5.6.1 的推论中,则要求 F 在 u 的可微性.

推论 在命题 5.6.1 的假设下,属于 K 内部的向量 u 使 F 在 K 上取极小的充要条件是:u 是下述问题的解

$$(DF(u),w)=0, \text{对所有 } w \in X$$

证明 见 §2 附注 2.

命题 5.6.1 的证明所依据的 DF 的两个性质 (5.6.2)与(5.6.3)刻画了凸函数的微分的特征.

事实上我们有下述引理.

Hölder 定理

引理 5.6.1 设 F 是 X 上的可微函数,$DF:X\to X^*$,则下述(1),(2)及(3)等价
(1) F 是凸的;
(2) $F(v) \geq F(u) + (DF(u), v-u)$ $(u,v \in X)$;
(3) DF 是单调的,即
$$(DF(u) - DF(v), u-v) \geq 0 \quad (u,v \in X)$$

证明 在命题 5.6.1 的证明中已证了(1)$\Rightarrow$(2)$\Rightarrow$(3).

(3)$\Rightarrow$(2)的证明是根据公式
$$F(v) - F(u) = (DF(u+\bar{t}(v-u)), v-u), 0 < \bar{t} < 1$$
上式是将
$$\frac{d}{dt} F(u+t(v-u)) = (DF(u+t(v-u)), v-u)$$
对 t 由 0 至 1 积分,然后用中值定理而得到的. 由 DF 的单调性
$$(DF(u+\bar{t}(v-u)) - DF(u), \bar{t}(v-u)) \geq 0$$
我们得到
$$F(v) - F(u) = (DF(u), v-u) +$$
$$(DF(u+\bar{t}(v-u)) -$$
$$DF(u), v-u)$$
$$\geq (DF(u), v-u)$$

(2)$\Rightarrow$(1):设
$$u = \lambda v_1 + (1-\lambda) v_2 \quad (v_1, v_2 \in X, 0 < \lambda < 1)$$
由(2)
$$F(v_1) \geq F(u) + (DF(u), v_1 - u)$$
$$F(v_2) \geq F(u) + (DF(u), v_2 - u)$$
以 λ 乘第一个不等式,$(1-\lambda)$ 乘第二个,然后相加得
$$\lambda F(v_1) + (1-\lambda) F(v_2) \geq F(u)$$

这就是凸性不等式.

§7 单调算子和变分不等式:线性化引理

像命题 5.6.1 中(2)这类问题,称为变分不等式,即

$$u \in K: (Au, v-u) \geq 0, \forall v \in K$$

其中 K 为赋范空间 X 的凸子集,A 为 K 到 X^* 内的映射.

正如我们在迄今为止的讨论中所表明的那样,含有单调映射的变分不等式自然地同凸约束下的凸泛函的极小化问题相关联,而且两者确实具有很多相同的重要性质,即使当映射 A 不是凸泛函的微商时也是如此.

例如,无论 A 是什么样的映射,该问题的任何局部解,即向量 $u \in K$,使得对某个 $\delta > 0$,满足

$$(Au, v-u) \geq 0, \forall v \in K_\delta$$

其中

$$K_\delta = K \cap \{v: \|v-u\| < \delta\}$$

实际上是整体解. 在上述不等式中,用向量 $u + \varepsilon(v-u)$ 代替向量 v 即可得证,而对足够小的 $\varepsilon > 0$,$u + \varepsilon(v-u)$ 属于 K_δ.

此外,包含具有某些轻微连续性的任何单调映射的变分不等式的解,像凸极小问题的解一样,仍可以用无限个线性不等式组来描述.

事实上,假如我们再看一下命题 5.6.1 中(2)⇔(3)等价性的证明,我们注意仅用到映射 $A = DF$ 的下述性质(也是§6 注),也就是

Hölder 定理

$$A: X \to X^*$$

是单调的,即

$$(Au - Av, u - v) \geq 0 \quad (u, v \in X)$$

和半连续的(hemicontinuous),即 $t \to (A(u + tw), w)$, $u, w \in X$,在 0^+ 是连续的.

因此,我们可以叙述以下基本引理

线性化引理 设 A 是赋范空间 X 到它的对偶空间 X^* 的单调,半连续映射.则对 X 的任意凸子集 K,下述问题(1)和(2)等价:

(1) $\qquad u \in K, (Au, v - u) \geq 0, v \in K$

(2) $\qquad u \in K, (Av, v - u) \geq 0, v \in K$

推论 上述问题(1)和(2)的所有解 u 的集合是凸的. 若 K 闭,则解集也是闭的.

或许问题(1)"线性化"最重要的推论是与问题(1)相反,问题(2)在 X 的弱拓扑意义下对 u 的极限是稳定的,而前者仅当 A 有某些列紧性时才可以对 u 取弱极限.

注1 若解 u 是 K 的内点,例如若 $K = X$,则(1)化为

$$u \in K, (Au, w) = 0, \forall w \in X$$

这是方程

$$Au = 0$$

的弱形式(参看命题 5.6.1 的推论).

然而,甚至在这种情况,线性化引理也是有意义的,因为它说明了这一(非线性)方程与解 u 满足的线性不等式组

$$(Au, v - u) \geq 0, \forall v \in X$$

的等价性.

注2 T. Kato 得到的一个有兴趣的结果证实:在 Banach 空间 X 的一凸开区域上的单调半连续(hemicontinuity)映射总是半连续(demicontinuous)的,即从 X 的强拓扑到 X^* 的弱拓扑的连续性当我们想到情形 $A = DF, F$ 是可微凸泛函,那么对这一性质可能是不会感到很惊奇的. 然而,我们要说明的是,等价性 $(1) \Leftrightarrow (2)$ 实际上要求的仅是在集合 K 上而不是在整个 X 上 A 的单调性和半连续性(hemicontinuity),一般地讲在凸子集 K 上 hemicontinuity 是比 demicontinuity 弱的性质.

注3 假如 $A = DF, F$ 是 X 上的可微凸泛函,则对 X 中向量的任意有限集合
$$v_0, v_1, \cdots, v_n$$
我们有
$$F(v_1) \geqslant F(v_0) + (DF(v_0), v_1 - v_0)$$
$$F(v_2) \geqslant F(v_1) + (DF(v_1), v_2 - v_1)$$
$$\vdots$$
$$F(v_n) \geqslant F(v_{n-1}) + (DF(v_{n-1}), v_n - v_{n-1})$$
$$F(v_0) \geqslant F(v_n) + (DF(v_n), v_0 - v_n)$$
(见§6,(5.6.2)),将所有这些不等式相加得
$$0 \geqslant (DF(v_0), v_1 - v_0) + (DF(v_1), v_2 - v_1) + \cdots +$$
$$(DF(v_{n-1}), v_n - v_0) + (DF(v_n), v_0 - v_n)$$

因此,映射 $A = DF$ 不仅满足单调性条件,而且也满足整个"循环"不等式族,其中每一个对应于 X 的有限子集:映射 DF 是循环单调的. 正如 Rockafellar 所指出的,这一性质是刻画单调映射(它是凸泛函的微商)的基本性质.

Hölder 定理

§8 变分不等式和不动点

我们现在回过来讨论变分不等式和不动点之间的关系. 虽然将一般的变分不等式化成不动点的提法可以在任何一个光滑的赋范 Banach 空间中实现,为简单起见,我们仍假定我们的问题是在 Hilbert 空间中讨论的.

我们将使用以下两个工具,它们依赖于给定的 Hilbert 空间 V 的指定的内积,而不仅仅依赖于由它诱导的拓扑:

(1) V 到 V^* 上的对偶 Riesz 同构 J.

(2) 在凸集 K 上 Riesz 投影 P_K 的弱特征.

Riesz 同构 J:

若 V 为(实) Hilbert 空间, V^* 为它的对偶, (v^*,v) 为 $v\in V$ 和 $v^*\in V^*$ 所成的对偶积, $(u|v)$ 为 V 中的内积,则

$$J:V\to V^*$$

为由恒等式

$$(Ju,v)=(u|v)\quad (u,v\in V)$$

定义的映射,映射 J 是 V 到 V^* 上的(等距)同构.

我们可以用 J 的逆

$$J^{-1}:V^*\to V$$

$$(v^*,v)=(J^{-1}v^*|v)\quad (v\in V,v^*\in V^*)$$

通过映射

$$\mathscr{A}\equiv J^{-1}A:V\to V$$

$$(\mathscr{A}u,v)=(\mathscr{A}u|v)\quad (u,v\in V)$$

来表示任意给定的映射

第一编 凸函数

$$A: V \to V^*$$

注 若 $A = DF$,F 是 V 上的可微实值泛函,则 $\mathscr{A} = J^{-1}A$ 是 F 的梯度 ∇F

$$(DF(u), v) = (\nabla F(u) \mid v) \quad (u, v \in V)$$

Riesz 投影 P_K:

若 K 是 V 的凸子集,且 $z \in V$,则向量

$$u = P_K z$$

由极小问题

$$u \in K : \|u - z\| \leqslant \|v - z\|, \forall v \in K$$

的唯一解(假如它存在的话)来定义,其中 $\|w\| = (w \mid w)^{1/2}$.

下面结果是众所周知并且可用 V 中的平行四边形公式初等地证明. 倘若 K 是闭的,则 V 中的任意向量 z 在 K 上必有投影 $u = P_K z$.

下面结果也是显然的,向量 u 是上述极小问题的解,当且仅当 u 是问题

$$u \in K : \frac{1}{2}\|u - z\|^2 \leqslant \frac{1}{2}\|v - z\|^2, \forall v \in K$$

的解.

引理 5.8.1 设 K 是 Hilbert 空间 V 的凸子集. 则给定 $z \in V$,我们有

$$u = P_K z,$$

当且仅当

$$u \in K, (u - z \mid v - u) \geqslant 0, \forall v \in K$$

证明 泛函

$$F(v) = \frac{1}{2}\|v - z\|^2 = \frac{1}{2}(v - z \mid v - z)$$

在 V 上是可微的,有

$$DF(u) = J(u - z)$$

即 $\nabla F = I - z$,$I \equiv V$ 上的恒等映射.

因此
$$(DF(u), v-u) = (J(u-z), v-u) = (u-z|v-u)$$
引理作为命题 5.6.1 等价性(1)⇔(2)的特殊情况而得到.

P_K 的弱描述形式对于证明 P_K 不使距离增加是有用的,这个性质以后将会用到.

推论 P_K 是非扩张的,即
$$\|P_{Kz_1} - P_{Kz_2}\| \leq \|z_1 - z_2\| \quad (z_1, z_2 \in V)$$

证明 让我们写出
$$u_1 = P_{kz_1} \text{和} u_2 = P_{kz_2}$$
的弱描述形式,即
$$(u_1 - z_1|v - u_1) \geq 0, \forall v \in K$$
$$(u_2 - z_2|v - u_2) \geq 0, \forall v \in K$$
在第一个不等式中取 $v = u_2$,后一个不等式中取 $v = u_1$,相加得
$$(u_1 - z_1 - u_2 + z_2|u_2 - u_1) \geq 0$$
即
$$(u_1 - u_2|u_1 - u_2) \leq (z_1 - z_2|u_1 - u_2)$$
用 Schwarz 不等式,即得
$$\|u_1 - u_2\| \leq \|z_1 - z_2\|$$

现在我们已做好了准备来证明§4 中概略地叙述过的变分不等式的不动点描述.

命题 5.8.2 设 K 是 Hilbert 空间 V 中的凸集,A 是 K 到 V 内的映射,则以下结论是等价的
(1) $\quad u \in K: (Au, v-u) \geq 0, \forall v \in K$
(2) $\quad u = P_K[I - \rho J^{-1}A]u \quad (\rho > 0)$

其中 I 是 V 上的恒等映射,J^{-1} 是 V^* 到 V 上的典型同

构.

注 用映射 $\mathscr{A} = J^{-1}A$,(1)和(2)可以分别写作
$$u \in K : (\mathscr{A}u | v-u) \geqslant 0, \forall v \in K$$
和
$$u = P_K(I - \rho \mathscr{A})u \quad (\rho > 0)$$

命题 5.8.1 的证明 这只要写出
$$u = P_{K^z}, z = u - \rho J^{-1} Au$$
的弱描述形式就够了,事实上,我们有
$$u \in K : (u - (u - \rho J^{-1}Au) | v - u) \geqslant 0, \forall v \in K$$
因为 $\rho > 0$,就有
$$u \in K : (J^{-1}Au | v - u) \geqslant 0, \forall v \in K$$
其中
$$(J^{-1}Au | v - u) = (Au, v - u).$$

注1 问题(1)的不动点描述(2)不是本质性的:假如我们将 V 的一种内积改变成另一种等价的内积,则 V 的对偶 V^*,因而 A 和问题(1)都是不变的,而 P_K 和 $\mathscr{A} = J^{-1}A$ 将改变. 内积的选择还将影响使映射 $P_K(I - \rho\mathscr{A})$ 成为 V 中的压缩映射的 ρ 值的范围(见 §4 注).

注2 Riesz 投影 P_K 的弱描述形式,因而上述命题 5.8.1 在任意 Banach 空间 X 中都成立,它的模是 Gateaux 可微的(从原点向外). 在这种情况下我们可以取 J 为 X 的任意对偶映射,即
$$J = D\varphi(\|\cdot\|)$$
其中 φ 是模的适当的连续增加函数(上面我们已选 $\varphi(r) = \frac{1}{2}r^2$). 关于对偶映射的更详细的讨论见 A. Beurling – A. E. Livingstone, F. E. Browder, E. As-

Hölder 定理

plund 的著作.

注 3 命题 5.8.1 表明变分不等式总可以化为不动点问题. 然而反过来也是可能的. 确实, 一个向量 u 是映射
$$U: K \to K$$
的不动点, 当且仅当 u 是变分不等式
$$u \in K, (\mathscr{A}u | v - u) \geq 0, \forall v \in K$$
的解, 其中
$$\mathscr{A} = I - U$$

事实上, 将 $v = Uu$ 代入上述不等式中, 得
$$-\|u - Uu\|^2 \geq 0, \text{即 } Uu = u$$

我们还要指出, 假如 U 是 K 到 V 的映射, 使得对任意 $u \in K$, 存在一向量 $v \in K$, 有
$$Uu - u = \lambda(v - u) \quad (\lambda > 0)$$
则可以得到同样的结论(图 5.8.1).

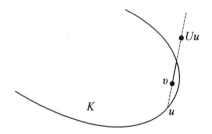

图 5.8.1

这种所谓内向映射的不动点以及外向映射(在上述条件中 $\lambda < 0$)的不动点已被 F. E. Browder 用变分不等式的方法研究过.

注 4 命题 5.8.1 实质上是属于 H. Brezis 的.

然而应该指出, 对 Hilbert 空间中的双线性型, 变

分不等式和不动点之间的联系在 G. Stampacchia 和 J. L. Lions – G. Stampacchia 早期的理论中已出现. 这些作者得到存在性结果事实上是基于迭代法和将问题化为适当的压缩映射的不动点问题.

§9 不可微泛函的极小化和混合变分不等式

让我们回到赋范空间 X 中凸子集 K 上凸泛函 F 的极小问题,现在去掉 §6 中 F 可微的假定. 确实,正如我们将要看到的,很多应用中产生的变分问题导致泛函的极小,此泛函是以可微的 F 及不可微的 G 之和的形式出现的.

在允许泛函 G 取 $+\infty$ 值时,可以假定约束集 K 的指示函数 ρ_K 已经预先合并到泛函的不可微部分中去了.

让我们回想一下 ρ_K 是下式确定的 X 上的泛函
$$\rho_K(v) = 0 \qquad 若 v \in K$$
$$\quad\ = +\infty \qquad 若 v \notin K$$

显然, $F+G$ 在 X 上的极小化与 $F+G$ 在 X 的子集
$$K \equiv \mathrm{dom}\, G \equiv \{v : G(v) < +\infty\}$$
上的极小化是同一回事($\mathrm{dom}\, G$ 也称为 $G : X \to (-\infty, +\infty)$ 的有效区域).

§6 的命题 5.6.1 可以推广如下:

命题 5.9.1 设 $F : X \to \mathbf{R}$ 是一可微凸泛函, $G : X \to (-\infty, +\infty)$ 是凸的, $G \not\equiv +\infty$, 则以下结论等价
(1) $u \in X : F(u) + G(u) \leq F(v) + G(v), \forall v \in X$
(2) $u \in X : (DF(u), v-u) \geq G(u) - G(v), \forall v \in X$

证明 若(1)成立, 对 X 的每个 v 和所有 $t, 0 < t <$

Hölder 定理

1,我们有
$$F(u) + G(u) \leq F(u+t(v-u)) + G(u+t(v-u))$$
$$\leq F(u+t(v-u)) + (1-t)G(u) + tG(v)$$
这里用到 G 的凸性. 因 $F(u) < +\infty$,以上不等式化为
$$t^{-1}[F(u+t(v-u)) - F(u)] \geq G(u) - G(v)$$
由于 F 的可微性,当 $t \downarrow 0$ 时得到(2).

为了证明(2)$\Rightarrow$(1),只需用以下不等式
$$F(v) \geq F(u) + (DF(u), v-u) \quad (v \in X)$$
此不等式是 F 凸性的推论.

注 正如上述证明所表明的,使 $F+G$ 取极小的向量 u 总是满足(2),即使可微泛函 F 不是凸的.

考察上述(2)的另一个途径是把它当作极小问题直接形式和弱形式的统一.

事实上,当 $F \equiv 0$,(2)显然化为问题
$$u \in X: G(u) \leq G(v), \forall v \in X$$
另一方面,容易证明当 G 取集合 K 的指示函数时,(2)等价于变分不等式
$$u \in K: (DF(u), v-u) \geq 0, \forall v \in K$$
类似地,我们可以用引入以下形式的不等式
$$u \in X: (Au, v-u) \geq F(u) - F(v), \forall v \in X$$
$$(5.9.1)$$
其中 $A: X \to X^*, F: X \to (-\infty, +\infty]$,来推广前面所讨论的直接极小问题和变分不等式.

然而,结果是这样的"混合"变分不等式仅仅表面上比原来的更一般些.

事实上,用 §5 中讨论的上图形式,我们可以将上述问题(5.9.1)等价地写作和以前考虑的变分不等式一样的变分不等式. 事实上,现在我们考虑乘积空间

$$\tilde{X} = X \times \mathbf{R}$$

和不等式

$$\tilde{u} \in \tilde{K}:(\tilde{A}\tilde{u}, \tilde{v} - \tilde{u}) \geqslant 0, \forall \tilde{v} \in \tilde{K} \quad (5.9.2)$$

其中 $\tilde{A}$ 是 $\tilde{X}$ 到它的对偶 $\tilde{X}^* = X^* \times \mathbf{R}$ 的映射 $A \times 1$,即

$$\tilde{A}([v,\beta]) = [Av, 1] \quad (v \in X, \beta \in \mathbf{R})$$

$\tilde{K}$ 是 F 的上图

$$\tilde{K} = \mathrm{epi}\ F = \{[v,\beta] \in X \times \mathbf{R}, F(v) \leqslant \beta\}$$

以下引理成立.

引理 5.9.1 设 $A: X \to X^*, F: X \to (-\infty, +\infty)$, $F \not\equiv +\infty$, 则 X 中的向量 u 是上述问题(5.9.1)的解且 $F(u) = \alpha, \alpha \in \mathbf{R}$, 当且仅当 $\tilde{X}$ 中的向量 $\tilde{u} = [u, \alpha]$ 是问题(5.9.2)的解.

证明 若 u 是(5.9.1)的解,则对每个 $\beta \geqslant F(v)$ 有

$$0 \leqslant (Au, v - u) + F(v) - F(u)$$
$$= (Au, v - u) + 1 \cdot (\beta - F(u))$$
$$= (\tilde{A}\tilde{u}, \tilde{v} - \tilde{u})$$

其中 $\tilde{u} = [u, F(u)], \tilde{v} = [v, \beta]$,因而(5.9.2)成立.

反之,若 $\tilde{u} = [u, \alpha]$ 是(5.9.2)的解,则 $\alpha \geqslant F(u)$, 且对所有满足 $\beta \geqslant F(v)$ 的 $\tilde{v} = [v, \beta]$(注意当 $F(v) = +\infty$ 时,(5.9.1)的不等式平凡地满足)有

$$0 \leqslant (\tilde{A}\tilde{u}, \tilde{v} - \tilde{u}) = (Au, v - u) + \beta - \alpha$$

因而,取 $v = u$ 和 $\beta = F(u)$,我们特别得到 $\alpha \leqslant \beta = F(u)$,因此

$$\alpha = F(u)$$

而且对所有 $\beta \geqslant F(v)$

Hölder 定理

$$0 \leqslant (Au, v-u) + \beta - F(u)$$

当 $\beta = F(v)$ 时,得到 u 满足(5.9.1).

注1 若现在假定向量 $\tilde{u} = [u, \alpha]$ 是问题(5.9.2)将 $\tilde{K}$ 用 $\tilde{K}$ 与"带" $X \times I$ 的交集 $\tilde{K}'$ 代替后的解,其中 $I = [a, b], a \leqslant \inf F$,则仍可以得出结论: u 是问题

$$u \in X : (Au, v-u) \geqslant F(u) - F(v), \forall v \in X, F(v) \leqslant b$$

的解,且 $\alpha = F(u)$.

我们将用到这一事实:

注2 对于不可微凸泛函极小化的一个不同方法是采用 F 的次微分(Subdifferential) ∂F 取代微分 DF 的作用. 我们记住一般说来 ∂F 是 X 到 2^{X^*} 内的多值映射,这个映射使 X 中每个 u 与 F 在 u 的所有次梯度(Subgradients) u^* 的集合(可能为空集)相关联,所谓次梯度 $u^* \in X^*$ 是指使得 $v \to F(u) + (u^*, v-u)$ 确定了 F 在 u 的一个支撑超平面(与 F 不必相切于一点). 换句话说,对于每个 $u \in X$

$$\partial F(u) = \{u^* \in X^* : F(v) \geqslant F(u) + (u^*, v-u), \forall v \in X\}$$

应当注意的是到目前为止我们所作出的关于向量 $u = DF(u)$ 的全部描述,只是把 u 作为 F 的次梯度,这个方法自然地导致到包含有多值单调映射的变分不等式.

第一编 凸函数

HILBERT 空间凸规划最优解的可移性[①]

第 6 章

考虑极值问题

$$P: \begin{cases} \min f(x) \\ \text{s.t.} \ x \in C \end{cases}$$

其中 $f(x)$ 是定义在实 Hilbert 空间 H 上的实泛函,$C \subseteq H$ 是凸集. 本章主要研究问题 P 的最优解与平稳点,不动点和鞍点的关系,在一定条件下,证明了平稳点,多值映射的不动点,鞍点的一个分量是问题 P 的最优解.

§1 最优解与平稳点的关系

本节讨论问题 P 之最优解与平稳点的关系,设 C 是 n 维欧氏空间 $\mathbf{R}^n$ 的闭凸子集,$\varphi: C \to \mathbf{R}^n$,点 $x \in C$ 叫作 φ 平稳点,如果

$$\langle x, \varphi(x) \rangle \geq \langle y, \varphi(x) \rangle, \forall y \in C$$

文献[1]中指出,如果 x 是数学规划问题

---

① 李泽民,重庆建工学院应用数学研究室.

Hölder 定理

$$\begin{cases} \max g(x) \\ \text{s. t.} \quad x \in C \end{cases}$$

的最优解,这里 $g:C \to \mathbf{R}'$ 是可微的,那么 x 是 $\nabla g:C \to \mathbf{R}^n$ 的平稳点,∇g 是 g 的梯度. 反之,若 g 是凹可微函数,x 是 $\nabla g:C \to \mathbf{R}^n$ 的平稳点,则 x 是最优解.

下面,我们将上述结果在 Hilbert 空间中进行推广.

定理 6.1.1 若 x_0 是 P 的最优解,f 在 x_0 Frechet 可微,则存在唯一的 $\xi \in H$,使得

$$\langle \xi, x_0 \rangle \leq \langle \xi, y \rangle, \forall y \in C$$

证明 对 $\forall y \in C, 0 \leq a \leq 1$ 有 $x_0 + a(y - x_0) \in C$,记 $d = y - x_0$,则

$$g(a) = f(x_0 + ad)$$

是定义在 $[0,1]$ 上的实值函数,且由 f 在 x_0 达到极小. 得出 $g(a)$ 在 $a = 0$ 取得最小值,我们有

$$g(a) - g(0) = f(x_0 + ad) - f(x_0)$$
$$= f'(x_0)(ad) + R(ad)$$

其中 $f'(x_0) \in H^*$,H^* 是 H 的共轭空间,于是

$$\frac{g(a) - g(0)}{a} = f'(x_0)(d) + \frac{R(ad)}{a}$$

此处,$\left| \frac{R(ad)}{a} \right| = \frac{|R(ad)|}{\|ad\|} \|d\| \to 0 (a \to 0)$.

因此

$$g'(0) = f'(x_0)(d)$$

从而,由 $g'(0)$ 存在,可得

$$g(a) - g(0) = g'(0)a + 0(a)$$

若 $g'(0) < 0$,则由上式可得,对充分小的正数 a,有 $g(a) < g(0)$,这与 $g(0)$ 为最小值矛盾,故必有

第一编 凸函数

$g'(0) \geq 0$,即
$$f'(x_0)(d) \geq 0$$
或
$$f'(x_0)(y) \geq f'(x_0)(x_0), \forall y \in C \quad (6.1.1)$$
由于,$f'(x_0) \in H^*$,因此,存在唯一的 $\xi \in H$,使得
$$f'(x_0)(x) = \langle \xi, x \rangle, \forall x \in H$$
从而,由式(6.1.1)便得出
$$\langle \xi, x_0 \rangle \leq \langle \xi, y \rangle, \forall y \in C \quad (6.1.2)$$
记
$$\hat{C} = \{x_0 \in C \mid f(x_0) = \min_{x \in C} f(x)\}$$
我们知道,若 f 是 C 上的实值下半连续凸函数,且 C 是非空紧凸集,则 $\hat{C}$ 亦是非空紧凸集[2]。由定理6.1.1,可定义一个从 $\hat{C}$ 到 H 的映射
$$\hat{g}: x_0 \mapsto \xi$$
这样,式(6.1.2)可写成
$$\langle \hat{g}(x_0), x_0 \rangle \leq \langle \hat{g}(x_0), y \rangle, \forall y \in C$$
从而,在 H 中引入平稳点概念如下:

定义 6.1.1 设 $C \subseteq H, g: C \to H$,点 $x \in C$ 叫作 g 的平稳点,如果
$$\langle g(x), x \rangle \leq \langle g(x), y \rangle, \forall y \in C$$

引理 6.1.1 设 K 是 Hilbert 空间 H 的闭凸集,则对每个 $x \in H$ 存在唯一的 $y \in K$,使得
$$\|x - y\| = \inf_{\eta \in K} \|x - \eta\| \quad (6.1.3)$$
满足式(6.1.3)的点 y 称为 x 在 K 上的投影,记成
$$y = P_{r_K} x$$

引理 6.1.2 设 K 是 Hilbert 空间 H 的闭凸集,则

Hölder 定理

$$y = P_{r_K}x \Leftrightarrow y \in K: \langle y, \eta - y \rangle \geq \langle x, \eta - y \rangle, \forall \eta \in K$$

引理 6.1.3 设 K 是 Hilbert 空间 H 的闭凸集,则算子 P_{r_K} 是非扩张的,即是

$$\| P_{r_K}x - P_{r_K}x' \| \leq \| x - x' \|, \forall x, x' \in H$$

引理 6.1.1—6.1.3 的证明可在文献[3]中找到.

引理 6.1.4 设 $C \subseteq H$ 是紧凸集,$g: C \to H$ 连续,则存在 $x \in C$,使得

$$\langle g(x), y - x \rangle \geq 0, \forall y \in C$$

证明 记 I 为恒等算子,则由引理 6.1.3,映射

$$P_{r_C}(I - g): C \to C$$

是连续的,于是,根据 Schauder 不动点定理,存在 $x \in C$,使

$$P_{r_C}(I - g)x = x$$

从而,由引理 6.1.2 有

$$\langle x, y - x \rangle \geq \langle x - g(x), y - x \rangle, \forall y \in C$$

即

$$\langle g(x), y - x \rangle \geq 0, \forall y \in C$$

定理 6.1.2 设 $C \subseteq H, g: C \to H, x \in \text{Int}(C)$ 且满足

$$\langle g(x), y - x \rangle \geq 0, \forall y \in C$$

则 $g(x) = 0$.

证明 因 $x \in \text{Int}(C)$,则对 $\forall u \in H, \exists \lambda \geq 0, y \in C$,使得 $u = \lambda(y - x)$,于是

$$\langle g(x), u \rangle = \lambda \langle g(x), y - x \rangle \geq 0, \forall u \in H$$

特别有 $\langle g(x), -g(x) \rangle \geq 0$,即 $\| g(x) \|^2 \leq 0$,所以 $g(x) = 0$.

定义 6.1.2[3] 映射 $g: C \to H$ 叫单调的,若

$$\langle g(u) - g(v), u - v \rangle \geq 0, \forall u, v \in C$$

叫做严格单调的,如果

$$\langle g(u)-g(v),u-v\rangle>0,\forall u,v\in C,u\neq v$$

引理 6.1.5 设 $C\subseteq H$ 是凸集,$g:C\to H$ 满足:

(1) g 是单调的;

(2) g 在 C 的任何有限个点的凸包上连续则 $\exists u\in C$,使得

$$\langle g(u),v-u\rangle\geqslant 0,\forall v\in C$$

成立的充要条件是

$$u\in C:\langle g(v),v-u\rangle\geqslant 0,\forall v\in C$$

证明 **必要性** 由于 g 单调,则 $\forall u,v\in C$ 有

$$0\leqslant\langle g(u)-g(v),u-v\rangle=\langle g(u),u-v\rangle-\langle g(v),u-v\rangle$$

所以

$$\langle g(v),v-u\rangle\geqslant\langle g(u),v-u\rangle\geqslant 0,\forall v\in C$$

充分性 任取 $x\in C$,因 C 是凸集,于是

$$v=u+\lambda(x-u)\in C\quad(0\leqslant\lambda\leqslant 1)$$

从而

$$\langle g(u+\lambda(x-u)),\lambda(x-u)\rangle\geqslant 0$$

即

$$\langle g(u+\lambda(x-u)),x-u\rangle\geqslant 0,\forall\lambda\in[0,1]$$

$$(6.1.4)$$

因对 $\forall\lambda\in[0,1],u+\lambda(x-u)\in Co(u,x)$,这里 $Co(u,x)$ 表示 u,x 两点的凸包. 于是,由 g 在 $Co(u,x)$ 上连续,令 $\lambda\to 0$ 便得 $g(u+\lambda(x-u))\to g(u)$,所以,对式(6.1.4)令 $\lambda\to 0$ 有

$$\langle g(u),x-u\rangle\geqslant 0$$

由于 x 的任意性,因此

$$\langle g(u),x-u\rangle\geqslant 0,\forall x\in C$$

定理 6.1.3 设 $C\subseteq H$ 是紧凸集,$g:C\to H$ 满足:

Hölder 定理

(1) g 是单调的；

(2) g 在 C 的任何有限个点的凸包上连续,则 $\exists u \in C$,使得

$$\langle g(u), v-u \rangle \geq 0, \forall v \in C$$

证明 对于 $v \in C$,我们令

$$\sigma(v) = \{u \in C \mid \langle g(v), v-u \rangle \geq 0\}$$

首先证明,对 $\forall v \in C, \sigma(v)$ 是 C 的闭子集,事实上,设 $u_n \to u_0$,这里 $u_n \in \sigma(v)$,即有 $u_n \in C$ 且

$$\langle g(v), v-u_n \rangle \geq 0$$

令 $n \to \infty$ 得

$$\langle g(v), v-u_0 \rangle \geq 0$$

而 C 是闭集,故 $u_0 \in C$,所以,$u_0 \in \sigma(v)$.

设 $v_1, \cdots, v_p \in C$,则有限集 $v_1, \cdots, v_p$ 的凸包 $K = Co(v_1, \cdots, v_p)$ 是紧凸集,且 $K \subset C$.

按假定 g 在 K 上连续,于是,由引理 6.1.4,$\exists \bar{u} \in K$,使得

$$\langle g(\bar{u}), v-\bar{u} \rangle \geq 0, \forall v \in K$$

从而,由引理 6.1.5 便有

$$\langle g(v), v-\bar{u} \rangle \geq 0, \forall v \in K$$

所以

$$\bigcap_{i=1}^{p} \sigma(v_i) \neq \varnothing$$

又因 C 是紧集,于是,由有限交性质得

$$\bigcap_{v \in C} \sigma(v) \neq \varnothing$$

即 $\exists u \in C$,使得

$$\langle g(v), v-u \rangle \geq 0, \forall v \in C$$

这样,再用引理 6.1.5 即得出

$$\langle g(u), v-u \rangle \geq 0, \forall v \in C$$

第一编　凸函数

引理 6.1.6　设 $C \subset H$, $g: C \to H$ 是严格单调的,则满足
$$x \in C: \langle g(x), y-x \rangle \geq 0, \forall y \in C$$
的 x 最多只有一个.

证明　设有 $x, x' \in C, x \neq x'$,满足 $\forall y \in C$
$$\langle g(x), y-x \rangle \geq 0$$
$$\langle g(x'), y-x' \rangle \geq 0$$
从而有
$$\langle g(x), x'-x \rangle \geq 0$$
$$\langle g(x'), x-x' \rangle \geq 0$$
二式相加便得
$$\langle g(x)-g(x'), x-x' \rangle \leq 0$$
此与假定不合,故命题成立.

定义 6.1.3　设 $f(x)$ 是定义在 H 上的凸函数,若 $\exists \xi \in H$,使
$$f(y) \geq f(x_0) + \langle \xi, y-x_0 \rangle, \forall y \in H$$
则称 ξ 是 $f(x)$ 在 x_0 处的次梯度(本章不认为 $\xi \in H^*$). f 在 x_0 处的次梯度的全体称为 f 在 x_0 处的次微分,记为 $\partial f(x_0)$. 若上面不等式严格成立,则称 ξ 为 f 在 x_0 处的强次梯度.

$\mathbf{R}^n$ 中,若可微函数 f 为严格凸时,则在 x 处的强次梯度 $\xi = \nabla f(x)$. 关于次梯度的存在性可详见文献[4],本章不再讨论这方面的问题,后文总是认为次梯度是存在的.

设 $C \subset H, \partial f(x) \neq \varnothing, \forall x \in C$. 由 f 的凸性,易知 $\partial f(x)$ 是 H 中的闭凸集,于是,根据引理 6.1.1,对 $\forall x \in C, \exists$ 唯一的 $\xi \in \partial f(x)$,使得
$$\rho(x, \partial f(x)) = \inf_{u \in \partial f(x)} \|x-u\| = \|x-\xi\|$$

177

Hölder 定理

令
$$g^*: x \mapsto \xi$$
则 g^* 是从 C 到 H 的映射. 下面我们首先研究 g^* 的平稳点的存在性和唯一性, 而后再讨论其与问题 P 之最优解的关系.

引理 6.1.7 假定 f 在 C 上的每一点 x 仅存在唯一的强次梯度 ξ, 则从 C 到 H 的映射 $g^*(x) = \xi$ 在 C 上是严格单调的.

证明 任取 $x, x' \in C, x \neq x'$, 则
$$f(x) > f(x') + \langle g^*(x'), x - x' \rangle$$
$$f(x') > f(x) + \langle g^*(x), x' - x \rangle$$
二式相加即得
$$\langle g^*(x') - g^*(x), x' - x \rangle > 0$$

显然, 若 f 在 C 上的每一点都有唯一的次梯度, 则 g^* 在 C 上是单调的.

设 $C \subseteq H$ 为闭凸集, $x_0 \in C, \{x_n\} \subset C$ 且 $x_n \to x_0$, 记 $g^*(x_n) = \xi_n, g^*(x_0) = \xi_0$, 若多值映射 $\partial f(x)$ 在 C 上是开的, 则存在序列 $\{\tilde{\xi}_n\}, \tilde{\xi}_n \in \partial f(x_n) (n = 1, 2, \cdots)$, 有 $\tilde{\xi}_n \to \xi_0$, 于是由范数的三角不等式便得:

引理 6.1.8 $C \subseteq H$ 为闭凸集, $f: H \to \mathbf{R}'$ 满足 $\partial f(x) \neq \varnothing, \forall x \in C; \partial f(x)$ 在 C 上是开的, 则 g^* 在 C 上连续的充要条件是在任意点 $x_0 \in C$ 处, 对收敛于 x_0 的任意序列 $\{x_n\} \subset C$, 都有
$$d_n = \|\xi_n - \tilde{\xi}_n\| \to 0 \quad (n \to \infty)$$

若对 $\forall x \in C. \partial f(x)$ 是单点集, 显然, $g^*(x)$ 的连续性与 $\partial f(x)$ 在 C 上是开的等价.

由引理 6.1.4 和引理 6.1.8 可得

定理6.1.9 设 $C \subseteq H$ 是紧凸集,$f: H \to \mathbf{R}'$ 满足:

(1) $\partial f(x) \neq \varnothing$,$\forall x \in C$;

(2) $\partial f(x)$ 在 C 上是开的;

(3) 对 $\forall x_0 \in C$,$\{x_n\} \subset C$ 且 $x_n \to x_0$ 都有
$$d_n = \|\xi_n - \tilde{\xi}_n\| \to 0 \quad (n \to \infty)$$

则 $g^*: C \to H$ 的平稳点存在.

由引理6.1.6和引理6.1.7又可得

定理6.1.10 若 f 在 C 上每一点只有唯一的强次梯度,则 $g^*(x) = \xi$(强次梯度)的平稳点是唯一的.

定理6.1.11 设 $x_0 \in C$ 是 g^* 的平稳点,则 x_0 是问题 P 的最优解.

证明 设 $g^*(x_0) = \xi_0$,$\xi_0 \in \partial f(x_0)$,于是
$$f(y) \geq f(x_0) + \langle \xi_0, y - x_0 \rangle, \forall y \in H$$

而 x_0 是 g^* 的平稳点,即
$$\langle \xi_0, y - x_0 \rangle \geq 0, \forall y \in C$$

所以
$$f(y) \geq f(x_0), \forall y \in C$$

§2 不动点与问题 P 的关系

在这一节我们来讨论不动点与问题 P 的关系.

引理6.2.1[5] 设 $\mathscr{H}$ 是赋范空间的非空紧凸集,$U: \mathscr{H} \to 2^{\mathscr{H}}$ 是多值映射且满足:

(1) $\forall x \in \mathscr{H}$,$U(x)$ 是 $\mathscr{H}$ 的非空紧凸子集;

(2) 若 $x_n \to x \in \mathscr{H}$,$y_n \in U(x_n)$ 且 $y_n \to y$,有 $y \in U(x)$.

则 $\exists \bar{x} \in \mathscr{H}$,使得 $\bar{x} \in U(\bar{x})$.

Hölder 定理

引理 6.2.2 设 $C \subset H$ 是非空紧凸集,$f: H \to \mathbf{R}'$,若
(1) $\partial f(x) \ne \varnothing, \forall x \in C$;
(2) $g^*(x) = \xi(\xi \in \partial f(x))$ 在 C 上连续;
(3) $\forall x \in C$
$$S(x) = \{t \in C | \langle \xi, y-t \rangle \ge 0, \forall y \in C\} \ne \varnothing$$
则多值映射 $S(x)$ 有不动点.

证明 设 $t_1, t_2 \in S(x), \lambda \in (0,1)$,因 C 是凸集,所以
$$\lambda t_1 + (1-\lambda) t_2 \in C$$
而 $\forall y \in C$
$$\langle \xi, y - t_1 \rangle \ge 0$$
$$\langle \xi, y - t_2 \rangle \ge 0$$
于是
$$\langle \xi, \lambda(y - t_1) \rangle \ge 0$$
$$\langle \xi, (1-\lambda)(y - t_2) \rangle \ge 0$$
二式相加得
$$\langle \xi, y - (\lambda t_1 + (1-\lambda) t_2) \rangle \ge 0, \forall y \in C$$
所以
$$\lambda t_1 + (1-\lambda) t_2 \in S(x)$$
故 $S(x)$ 是凸集,下证 $S(x)$ 是闭集,事实上,设 $\{x_n\} \in S(x), x_n \to x_0$,因 C 为闭集,故 $x_0 \in C$. 由 $x_n \in S(x)$,有
$$\langle \xi, y - x_n \rangle \ge 0, \forall y \in C$$
令 $n \to \infty$ 得
$$\langle \xi, y - x_0 \rangle \ge 0, \forall y \in C$$
因此,$S(x)$ 为闭集,但 $S(x) \subset C$ 且 C 为紧集,故 $S(x)$ 是紧集.

最后,证 $S(x)$ 在 C 上是上半连续的,设 $x_0 \in C$, $x_n \to x_0, y_n \in S(x_n)$ 且 $y_n \to y_0, g^*(x_n) = \xi_n, g^*(x_0) = $

ξ_0,于是,当 $x_n \to x_0$ 时有 $\xi_n \to \xi_0$,而 $y_n \in S(x_n)$ 即有 $y_n \in C$,且

$$\langle \xi_n, y - y_n \rangle \geqslant 0, \forall y \in C$$

令 $n \to \infty$ 得

$$\langle \xi_0, y - y_0 \rangle \geqslant 0, \forall y \in C$$

自然 $y_0 \in C$,故 $y_0 \in S(x_0)$,从而,由引理 6.2.1,$\exists \bar{x} \in C$,使 $\bar{x} \in S(\bar{x})$.

定理 6.2.1 若 $\bar{x} \in S(\bar{x})$,则 $\bar{x}$ 是 P 的最优解.

证明 设 $g^*(\bar{x}) = \bar{\xi}$,由 $\bar{x} \in S(\bar{x})$ 有

$$\bar{x} \in C: \langle \bar{\xi}, y - \bar{x} \rangle \geqslant 0, \forall y \in C$$

另一方面,由 $\bar{\xi} \in \partial f(\bar{x})$ 得

$$f(y) \geqslant f(\bar{x}) + \langle \bar{\xi}, y - \bar{x} \rangle, \forall y \in H$$

从而

$$f(y) \geqslant f(\bar{x}), \forall y \in C$$

§3 最优解与鞍点

最后,我们讨论鞍点与下面问题 P_1 的关系.

定义 6.3.1 设 $E \subseteq H, F \subset \mathbf{R}^n, \phi(x, u)$ 为定义在 $E \times F$ 上的泛函,若 $\exists (x_0, u_0) \in E \times F$,使得

$$\phi(x_0, u) \leqslant \phi(x_0, u_0) \leqslant \phi(x, u_0), \forall x \in E, u \in F$$

则称 (x_0, u_0) 是 $\phi(x, u)$ 的鞍点.

下面考虑

$$P_1 \begin{cases} \min f(x) \\ \text{s. t. } f_k(x) \leqslant 0 (k = 1, 2, \cdots, n) \end{cases}$$

其中 f, f_k 均是定义在 $E \subseteq H$ 上的泛函. 我们把它称为

Hölder 定理

问题 P_1.

后面论及的 ϕ 是一种与问题 P_1 相关的形式

$$\phi(x,u) = f(x) + \sum_{k=1}^{n} u_k f_k(x)$$

其中 $u = (u_1, u_2, \cdots, u_n) \in \mathbf{R}^n$.

关于问题 P_1 的最优解和鞍点有

定理 6.3.1(Kuhu-Tucker)[6] 设 $f(x), f_i(x)$ 均是定义在 Hilbert 空间 H 的一个凸子集 C 上的凸泛函;x_0 是 P_1 的解;另外,假定对于 $\mathbf{R}^n$ 中的每一个非零,非负向量 $u, \exists x \in C$,使得

$$\sum_{k=1}^{n} u_k f_k(x) < 0$$

则 $\exists$ 非负向量 $V = (v_1, v_2, \cdots, v_n)$,使得

$$\min\{f(x) + \sum_{k=1}^{n} u_k f_k(x)\} = f(x_0) + \sum_{k=1}^{n} u_k f_k(x_0)$$
$$= f(x_0)$$

且 (x_0, V) 是函数 $\phi(x,u)$ 的鞍点,其中 u 在 $\mathbf{R}^n$ 的正锥中取值,而 $x \in C$.

在定理 6.3.1 的条件下,有

$$f(x_0) = \sup_{u \geq 0} \inf_{x \in C} (f(x) + \sum_{k=1}^{n} u_k f_k(x))$$

定理 6.3.2 若 (x_0, u_0) 是 $\phi(x,u)$ $(x \in E, u \geq 0)$ 的鞍点,则 x_0 是 P_1 的解.

证明 因 (x_0, u_0) 为 $\phi(x,u)$ 的鞍点,于是有

$$f(x_0) + \sum_{k=1}^{n} u_k f_k(x_0) \leq f(x_0) + \sum_{k=1}^{n} u_{k_0} f_k(x_0)$$
$$\leq f(x) + \sum_{k=1}^{n} u_{k_0} f_k(x)$$

(6.3.1)

对 $\forall x \in E, u \geq 0$ 成立.

首先证 $f_k(x_0) \leq 0, k = 1, 2, \cdots, n$. 否则,若有 $f_{k_0}(x_0) > 0$,我们取 $u_k = 0, k \neq k_0$ 从而,由(6.3.1)得

$$f(x_0) + u_{k_0} f_{k_0}(x_0) \leq f(x_0) + \sum_{k=1}^{n} u_{k_0} f_k(x_0) \stackrel{\diamondsuit}{=} M$$

令 $u_{k_0} \to +\infty$ 便得出 $M \to +\infty$,而 M 是定数,故必 $f_k(x_0) \leq 0, k = 1, 2, \cdots, n$,因此,$x_0$ 为可行点.再证

$$\sum_{k=1}^{n} u_{k_0} f_k(x_0) = 0$$

否则有

$$\sum_{k=1}^{n} u_{k_0} f_k(x_0) < 0$$

取

$$u_k \begin{cases} = 0 & \text{当} f_k(x_0) < 0 \text{ 时} \\ > 0 & \text{当} f_k(x_0) = 0 \text{ 时} \end{cases}$$

于是由式(6.3.1)得

$$f(x_0) \leq f(x_0) + \sum_{k=1}^{n} u_{k_0} f_k(x_0) < f(x_0)$$

这一矛盾说明必有

$$\sum_{k=1}^{n} u_{k_0} f_k(x_0) = 0$$

从而,对 E 中的任何可行点 x 再用式(6.3.1)便得

$$f(x_0) \leq f(x) + \sum_{k=1}^{n} u_{k_0} f_k(x) \leq f(x)$$

改定理(6.3.2)中的 E 为

$$C' = \{x \in E \mid f_i(x) \leq 0, i = 1, 2, \cdots, n\}$$

再令

$$U = \{u \in \mathbf{R}^n \mid u \geq 0, \|u\| \leq k(\text{常数})\}$$

而 $\phi(x, u)$ 定义在 $C' \times U$ 上,显然,从定理 6.3.2 的证

Hölder 定理

明可看出这时有下面的定理.

定理 6.3.3 若 (x_0, u_0) 是 $\phi(x,u)$ 的鞍点,则 x_0 是问题 P_1 的解.

关于鞍点的存在性有下面定理.

定理 6.3.4[7] 若 $E \subset H, F \subset \mathbf{R}^n$ 均是非空紧凸集,又设 ϕ 是 $E \times F$ 上的泛函,使得:

$\forall x \in E, \phi(x,u)$ 是 F 上的凹,上半连续泛函;

$\forall u \in F, \phi(x,u)$ 是 E 上的凸,下半连续泛函.

则 $\exists (x_0, u_0) \in E \times F$,使得

$$\phi(x_0, u) \leqslant \phi(x_0, u_0) \leqslant \phi(x, u_0), \forall x \in E, u \in F$$

且

$$\phi(x_0, u_0) = \min_x \max_u \phi(x,u) = \max_u \min_x \phi(x,u)$$

由定理 6.3.3 和定理 6.3.4 可得

定理 6.3.5 在问题 P_1 中,若 $E \subset H$ 是紧凸集, $f(x), f_i(x)$ 均是 E 上的凸下半连续泛函,则

$$\phi(x,u) = f(x) + \sum_{i=1}^n u_i f_i(x) \quad ((x,u) \in C' \times U)$$

的鞍点 $(x_0, u_0) \exists$;且 x_0 是 P_1 的解,这时 x_0 可由下式确定

$$\phi(x_0, u_0) = \min_x \max_u \phi(x,u) = \max_u \min_x \phi(x,u)$$

证明 显然 U 是非空紧凸集. 由于 $f_i(i=1,2,\cdots,n)$ 是凸的,所以 C' 是凸集,因 E 是致密集,而 $C' \subseteq E$, 故 C' 亦是致密集. 设 $\{x_n\} \subset C'$ 且 $x_n \to x_0$, 因 E 是紧集,因此 $x_0 \in E$,于是,由 f_i 在 E 上的下半连续性得

$$0 \geqslant \lim_{n \to \infty} f_i(x_n) \geqslant f_i(x_0), \forall i$$

所以 $x_0 \in C'$, 故 C' 是闭集,从而 C' 是紧集.

显然, $\phi(x,u)$ 关于 u 是凹,上半连续泛函.

由凸函数和下半连续函数的性质,立即可得

$\phi(x,u)$ 关于 x 是凸,下半连续泛函.

从而,由定理 6.3.4,$\exists (x_0,u_0) \in C' \times U$ 是 $\phi(x,u)$ 的鞍点,且

$$\phi(x_0,u_0) = \min_x \max_u \phi(x,u) = \max_u \min_x \phi(x,u)$$

再由定理 6.3.3 即得 x_0 是 P_1 的最优解.

定理 6.3.6 若 $E \subset H$ 是紧集,$f(x),f_i(x)$ 均是 E 上的下半连续泛函,则 $\exists x^* \in C'$,使得 $(x^*,0)$ 是函数

$$\phi(x,u) = f(x) + \sum_{i=1}^n u_i f_i(x) \quad (x \in C', u \in U)$$

的鞍点,其中 x^* 是 $f(x)$ 在 C' 上的最小点.

证明 如定理 6.3.5 的证明一样,由 E 是紧集及 f_i 的下半连续性可得 C' 是紧集,而 $f(x)$ 在 C' 上是下半连续的,故 $\exists x^* \in C'$,使得

$$f(x^*) \leqslant f(x), \forall x \in C'$$

于是,有

$$f(x^*) + \sum_{k=1}^n u_k f_k(x^*) \leqslant f(x^*) + \sum_{k=1}^n 0 f_k(x^*)$$

$$\leqslant f(x) + \sum_{k=1}^n 0 f_k(x), \forall x \in C', u \in U$$

所以 $(x^*,0)$ 是 $\phi(x,u)$ 的鞍点.

参 考 文 献

[1] CURTIS E. Properly labeled simplexes[J]. Studies in mathematics, Volume 10. Studies in optimization, 1974,80.

[2] JEAN PIERRE Aubin. Applied abstract analysis [M]. Michigan:Wiley,1977.

[3] DAVID K, GUIDO S. An introduction to Variational inequalities and their applications[M]. Amr. Society for Industrial and Applied Mathemetic. 1980.

[4] V BARBU, TH P. Convexity and optimization in Banach spaces[M]. Română: Acadamei republici socialiste Română, 1978.

[5] D R SMART. Fixed point theorems[M]. Cambridge: Cambridge University Press, 1980.

[6] A V BALAKRISHNAN. Applied Functional analysis[M]. Germany: Springer, 1976.

[7] 关肇直. 线性泛函分析入门[M]. 上海: 上海科学技术出版社, 1979.

第一编 凸函数

凸函数和凸映射

凸函数和凸映射是凸分析的主要研究对象,其有关理论也是非光滑分析的重要基础.

本章先阐述凸函数的概念及其基本性质.然后讨论它的连续性和对偶性问题.在论述了两类广义意义下的凸函数之后,进而将函数的凸性概念推广到映射凸性的情况,介绍凸映射和广义凸映射.

§1 凸函数及有关性质

我们对取实数值的函数和实泛函统称为实值函数.这一节介绍线性空间上具有凸性的实值函数以及它的有关性质.

设 $\mathscr{V}$ 是线性空间.

定义 7.1.1 设 $S \subset \mathscr{V}$ 是非空凸集,$f:S \to \mathbf{R}$ 是实值函数.

(1) 若对任意的 $\lambda \in (0,1)$ 有
$$f(\lambda x^1 + (1-\lambda)x^2) \leq \lambda f(x^1) + (1-\lambda)f(x^2)$$
$$\forall x^1, x^2 \in S \qquad (7.1.1)$$
则称 f 是集合 S 上的凸函数(凸泛函),或

第 7 章

函数(泛函)f在S上是凸的.

(2)若对任意的$\lambda \in (0,1)$有
$$f(\lambda x^1 + (1-\lambda)x^2) < \lambda f(x^1) + (1-\lambda)f(x^2)$$
$$\forall x^1, x^2 \in S, f(x^1) \neq f(x^2) \quad (7.1.2)$$
则称f是集合S上的严格凸函数,或函数f在S上是严格凸的.

(3)若对任意的$\lambda \in (0,1)$有
$$f(\lambda x^1 + (1-\lambda)x^2) < \lambda f(x^1) + (1-\lambda)f(x^2)$$
$$\forall x^1, x^2 \in S, x^1 \neq x^2 \quad (7.1.3)$$
则称f是集合S上的强凸函数,或函数f在S上是强凸的.

若$-f$是S上的凸函数,则称f是S上的凹函数,或f在S上是凹的. 若$-f$是S上的严格(强)凸函数,则称f是S上的严格(强)凹函数,或f在S上是严格(强)凹的.

图7.1.1中的(a)、(b)、(c)和(d)依次是单变量的凸函数、严格凸函数、强凸函数和凹函数的图示.

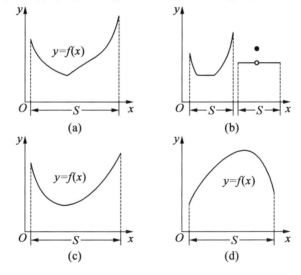

图 7.1.1

第一编 凸函数

注1 在定义 7.1.1 中固定 $x^1 = x^0 \in S$，令 $x^2 = x$，则(7.1.1)成为
$$f(\lambda x^0 + (1-\lambda)x) \leq \lambda f(x^0) + (1-\lambda)f(x), \forall x \in S$$
这时，称 f 在点 x^0 处相对于集合 S 是凸的. 同样地，式 (7.1.2)(或 7.1.3)成为
$$f(\lambda x^0 + (1-\lambda)x) < \lambda f(x^0) + (1-\lambda)f(x)$$
$$\forall x \in S, f(x^0) \neq f(x) \text{（或 } x^0 \neq x\text{）}$$
并称 f 在点 x^0 处相对于 S 是严格凸的(或强凸的).

注2 从定义 7.1.1 易知，若 f 是 S 上的强凸(凹)函数，则 f 必是 S 上的凸(凹)函数和严格凸(凹)函数，但反之不然. 注意，严格凸函数不一定是凸函数(见图 7.1.1(b)).

例 以下函数是相应集合上的凸函数.

实数域 **R** 上的二次函数：
$$f(x) = x^2 \quad (x \in \mathbf{R})$$
并且是严格凸函数和强凸函数.

Euclid 空间 $\mathbf{R}^n$ 上的范数函数
$$f(x) = \|x\|_p = \Big(\sum_{i=1}^n x_i^p\Big)^{\frac{1}{p}} \quad (x \in \mathbf{R}^n, p > 1)$$
其中 $x = (x_1, \cdots, x_n)^\mathrm{T}$. 特别地
$$f(x) = \|x\| = \sqrt{x_1^2 + \cdots + x_n^2}$$
是 $\mathbf{R}^n$ 上的凸函数.

Banach 空间 $\mathscr{B}$ 中凸集 S 上的距离函数
$$d_s(x) = \inf_{y \in S} \|x - y\| \quad (x \in \mathscr{B})$$

线性拓扑空间 $\mathscr{X}$ 中凸集 S 上的 Minkowski 函数（泛函）
$$\mu_S(x) = \inf\{a > 0 | x \in aS\} \quad (x \in \mathscr{X})$$

线性空间 $\mathscr{V}$ 上的仿射函数
$$l(x) = \langle a, x \rangle + \beta \quad (x \in \mathscr{V})$$
其中 $a \in \mathscr{V}, \beta \in \mathbf{R}$. 它也是 $\mathscr{V}$ 上的凹函数,而不是 $\mathscr{V}$ 上的严格凸函数.

线性空间 $\mathscr{V}$ 中凸集 S 上的指示函数
$$\delta_S(x) = \begin{cases} 0 & x \in S \\ +\infty & x \in \mathscr{V} \setminus S \end{cases}$$

先给出关于凸函数的两个基本关系.

定理 7.1.1 设 $S \subset \mathscr{V}$ 是非空凸集,则 $f: S \to \mathbf{R}$ 是凸函数当且仅当对任何正整数 $m \geq 2$ 和任意的 $\lambda_i \geq 0 (i=1,2,\cdots,m)$, $\sum_{i=1}^{m} \lambda_i = 1$, 有

$$f\left(\sum_{i=1}^{m} \lambda_i x^i\right) \leq \sum_{i=1}^{m} \lambda_i f(x^i), \forall x^1, \cdots, x^m \in S \quad (7.1.4)$$

证明　充分性　在式(7.1.4)中取 $m=2$, 由定义 7.1.1 中的(1)即得.

必要性　用数学归纳法证. 当 $m=2$ 时, 因为 f 是 S 上的凸函数, 由(7.1.1)知(7.1.4)成立. 现设 $m \leq k (k \geq 2$ 是正整数$)$时(7.1.4)成立, 证明(7.1.4)对于 $m = k+1$ 成立. 不失一般性, 设 $\lambda_i > 0 (i=1,\cdots,k+1)$, $\sum_{i=1}^{k+1} \lambda_i = 1$ (若有某 $\lambda_i = 0$, 则 $m = k$, 由假设知式(7.1.4)成立), 则有 $1 - \lambda_{k+1} = \sum_{i=1}^{k} \lambda_i > 0$. 记 $\sum_{i=1}^{k} \lambda_i x^i = (1-\lambda_{k+1})x$, 由 $x^i \in S (i=1,\cdots,k)$ 和 $\sum_{i=1}^{k} \frac{\lambda_i}{1-\lambda_{k+1}} = 1$ 以及 S 是凸集, 有 $x = \sum_{i=1}^{k} \frac{\lambda_i}{1-\lambda_{k+1}} x^i \in S$. 又因为 $x^{k+1} \in S$,

以及 f 是 S 上的凸函数，按定义 7.1.1 的(1)，得知

$$f\Big(\sum_{i=1}^{k+1}\lambda_i x^i\Big) = f((1-\lambda_{k+1})x + \lambda_{k+1}x^{k+1})$$
$$\le (1-\lambda_{k+1})f(x) + \lambda_{k+1}f(x^{k+1})$$
$$= (1-\lambda_{k+1})f\Big(\frac{1}{1-\lambda_{k+1}}\sum_{i=1}^{k}\lambda_i x^i\Big) + \lambda_{k+1}f(x^{k+1})$$

由于假设式(7.1.4)对于 $m=k$ 成立，故有

$$f\Big(\frac{1}{1-\lambda_{k+1}}\sum_{i=1}^{k}\lambda_i x^i\Big) \le \sum_{i=1}^{k}\frac{\lambda_i}{1-\lambda_{k+1}}f(x^i)$$

将它代入上式，得到

$$f\Big(\sum_{i=1}^{k+1}\lambda_i x^i\Big) \le (1-\lambda_{k+1})\sum_{i=1}^{k}\frac{\lambda_i}{1-\lambda_{k+1}}f(x^i) + \lambda_{k+1}f(x^{k+1})$$
$$= \sum_{i=1}^{k+1}\lambda_i f(x^i)$$

即式(7.1.4)对于 $m=k+1$ 成立.

定理 7.1.2 设 $S \subset \mathscr{V}$ 是非空凸集，$f: S \to \mathbf{R}$ 是凸函数，则对任意的 $c \in \mathbf{R}$，水平集 $H_S(f,c) = \{x \in S \mid f(x) \le c\}$ 是凸集.

证明 任取 $x^1, x^2 \in H_S(f,c) \subset S$，因为 S 是凸集，故对任意的 $\lambda \in (0,1)$ 有 $\lambda x^1 + (1-\lambda)x^2 \in S$. 由于 f 是 S 上的凸函数，按定义 7.1.1 的(1)，得

$$f(\lambda x^1 + (1-\lambda)x^2) \le \lambda f(x^1) + (1-\lambda)f(x^2)$$
$$\le \lambda c + (1-\lambda)c = c$$

于是 $\lambda x^1 + (1-\lambda)x^2 \in H_S(f,c)$. 据此，即知 $H_S(f,c)$ 是凸集.

为了讨论凸函数和严格凸函数之间的关系，我们引入实值函数(实泛函)的半连续性概念如下.

Hölder 定理

定义 7.1.2 设 $\mathscr{X}$ 是线性拓扑空间,$f: \mathscr{X} \to \mathbf{R} \cup \{\pm\infty\}$ 是广义实值函数,点 $x^0 \in \mathscr{X}$.

(1) 若对任意的 $\varepsilon > 0$,存在 x^0 的邻域 $U(x^0)$ 有
$$-\varepsilon < f(x) - f(x^0), \forall x \in U(x^0)$$
则称 f 在点 x^0 处是下半连续的. 若 f 在集合 $S \subset \mathscr{X}$ 的每一点处都是下半连续的. 则称 f 是 S 上的下半连续函数(泛函),或 f 在 S 上是下半连续的.

(2) 若对任意的 $\varepsilon > 0$,存在 x^0 的邻域 $U(x^0)$ 有
$$f(x) - f(x^0) < \varepsilon, \forall x \in U(x^0)$$
则称 f 在点 x^0 处是上半连续的. 若 f 在集合 $S \subset \mathscr{X}$ 的每一点处都是上半连续的,则称 f 是 S 上的上半连续函数(泛函),或 f 在 S 上是上半连续的.

注 由定义 7.1.2 的(1),f 在点 x^0 处是下半连续的等价于
$$f(x^0) - \varepsilon \leqslant \inf_{x \in U(x^0)} f(x) \leqslant \sup_{U(x^0)} \inf_{x \in U(x^0)} f(x)$$
令 $\varepsilon \to 0$ 即
$$f(x^0) \leqslant \liminf_{x \to x^0} f(x)$$
其中 $\liminf\limits_{x \to x^0} f(x) = \sup\limits_{U(x^0)} \inf\limits_{x \in U(x^0)} f(x)$ 是 f 在点 x^0 处的下极限. 同理,由定义 7.1.2 的(2),f 在点 x^0 处是上半连续的等价于
$$f(x_0) \geqslant \limsup_{x \to x^0} f(x)$$
其中 $\limsup\limits_{x \to x^0} f(x) = \inf\limits_{U(x^0)} \sup\limits_{x \in U(x^0)} f(x)$ 是 f 在点 x^0 处的上极限.

定理 7.1.3 设 $\mathscr{X}$ 是线性拓扑空间,$S \subset \mathscr{X}$ 是非空凸集. 若 $f: S \to \mathbf{R}$ 是下半连续的严格凸函数,则 f 是 S 上的凸函数.

证明 设对任意的 $x^1, x^2 \in S$,有 $f(x^1) \neq f(x^2)$. 由

f 在 S 上是严格凸的,从式(7.1.2)知式(7.1.1)成立.因此,f 在 S 上是凸的.

现设存在 $\bar{x}^1, \bar{x}^2 \in S$,有 $f(\bar{x}^1) = f(\bar{x}^2)$. 用反证法,假设 f 在 S 上不是凸的,则由定义 7.1.1 的(1)知,存在 $\lambda_0 \in (0,1)$,有
$$f(\lambda_0 \bar{x}^1 + (1-\lambda_0)\bar{x}^2) > \lambda_0 f(\bar{x}^1) + (1-\lambda_0) f(\bar{x}^2)$$
$$= f(\bar{x}^1) = f(\bar{x}^2)$$

记 $x^0 = \lambda_0 \bar{x}^1 + (1-\lambda_0)\bar{x}^2$,由 S 是凸集知 $x^0 \in S$,并从上式得到
$$f(\bar{x}^1) < f(x^0), f(\bar{x}^2) < f(x^0) \quad (7.1.5)$$

对于(7.1.5)的第 1 式,取充分小的 $\varepsilon_0 > 0$,可使 $f(\bar{x}^1) + \varepsilon_0 < f(x^0)$,或
$$f(\bar{x}^1) < f(x^0) - \varepsilon_0$$

因为 f 在 $x^0 \in S$ 处是下半连续的. 由定义 7.1.2 的(1)知,对任意的 $\varepsilon > 0$,存在 λ_0 的邻域 $U(\lambda_0)$ 有
$$-\varepsilon < f(\lambda \bar{x}^1 + (1-\lambda)\bar{x}^2) - f(x^0), \forall \lambda \in U(\lambda_0)$$

从而得
$$f(\bar{x}^1) < f(x^0) - \varepsilon_0 < f(\lambda \bar{x}^1 + (1-\lambda)\bar{x}^2), \forall \lambda \in U(\lambda_0)$$

取 $\lambda' \in U(\lambda_0), \lambda' \neq \lambda_0$,记 $x' = \lambda' \bar{x}^1 + (1-\lambda')\bar{x}^2$,从上式有
$$f(\bar{x}^1) < f(x') \quad (7.1.6)$$

不妨设 $x^0 \in (\bar{x}^1, x')$,则 $x' \in (x^0, \bar{x}^2)$(若设 $x^0 \in (x', \bar{x}^2)$,则 $x' \in (\bar{x}^1, x^0)$,同理可推证). 于是存在 $\lambda_1, \lambda_2 \in (0,1)$,有 $x^0 = \lambda_1 \bar{x}^1 + (1-\lambda_1)x'$ 和 $x' = \lambda_2 x^0 + (1-\lambda_2)\bar{x}^2$. 由于 f 在 S 上是严格凸的,依据定义 7.1.1 的(2)并注意到式(7.1.6)和(7.1.5)的第 2 式,可得
$$f(x^0) = f(\lambda_1 \bar{x}^1 + (1-\lambda_1)x')$$

Hölder 定理

$$< \lambda_1 f(\bar{x}^1) + (1-\lambda_1)f(x') < f(x')$$

和

$$f(x') = f(\lambda_2 x^0 + (1-\lambda_2)\bar{x}^2)$$
$$< \lambda_2 f(x^0) + (1-\lambda_2)f(\bar{x}^2) < f(x^0)$$

导致以上两式相矛盾.

为了把凸函数的值域扩展到广义实值域 $\mathbf{R} \cup \{\pm\infty\}$,我们对涉及 $\pm\infty$ 的运算作如下约定

$$\begin{cases} a + \infty = +\infty + a = +\infty, \forall a \in \mathbf{R} \cup \{+\infty\} \\ a + (-\infty) = -\infty + a = -\infty, \forall a \in \mathbf{R} \cup \{-\infty\} \\ +\infty + (+\infty) = +\infty, -\infty + (-\infty) = -\infty \\ \lambda \cdot (+\infty) = (+\infty) \cdot \lambda = +\infty \\ \lambda \cdot (-\infty) = (-\infty) \cdot \lambda = -\infty, \forall \lambda > 0 \\ \lambda \cdot (+\infty) = (+\infty) \cdot \lambda = -\infty \\ \lambda \cdot (-\infty) = (-\infty) \cdot \lambda = +\infty, \forall \lambda < 0 \\ 0 \cdot (+\infty) = (+\infty) \cdot 0 = 0 \cdot (-\infty) = (-\infty) \cdot 0 = 0 \\ +\infty + (+\infty) = +\infty \\ -(-\infty) = +\infty \\ \inf \varnothing = +\infty, \sup \varnothing = -\infty \end{cases}$$

(7.1.7)

对于条件(7.1.7),还规定:只允许使用"消去"而不可使用"移项". 有了以上规定,我们就可以把任何凸集上的凸函数扩展到全空间.

定义 7.1.3 设 $S \subset \mathscr{V}$ 是非空凸集,$\hat{f}: S \rightarrow \mathbf{R}$ 是凸函数. 令

$$f(x) = \begin{cases} \hat{f}(x) & x \in S \\ +\infty & x \in \mathscr{V} \setminus S \end{cases}$$

则称 $f: \mathscr{V} \rightarrow \mathbf{R} \cup \{\pm\infty\}$ 是空间 $\mathscr{V}$ 上的广义实值凸函

数,也简称凸函数.

依照涉及 $+\infty$ 和 $-\infty$ 的约定运算,定义 7.1.3 和定义 7.1.1 的(1)是一致的.

定义 7.1.4 设 $f: \mathscr{V} \to \mathbf{R} \cup \{\pm\infty\}$ 是广义实值函数,则称集合

$$\mathrm{dom}\, f = \{x \in \mathscr{V} \mid f(x) < +\infty\}$$

是 f 的有效域. 若 $\mathrm{dom}\, f \neq \varnothing$,则称 f 是正常函数,或函数 f 是正常的.

定义 7.1.5 设 $f: \mathscr{V} \to \mathbf{R} \cup \{+\infty\}$ 是凸函数. 若 $\mathrm{dom}\, f \neq \varnothing$,并且对于任意的 $x \in \mathrm{dom}\, f$,有 $f(x) \neq -\infty$,则称 f 是($\mathrm{dom}\, f$ 上的)正常凸函数,或函数 f 是正常凸的,否则,称 f 是非正常凸函数. 若 $-f$ 是正常凸函数,则称 f 是正常凹函数.

注 设 $f: \mathscr{V} \to \mathbf{R} \cup \{\pm\infty\}$ 是凸函数,由定义 7.1.3,定义 7.1.1 的(1)和定义 7.1.4,不难得知 $\mathrm{dom}\, f$ 是凸集.

定理 7.1.4 设 $f_i: \mathscr{V} \to \mathbf{R} \cup \{\pm\infty\}$ $(i=1,2)$ 是正常凸函数.

(1) $\mathrm{dom}(f_1+f_2) = \mathrm{dom}\, f_1 \cap \mathrm{dom}\, f_2$;

(2) 若 $\mathrm{dom}\, f_1 \cap \mathrm{dom}\, f_2 \neq \varnothing$,则 f_1+f_2 是正常凸函数.

证明 (1) 设 $x \in \mathrm{dom}(f_1+f_2)$,由定义 7.1.4 有 $f_1(x)+f_2(x) < +\infty$. 又因为 f_1 和 f_2 是正常凸函数,由定义 7.1.5 知 $f_1(x)$ 和 $f_2(x)$ 均不取 $-\infty$. 由此推知,有 $f_1(x) < +\infty$ 和 $f_2(x) < +\infty$,于是得 $x \in \mathrm{dom}\, f_1 \cap \mathrm{dom}\, f_2$. 反之亦然.

(2) 记 $f(x) = f_1(x)+f_2(x)$. 任取 $x^1, x^2 \in \mathscr{V}$ 和任意的 $\lambda \in (0,1)$,因为 f_1 和 f_2 是凸函数,从而有

Hölder 定理

$$f_i(\lambda x^1 + (1-\lambda)x^2) \leq \lambda f_i(x^1) + (1-\lambda)f_i(x^2) \quad (i=1,2)$$

将上式对 i 相加,得

$$f(\lambda x^1 + (1-\lambda)x^2) \leq \lambda f(x^1) + (1-\lambda)f(x^2)$$

因此 f 是凸函数. 从(1)知

$$\mathrm{dom}\, f = \mathrm{dom}(f_1 + f_2) = \mathrm{dom}\, f_1 \cap \mathrm{dom}\, f_2 \neq \varnothing$$

故对任意的 $x \in \mathrm{dom}\, f$, 有 $x \in \mathrm{dom}\, f_1$ 和 $x \in \mathrm{dom}\, f_2$. 由 f_1 和 f_2 是正常凸函数,得 $f_1(x) \neq -\infty$ 和 $f_2(x) \neq -\infty$. 于是, $f = f_1 + f_2$ 是正常凸函数.

现在引进广义实值函数的上图像和下图像,并讨论当它们是凸集时分别与凸函数和凹函数的关系.

定义 7.1.6 设 $f: \mathscr{V} \to \mathbf{R} \cup \{\pm\infty\}$ 是广义实值函数.

(1)集合

$$\mathrm{epi}\, f = \{(x, \eta) \in \mathscr{V} \times \mathbf{R} \mid \eta \geq f(x)\}$$

称为 f 的上图像.

(2)集合

$$\mathrm{hyp}\, f = \{(x, \eta) \in \mathscr{V} \times \mathbf{R} \mid \eta \leq f(x)\}$$

称为 f 的下图像.

图 7.1.2 的(a)和(b)分别是单变量广义实值函数的上图像和下图像的图示.

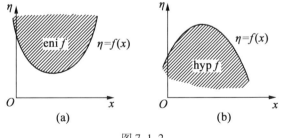

图 7.1.2

定理 7.1.5 设 $f: \mathscr{V} \to \mathbf{R} \cup \{\pm\infty\}$ 是广义实值函数. 以下条件是等价的：

(1) f 是凸函数；

(2) $\operatorname{epi} f$ 是凸集；

(3) $(\operatorname{epi} f)^+ = \{(x, \eta) \in \mathscr{V} \times \mathbf{R} \mid \eta > f(x)\}$ 是凸集.

证明 $(1) \Rightarrow (2)$ 任取 $(x^1, \eta_1), (x^2, \eta_2) \in \operatorname{epi} f$，由定义 7.1.6 的 (1) 有
$$\eta_1 \geqslant f(x^1),\ \eta_2 \geqslant f(x^2)$$
对于任意的 $\lambda \in (0, 1)$，因为 f 是凸的，则得
$$f(\lambda x^1 + (1-\lambda) x^2) \leqslant \lambda f(x^1) + (1-\lambda) f(x^2)$$
$$\leqslant \lambda \eta_1 + (1-\lambda) \eta_2$$

据此，再由定义 7.1.6 的 (1) 有
$$\lambda (x^1, \eta_1) + (1-\lambda)(x^2, \eta_2)$$
$$= (\lambda x^1 + (1-\lambda) x^2, \lambda \eta_1 + (1-\lambda) \eta_2) \in \operatorname{epi} f$$
于是按定义 7.1.1 知 $\operatorname{epi} f$ 是凸集.

$(2) \Rightarrow (3)$ 任取 $(x^1, \eta_1), (x^2, \eta_2) \in (\operatorname{epi} f)^+$，则
$$\eta_1 > f(x^1),\ \eta_2 > f(x^2)$$
由此可知，存在 $\xi_1, \xi_2 \in \mathbf{R}$，有 $\eta_1 > \xi_1 \geqslant f(x^1)$，$\eta_2 > \xi_2 \geqslant f(x^2)$，从而 $(x^1, \xi_1), (x^2, \xi_2) \in \operatorname{epi} f$. 因为 $\operatorname{epi} f$ 是凸集，由定义 7.1.1 知，对任意的 $\lambda \in (0, 1)$ 有
$$(\lambda x^1 + (1-\lambda) x^2, \lambda \xi_1 + (1-\lambda) \xi_2)$$
$$= \lambda (x^1, \xi_1) + (1-\lambda)(x^2, \xi_2) \in \operatorname{epi} f$$
于是由定义 7.1.6 的 (1) 得
$$\lambda \eta_1 + (1-\lambda) \eta_2 > \lambda \xi_1 + (1-\lambda) \xi_2 \geqslant f(\lambda x^1 + (1-\lambda) x^2)$$
这说明
$$\lambda (x^1, \eta_1) + (1-\lambda)(x^2, \eta_2)$$
$$= (\lambda x^1 + (1-\lambda) x^2, \lambda \eta_1 + (1-\lambda) \eta_2) \in (\operatorname{epi} f)^+$$

于是推得$(\mathrm{epi}\, f)^+$是凸集.

$(3) \Rightarrow (1)$ 任取$x^1, x^2 \in \mathscr{V}$,则对任意的$\varepsilon > 0$有$f(x^1) + \varepsilon > f(x^1)$,$f(x^2) + \varepsilon > f(x^2)$,即$(x^1, f(x^1) + \varepsilon)$,$(x^2, f(x^2) + \varepsilon) \in (\mathrm{epi}\, f)^+$. 由于$(\mathrm{epi}\, f)^+$是凸集,故对任意的$\lambda \in (0,1)$有

$$(\lambda x^1 + (1-\lambda)x^2, \lambda(f(x^1) + \varepsilon) + (1-\lambda)(f(x^2) + \varepsilon))$$
$$= \lambda(x^1, f(x^1) + \varepsilon) + (1-\lambda)(x^2, f(x^2) + \varepsilon) \in (\mathrm{epi}\, f)^+$$

于是有

$$\lambda f(x^1) + (1-\lambda)f(x^2) + \varepsilon > f(\lambda x^1 + (1-\lambda)x^2)$$

令$\varepsilon \to 0$,得到

$$f(\lambda x^1 + (1-\lambda)x^2) \leqslant \lambda f(x^1) + (1-\lambda)f(x^2)$$

因而f是凸函数.

注 与定理7.1.5类似,f是凹函数与$\mathrm{hyp}\, f$是凸集等价.

下面介绍凸函数的有关性质.

定理7.1.6 设$f_i: \mathscr{V} \to \mathbf{R} \cup \{\pm\infty\}$是凸函数,$a_i \geqslant 0 (i = 1, \cdots, m)$. 若

$$f(x) = \sum_{i=1}^{m} \alpha_i f_i(x)$$

则$f: \mathscr{V} \to \mathbf{R} \cup \{\pm\infty\}$是凸函数.

证明 取任意的$x^1, x^2 \in \mathscr{V}$和任意的$\lambda \in (0,1)$,因为$f_i (i=1,\cdots,m)$是凸函数,由定义7.1.3和定义7.1.1的(1),有

$$f(\lambda x^1 + (1-\lambda)x^2) = \sum_{i=1}^{m} \alpha_i f_i(\lambda x^1 + (1-\lambda)x^2)$$
$$\leqslant \sum_{i=1}^{m} \alpha_i [\lambda f_i(x^1) + (1-\lambda)f_i(x^2)]$$

第一编 凸函数

$$= \lambda \sum_{i=1}^{m} \alpha_i f_i(x^1) + (1-\lambda) \sum_{i=1}^{m} \alpha_i f_i(x^2)$$
$$= \lambda f(x^1) + (1-\lambda) f(x^2)$$

据此,即知 f 是凸函数.

定理 7.1.7 设 $f_i: \mathscr{V} \to \mathbf{R} \cup \{\pm\infty\}$ 是凸函数 ($i \in I, I$ 是指标集). 若

$$f(x) = \sup_{i \in I} f_i(x)$$

则 $f: \mathscr{V} \to \mathbf{R} \cup \{\pm\infty\}$ 是凸函数.

证明 对任意的 $(x, \eta) \in \mathrm{epi}\, f$, 有 $\eta \geq f(x) = \sup_{i \in I} f_i(x)$, 它等价于

$$\eta \geq f_i(x) \quad (i \in I)$$

这意味着

$$(x, \eta) \in \mathrm{epi}\, f_i \quad (i \in I)$$

或即 $(x, \eta) \in \bigcap_{i \in I} \mathrm{epi}\, f_i$, 因此 $\mathrm{epi}\, f = \bigcap_{i \in I} \mathrm{epi}\, f_i$. 由于 f_i ($i \in I$) 是凸函数,据定理 7.1.5 知 $\mathrm{epi}\, f_i$ ($i \in I$) 是凸集,再由定理 7.1.2 的 (2),得 $\mathrm{epi}\, f = \bigcap_{i \in I} \mathrm{epi}\, f_i$ 是凸集. 于是,由定理 7.1.5 即知 f 是凸函数.

注 特别是,在定理 7.1.7 中设各 f_i ($i \in I$) 是仿射函数,则该定理表示线性空间上仿射函数的上包络是凸函数. 事实上,能够证明线性空间上的正常凸函数在其有效域内部可以用仿射函数的上包络表示,而线性拓扑空间上的下半连续正常凸函数可以用仿射函数的上包络表示.

定理 7.1.8 设 $f: \mathscr{V} \to \mathbf{R} \cup \{\pm\infty\}$ 和 $g: \mathbf{R} \to \mathbf{R} \cup \{\pm\infty\}$ 是广义实值函数,并且 $g(t) = f(x + td)$ (其中 $d \in \mathscr{V}$),则 f 是凸函数当且仅当对任意的 $d \in \mathscr{V}$, g 是凸函数.

Hölder 定理

证明　必要性　对任意的 $d \in \mathscr{V}$，任取 $t_1, t_2 \in \mathbf{R}$ 和 $\lambda \in (0,1)$，由于 f 是凸函数，有

$$\begin{aligned}g(\lambda t_1 + (1-\lambda)t_2) &= f(x + [\lambda t_1 + (1-\lambda)t_2]d) \\ &= f(\lambda[x+t_1 d] + (1-\lambda)[x+t_2 d]) \\ &\leqslant \lambda f(x+t_1 d) + (1-\lambda)f(x+t_2 d) \\ &= \lambda g(t_1) + (1-\lambda)g(t_2)\end{aligned}$$

因此，g 是凸函数。

充分性　任取 $x^1, x^2 \in \mathscr{V}$ 和 $\lambda \in (0,1)$，则有

$$f(\lambda x^1 + (1-\lambda)x^2) = f(x^1 + [\lambda \cdot 0 + (1-\lambda) \cdot 1](x^2 - x^1))$$

令 $x^1 = x, \lambda \cdot 0 + (1-\lambda) \cdot 1 = t, x^2 - x^1 = d$，从上式注意到 g 是凸函数，可得

$$\begin{aligned}f(\lambda x^1 + (1-\lambda)x^2) &= g(\lambda \cdot 0 + (1-\lambda) \cdot 1) \\ &\leqslant \lambda g(0) + (1-\lambda)g(1) \\ &= \lambda f(x^1) + (1-\lambda)f(x^2)\end{aligned}$$

从而 f 是凸函数。

定理 7.1.9　设 $h: \mathscr{V} \to \mathbf{R}$ 是凸函数，$g: \mathbf{R} \to \mathbf{R} \cup \{\pm\infty\}$ 是非减的正常凸函数，$f(x) = g(h(x))$，则 $f: \mathscr{V} \to \mathbf{R} \cup \{\pm\infty\}$ 是凸函数。

证明　任取 $x^1, x^2 \in \mathscr{V}$ 和 $\lambda \in (0,1)$，由于 h 是凸的，g 是非减的，从而有

$$\begin{aligned}f(\lambda x^1 + (1-\lambda)x^2) &= g(h(\lambda x^1 + (1-\lambda)x^2)) \\ &\leqslant g(\lambda h(x^1) + (1-\lambda)h(x^2))\end{aligned}$$
(7.1.8)

又因 g 是正常凸函数，故有

$$\begin{aligned}&g(\lambda h(x^1) + (1-\lambda)h(x^2)) \\ &\leqslant \lambda g(h(x^1)) + (1-\lambda)g(h(x^2)) \\ &= \lambda f(x^1) + (1-\lambda)f(x^2)\end{aligned}$$

第一编 凸函数

将上式代入(7.1.8)得到
$$f(\lambda x^1 + (1-\lambda)x^2) \leq \lambda f(x^1) + (1-\lambda)f(x^2)$$
故 f 是凸函数.

利用函数上图像的凸包,可以给出函数的凸包概念.

定义 7.1.7 设 $f: \mathscr{V} \to \mathbf{R} \cup \{\pm\infty\}$ 是广义实值函数,令
$$g(x) = \inf\{\eta \mid (x,\eta) \in \mathrm{co}(\mathrm{epi}\, f)\}$$
则称 $g: \mathscr{V} \to \mathbf{R} \cup \{\pm\infty\}$ 是 f 的凸包(函数),记作 $\mathrm{co}(f)$.

为刻画凸包函数的特性,再引进函数的弱函数和弱凸函数概念如下.

定义 7.1.8 设 $f: \mathscr{V} \to \mathbf{R} \cup \{\pm\infty\}$ 和 $h: \mathscr{V} \to \mathbf{R} \cup \{\pm\infty\}$ 是广义实值函数. 若
$$h(x) \leq f(x), \forall x \in \mathscr{V}$$
则称 h 是 f 的弱函数. 若 h 还是 $\mathscr{V}$ 上的凸函数,则称 h 是 f 的弱凸函数.

下述定理表明,任意函数的凸包是一凸函数.

定理 7.1.10 设 $f: \mathscr{V} \to \mathbf{R} \cup \{\pm\infty\}$ 是广义实值函数,则 $\mathrm{co}(f)$ 是 f 的最大弱凸函数.

证明 由 $\mathrm{co}(\mathrm{epi}\, f)$ 是凸集,从定义 7.1.7 可以推知 $\mathrm{co}(f)$ 是凸函数,并且有
$$\mathrm{epi}\, f \subset \mathrm{co}(\mathrm{epi}\, f) \subset \mathrm{epi}(\mathrm{co}(f))$$
据此,由定义 7.1.6 的(1)得
$$\mathrm{co}(f)(x) \leq f(x), \forall x \in \mathscr{V}$$
因而按定义 7.1.8 知 $\mathrm{co}(f)$ 是 f 的弱凸函数. 现设 $h: \mathscr{V} \to \mathbf{R} \cup \{\pm\infty\}$ 是任一上图像包含 $\mathrm{co}(\mathrm{epi}\, f)$ 的凸

Hölder 定理

函数. 由于
$$h(x) = \inf\{\eta | h(x) \leqslant \eta\} = \inf\{\eta | h(x) \in \text{epi } h\}$$
$$\text{co}(f)(x) = \inf\{\eta | h(x) \in \text{epi } f\}$$

而 $\text{co}(\text{epi } f) \subset \text{epi } h$, 故有
$$h(x) \leqslant \text{co}(f)(x), \forall x \in \mathscr{V}$$

由 h 的任意性, 即得 $\text{co}(f)$ 是 f 的最大弱凸函数.

最后, 对于 Euclid 空间 $\mathbf{R}^n$ 上的可微凸函数, 我们依次给出它的一阶和二阶的判别条件.

设 $f: \mathbf{R}^n \to \mathbf{R}$ 一阶可微, $x = (x_1, \cdots, x_n)^{\mathrm{T}}$, 记
$$\nabla f(x) = \left(\frac{\partial f(x)}{\partial x_1}, \cdots, \frac{\partial f(x)}{\partial x_n}\right)^{\mathrm{T}}$$
是 f 在点 x 处的梯度.

定理 7.1.11 设 $S \subset \mathbf{R}^n$ 是开凸集, $f: S \to \mathbf{R}$ 一阶可微.

(1) f 是 S 上的凸函数当且仅当
$$\nabla f(x^2)^{\mathrm{T}}(x^1 - x^2) \leqslant f(x^1) - f(x^2), \forall x^1, x^2 \in S \tag{7.1.9}$$

(2) f 是 S 上的严格(强)凸函数当且仅当
$$\nabla f(x^2)^{\mathrm{T}}(x^1 - x^2) < f(x^1) - f(x^2), \forall x^1, x^2 \in S$$
$$f(x^1) \neq f(x^2) \quad (x^1 \neq x^2) \tag{7.1.10}$$

证明 (1) **必要性** 从 f 是 S 上的凸函数, 由定义 7.1.1 的 (1) 知, 对任意的 $x^1, x^2 \in S$ 和任意的 $\lambda \in (0,1)$, 有
$$f(\lambda x^1 + (1-\lambda)x^2) \leqslant \lambda f(x^1) + (1-\lambda)f(x^2)$$

从而
$$\frac{f(x^2 + \lambda(x^1 - x^2)) - f(x^2)}{\lambda} \leqslant f(x^1) - f(x^2)$$

将上式左端的分子作 Taylor 展开, 则有

第一编 凸函数

$$\nabla f(x^2)^T(x^1-x^2)+\frac{o(\|\lambda(x^1-x^2)\|)}{\lambda}\le f(x^1)-f(x^2)$$

令 $\lambda\to 0$ 便得式(7.1.9).

充分性 对任意的 $x^1,x^2\in S$ 和任意的 $\lambda\in(0,1)$,因为 S 是凸集,故知

$$x=\lambda x^1+(1-\lambda)x^2\in S \qquad (7.1.11)$$

在式(7.1.9)中令 $x^1=x^1,x^2=x$,则有

$$\nabla f(x)^T(x^1-x)\le f(x^1)-f(x),\forall x^1\in S$$
$$(7.1.12)$$

再在式(7.1.9)中令 $x^1=x^2,x^2=x$,又有

$$\nabla f(x)^T(x^2-x)\le f(x^2)-f(x),\forall x^2\in S$$
$$(7.1.13)$$

作 $\lambda(7.1.12)+(1-\lambda)(7.1.13)$,得到

$$\nabla f(x)^T[\lambda x^1+(1-\lambda)x^2-x]$$
$$\le\lambda f(x^1)+(1-\lambda)f(x^2)-f(x)$$

注意到式(7.1.11),便有

$$f(\lambda x^1+(1-\lambda)x^2)=f(x)\le\lambda f(x^1)+(1-\lambda)f(x^2)$$

于是由定义 1.1 的(1)得 f 是 S 上的凸函数.

(2)将(1)证明中的不等式改为严格不等式,类似地可以推证.

设 $f:\mathbf{R}^n\to\mathbf{R}$ 二阶可微,$x=(x_1,\cdots,x_n)^T$,记

$$\nabla^2 f(x)=\begin{bmatrix}\dfrac{\partial^2 f(x)}{\partial x_1^2}&\cdots&\dfrac{\partial^2 f(x)}{\partial x_1\partial x_n}\\ \cdots&\cdots&\cdots\\ \dfrac{\partial^2 f(x)}{\partial x_n\partial x_1}&\cdots&\dfrac{\partial^2 f(x)}{\partial x_n^2}\end{bmatrix}$$

是 f 在点 x 处的 Hesse 矩阵.

定理 7.1.12 设 $S\subset\mathbf{R}^n$ 是开凸集,$f:S\to\mathbf{R}$ 二阶

Hölder 定理

连续可微.

(1) f 是 S 上的凸函数当且仅当对任意的 $x \in S$, $\nabla^2 f(x)$ 是半正定的.

(2) 若对任意的 $x \in S$, $\nabla^2 f(x)$ 是正定的, 则 f 是 S 上的强凸函数.

证明 (1) **充分性** 对任意的 $x^1, x^2 \in S$, 有 Taylor 公式

$$f(x^1) = f(x^2) + \nabla f(x^2)^{\mathrm{T}}(x^1 - x^2) + \frac{1}{2}(x^1 - x^2)^{\mathrm{T}} \nabla^2 f(\xi)(x^1 - x^2)$$

其中 $\xi \in S$. 由于 $\nabla^2 f(\xi)$ 是半正定的, 故 $(x^1 - x^2)^{\mathrm{T}} \nabla^2 f(\xi)(x^1 - x^2) \geqslant 0$, 于是从上式推知

$$\nabla f(x^2)^{\mathrm{T}}(x^1 - x^2) \leqslant f(x^1) - f(x^2)$$

据此, 由定理 7.1.11 的 (1) 得知 f 在 S 上是凸的.

必要性 任取 $x \in S$, 因为 S 是开集, 故对任意的 $y \in \mathbf{R}^n$, 存在充分小的 $\lambda > 0$ 有 $x + \lambda y \in S$. 由于 f 是 S 上的凸函数, 在定理 7.1.11 中的 (1) 中令 $x^1 = x + \lambda y$, $x^2 = x$, 则得

$$f(x) + \lambda \nabla f(x)^{\mathrm{T}} y \leqslant f(x + \lambda y) \quad (7.1.14)$$

另外, 由 Taylor 公式有

$$f(x + \lambda y) = f(x) + \lambda \nabla f(x)^{\mathrm{T}} y + \frac{1}{2} \lambda^2 y^{\mathrm{T}} \nabla^2 f(\xi) y$$

其中 $\xi = x + \theta \lambda y (\theta \in (0,1))$. 将它与 (1.14) 作比较, 得知 $y^{\mathrm{T}} \nabla^2 f(\xi) y \geqslant 0$. 令 $\lambda \to 0$, 则 $\xi \to x$, 于是得到 $y^{\mathrm{T}} \nabla^2 f(x) y \geqslant 0$, 即 $\nabla^2 f(x)$ 是半正定的.

(2) 对任意的 $x^1, x^2 \in S, x^1 \neq x^2$, 由 Taylor 公式有

$$f(x^1) = f(x^2) + \nabla f(x^2)^{\mathrm{T}}(x^1 - x^2) + \frac{1}{2}(x^1 - x^2)^{\mathrm{T}} \nabla^2 f(\xi)(x^1 - x^2) \quad (7.1.15)$$

第一编 凸函数

其中 $\xi \in S$. 因对任意的 $x \in S$, $\nabla^2 f(x)$ 是正定的, 故 $(x^1 - x^2)^T \nabla^2 f(\xi)(x^1 - x^2) > 0$. 注意到 $x^1 \neq x^2$, 从 (7.1.15) 推知

$$\nabla f(x^2)^T (x^1 - x^2) < f(x^1) - f(x^2)$$

据此, 由定理 1.11 的 (2) 得到 f 在 S 上是强凸的.

§2 凸函数的连续性

连续性是函数的一个重要特性. 在这一节, 我们讨论线性拓扑空间上凸函数的连续性问题.

设 $\mathscr{X}$ 是线性拓扑空间.

定义 7.2.1 设 $f: \mathscr{X} \to \mathbf{R} \cup \{\pm \infty\}$ 是广义实值函数, 点 $x^0 \in \mathscr{X}$. 若对任意的 $\varepsilon > 0$, 存在点 x^0 的邻域 $U(x^0)$, 有

$$|f(x) - f(x^0)| < \varepsilon, \forall x \in U(x^0)$$

则称 f 在点 x^0 处是连续的. 若 f 在集合 $S \subset \mathscr{X}$ 的每一点处都是连续的, 则称 f 是 S 上的连续函数 (连续泛函), 或 f 在 S 上是连续的.

注 由定义 7.2.1 和定义 7.1.2 易知, 若 f 在点 $x^0 \in \mathscr{X}$ 处是连续的, 则 f 在点 x^0 处既是下半连续的又是上半连续的; 反之, 若 f 在点 x^0 处既是下半连续的又是上半连续的, 则 f 在点 x^0 处是连续的.

定理 7.2.1 设 $f: \mathscr{X} \to \mathbf{R} \cup \{+\infty\}$ 是正常凸函数. 若存在点 $x^0 \in \text{int}(\text{dom} f)$ 使得 f 在 x^0 的某邻域内上有界, 则 f 在 $\text{int}(\text{dom} f)$ 内是连续的.

证明 不失一般性, 我们设 $x^0 = 0$ (否则, 可令 $y = x - x^0$ 将 $f(x)$ 转为对 $g(y) = f(y + x^0)$ 的讨论). 由已设 f 在 0 的邻域内上有界, 则存在点 0 的对称领域 $U(0)$

Hölder 定理

和常数 $M \in \mathbf{R}$, 有
$$f(x) \leq M, \forall x \in U(0) \qquad (7.2.1)$$

先证 f 在点 0 处是连续的. 为此, 任给 $\varepsilon \in (0,1)$, 则当 $x \in \varepsilon U(0)$ 时有 $\pm \dfrac{x}{\varepsilon} \in U(0)$, 从而根据 f 是 $U(0)$ 上的凸函数, 按定义 7.1.1 的(1)有

$$f(x) = f\left(\varepsilon \frac{x}{\varepsilon} + (1-\varepsilon) \cdot 0\right) \leq \varepsilon f\left(\frac{x}{\varepsilon}\right) + (1-\varepsilon)f(0)$$

注意到(7.2.1), 有 $f(x) \leq \varepsilon M + (1-\varepsilon)f(0)$, 故得
$$f(x) - f(0) \leq \varepsilon [M - f(0)] \qquad (7.2.2)$$

定理余下的证明过程留与读者完成.

第一编　凸函数

线性约束凸规划的既约变尺度法[①]

第 8 章

§1　引　言

对于线性约束凸规划的求解问题,现在已有许多解法.但在现有的许多方法中,或者没有讨论收敛速度,或者收敛速度是线性的.在文献[1]中,对于包含线性等式与不等式约束的凸规划问题,我们结合变尺度与梯度投影法给出了一个解法,证明了方法的收敛性,并在目标函数一致凸与其他一些假设下,证明了算法产生的点列超线性收敛于最优解.对于线性等式与变量非负约束的凸规划问题,Wolfe 在文献[2]中首先提出了所谓的既约梯度法,通过降低维数以减少计算量.然而他并没有对方法给出满意的收敛性证明.在文献[3]中,越民义和韩继业提出了一个新的转轴方法,在此基础上,运用摄动的技巧,给出了另一个既约梯度法,并证明了

---

① 赖炎连,吴方,桂湘云.

Hölder 定理

方法的收敛性. 其后, McCormick 在文献[4]中给出了另一个既约梯度法, 方法的计算程序以及收敛性证明都比较简单, 并且不用摄动的技巧. 可是对约束条件的假设则比文献[3]强得多, 它要求约束系数矩阵 A 的任何 m 阶子矩阵都是可逆的. 另外, 在文献[3],[4]中, 都没有对收敛速度的讨论. 一般说来, 这些方法的收敛速度都是线性的. 在这里, 我们对线性等式与变量非负约束的凸规划问题, 在与文献[3]相同的关于线性约束的假设下, 以文献[2]的转轴方法为基础, 结合变尺度法, 给出了一个既约变尺度法, 证明了方法的收敛性; 又在目标函数一致凸与其他一些假设下, 证明了方法具有超线性的收敛速度. 这里关于约束条件的假设远较文献[4]中弱, 而因无需摄动技巧, 所以算法比较简单.

§2 问题、假设及记号

我们讨论下面的非线性规划求解问题

$$\min_{x \in R} f(x) \qquad (8.2.1)$$

这里 $x = (x_1, x_2, \cdots, x_n)^T \in E^n$, 可行集

$$R = \{x \mid Ax = b, x \geq 0\} \qquad (8.2.2)$$

其中 A 为一秩为 m 的 $m \times n$ 矩阵, $b = (b_1, b_2, \cdots, b_m)^T$.

在本章中, 恒假设

(1) 可行集 R 满足非退化假定, 也即它的任何基本可行解都有 m 个非零分量, 从而任何可行解都至少有 m 个正的分量.

(2) $f(x)$ 为一具有有界二阶连续偏导数的凸函

数,并且水平集 $\{x \mid f(x) \leq f(x^1)\}$ 有界.

又为了证明超线性的收敛速度,在证明本章定理 8.4.4 的结论(2)与定理 8.4.6 时,我们进一步假设

(3)设 $f(x)$ 在 R 中为一致凸,从而保证了 $f(x)$ 在 R 中有唯一的最优解 x^*.

(4) $f(x)$ 的二阶偏导数满足 Lipschitz 条件
$$f_{ij}(x) - f_{ij}(x^*) = O(\|x - x^*\|) \quad (8.2.3)$$

(5)在最优解 x^* 处,严格互补条件成立,也即我们有
$$\nabla f(x^*) = A^T \mu + \beta \quad (\beta \geq 0) \quad (8.2.4)$$

这里 $\nabla f(x)$ 表示 $f(x)$ 在 x 处的梯度向量,$\mu \in E^m$,$\beta \in E^n$,并且 $\beta_j (j = 1, 2, \cdots, n)$ 当 $x_j^* > 0$ 时为零,而当 $x_j^* = 0$ 时取正值.

在下文中,常用 I, J, Q, P 表示下标集,而用 A_I,A_J,$\cdots$ 表示由下标属于 $I, J, \cdots$ 的 A 的列向量组成的子矩阵. 若下标集 I 中恰有 m 个元素,并且 A_I 非异,则称 I 为一基,而命
$$J = \{1, 2, \cdots n\} \setminus I$$

又我们常用 $x, y, s, d, \cdots$ 表示一些列向量,而用 x_j,y_j,$\cdots$ 表示 $x, y, \cdots$ 的第 j 个分量,用 x_I, x_Q 等表示由下标属于 I 或 Q 的 x 的分量组成的子向量.

对于任何 $x \in R$,与任意基 I,则由 $Ax = b$,可见
$$x_I = A_I^{-1} b - A_I^{-1} A_J x_J \quad (8.2.5)$$

也即基变量 x_I 的数值由非基变量 x_J 唯一确定.

今设 S 为一 n 维列向量,为了使 S 成为点 x 处的可行方向,由 $Ax = b$ 及 $A(x + \lambda s) = b$,$\lambda > 0$ 可见必须
$$S_I = -A_I^{-1} A_J S_J \quad (8.2.6)$$

也即 S_I 由 S_J 完全确定;又必须有 $\lambda_0 > 0$,使

Hölder 定理

$$x_J + \lambda S_J \geq 0 \quad (0 < \lambda \leq \lambda_0) \quad (8.2.7)$$

这时若 $x_I = A_I^{-1} b - A_I^{-1} A_J x_J > 0$,自然对于充分小的 $\lambda > 0$,都有

$$x_I + \lambda S_I = x_I - \lambda A_I^{-1} A_J S_J \geq 0 \quad (8.2.8)$$

于是 S 就是 x 处的一个可行方向,而当 $x_I > 0$ 不成立也即有 $i \in I$,使 $x_i = 0$ 时,就不能保证式(8.2.8)的成立.所以我们希望对于任何可行点 $x \in R$,能够选取基 I,使 $x_I > 0$,这时只要有 $\lambda_0 > 0$ 使式(8.2.7)成立,那么 $S = \begin{pmatrix} -A_I^{-1} A_J \\ I \end{pmatrix} S_J$ 就成为 x 处的可行方向.

在 R 满足非退化假定的假设(1)下,文献[3]中给出了一种新的转轴运算,根据这种转轴运算,对于任何可行点 $x \in R$ 与任何基 I,如果 $x_I > 0$ 不成立,那么一定可以经过有限多次转轴运算得到一个新的基 I' 使 $x_{I'} > 0$ 成立.转轴运算的具体步骤如下:设 x 为一可行解,I 为一基,$\varepsilon < 1$ 为任一正数,$D \subset J = \{1,2,\cdots n\} \setminus I$ 为任一下标集,令

$$E(x,\varepsilon) = \{j | x_j > \varepsilon, 1 \leq j \leq n\} \quad (8.2.9)$$

于是

(1)若秩 $A_{E(x,\varepsilon)} = m$,则到(3),否则到(2).

(2)令 $\varepsilon := \varepsilon \times (x$ 的最小正分量$)$,回到(1).

(3)令 $x_r = \min_{i \in I} x_i$. 若 $x_r > \varepsilon/2$,就令 $I' = I, \varepsilon' = \varepsilon$, $D' = D$,停止转轴,否则若 $x_r \leq \varepsilon/2$,到(4).

(4)因为 $r \in I$,所以由式(8.2.5)可有 $x_r = u - v^T x_J$,这里 u 为一数,v 为一个 $n-m$ 维列向量. 若有 $j \in J \setminus D$ 使 $x_j > \varepsilon/2$ 及 $v_j \neq 0$,就取

$$x_s = \max\{x_j | j \in J \setminus D, x_j > \varepsilon/2, v_j \neq 0\}$$

$I = I \cup \{S\} \setminus \{r\}, D = D \cup \{r\}$,回到(3),否则到(5).

(5) 取
$$x_s = \max\{x_j | j \in J, x_j > \varepsilon/2, v_j \neq 0\}$$
$I = I \cup \{s\} \setminus \{r\}, D = \{r\}$, 回到(3).

对于上述的转轴运算,文献[3]中证明了下面的性质:

任取初始基 I_0, 正数 $\varepsilon_0 < 1$, 下标集 $D_0 \subset J_0$, 又设 $\{x^k\}(k=1,2,\cdots)$ 为一列可行点. 在假设(1)下, 对于 $k \geq 1$, 由 $x^k, I_{k-1}, \varepsilon_{k-1}, D_{k-1}$ 依上述转轴步骤, 最后得到 $I'_{k-1}, \varepsilon'_{k-1}, D'_{k-1}$, 令 $I_k = I'_{k-1}, \varepsilon_k = \varepsilon'_{k-1}, D_k = D'_{k-1}$, 则有[3]
$$x_i^k > \varepsilon_k/2 \quad (i \in I_k)$$
又若 $\{x^{k'}\}$ 为 $\{x^k\}$ 的一个收敛子序列, $x^{k'} \to x^*$ ($k' \to \infty$), 并且所有的 $I_{k'}$ 都等于同一个 I, 则必有[3]
$$x_i^* > 0 \quad (i \in I)$$
又若 $\{x^k\}$ 为一收敛的可行点列, 则在假设(1)下, 转轴次数有限, 也即对于充分大的 k, 都有 $I_k = I_{k-1}$.

对于任何基 I, 由式(8.2.5)可见: n 个变量的函数 $f(x) = f(x_I, x_J)$ 在 R 中实际上是 $n-m$ 个变量 $x_j (j \in J)$ 的函数 $\bar{f}(x_J)$, 也即
$$\bar{f}(x_J) = f(A_I^{-1}b - A_I^{-1}A_J x_J, x_J) \quad (8.2.10)$$
因此 n 维的规划问题(8.2.1)变成了 $n-m$ 维的规划问题
$$\min_{\substack{A_I^{-1} - A_I^{-1}A_J x_J \geq 0 \\ x_J \geq 0}} \bar{f}(x_J) \quad (8.2.11)$$
用 $\nabla \bar{f}(x_J)$ 表 $\bar{f}(x_J)$ 在 x_J 处的梯度向量, 则有
$$\nabla \bar{f}(x_J) = \nabla_J f(x) - (A_I^{-1}A_J)^T \nabla_I f(x)$$
$$(8.2.12)$$

$\overline{\nabla} f(x_J)$ 称为 $f(x)$ 的既约梯度,以下记

$$d(x_J) = -\overline{\nabla} f(x_J). \quad (8.2.13)$$

今设 $S = \begin{pmatrix} S_I \\ S_J \end{pmatrix}$ 为 x 处的一个可行方向,则因

$$\begin{aligned} \nabla f(x)^T S &= -\nabla_I f(x)^T (A_I^{-1} A_J S_J) + \nabla_J f(x)^T S_J \\ &= -d(x_J)^T S_J \end{aligned} \quad (8.2.14)$$

所以当

$$d(x_J)^T S_J > 0 \quad (8.2.15)$$

时,可行方向 S 是一下降方向,又若 x' 为 $f(x)$ 在直线 $x' + \lambda S$ 上的一个局部最优点,则必

$$d(x_J')^T S_J = -\overline{\nabla} f(x')^T S = 0 \quad (8.2.16)$$

§3 既约变尺度法

在这一节中,我们将以转轴运算作基础结合变尺度法与既约梯度法提出以下的既约变尺度算法,并作了说明。既约变尺度法的具体步骤如下.

(1)任取初始可行点 x',基 I_0,正数 $\varepsilon_0 < 1$,下标集 $D_0 \subset J_0$. 令 $k = 1$.

(2)对 $x^k, I_{k-1}, \varepsilon_{k-1}, D_{k-1}$ 作上节中所述的转轴运算,最后得到 $I_k, \varepsilon_k > 0, D_k \subset J_k$,并且有 $x_i^k > \varepsilon_k/2$(对任何 $i \in I_k$). 令

$$Q_k = \{j \mid x_j^k = 0, 1 \leqslant j \leqslant n\} \quad (8.3.1)$$

则必 $Q_k \subset J_k$. 又由式(8.2.12)及(8.2.13)确定负既约梯度

$$d^k = d(x_{J_k}^k) = -\overline{\nabla} f(x_{J_k}^k)$$

(3)定义 $n - m$ 维向量 y^k 如下:对于 $j \in J_k$,令

$$y_j^k = \begin{cases} d_j^k & \text{若 } x_j^k \leq d_j^k \\ x_j^k d_j^k & \text{若 } x_j^k > d_j^k \end{cases} \quad (8.3.2)$$

若 $y^k = 0$,由定理 8.4.1,x^k 即为凸规划问题 (8.2.1) 的最优解,计算停止;否则到(4).

(4) 若 $k=1$ 或 $k>1$,但 $I_k \neq I_{k-1}$,或 $k>1$,$I_k = I_{k-1}$,且有 $j \in Q_k$,使 $d_j^k > 0$,则令

$$S_{J_k}^k = y^k \quad (8.3.3)$$

而到(7).若 $k>1$,$I_k = I_{k-1}$,而 $d_{Q_k}^k \leq 0$,则到(5).

(5) 若 $I_{k-1} \neq I_{k-2}$ 或 $I_{k-1} = I_{k-2}$,但 $Q_k \neq Q_{k-1}$,则令

$$H_k = P_{Q_k} \quad (8.3.4)$$

而到(6). 这里 P_{Q_k} 是一个 $n-m$ 阶投影矩阵. 设 v 为一个 $n-m$ 维列向量,其分量的下标只属于 J_k,则 $w = P_{Q_k} v$ 的分量 $w_j(j \in J_k)$ 满足

$$w_j = 0 \quad (j \in Q_k), \quad w_j = v_j \quad (j \notin Q_k)$$

若 $I_{k-1} = I_{k-2}$,而 $Q_k = Q_{k-1}$(由引理 8.3.1 的后一半,$S_{J_{k-1}}^{k-1}$ 一定由式(8.3.7)所定义,所以 H_{k-1} 已有定义),则令

$$H_k = H_{k-1} - \frac{H_{k-1} \triangle d^{k-1} (\triangle d^{k-1})^{\mathrm{T}} H_{k-1}}{(\triangle d^{k-1})^{\mathrm{T}} H_{k-1} \triangle d^{k-1}} - \frac{\triangle x_{J_k}^{k-1} (\triangle x_{J_k}^{k-1})^{\mathrm{T}}}{(\triangle x_{J_k}^{k-1})^{\mathrm{T}} \triangle d^{k-1}}$$

$$(8.3.5)$$

这里

$$\triangle x_{J_k}^{k-1} = x_{J_k}^k - x_{J_{k-1}}^{k-1}, \quad \triangle d^{k-1} = d^k - d^{k-1} \quad (8.3.6)$$

而到(6).

(6) 令

$$S_{J_k}^k = H_k d^k \quad (8.3.7)$$

而到(7).

(7) 令

Hölder 定理

$$S_{I_k}^k = -A_{I_k}^{-1}A_{J_k}S_{J_k}^k, \quad S^k = \begin{pmatrix} S_{I_k}^k \\ S_{J_k}^k \end{pmatrix} \quad (8.3.8)$$

由下面定理 8.4.2，S^k 为 x^k 的一个可行下降方向，用 x^{k+1} 表示 $f(x)$ 在直线段

$$x = x^k + \lambda S^k \quad (\lambda > 0, x \in \mathbf{R}) \quad (8.3.9)$$

上的最小点，然后令 k 为 $k+1$，回到(2).

以上是既约变尺度法的计算步骤，现在对它作些说明.

从算法可见：$S_{J_k}^k$ 由式(8.3.3)或(8.3.7)所定义，后者适用于 $k > 1$, $I_k = I_{k-1}$, 而 $d_{Q_k}^k \leqslant 0$ 的情形，而前者适用于其他情形；又 $S_{I_k}^k$ 则都由式(8.3.8)所定义.

引理 8.3.1 若 $I_k = I_{k-1}$，且 $S_{J_k}^k$ 由式(8.3.3)定义，则必 $Q_{k+1} \not\supset Q_k$；故若 $I_k = I_{k-1}$，且 $Q_{k+1} \supset Q_k$，则 $S_{J_k}^k$ 一定由式(8.3.7)定义，所以一定有 $d_{Q_k}^k \leqslant 0$.

证明 按照算法，对于 $I_k = I_{k-1}$ 的情形，当且仅当 $j \in Q_k$，使 $d_j^k > 0$ 时，$S_{J_k}^k$ 才由式(8.3.3)所定义，对于此 j，仍由算法可见

$$S_j^k = y_j^k = d_j^k > 0$$

因此

$$x_j^{k+1} = x_j^k + \lambda S_j^k > 0$$

从而 $j \notin Q_{k+1}$，所以 $Q_{k+1} \not\supset Q_k$. 引理 8.3.1 的后一半是前一半的自然推论.

引理 8.3.2 若 $S_{J_k}^k$ 由式(8.3.7)所定义，则必

$$S_{Q_k}^k = 0 \quad (8.3.10)$$

从而 $Q_{k+1} \supset Q_k$.

证明 令用 v 表示任何分量下标只属于 J_k 的 $n-m$ 向量，而命 $w^k = H_k v$，如能证明 $w_{Q_k}^k = 0$，式(8.3.10)

便成立，从而得到引理的结果.

今用 $l(\leq k)$ 表示这样一个正整数，即：$S_{J_h}^h(l \leq h \leq k)$ 都由式(8.3.7)定义，且 $H_l = P_{Q_l}$，而 $H_h(l < h \leq k)$ 则都由(8.3.5)式所定义者，根据算法可有

$$I_l = I_{l+1} = \cdots = I_k, Q_l = Q_{l+1} = \cdots = Q_k$$
(8.3.11)

因为 $J_l = J_{l+1} = \cdots = J_k$，所以由 P_{Ql} 的定义可见 $w_{Q_k}^k = w_{Q_l}^l = 0$，又因 Q_l 的定义式(8.3.1)及 $Q_{l+1} = Q_l$，所以 $x_{Q_{l+1}}^{l+1} = x_{Q_l}^l = 0$，从而

$$\triangle x_{Q_{l+1}}^l = x_{Q_{l+1}}^{l+1} - x_{Q_l}^l = 0$$

因此由式(8.3.5)可见，由 $w_{Q_l}^l = 0$ 可以推出 $w_{Q_{l+1}}^{l+1} = 0$，同样，又由 $w_{Q_{l+1}}^{l+1} = 0$ 可以推出 $w_{Q_{l+2}}^{l+2} = 0, \cdots$，直至 $w_{Q_k}^k = 0$. 引理证毕.

引理 8.3.3 由式(8.3.4),(8.3.5)所定义的 H_k 是一个 $n-m$ 阶半正定对称矩阵. 令 $P_k = J_k \backslash Q_k$，而用 v 表示任何分量下标只属于 J_k，并且 $v_{P_k} \neq 0$ 的 $n-m$ 维向量，则必

$$v^T H_k v > 0$$

证明 若 H_k 由式(8.3.4)所定义，则由投影矩阵的性质，可见 H_k 具有要求的性质；而若 H_k 由式(8.3.5)定义，则 H_k 的有关性质可以通过对传统的证明稍加变化，而从 H_{k-1} 的对应性质推出，这里从略.

§4 既约变尺度法的收敛性

本节将证明：在§2的假设(1),(2)下，由算法产生的点列 $\{x^k\}$ 的任何极限点都是问题(8.2.1)的最优

Hölder 定理

点;而在假设(1)—(5)下,x^k 超线性收敛于问题(8.2.1)的唯一最优点.

定理 8.4.1 设 $x \in R, I$ 是一基,$x_I > 0$,则 x 是问题(8.2.1)的 $K-T$ 点的充要条件,是依式(8.3.2)所定义的 $n-m$ 维向量

$$y = 0 \tag{8.4.1}$$

y 的分量 y_j 只当 $j \in J$ 时才有定义.

证明 x 是 $K-T$ 点的充要条件是有常向量 $\mu \in E^m$ 及 $\beta \in E^n$,使

$$\nabla f(x) = A^T \mu + \beta \quad (\beta^T x = 0, \beta \geqslant 0) \tag{8.4.2}$$

因为 $x_I > 0$,所以必须 $\beta_I = 0$. 因此式(8.4.2)又等价于

$$\nabla_I f(x) = A_I^T \mu, \nabla_J f(x) = A_J^T \mu + \beta_J$$

$(\beta_J^T x_J = 0, \beta_J \geqslant 0)$ 或即 $(\mu = (A_I^T)^{-1} \nabla_I f(x))$

$\beta_J = -d(x_J) = \nabla_J f(x) - (A_I^{-1} A_J)^T \nabla_I f(x) \geqslant 0$,

$$d(x_J)^T x_J = 0 \tag{8.4.3}$$

而这又等价于式(8.4.1).

当 $f(x)$ 为凸函数时,x 是问题(8.2.1)的最小点的充要条件是 x 也是一个 $K-T$ 点,所以式(8.4.1)也是 x 是最小点的充要条件. 定理 8.4.1 证毕.

定理 8.4.2 设 $y^k \neq 0$,则由式(8.3.8)定义的 S^k 是 x^k 处的可行下降方向.

证明 因为 I_k 是经过转轴而得的基,所以 $x_{I_k}^k > 0$. 又由式(8.2.6),$S_{I_k}^k = -A_{I_k}^{-1} A_{J_k} S_{J_k}^k$,所以为了证明 S^k 的可行性,只要证明:存在 $\lambda_0 > 0$,使对 $0 < \lambda \leqslant \lambda_0$ 中的 λ 都有式(8.2.7),或即

$$x_{J_k} + \lambda S_{J_k}^k \geqslant 0 \quad (0 < \lambda \leqslant \lambda_0) \tag{8.4.4}$$

成立. 为此又只需证明:对于 $S_j^k < 0$ 的 $j \in J_k$ 有 $x_j > 0$;又为了证明 S^k 的下降性,只要证明式(8.2.15)或

$$(d^k)^T S_{J_k}^k > 0 \qquad (8.4.5)$$

成立.

按照算法,若 $S_{J_k}^k$ 由式(8.3.3)定义,由式(8.3.2)可见:对于 J_k 中的 j,$S_j^k = y_j^k$ 只在 $x_j^k > 0$ 时才能为负,所以 S^k 为可行方向;又

$$(d^k)^T S_{J_k}^k = \sum_{d_j^k \geqslant x_j^k} (d_j^k)^2 + \sum_{d_j^k \geqslant x_j^k} x_j^k (d_j^k)^2 \geqslant 0$$

并且上式只在 $y^k = 0$ 时为零,所以对于这种情形,S^k 的确是 x^k 处的可行下降方向.

又若 $S_{J_k}^k$ 由式(8.3.7)定义,由引理 8.3.2 可知,$S_{Q_k}^k = 0$;所以对于这种情形,使式(8.4.4)成立的 λ_0 一定存在,又因 $y^k \neq 0$,且 $d_{Q_k}^k \leqslant 0$,故必有 $j \in Q_k$,使 $d_j^k \neq 0$,而由引理 8.3.3,一定有

$$(d^k)^T S_{J_k}^k = (d^k)^T H_k d^k > 0$$

从而 S^k 也是 x^k 处的可行下降方向. 定理 8.4.2 证毕.

定理 8.4.3 设 $\{x^{k'}\}$ 为 $\{x^k\}$ 的一个收敛子列,$x^{k'} \to x^*$;又设对每一 k',$S_{J_{k'}}^{k'}$ 都由式(8.3.3)所定义,则 x^* 必为凸规划问题(8.2.1)的最优解.

证明 因为只有有限多个可能的基,故在 $\{x^{k'}\}$ 中必可选出一个子列,使相应的 $I_{k'}$ 都相等,因此不妨假设所有的 $I_{k'}$ 都等于同一个 I,由第二节中所述的转轴性质可知

$$x_I^* > 0$$

今若 x^* 非最优解,先证必有正数 $\delta > 0$ 及自然数 K_1,使对一切 $k' \geqslant K_1$ 都有

$$(d^{k'})^T S_J^{k'} = (d^{k'})^T y^{k'} \geqslant \delta > 0 \qquad (8.4.6)$$

事实上,用 ε 表示最小的非零 $|d_j^*|$ 与最小的非零 x_j^* 中的较小者,不妨假设 $\varepsilon < 1$. 因 x^* 非最优解,由定理

Hölder 定理

8.4.1 可知,$y^* \neq 0$,所以或者存在 $j \in J$ 使 $d_j^* > 0$ 及 $x_j^* = 0$,或者存在 $j \in J$,使 $d_j^* \neq 0$ 及 $x_j^* > 0$. 因为偏导数的连续性,所以 $d_j^{k'} \to d_j^*$,$x_j^{k'} \to x_j^*$. 故对前一种情形,当 k' 充分大时,$d_j^{k'} > \varepsilon/2 > x_j^{k'}$,所以 $y_j^{k'} = d_j^{k'}$,而有
$$(d^{k'})^T y^{k'} \geq (d_j^{k'})^2 \geq \varepsilon^2/4$$
又对后一种情形,当 k' 充分大时,$|d_j^{k'}| > \varepsilon/2$,$x_j^{k'} > \varepsilon/2$,所以无论 $y_j^{k'} = d_j^{k'}$ 或 $y_j^{k'} = x_j^{k'} d_j^{k'}$,都有
$$(d^{k'})^T y^{k'} \geq \varepsilon^3/8$$
故若取 $\delta = \varepsilon^3/8$,就有式(8.4.6)成立.

再证:存在与 k' 无关的 $\overline{\lambda} > 0$ 及自然数 K_2,使对 $k' > K_2$ 与 $\lambda \in [0, \overline{\lambda}]$,恒有 $x^{k'} + \lambda S^{k'} \in R$.

因为 $S_J^{k'} = y^{k'}$,$S_I^{k'} = -A_I^{-1} A_J S_J^{k'}$,所以
$$x_j^{k'} + \lambda S_j^{k'} = \begin{cases} x_j^{k'} - \lambda v_j^T S_J & \text{若 } j \in I \\ x_j^{k'} + \lambda d_j^{k'} & \text{若 } j \in J \text{ 且 } x_j^{k'} \leq d_j^{k'} \\ x_j^{k'} + \lambda x_j^{k'} d_j^{k'} & \text{若 } j \in J \text{ 且 } x_j^{k'} > d_j^{k'} \end{cases}$$
式中 v_j^T 为 $A_I^{-1} A_J$ 的某一行向量,今令
$$\overline{\lambda}_{k'} = \min\left\{\min_{j \in I}(x_j^{k'}/|v_j^T S_J^{k'}|), \min_{j \in J}|d_j^{k'}|\right\}$$
则当 $\lambda \in [0, \overline{\lambda}_{k'}]$ 时,$x^{k'} + \lambda S^{k'} \geq 0$,所以属于 R. 因为 v_j^T 与 k' 无关,$x_j^{k'} \to x_j^*$,$d_j^{k'} \to d_j^*$,所以 $|d_j^{k'}|$ 与 $|v_j^T S_{J_{k'}}|$ 都有界,因此 $\overline{\lambda}_{k'}$ 有正的下界,命之为 $\overline{\lambda}$.

最后,由 $\nabla f(x)$ 在 x^* 附近的一致连续性可得
$$f(x^{k'}) - f(x^{k'+1}) \geq f(x^{k'}) - f(x^{k'} + \overline{\lambda} S^{k'})$$
$$= -\overline{\lambda} \nabla f(x^{k'} + \theta \overline{\lambda} S^{k'})^T S^{k'} \geq -\overline{\lambda}\{\nabla f(x^{k'})^T S^{k'} + \frac{\delta}{2}\}$$
$$= \overline{\lambda}\{(d^{k'})^T S_J^{k'} - \frac{\delta}{2}\} \geq \frac{1}{2}\delta \overline{\lambda} > 0 \qquad (8.4.7)$$

又因 $f(x^k)$ 为非增序列,所以由式(8.4.7)将会得出 $f(x^{k'}) \to -\infty$,而与 $f(x^{k'}) \to f(x^*)$ 矛盾,故 x^* 必为问题(8.2.1)的最优解.

推论 若有无穷多个 k 使 $S_{J_k}^k$ 都由式(8.3.3)所定义,则 $\{x^k\}$ 的任何极限点一定是问题(8.2.1)的最优解.

事实上,由假设(2),$\{x^k\}$ 为一有界点列,因此必有 $S_{J_k}^{k'}$ 都由式(8.3.3)所定义的收敛子列 $\{x^{k'}\}$. 由定理 8.4.3,$\{x^{k'}\}$ 的极限 x^* 是问题(8.2.1)的最优解. 但因 $f(x^k)$ 非增,所以 $\{x^k\}$ 的任何极限点都是问题(8.2.1)的最优解.

定理 8.4.4 若从某一 k 开始,所有的 I_k 与 Q_k 都相等,则

(1)在假设(1),(2)下,$f(x^k)$ 收敛于 $f(x)$ 在 R 上的最小值,x^k 的任何极限点都是 $f(x)$ 在 R 上的最优点;

(2)在假设(1)—(5)下,x^k 超线性收敛于 $f(x)$ 在 R 上的唯一最优点.

证明 假设对充分大的 k,$I_k = I, J_k = J, Q_k = Q$. 用 $|Q|$ 表 Q 中所含元素个数. 通过调换各个变量的次序,不妨假设
$$Q = \{1, 2, \cdots, |Q|\}, J = \{1, 2, \cdots, n-m\}$$
$$I = \{n-m+1, n-m+2, \cdots, n\} \quad (8.4.8)$$
设 $f(x)$ 的 Hessian 矩阵为 G,则由式(8.2.10),(8.2.12),易证 $\bar{f}(x_J) = f(x_U, x_{J\setminus U})$ 的 Hessian 矩阵为

$$\bar{G} = (I_{n-m}, -(A_I^{-1}A_J)^{\mathrm{T}}) G \begin{pmatrix} I_{n-m} \\ -A_I^{-1}A_J \end{pmatrix}$$

$$(8.4.9)$$

Hölder 定理

这里 I_{n-m} 表 $n-m$ 阶单位矩阵.

现在证明:若 $f(x)$ 是凸函数或一致凸函数,则 $\bar{f}(x_J)$ 从而 $\bar{f}(0,x_{J\setminus Q})$ 也分别是 x_J 与 $x_{J\setminus Q}$ 的凸或一致凸函数. 事实上,若 $f(x)$ 是凸或一致凸,则有 $\varepsilon = 0$(若 $f(x)$ 为凸)或 $\varepsilon > 0$(若 $f(x)$ 为一致凸),使对任何 $x^T = (x_J^T, x_I^T)$ 都有

$$x^T G x \geq \varepsilon x^T x \geq \varepsilon x_J^T x_J$$

于是由式(8.4.9)可见

$$x_J^T \bar{G} x_J = (x_J^T, -(A_I^{-1}A_J x_J)^T) G \begin{pmatrix} x_J \\ -A_I^{-1}A_J x_J \end{pmatrix} \geq \varepsilon x_J^T x_J$$

因此 $\bar{f}(x_J)$ 从而 $\bar{f}(0,x_{J\setminus Q})$ 也是凸或一致凸函数.

再来考察第三节中的算法,式(8.3.4)中的投影矩阵 P_Q 为

$$P_Q = \begin{pmatrix} 0 & 0 \\ 0 & I_{n-m-|Q|} \end{pmatrix}$$

$I_{n-m-|Q|}$ 为 $n-m-|Q|$ 阶单位矩阵,又由式(8.3.5)定义的 H_k 一定形如

$$H_k = \begin{pmatrix} 0 & 0 \\ 0 & D_k \end{pmatrix}$$

其中 D_k 是一个 $n-m-|Q|$ 阶的对称正定矩阵,它由

$$D_k = D_{k-1} - \frac{D_{k-1} \triangle d_{J\setminus Q}^{k-1} (\triangle d_{J\setminus Q}^{k-1})^T D_{k-1}}{(\triangle d_{J\setminus Q}^{k-1})^T D_{k-1} (\triangle d_{J\setminus Q}^{k-1})} - \frac{\triangle x_{J\setminus Q}^{k-1}(\triangle x_{J\setminus Q}^{k-1})^T}{(\triangle x_{J\setminus Q}^{k-1})^T \triangle d_{J\setminus Q}^{k-1}}$$

定义,这里

$$\triangle x_{J\setminus Q}^{k-1} = x_{J\setminus Q}^k - x_{J\setminus Q}^{k-1}, \triangle d_{J\setminus Q}^{k-1} = d_{J\setminus Q}^k - d_{J\setminus Q}^{k-1}$$

由式(8.3.7)可见,$S_Q^k = 0$,所以 $x_Q^{k+1} = 0$. x^{k+1} 是 $f(x)$ 在直线段式(8.3.9)上的最小点. 因为 $I_{k+1} = I_k, Q_{k+1} =$

Q_k,所以 $x \in R$ 这一限制在式(8.3.9)中不起作用,也就是说 x^{k+1} 也是 $f(x)$ 在半直线

$$x = x^k + \lambda S^k \quad (\lambda > 0)$$

上的最小点,所以 x^{k+1} 由

$$\nabla f(x^{k+1})^T S^k = 0$$

所确定,但式(8.2.14)也等价于

$$(d^{k+1})^T S_J^k = 0 \text{ 或 } (d_{J\setminus Q}^{k+1})^T S_{J\setminus Q}^k = 0$$

而因 $\bar{f}(0, x_{J\setminus Q})$ 是凸函数,所以 $x_{J\setminus Q}^{k+1}$ 也是 $\bar{f}(0, x_{J\setminus Q})$ 在半直线

$$x_{J\setminus Q} = x_{J\setminus Q}^k + \lambda S_{J\setminus Q}^k \quad (\lambda > 0)$$

上的最小点,正因为如此,在 I_k, Q_k 不变的假设下将第三节中的算法应用于问题(8.2.1)产生的点列 x^k,其相应的 $x_{J\setminus Q}^k$ 就是将 Davidon – Fletcher – Powell 方法应用于无约束问题

$$\min \bar{f}(0, x_{J\setminus Q})$$

所产生的点列. 反之,有了 $x_{J\setminus Q}^k$,配上 $x_Q^k = 0$,然后由式(8.2.5)确定出 x_J^k,从而 x^k 也就完全确定.

在文献[5]中曾证明:若 $F(x)$ 是 x 的凸函数,并且具有连续的二阶偏导数,且水平集 $\{x | F(x) \leq F(x^1)\}$ 为有界,则将 DFP 算法应用于 $F(x)$ 所得的点列 $\{x^k\}$,相应的 $F(x^k)$ 一定收敛于 $F(x)$ 的最小值.

由此立刻推知 $\{x^k\}$ 的任何极限点都是 $F(x)$ 的最小点. 于是在(1),(2)的假设下,由文献[5]的定理 1 可知,$x_{J\setminus Q}^k$ 的任何极限点 $x_{J\setminus Q}^*$ 都是 $\bar{f}(0, x_{J\setminus Q})$ 的最小点. 因此 $d_{J\setminus Q}^* = 0$;又因 $x_Q^k = 0$,并由算法知 $d_Q^k \leq 0$,所以由连续性得 $x_Q^* = 0$ 及 $d_Q^* \leq 0$. 于是由式(3.2)可知 $y^* = 0$. 再由定理 4.1 可知,由 x_J^* 决定的 x^*,也即 x^k 的任

Hölder 定理

何极限点 x^* 都是 $f(x)$ 在 R 上的最小点.

在文献[6]的定理 4 中曾证明:若 $F(x)$ 是 x 的一致凸函数,且具有连续的二阶偏导数,并且有 $L>0$,使

$$\left|\frac{\partial^2 F(x)}{\partial x_i \partial x_j} - \frac{\partial^2 F(x^*)}{\partial x_i \partial x_j}\right| \leqslant L \parallel x - x^* \parallel$$

成立,则由 DFP 方法得到的点列 $\{x^k\}$ 超线性收敛于 $F(x)$ 的唯一最优点 x^*.

于是,在(1)—(5)的假设下,应用上述定理可知 $x_{J\setminus Q}^k$ 超线性收敛于 $f(0, x_{J\setminus Q})$ 的唯一最小点 $x_{J\setminus Q}^*$,从而 x^k 超线性收敛于 $f(x)$ 在 R 上的唯一最小点. 定理 8.4.4 证毕.

参考文献

[1] KWEI HY, Wu Fang, Lai Yan – nian. O. R. 78 [J]. Noth-Holland Publishing Company, 1978: 955-974.

[2] WOLFE P. In Recent Advances in Mathematical Programming [M]. Grares R L, 1963.

[3] YUE M Y, HAN J Y. Scientia Sinica [J]. XXII (1977), 10: 1099-1113.

[4] MECORMICK G P. Management Science Theory [J]. 10, 1970, 146-160.

[5] P M J D. In Numerical Methods for non-linear Optimization [M]. Lootsma, F. A., 1971.

第 二 编

再论凸函数

一道美国数学月刊征解题的解答及其推广

温州大学数学与信息科学学院的徐彦辉教授在《美国数学月刊》2010,117(6)中,提出如下命题.

命题 已知 $a_i > 0 (i=1,2,\cdots,n)$,$\sum_{i=1}^{n} a_i^k = 1 (k \in \mathbf{N}_+)$,那么

$$\sum_{i=1}^{n} a_i + \frac{1}{\prod_{i=1}^{n} a_i} \geq n^{1-\frac{1}{k}} + n^{\frac{n}{k}}$$

本章将运用控制不等式理论和 Hölder 不等式,给出这个不等式的一个证明及其推广.

以下设 $x, y \in \Omega \subseteq \mathbf{R}^n$,$\varphi : \Omega \to \mathbf{R}$,其中 $x = (x_1, x_2, \cdots, x_n)$,$y = (y_1, y_2, \cdots, y_n)$

定义 0.1[2] 如果

$$x_1 \geq x_2 \geq \cdots \geq x_n$$
$$y_1 \geq y_2 \geq \cdots \geq y_n$$

而且

Hölder 定理

$$\sum_{i=1}^{k} x_i \leq \sum_{i=1}^{k} y_i \quad (k = 1, 2, \cdots, n-1)$$

$$\sum_{i=1}^{n} x_i = \sum_{i=1}^{n} y_i$$

则称 $x \prec y$.

定义 0.2[2] 当且仅当 $x_i \geq y_i (i=1,2,\cdots,n)$ 时，则称 $x \geq y$. 如果 $x \geq y$，都有 $\varphi(x) \leq \varphi(y)$，则称 φ 是递增的. φ 是递减的当且仅当 $-\varphi$ 是递增的.

定义 0.3[2] 如果 $x \prec y$ 都有 $\varphi(x) \leq \varphi(y)$，则称 φ 是 Schur–凸. φ 在 Ω 上是 Schur–凹当且仅当 $-\varphi$ 在 Ω 上是 Schur–凸.

引理 0.1[2] 对于 $x \in \mathbf{R}^n$，令 $\bar{x} = \dfrac{1}{n}\sum_{i=1}^{n} x_i$，则有 $(\bar{x}, \bar{x}, \cdots, \bar{x}) \prec x$.

引理 0.2[2] 设 $\Omega \subseteq \mathbf{R}^n$ 是有内点的对称凸集，$\varphi: \Omega \to \mathbf{R}$ 在 Ω 上连续且在 Ω 的内部(即 Ω^0)可微，则 φ 在 Ω 上为 Schur–凸的充要条件是 φ 在 Ω 上对称且满足

$$(x_1 - x_2)\left(\dfrac{\partial \varphi}{\partial x_1} - \dfrac{\partial \varphi}{\partial x_2}\right) \geq 0 \quad (x \in \Omega^0)$$

引理 0.3(Hölder 不等式)[3] 已知

$$\dfrac{1}{k} + \dfrac{1}{k'} = 1 \quad (k, k' \neq 0, 1, k \in \mathbf{N}_+)$$

$$a_i > 0 \quad (i = 1, 2, \cdots, n)$$

则有

$$\sum_{i=1}^{n} a_i b_i \leq \left(\sum_{i=1}^{n} a_i^k\right)^{\frac{1}{k}} \left(\sum_{i=1}^{n} a_i^{k'}\right)^{\frac{1}{k}} (k > 1)$$

现在来证明文献[1]中提出的命题.

证明 令

$$\varphi(a_1, a_2, \cdots, a_n) = \sum_{i=1}^{n} a_i + \frac{1}{\prod_{i=1}^{n} a_i}$$

则有

$$(a_1 - a_2)\left(\frac{\partial \varphi}{\partial a_1} - \frac{\partial \varphi}{\partial a_2}\right) = \frac{(a_1 - a_2)^2}{a_1^2 a_2^2 a_3 \cdots a_n} \geqslant 0$$

由引理 2 知,φ 在 $(0, +\infty)$ 上是 Schur – 凸的.

由定义 0.3 和引理 0.1 知

$$\varphi(a_1, a_2, \cdots, a_n) = \sum_{i=1}^{n} a_i + \frac{1}{\prod_{i=1}^{n} a_i}$$

$$\geqslant \varphi\left(\frac{a_1 + a_2 + \cdots + a_n}{n}, \cdots, \frac{a_1 + a_2 + \cdots + a_n}{2}\right)$$

$$= \sum_{i=1}^{n} a_i + \frac{1}{\left(\frac{a_1 + a_2 + \cdots + a_n}{n}\right)^n}$$

可令

$$t = \sum_{i=1}^{n} a_i, g(t) = t + \frac{n^n}{t^n}$$

则有

$$g''(t) = n(n+1)n^n t^{-n-2} \geqslant 0$$

从而当 $g'(t) < 0$ 时,$t < n$;当 $g'(t) > 0$ 时,$t > n$;当 $g'(t) = 0$ 时,$t = n$. 所以 $g(t)$ 在 $(0, n)$ 上递减.

由引理 3 得[3]

$$\left(\sum_{i=1}^{n} a_i^k\right)^{\frac{1}{2}} (1 + 1 + \cdots + 1)^{\frac{1}{k'}} \geqslant \sum_{i=1}^{n} a_i$$

$$\sum_{i=1}^{n} a_i \leqslant n^{1 - \frac{1}{k}}$$

所以

Hölder 定理

$$g(t) = t + \frac{n^n}{t^n} \geq n^{1-\frac{1}{k}} + n^{\frac{n}{k}}$$

$$\sum_{i=1}^{n} a_i + \frac{1}{\prod_{i=1}^{n} a_i} \geq n^{1-\frac{1}{k}} + n^{\frac{n}{k}}$$

当且仅当 $a_1 = a_2 = \cdots = a_n$ 时取等号. 证毕.

该命题可做以下推广. 已知 $a_i > 0 (i = 1, 2, \cdots, n)$, $k \geq 1$, 则有

$$\frac{\sum_{i=1}^{n} a_i}{\left(\sum_{i=1}^{n} a_i^k\right)^{\frac{1}{k}}} + \frac{\left(\sum_{i=1}^{n} a_i^k\right)^{\frac{n}{k}}}{\prod_{i=1}^{n} a_i} \geq n^{1-\frac{1}{k}} + n^{\frac{n}{k}}$$

事实上, 令

$$\varphi(a_1, a_2, \cdots, a_n) = \frac{\sum_{i=1}^{n} a_i}{\left(\sum_{i=1}^{n} a_i^k\right)^{\frac{1}{k}}} + \frac{\left(\sum_{i=1}^{n} a_i^k\right)^{\frac{n}{k}}}{\prod_{i=1}^{n} a_i}$$

则有

$$(a_1 - a_2)\left(\frac{\partial \varphi}{\partial a_1} - \frac{\partial \varphi}{\partial a_2}\right) =$$

$$\frac{n\left(\sum_{i=1}^{n} a_i^k\right)^{\frac{n+1}{k}} - \left(\sum_{i=1}^{n} a_i\right)\left(\prod_{i=1}^{n} a_i\right)}{\left(\prod_{i=1}^{n} a_i\right)\left(\sum_{i=1}^{n} a_i^k\right)^{\frac{1}{k}+1}} \times$$

$$(a_1^{k-1} - a_2^{k-1})(a_1 - a_2) + \frac{\left(\sum_{i=1}^{n} a_i^k\right)\frac{n+1}{k}}{\prod_{i=1}^{n} a_i} \frac{(a_1 - a_2)^2}{a_1 a_2}$$

再令

$$f(a_1,a_2,\cdots,a_n) = n\Big(\sum_{i=1}^{n} a_i^k\Big)^{\frac{n+1}{k}} - \Big(\sum_{i=1}^{n} a_i\Big)\Big(\prod_{i=1}^{n} a_i\Big)$$

则有

$$(a_1 - a_2)\Big(\frac{\partial f}{\partial a_1} - \frac{\partial f}{\partial a_2}\Big) =$$

$$n(n+1)\Big(\sum_{i=1}^{n} a_i^k\Big)^{\frac{n-k+1}{k}}(a_1^{k-1} - a_2^{k-2}) \times$$

$$(a_1 - a_2) + \Big(\sum_{i=1}^{n} a_i\Big)a_3\cdots a_n(a_1 - a_2)^2$$

由引理 0.2 知,当 $k \geqslant 1$ 时,f 在 $(0, +\infty)$ 上是 Schur-凸的. 再由定义 0.3 和引理 0.1 得

$$f(a_1,a_2,\cdots,a_n) = n\Big(\sum_{i=1}^{n} a_i^k\Big)^{\frac{n+1}{k}} - \Big(\sum_{i=1}^{n} a_i\Big)\Big(\prod_{i=1}^{n} a_i\Big)$$

$$\geqslant f\Big(\frac{a_1+a_2+\cdots+a_n}{n},\cdots,\frac{a_1+a_2+\cdots+a_n}{n}\Big)$$

$$= n\Big[n\Big(\frac{a_1+a_2+\cdots+a_n}{n}\Big)^k\Big]^{\frac{n+1}{k}} -$$

$$\Big(\sum_{i=1}^{n} a_i\Big)\Big(\frac{a_1+a_2+\cdots+a_n}{n}\Big)^n$$

$$= n\Big(\frac{a_1+a_2+\cdots+a_n}{n}\Big)^{(n+1)}(n^{\frac{n+1}{k}} - 1) \geqslant 0$$

则当 $k \geqslant 1$ 时,φ 在 $(0, +\infty)$ 上是 Schur-凸的.

由定义 0.3 和引理 0.1 知

$$\varphi(a_1,a_2,\cdots,a_n) = \frac{\sum_{i=1}^{n} a_i}{\Big(\sum_{i=1}^{n} a_i^k\Big)^{\frac{1}{k}}} + \frac{\Big(\sum_{i=1}^{n} a_i^k\Big)^{\frac{n}{k}}}{\prod_{i=1}^{n} a_i}$$

$$\geqslant \varphi\Big(\frac{a_1+a_2+\cdots+a_n}{n},\cdots,\frac{a_1+a_2+\cdots+a_n}{n}\Big)$$

Hölder 定理

$$= \frac{\sum_{i=1}^{n} a_i}{n^{\frac{1}{k}} \cdot \frac{a_1 + a_2 + \cdots + a_n}{n}} + \frac{n^{\frac{n}{k}} \left(\frac{a_1 + a_2 + \cdots + a_n}{n}\right)^n}{\left(\frac{a_1 + a_2 + \cdots + a_n}{n}\right)^n}$$

$$= n^{1-\frac{1}{k}} + n^{\frac{n}{k}}$$

参 考 文 献

[1] BENCZE M. Problem 11514 [J]. American Mathematical Monthly, 2010, 117(6):559.

[2] 王伯英. 控制不等式基础[M]. 北京:北京师范大学出版社, 1990:5-57.

[3] 徐利治, 王兴华. 数学分析的方法及例题选讲[M]. 北京:高等教育出版社, 1983:135.

许瓦兹、赫尔德与闵可夫斯基不等式与凸函数

第 1 章

§1 许瓦兹赫尔德与闵可夫斯基不等式

许瓦兹不等式是大家熟知的,对于可积函数它取如下的形式

$$\left|\int_\alpha^\beta fg\,dx\right| \leq \left(\int_\alpha^\beta f^2\,dx\right)^{\frac{1}{2}} \left(\int_\alpha^\beta g^2\,dx\right)^{\frac{1}{2}} \quad (\alpha < \beta)$$

为了证明这个不等式,我们假定实的二次三项式

$$\int_\alpha^\beta (f + \lambda g)^2\,dx$$

是正的,也就是说,它的判别式是负的.

由这个不等式可推出,泛函

$$\left(\int_\alpha^\beta f^2\,dx\right)^{\frac{1}{2}}$$

在区间 $[a,b]$ 上的可积函数所形成的向量空间中具有范数的性质.

在本节中,我们将给出许瓦兹不等式的一个新的证明,并将它推广为赫尔德不

Hölder 定理

等式,这将为可积函数的范数引出一个更一般的形式.

在其余的节中,我们将会看到许尔瓦兹不等式和赫尔德不等式的一些新的证明. 它们是利用了凸函数或重积分的性质.

问题 A 假设 $f(x) = P(x) + iQ(x)$ 是一个实变量 x 的复可积函数. 证明

$$\left| \int_\alpha^\beta f \mathrm{d}x \right| \leq \int_\alpha^\beta |f| \,\mathrm{d}x$$

再用 f^2 代替 f 证明许瓦兹不等式

$$\left| \int_\alpha^\beta PQ \mathrm{d}x \right|^2 \leq \int_\alpha^\beta P^2 \mathrm{d}x \int_\alpha^\beta Q^2 \mathrm{d}x$$

问题 B 设 p 与 q 是两个都大于 1 的数,满足

$$\frac{1}{p} + \frac{1}{q} = 1$$

证明对于任何两个正数 a 与 b

$$ab \leq \frac{a^p}{p} + \frac{b^q}{q}$$

如何选取 a 与 b 使等式成立?考虑 $p = q = 2$ 的情况.

问题 C 设 $f(x)$ 与 $g(x)$ 是区间 $[\alpha, \beta]$ 上的可积函数,其中 $\alpha < \beta$. 利用问题 B 的不等式证明不等式

$$\left| \int_\alpha^\beta fg \mathrm{d}x \right| \leq \left(\int_\alpha^\beta |f|^p \mathrm{d}x \right)^{\frac{1}{p}} \left(\int_\alpha^\beta |g|^q \mathrm{d}x \right)^{\frac{1}{q}}$$

问题 D 假设 $a_1, \cdots, a_n$ 与 $b_1, \cdots, b_n$ 是两列实数. 证明不等式

$$\sum_{k=1}^n a_k b_k \leq \left(\sum_{k=1}^n a_k^p \right)^{\frac{1}{p}} \left(\sum_{k=1}^n b_k^q \right)^{\frac{1}{q}}$$

问题 E 证明泛函

$$\left(\int_\alpha^\beta |f|^p \mathrm{d}x \right)^{\frac{1}{p}}$$

是区间$[\alpha,\beta]$上的可积函数所形成的空间中的函数f的范数.

(**注**:第一个问题与后四个问题无关.)

解答 A 考虑实变量x的复函数$f(x) = P(x) + iQ(x)$. 假定$P(x)$与$Q(x)$在区间$[\alpha,\beta]$上是可积的. 这就保证了问题中的积分

$$\int_\alpha^\beta f \mathrm{d}x \ \text{与}\ \int_\alpha^\beta |f|\,\mathrm{d}x = \int_\alpha^\beta (P^2+Q^2)^{\frac{1}{2}}\mathrm{d}x$$

是存在的. 由关于黎曼和的类似不等式

$$\left|\sum (x_j - x_{j-1})f(\xi_j)\right| \leqslant \sum (x_j - x_{j-1})|f(\xi_j)|$$

通过取极限,可推出不等式

$$\left|\int_\alpha^\beta f(x)\mathrm{d}x\right| \leqslant \int_\alpha^\beta |f(x)|\,\mathrm{d}x \quad (\alpha<\beta) \quad (1.1.1)$$

我们记得x_j是区间$[\alpha,\beta]$的分点,ξ_j是区间$[x_{j-1}, x_j]$中的一点.

为了证明许瓦兹不等式,我们把不等式(1.1.1)用到函数$f^2 = P^2 - Q^2 + 2iPQ$上去,它的绝对值是$P^2 + Q^2$. 于是我们有

$$\left|\int_\alpha^\beta (P^2 - Q^2 + 2iPQ)\mathrm{d}x\right| \leqslant \int_\alpha^\beta (P^2+Q^2)\mathrm{d}x$$

上式两端平方,并做一些初等运算,我们得到

$$\left[\int_\alpha^\beta (P^2 - Q^2)\mathrm{d}x\right]^2 + 4\left[\int_\alpha^\beta PQ\mathrm{d}x\right]^2 \leqslant \left[\int_\alpha^\beta (P^2+Q^2)\mathrm{d}x\right]^2$$

由此可得

$$\left[\int_\alpha^\beta PQ\mathrm{d}x\right]^2 \leqslant \frac{1}{4}\left[\int_\alpha^\beta (P^2+Q^2)\mathrm{d}x\right]^2 - \frac{1}{4}\left[\int_\alpha^\beta (P^2-Q^2)\mathrm{d}x\right]^2$$
$$\leqslant \int_\alpha^\beta P^2\mathrm{d}x \int_\alpha^\beta Q^2\mathrm{d}x$$

这就是许瓦兹不等式.

Hölder 定理

解答 B 在这个问题中 p 与 q 都表示大于 1 的数,满足

$$\frac{1}{p}+\frac{1}{q}=1 \quad \text{或} \quad q=\frac{p}{p-1}$$

如果 a 与 b 是正数,那么它们满足不等式

$$ab \leqslant \frac{a^p}{p}+\frac{b^q}{q}$$

为了证明这个不等式,我们设

$$\varphi(b)=\frac{b^q}{q}+\frac{a^p}{p}-ab$$

现在来观察函数 $\varphi(b)$ 的性态. 对 $b=0$,它是正的. 当 $b\to\infty$ 时,它趋于 $+\infty$. 另一方面

$$\varphi'(b)=b^{q-1}-a$$

从而 $\varphi'(b)$ 在 $b=a^{\frac{1}{q-1}}$ 处为零,也就是当 $b^q=a^{\frac{q}{q-1}}=a^p$ 时,或

$$ab=a^{1+\frac{1}{q-1}}=a^{\frac{q}{q-1}}=a^p$$

时,$\varphi'(b)$ 为零. 在这一点处

$$\varphi(b)=\frac{a^p}{p}+\frac{a^p}{q}-a^p=0$$

这样一来,当 $a^p=b^q$ 时,$\varphi(b)$ 以零为极小值,由此可得

$$ab \leqslant \frac{a^p}{p}+\frac{b^q}{q}$$

注意 1 当 $p=q=2$ 时,这个不等式变为一个显然不等式

$$ab \leqslant \frac{a^2+b^2}{2}$$

注意 2 不等式 $ab \leqslant \frac{a^p}{p}+\frac{b^q}{q}$ 有一个简单的几何解释. 设 $f(x)$ 在区间 $[0,b]$ 上是一个连续的单调函数. 设

a 是一个正数. 用 g 表示 f 的反函数, 也就是, 若 $y = f(x)$, 则 $x = g(y)$.

比较面积(见图 1.1.1), 我们注意到

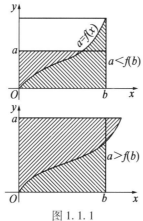

图 1.1.1

$$ab \leqslant \int_0^b f(x)\,\mathrm{d}x + \int_0^a g(x)\,\mathrm{d}x$$

当 $a = f(b)$ 时, 等式成立.

特别地, 取

$$f(x) = x^{q-1} \quad (q > 1)$$

则

$$q(x) = x^{p-1}$$

这里

$$\frac{1}{p} + \frac{1}{q} = 1$$

于是

$$ab \leqslant \int_0^b \mathrm{d}x + \int_0^a x^{p-1}\,\mathrm{d}x = \frac{b^q}{q} + \frac{a^p}{p}$$

解答 C 设 $f(x)$ 与 $g(x)$ 是定义在区间 $[\alpha, \beta]$ 上的两个正的可积函数. 令

Hölder 定理

$$a = \frac{f(x)}{\left(\int_\alpha^\beta f^p \mathrm{d}x\right)^{\frac{1}{p}}}, b = \frac{g(x)}{\left(\int_\alpha^\beta g^q \mathrm{d}x\right)^{\frac{1}{q}}}$$

问题 **B** 的不等式变为

$$\frac{fg}{\left(\int_\alpha^\beta f^p \mathrm{d}x\right)^{\frac{1}{p}} \left(\int_\alpha^\beta g^q \mathrm{d}x\right)^{\frac{1}{q}}} \leq \left(\frac{f^p}{p\int_\alpha^\beta f^p \mathrm{d}x}\right) + \left(\frac{g^q}{q\int_\alpha^\beta g^q \mathrm{d}x}\right)$$

对于这个不等式从 α 到 β 积分. 因为 $\dfrac{1}{p} + \dfrac{1}{q} = 1$ 所以右端等于 1, 于是我们有不等式

$$\int_\alpha^\beta fg \mathrm{d}x \leq \left(\int_\alpha^\beta f^p \mathrm{d}x\right)^{\frac{1}{p}} \left(\int_\alpha^\beta g^q \mathrm{d}x\right)^{\frac{1}{q}}$$

这就是赫尔德不等式. 它的另一种形式是

$$\left|\int_\alpha^\beta fg \mathrm{d}x\right| \leq \left(\int_\alpha^\beta |f|^p \mathrm{d}x\right)^{\frac{1}{p}} \left(\int_\alpha^\beta |g|^q \mathrm{d}x\right)^{\frac{1}{q}}$$

这个不等式可用于变号函数. 当 $p = q = 2$ 时, 它变为许瓦兹不等式.

用前一个问题中的记号, 当

$$a^p = b^q$$

时, 在上面的不等式中, 等式成立. 这就是说, 比 $\dfrac{|f(x)|^p}{|q(x)|^q}$ 除去 x 可能有的孤立值外, 是不依赖于 x 的常数; 而它们不会影响积分值.

解答 D 设 $a_1, \cdots, a_n$ 与 $b_1, \cdots, b_n$ 是两列正数. 我们定义

$$a = \frac{a_k}{(a_1^p + \cdots + a_n^p)^{\frac{1}{p}}}, b = \frac{b_k}{(b_1^q + \cdots + b_n^q)^{\frac{1}{q}}}$$

问题 **B** 的不等式变为

$$\frac{a_k b_k}{(a_1^p + \cdots + a_n^p)^{\frac{1}{p}} (b_1^q + \cdots + b_n^q)^{\frac{1}{q}}}$$
$$\leqslant \frac{a_k^p}{p(a_1^p + \cdots + a_n^p)} + \frac{b_k^q}{q(b_1^q + \cdots + b_n^q)}$$

让 k 从 1 变到 n,然后对所有的这些不等式求和. 所得不等式的右端等于 1. 于是我们有不等式

$$\sum_{k=1}^{n} a_k b_k \leqslant \Big(\sum_{k=1}^{n} a_k^p \Big)^{\frac{1}{p}} \Big(\sum_{k=1}^{n} b_k^q \Big)^{\frac{1}{q}}$$

这是赫尔德不等式的"离散"形式. 当 $p = q = 2$ 时,就是所谓的柯西 - 许瓦兹不等式.

解答 E 表达式

$$\|f\| = \Big(\int_\alpha^\beta |f(x)|^p \mathrm{d}x \Big)^{\frac{1}{p}}$$

是函数 f 的范数的一种可能的形式,其中 f 是区间 $[\alpha, \beta]$ 上的实可积函数所形成的向量空间中的元素.

为了看出这一点,首先注意 $\|f\| \geqslant 0$,仅当几乎处处有 $f = 0$ 时等式成立. 如果 m 是一个实数,那么我们有

$$\|mf\| = |m| \|f\|$$

剩下来的是证明三角不等式

$$\|f + g\| \leqslant \|f\| + \|g\|$$

众所周知,这个不等式是闵可夫斯基(Minkowski)不等式. 我们有

$$\int_\alpha^\beta |f+g|^p \mathrm{d}x = \int_\alpha^\beta |f+g|^{p-1} |f| \mathrm{d}x + \int_\alpha^\beta |f+g|^{p-1} |g| \mathrm{d}x$$

对上式右端的每一项运用赫尔德不等式,我们得到

$$\int_\alpha^\beta |f+g|^{p-1} |f| \mathrm{d}x \leqslant \Big(\int_\alpha^\beta |f|^p \mathrm{d}x \Big)^{\frac{1}{p}} \Big(\int_\alpha^\beta |f+g|^{(p-1)q} \mathrm{d}x \Big)^{\frac{1}{q}}$$

Hölder 定理

$$\int_\alpha^\beta |f+g|^{p-1}|g|\,dx \le \left(\int_\alpha^\beta |g|^p dx\right)^{\frac{1}{p}}\left(\int_\alpha^\beta |f+g|^{(p-1)q}dx\right)^{\frac{1}{q}}$$

而 $(p-1)q = p$,因此,最后的积分等于

$$\left(\int_\alpha^\beta |f+g|^p dx\right)^{\frac{1}{q}}$$

从而

$$\int_\alpha^\beta |f+g|^p dx \le \left[\left(\int_\alpha^\beta |f|^p dx\right)^{\frac{1}{p}} + \left(\int_\alpha^\beta |g|^p dx\right)^{\frac{1}{p}}\right]$$

$$\times \left(\int_\alpha^\beta |f+g|^p dx\right)^{\frac{1}{q}}$$

如果我们用右端最后的积分除这个不等式,并记为 $1 - \frac{1}{q} = \frac{1}{p}$,就得到

$$\left(\int_\alpha^\beta |f+g|^p dx\right)^{\frac{1}{p}} \le \left(\int_\alpha^\beta |f|^p dx\right)^{\frac{1}{p}} + \left(\int_\alpha^\beta |g|^p dx\right)^{\frac{1}{p}}$$

或者

$$\|f+g\| \le \|f\| + \|g\|$$

这就是所期望的不等式.

§2 凸 函 数

凸函数的概念几乎与单调函数的概念同样重要. 在本节中,我们将给出凸函数的几个性质. 在函数两次可微的情况下,$f'' > 0$ 或 f' 是递增的函数等价于 f 是凸的,这一命题建立了"凸的""递增的"和"正的"这些概念之间的联系. 凸性的概念也可以用来建立赫尔德不等式,我们将用一种不同于上节的方法来证明它,并将对序列的情况建立和应用这一不等式. 然后通过极限过程,容易证明,对于一个连续变量的函数相应的不

等式是成立的.

问题 称一个连续函数 $f(x)$ 在开区间 (a,b) 上是凸的,如果对这个区间内任意的 x 与 y,有

$$f\left(\frac{x+y}{2}\right) \leqslant \frac{f(x)+f(y)}{2} \quad (1.2.1)$$

A. 证明:若 m 个数 $x_1, x_2, \cdots, x_m$ 属于区间 (a,b),则有

$$f\left(\frac{\sum x_i}{m}\right) \leqslant \frac{1}{m}\sum f(x_i) \quad (1.2.2)$$

B. 设 $\lambda_1, \lambda_2, \cdots, \lambda_m$ 表示 m 个非负常数,其和为 1. 证明

$$f(\sum \lambda_i x_i) \leqslant \sum \lambda_i f(x_i) \quad (1.2.3)$$

给出它的几何解释.

C. 如果 $f(x)$ 有连续的二阶导数,那么 $f(x)$ 是凸的,当且仅当 $f'' \geqslant 0$.

D. 证明对 $x \geqslant 0$,函数 $f(x) = x^p$(这里 $p > 1$)是凸的. 对这个函数应用式(3),证明赫尔德不等式

$$\sum a_i b_i \leqslant \left[\sum (a_i)^p\right]^{\frac{1}{p}} \left[\sum (b_i)^q\right]^{\frac{1}{q}}$$
$$(1.2.4)$$

其中 p 与 q 是大于 1 的数,满足方程

$$\frac{1}{p} + \frac{1}{q} = 1$$

而数 $a_1, a_2, \cdots, a_n; b_1, b_2, \cdots, b_n$ 都是正的.

E. 在同样的条件下,证明闵可夫斯基不等式

$$\left[\sum (a_i + b_i)^p\right]^{\frac{1}{p}} \leqslant \left[\sum (a_i)^p\right]^{\frac{1}{p}} + \left[\sum (b_i)^p\right]^{\frac{1}{p}}$$
$$(1.2.5)$$

问题 C 的提示 定义一个函数

Hölder 定理

$$u(x) = f(x) - 2f\left(\frac{x+y}{2}\right) + f(y)$$

为了证明逆定理，令 $\lambda = \dfrac{(z-y)}{(z-x)}, u = \dfrac{(y-x)}{(z-x)}$，然后利用 $f(\lambda x + \mu z) \leq \lambda f(x) + \mu f(z)$.

解答 A 设 $f(x)$ 是一个连续函数. 称它在一个区间上是凸的，如果对于属于这个区间的每个 x 与 y，有

$$f\left(\frac{x+y}{2}\right) \leq \frac{f(x)+f(y)}{2} \qquad (1.2.1)'$$

(见图 1.2.1).

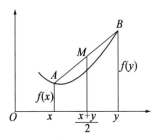

图 1.2.1

设 A 与 B 是表示 f 的曲线上的两点，它们的横坐标分别是 x 与 y.

不等式(1)表示弦 AB 的中点 M 位于这条曲线的上方.

如果数 $x_1, x_2, \cdots, x_m, \cdots$ 属于区间 (a, b)，那么由不等式(1)可推出不等式

$$f\left(\frac{x_1 + \cdots + x_4}{4}\right) \leq \frac{1}{2}\left[f\left(\frac{x_1+x_2}{2}\right) + f\left(\frac{x_3+x_4}{2}\right)\right]$$

$$\leq \frac{1}{4}[f(x_1) + \cdots + f(x_4)]$$

更一般地，用归纳法我们得到

$$f\left(\frac{1}{2^N}\sum_{i=1}^{2^N}x_i\right) \leqslant \frac{1}{2^N}\sum_{i=1}^{2^N}f(x_i)$$

如果在这个不等式中,设

$$x_{m+1}=x_{m+2}=\cdots=x_{2^N}=\frac{1}{m}(x_1+x_2+\cdots+x_m)$$

就得到

$$f\left(\frac{1}{m}\sum_{i=1}^{m}x_i\right) \leqslant \frac{1}{m}\sum_{i=1}^{m}f(x_i) \quad (1.2.2)'$$

解答 B 令 $p_1, p_2, \cdots, p_n$ 是满足 $\sum p_k = m$ 的正整数. 在不等式 $(0.3.2)'$ 中, 我们这样选择数 x_i, 使得

$$x_1 = x_2 = \cdots = x_{p_1} = y_1$$
$$x_{p_1+1} = \cdots = x_{p_1+p_2} = y_2$$
$$\cdots$$
$$x_{p_1+\cdots+p_{n-1}+1} = \cdots = x_{p_1+p_2+\cdots+p_n} = y_n$$

这样一来, 不等式 $(0.3.2)'$ 可以写成下述形式

$$f\left[\frac{p_1}{m}y_1 + \frac{p_2}{m}y_2 + \cdots + \frac{p_n}{m}y_n\right] \leqslant \frac{p_1}{m}f(y_1) + \cdots + \frac{p_n}{m}f(y_n)$$

令 $r_1, r_2, \cdots, r_n$ 是满足

$$\sum r_i = 1$$

的 n 个正的有理数. 总可以取到整数 $m, p_1, p_2, \cdots, p_n$, 满足

$$r_i = \frac{p_i}{m} \quad (i=1,2,3,\cdots,n)$$

于是, 如果有理数 r_i 满足条件

$$r_i > 0, \text{ 及 } \sum r_i = 1$$

我们就有不等式

$$f\left(\sum r_i y_i\right) \leqslant \sum r_i f(y_i)$$

由函数 f 的连续性,就知道上述不等式可以推广到非负实数.

这就证明了不等式
$$f\left(\sum \lambda_i y_i\right) \leqslant \sum \lambda_i f(y_i) \quad (1.2.3)'$$
这里
$$\lambda_i \geqslant 0, \sum \lambda_i = 1$$

这个不等式的含义是,具有质量 $\lambda_1, \cdots, \lambda_n$ 的 n 个质点的质心位于曲线的上方.

解答 C 我们来证明,如果函数 f 在开区间 (a, b) 上有连续的非负二阶导数,那么 f 是该区间上的一个凸函数. 设 $f'' \geqslant 0$. 我们定义
$$u(x) = f(x) - 2f\left(\frac{x+y}{2}\right) + f(y)$$
式中 y 是一个参变量. 我们注意到 $u(y) = 0$. 进而
$$u'(x) = f'(x) - f'\left(\frac{x+y}{2}\right)$$
因为 $f'' \geqslant 0$,所以 f' 是一个严格递增的函数.

因此,如果 $y \leqslant x$,那么 $\frac{(x+y)}{2} \leqslant x$,我们有
$$u'(x) \geqslant 0$$
所以 $u(x)$ 是一个递增函数,当 $x = y$ 时,它取零值. 由此推出,当 $a < y < x < b$ 时
$$f(x) - 2f\left(\frac{x+y}{2}\right) + f(y) \geqslant 0$$
但是上面的表达式关于 x 与 y 是对称的,所以对于区间 (a, b) 内的每一对 (x, y),都有
$$f\left(\frac{x+y}{2}\right) \leqslant \frac{1}{2}[f(x) + f(y)]$$

因此，$f(x)$ 是凸的.

反过来，假定 f 是凸的. 考虑满足
$$x < y < z$$
的三个数 x, y, z. 设
$$\lambda = \frac{z-y}{z-x}, \mu = \frac{y-x}{z-x}$$
这里 λ 与 μ 是两个正数，满足 $\lambda + \mu = 1$. 这时
$$f(\lambda x + \mu z) \leqslant \lambda f(x) + \mu f(z)$$
现在，$\lambda x + \mu z = y$. 因此
$$f(y) \leqslant \frac{z-y}{z-x} f(x) + \frac{y-x}{z-x} f(z)$$
从而
$$\frac{f(y) - f(x)}{y - x} \leqslant \frac{f(z) - f(y)}{z - y}$$

这个不等式指出，在表示 f 的曲线上，若 A, B, C 是顺序相邻的三个点，那么弦 BC 的斜率大于弦 AB 的斜率.

考虑第四个点 D，它在曲线上位于点 C 的右侧. 当 D 趋向于 C 时，根据假设，弦 CD 的斜率趋向于 $f'(z)$. 如果 α 是弦 BC 的斜率，那么我们有
$$\alpha \leqslant f'(z)$$
类似地，当 A 趋向于 B 时，借助极限过程我们有
$$f'(y) \leqslant \alpha$$
(见图 1.2.2).

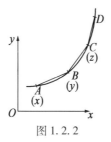

图 1.2.2

Hölder 定理

由此推出,只要 $y \leqslant z$,就有 $f'(y) \leqslant f'(z)$. 这就是说, f' 是一个递增函数. 因此, $f''(x) \geqslant 0$.

解答 D 当 $x > 0$ 时,函数 $f(x) = x^p$(这里 $p > 1$)是一个凸函数,因为 $f''(x) = p(p-1)x^{p-2} \geqslant 0$. 因此,由不等式(1.2.3)′推出

$$\left(\sum \lambda_i x_i\right)^p \leqslant \sum \lambda_i (x_i)^p \quad (\lambda_i \geqslant 0, \sum \lambda_i = 1)$$

我们用 $\mu_1, \mu_2, \cdots, \mu_i, \cdots$ 表示一个有限的非负数列. 在前一不等式中用 $\dfrac{\mu_i}{\sum \mu_i}$ 代替 λ_i,则有

$$\left(\sum \mu_i x_i\right)^p \leqslant \left(\sum \mu_i x_i^p\right)\left(\sum \mu_i\right)^{p-1}$$

我们来改变一下记号,设

$$q = \frac{p}{p-1}, \mu_i = b_i^q, x_i = a_i b_i^{1-q}$$

于是得到赫尔德不等式

$$\sum a_i b_i \leqslant \frac{\left[\sum a_i^p\right]^{\frac{1}{p}}}{\left[\sum b_i^q\right]^{\frac{1}{q}}}, \frac{1}{p} + \frac{1}{q} = 1, p > 1$$

$$(1.2.4)'$$

这就是赫尔德不等式的序列形式.

解答 E 最后,我们证明闵可夫斯基不等式. 首先写出

$$\sum (a_i + b_i)^p = \sum (a_i + b_i)^{p-1} a_i + \sum (a_i + b_i)^{p-1} b_i$$

对右端的每一项应用赫尔德不等式,我们得到

$$\sum (a_i + b_i)^p \leqslant \left[\sum (a_i + b_i)^{q(p-1)}\right]^{\frac{1}{q}} \left[\sum a_i^p\right]^{\frac{1}{p}} +$$
$$\left[\sum (a_i + b_i)^{q(p-1)}\right]^{\frac{1}{q}} \left[\sum b_i^p\right]^{\frac{1}{p}}$$

而

$$q(p-1) = p$$

因此

$$\sum (a_i + b_i)^p \leq [\sum (a_i + b_i)^p]^{\frac{1}{q}} [(\sum a_i^p)^{\frac{1}{p}} + (\sum b_i^p)^{\frac{1}{p}}]$$

由此我们导出不等式

$$[\sum (a_i + b_i)^p]^{\frac{1}{p}} \leq [\sum (a_i)^p]^{\frac{1}{p}} + [\sum (b_i)^p]^{\frac{1}{p}}$$

$$(1.2.5)'$$

一个应用 用 u 表示由 m 个实数组成的有限序列 $(u_1, u_2, \cdots, u_m)$. 所有的这种 m 数组 u 在实数域上确定了一个向量空间. 两个序列 u 与 u' 的和是第 i 项为 $u_i + u'_i$ 的序列. 一个序列 u 与一个实数 λ 的乘积是一个第 i 项为 λu_i 的序列.

可以取

$$\|u\| = [\sum_{i=1}^{m} |u_i|^p]^{\frac{1}{p}}$$

作为这一向量空间的范数. 范数 $\|u\|$ 满足范数的性质.

(1) $\|\lambda u\| = |\lambda| \|u\|$;

(2) $\|u\| \geq 0$;

(3) $\|u\| = 0$, 仅当所有的 u_i 都是 0;

(4) 根据闵可夫斯基不等式, $\|u\|$ 满足三角不等式.

在 $p = 2$ 的情况下, $\|u\|$ 是向量的普通长度, 这个向量在正交基下的分量是 $u_1, \cdots, u_m$.

Hölder 定理

函数凸性的应用

在高中数学的函数部分,我们在研究学习函数性质时,除了研究学习函数的单调性、奇偶性、周期性等这些性质外,特别还要注意到函数的凸性性质,南开大学滨海学院公共数学教研室的闫伟锋教授 2013 年从高考数学、自主招生数学、竞赛数学三个层面来初探凸性的解题应用.

定义 2.1　设函数 $f(x)$ 在区间 I 上有定义,若对任意
$$x_1, x_2 \in I,, x_1 < x_2$$
任意 $t \in (0,1)$,都有
$$f((1-t)x_1 + tx_2) \leqslant (\geqslant)$$
$$(1-t)f(x_1) + tf(x_2)$$
则称 $f(x)$ 在区间 I 上是下凸的(上凸的).

我们可以从"弦与曲线"的位置关系来理解凸性的几何意义. 设 $f(x)$ 在区间 I 上是下凸的
$$x_1, x_2 \in I,, x_1 < x_2$$
记
$$A(x_1, f(x_1)), B(x_2, f(x_2))$$

关于 t 的参数方程
$$x = (1-t)x_1 + tx_2$$
$$y = (1-t)f(x_1) + tf(x_2)$$
表示端点为 A,B 的弦. 由 $f(x)$ 在 I 上的下凸性得 $f(x) \leqslant y$, 即弦 AB 在曲线弧 AB 的上方. 由此我们可得到一个结论:连接下凸曲线上任意两点的弦都在对应曲线弧的上方.

我们亦可以从"切线与曲线"的位置关系来理解凸性的几何意义,这一部分内容留给感兴趣的读者探寻吧!

定义的变式 对于上述定义,我们在应用凸性时有以下几个等价定义.

函数 $f(x)$ 在区间 I 上下凸

$$\Leftrightarrow f\left(\frac{x_1 + x_2}{2}\right) \leqslant \frac{f(x_1) + f(x_2)}{2}, x_1, x_2 \in I$$

$$\Leftrightarrow f\left(\frac{x_1 + x_2 + \cdots + x_n}{n}\right)$$
$$\leqslant \frac{f(x_1) + f(x_2) + \cdots + f(x_n)}{n}$$
$$x_i \in I, i = 1, 2, \cdots, n$$

$$\Leftrightarrow f\left(\sum_{i=1}^{n} p_i x_i\right) \leqslant \sum_{i=1}^{n} p_i f(x_i)$$

$x_i \in I, i = 1, 2, \cdots, n; p_i \geqslant 0, i = 1, 2, \cdots, n$ 且满足 $\sum_{i=1}^{n} p_i = 1$.

等号取到当且仅当 $x_1 = x_2 = \cdots = x_n$.

凸性的判定定理 设函数 $f(x)$ 在 $[a,b]$ 上连续,在 (a,b) 内二阶可导.

(1) 若在 (a,b) 内 $f''(x) > 0$,则称曲线 $y = f(x)$ 在

Hölder 定理

$[a,b]$ 上是下凸的;

(2) 若在 (a,b) 内 $f''(x)<0$,则称曲线 $y=f(x)$ 在 $[a,b]$ 上是上凸的.

例 2.1 (1) 已知函数
$$f(x)=\ln x - x + 1, x \in (0,+\infty)$$
求函数 $f(x)$ 的最大值;

(2) 设 $a_k,b_k(k=1,2,\cdots,n)$ 均为正数,证明:

(i) 若
$$a_1b_1+a_2b_2+\cdots+a_nb_n \leqslant b_1+b_2+\cdots+b_n$$
则
$$a_1^{b_1}a_2^{b_2}\cdots a_n^{b_n} \leqslant 1$$

(ii) 若
$$b_1+b_2+\cdots+b_n=1$$
则
$$\frac{1}{n} \leqslant b_1^{b_1}+b_2^{b_2}+\cdots+b_n^{b_n} \leqslant b_1^2+b_2^2+\cdots+b_n^2$$

解 (1) 略.

(2)(i) 略.

(ii) 待证不等式等价于
$$\ln \frac{1}{n} \leqslant b_1\ln b_1+b_2\ln b_2+\cdots+b_n\ln b_n$$
$$\leqslant \ln(b_1^2+b_2^2+\cdots+b_n^2)$$

令
$$f(x)=x\ln x, f''(x)=\frac{1}{x}>0$$
故而 $f(x)$ 在 $(0,+\infty)$ 上是下凸的,所以
$$b_1\ln b_1+b_2\ln b_2+\cdots+b_n\ln b_n=$$
$$f(b_1)+f(b_2)+\cdots+f(b_n) \geqslant$$

第二编　再论凸函数

$$nf\left(\frac{b_1+b_2+\cdots+b_n}{n}\right)=\ln\frac{1}{n}$$

左侧得证.

令

$$f(x)=\ln x, f''(x)=-\frac{1}{x^2}<0$$

故而 $f(x)$ 在 $(0,+\infty)$ 上是上凸的,所以

$$b_1\ln b_1+b_2\ln b_2+\cdots+b_n\ln b_n$$
$$=b_1f(b_1)+b_2f(b_2)+\cdots+b_nf(b_n)$$
$$\leqslant f(b_1^2+b_2^2+\cdots+b_n^2)$$
$$=\ln(b_1^2+b_2^2+\cdots+b_n^2)$$

右侧得证.

例2.2　(1)已知函数

$$f(x)=rx-x^r+(1-r)\,(x>0)$$

其中 r 为有理数,且 $0<r<1$,求 $f(x)$ 的最小值;

(2)试用(1)的结果证明如下命题:设 $a_1\geqslant 0, a_2\geqslant 0, b_1, b_2$ 为正有理数,若 $b_1+b_2=1$,则

$$a_1^{b_1}a_2^{b_2}\leqslant a_1b_1+a_2b_2$$

(3)请将(2)中的命题推广到一般形式,并证明你所推广的命题. 注:当 α 为正有理数时,有求导公式 $(x^\alpha)'=\alpha x^{\alpha-1}$.

解　(1)略.

(2)略.

(3)一般形式:设 $a_1, a_2, \cdots, a_n$ 为 n 个非负数,$b_1, b_2, \cdots, b_n$ 为 n 个正数,且满足

$$b_1+b_2+\cdots+b_n=1$$

则有

$$a_1^{b_1}a_2^{b_2}\cdots a_n^{b_n}\leqslant a_1b_1+a_2b_2+\cdots+a_nb_n$$

（注：若某个 a_i 为 0，则不等式显然成立.）

待证不等式等价于
$$b_1 \ln a_1 + b_2 \ln a_2 + \cdots + b_n \ln a_n$$
$$\leqslant \ln(a_1 b_1 + a_2 b_2 + \cdots + a_n b_n)$$

令
$$f(x) = \ln x, f''(x) = -\frac{1}{x^2} < 0$$

故而 $f(x)$ 在 $(0, +\infty)$ 上是上凸的，所以
$$b_1 \ln a_1 + b_2 \ln a_2 + \cdots + b_n \ln a_n$$
$$= b_1 f(a_1) + b_2 f(a_2) + \cdots + b_n f(a_n)$$
$$\leqslant f(b_1 a_1 + b_2 a_2 + \cdots + b_n a_n)$$
$$= \ln(a_1 b_1 + a_2 b_2 + \cdots + a_n b_n)$$

得证.

例 2.3 有小于 1 的正数 $x_1, x_2, \cdots, x_n$，且
$$x_1 + x_2 + \cdots + x_n = 1$$

求证：$\dfrac{1}{x_1 - x_1^3} + \dfrac{1}{x_2 - x_2^3} + \cdots + \dfrac{1}{x_n - x_n^3} > 4$

解 令
$$f(x) = \frac{1}{x - x^3}, x \in (0, 1)$$

的凸性. 因为
$$f''(x) = \frac{6x^2(1 - x^2) + 2(1 - 3x^2)^2}{x^3(1 - x^2)^3} > 0$$

故而 $f(x)$ 在 $(0, 1)$ 上是下凸的. 所以
$$f(x_1) + f(x_2) + \cdots + f(x_n) \geqslant n f\left(\frac{x_1 + x_2 + \cdots + x_n}{n}\right)$$
$$= \frac{n^4}{n^2 - 1} > 4$$

例 2.4 求证：当 $n \geq 2$ 时，$n! < \left(\dfrac{n+1}{2}\right)^n$.

解 待证不等式等价于

$$\dfrac{\ln 1 + \ln 2 + \cdots + \ln n}{n} < \ln \dfrac{n+1}{2} = \ln \dfrac{1+2+\cdots+n}{n}$$

这由 $\ln x$ 的上凸性保证.

例 2.5 设 $a_1, a_2, \cdots, a_n \in \mathbf{R}_+$，且 $\sum\limits_{i=1}^{n} a_i = 1$，求证

$$\left(a_1 + \dfrac{1}{a_1}\right)\left(a_2 + \dfrac{1}{a_2}\right)\cdots\left(a_n + \dfrac{1}{a_n}\right) \geq \left(n + \dfrac{1}{n}\right)^n$$

解 待证不等式等价于

$$\sum_{i=1}^{n} \ln\left(a_i + \dfrac{1}{a_i}\right) \geq n\ln\left(n + \dfrac{1}{n}\right)$$

令

$$f(x) = \ln\left(x + \dfrac{1}{x}\right), x \in (0,1)$$

因为 $f''(x) = \dfrac{5 - (x^2 - 2)^2}{(x^3 + x)^2} > 0$，故而 $f(x)$ 在区间 $(0,1)$ 上是下凸的.

所以

$$\dfrac{1}{n}\sum_{i=1}^{n} f(a_i) \geq f\left(\dfrac{1}{n}\sum_{i=1}^{n} a_i\right)$$

即

$$\sum_{i=1}^{n} f(a_i) \geq nf\left(\dfrac{1}{n}\sum_{i=1}^{n} a_i\right) = nf\left(\dfrac{1}{n}\right)$$

等号当且仅当 $a_1 = a_2 = \cdots = a_n = \dfrac{1}{n}$.

例 2.6 $x_i \in \mathbf{R}_+ (i = 1, 2, \cdots, n)$，求证

$$x_1^{x_1} x_2^{x_2} \cdots x_n^{x_n} \geq (x_1 x_2 \cdots x_n)^{\frac{1}{n}(x_1 + x_2 + \cdots + x_n)}$$

Hölder 定理

解 待证不等式等价于

$$\sum_{i=1}^{n} x_i \ln x_i \geqslant \frac{1}{n}(x_1 + x_2 + \cdots + x_n) \sum_{i=1}^{n} \ln x_i$$

由 $y = x\ln x$ 的下凸性知

$$\frac{1}{n}\sum_{i=1}^{n} x_i \ln x_i \geqslant \frac{x_1 + \cdots + x_n}{n} \ln \frac{x_1 + \cdots + x_n}{n}$$

由 $y = \ln x$ 的上凸性知

$$\ln \frac{x_1 + \cdots + x_n}{n} \geqslant \frac{1}{n} \sum_{i=1}^{n} \ln x_i$$

得证.

练 习 题

1. 证明:$\tan 1° + \tan 2° + \cdots + \tan 89° > 89$.
2. 在锐角 $\triangle ABC$ 中,求证

$$\tan A \tan B \tan C \geqslant 3\sqrt{3}$$

3. 设 $x_i \in \mathbf{R}_+$,$\sum_{i=1}^{n} x_i = 1$,求证

$$\sum_{i=1}^{n} \left(x_i + \frac{1}{x_i}\right)^2 \geqslant \frac{(n^2 + 1)^2}{n}$$

4. 对于任意正数 x_i 和 p_i,$i = 1, 2, \cdots, n$,证明

$$\frac{\sum_{i=1}^{n} p_i x_i}{\sum_{i=1}^{n} p_i} \geqslant \left(\prod_{i=1}^{n} x_i^{p_i}\right)^{\frac{1}{\sum_{i=1}^{n} p_i}}$$

第二编　再论凸函数

函数的凸性与李普希兹条件

第 3 章

定理 3.1 定义在区间 I 上的实值函数 f 叫作凸函数是指：对 $x,y \in I, 0 \leq \lambda \leq 1$，有
$$f[\lambda x + (1-\lambda)y] \leq \lambda f(x) + (1-\lambda)f(y)$$
在几何上，这意味着：若 P,Q,R 是 f 的图像上任何三个点，并且 Q 在 P 和 R 之间，则 Q 在弦 PR 的下方（或在 PR 的上方——注：此时不等号反向）.

证明 若 $[a,b]$ 是 I 内任一闭子区间，则 f 在 $[a,b]$ 上有界，且存在常数 k，使对任何两点 $x,y \in [a,b]$，有
$$|f(x) - f(y)| \leq k|x-y|$$

注意 $M = \max\{f(a), f(b)\}$ 是 f 在 $[a,b]$ 上的上界，因为：对 $[a,b]$ 中任何点 $z = \lambda a + (1-\lambda)b$
$$f(z) \leq \lambda f(a) + (1-\lambda)f(b)$$
$$\leq \lambda M + (1-\lambda)M = M$$
但 f 也是有下界的，因为：把 $[a,b]$ 的任意点写成 $\dfrac{(a+b)}{2} + t$ 的形式，便有
$$f\left(\frac{a+b}{2}\right) \leq \frac{1}{2} f\left(\frac{a+b}{2} + t\right) + \frac{1}{2} f\left(\frac{a+b}{2} - t\right)$$
或

Hölder 定理

$$f\left(\frac{a+b}{2}-t\right) \geqslant 2f\left(\frac{a+b}{2}\right) + f\left(\frac{a+b}{2}-t\right)$$

但 M 是上界

$$-f\left(\frac{a+b}{2}-t\right) \geqslant -M$$

故

$$f\left(\frac{a+b}{2}+t\right) \geqslant 2f\left(\frac{a+b}{2}\right) - M = m$$

这就证明了 M 和 m 是在 $[a,b]$ 上的上、下界.

其次,取 $h>0$ 使 $a-h$ 与 $b+h$ 属于区间 I,设 m, M 为 f 在 $[a-h, b+h]$ 上的下界和上界. 若 x,y 是 $[a,b]$ 的不同点,令

$$z = y + \frac{h}{|y-x|}(y-x), \lambda = \frac{|y-x|}{h+|y-x|}$$

则

$$z \in [a-h, b+h], y = \lambda z + (1-\lambda)x$$
$$f(y) \leqslant \lambda f(z) + (1-\lambda)f(x)$$
$$= \lambda[f(z) - f(x)] + f(x)$$
$$f(y) - f(x) \leqslant \lambda(M-m) < \frac{|y-x|}{h}(M-m)$$
$$= k|y-x|$$

其中 $k = \frac{(M-m)}{h}$. 由于此式对任意 $x,y \in [a,b]$ 成立, 故 $|f(y) - f(x)| \leqslant k|y-x|$ 如所要求.

第二编 再论凸函数

关于调和凸函数的两个积分不等式

根据调和凸函数的定义,结合一些分析技巧,衢州广播电视大学的何晓红教授 2013 年给出调和凸函数的两个积分不等式,得到其算术平均的上下界.

经典的凸函数的定义如下:

设 $[a,b]$ 为实轴上的一区间,$f:[a,b] \to \mathbf{R}$,若对于任意的 $\lambda \in [0,1]$,都有
$$f(\lambda a + (1-\lambda) b) \leq \lambda f(a) + (1-\lambda) f(b)$$
则称 f 为 $[a,b]$ 的凸函数.

显然凸函数及与其相关的理论是数学不等式研究范畴内最重要和最基本的一个方面. 最近,关于调和凸函数的研究成了不等式中一个新的研究点,见参考文献[1-4].

定义 4.1 设 $[a,b] \subset (0,+\infty)$ 为一区间,$f:[a,b] \to (0,+\infty)$,若对于任意的 $\lambda \in [0,1]$,都有

$$f\left(\frac{1}{\lambda a^{-1} + (1-\lambda) b^{-1}}\right) \leq \frac{1}{\lambda (f(a))^{-1} + (1-\lambda)(f(b))^{-1}}$$

第 4 章

则称 f 为 $[a,b]$ 上的调和凸函数. 若称 f 为 $(a,b]$ 上的调和凸函数,指的是,任取 $a \in (a,b]$, f 在 $[a,b]$ 上为调和凸函数.

调和凸函数的微分判别法为如下引理.

引理 4.1[1] 设 $b > a > 0$, $f:[a,b] \to (0,+\infty)$ 为两阶可微函数,则 f 为调和凸函数的充要条件为
$$x[2(f'(x))^2 - f''(x)f(x)] - 2f'(x)f(x) \leq 0$$
在 $[a,b]$ 上恒成立.

关于调和凸函数的积分不等式,文献[2]给出 $\dfrac{b-a}{\int_a^b (f(x))^{-1} \mathrm{d}x}$ 的一个上下界, 本文对其算术平均 $\dfrac{1}{b-a}\int_a^b f(x)\mathrm{d}x$ 的上下界进行了的探索,并给出若干应用.

1. 主要结果

定理 4.1 设 $b > a > 0$, $f:[a,b] \to (0,+\infty)$ 为调和凸函数,记 $A = \dfrac{f(a)}{a}$, $B = \dfrac{f(b)}{b}$, A 和 B 的对数平均为
$$L = L(A,B) = \dfrac{A-B}{\ln A - \ln B},$$
则

$$\dfrac{1}{b-a}\int_a^b f(x)\mathrm{d}x \leq \begin{cases} \dfrac{AB}{A-B}\left(b-a-\dfrac{bB-aA}{L}\right), A \neq B \\ \dfrac{a+b}{2}A, A = B \end{cases}$$

证明 设 $x \in [a,b]$ 和 $\lambda_x \in [0,1]$ 使得
$$x = \dfrac{1}{\lambda_x a^{-1} + (1-\lambda_x)b^{-1}}$$

有

$$\frac{1}{x} = \frac{\lambda_x}{a} + \frac{1-\lambda_x}{b}$$

和

$$\lambda_x = \frac{x^{-1} - b^{-1}}{a^{-1} - b^{-1}} = \frac{a(b-x)}{x(b-a)}$$

此时

$$f(x) = f\left(\frac{1}{\lambda_x a^{-1} + (1-\lambda_x) b^{-1}}\right)$$

$$\leqslant \frac{1}{\lambda_x (f(a))^{-1} + (1-\lambda_x)(f(b))^{-1}}$$

$$= \frac{1}{\dfrac{a(b-x)}{x(b-a)}(f(a))^{-1} + \dfrac{b(x-a)}{x(b-a)}(f(b))^{-1}}$$

$$= \frac{x(b-a)f(a)f(b)}{ba(f(b)-f(a)) + x(bf(a) - af(b))}$$

$$\int_b^a f(x)\,\mathrm{d}x \leqslant \int_b^a \frac{x(b-a)f(a)f(b)}{ba(f(b)-f(a)) + x(bf(a) - af(b))}\mathrm{d}x$$

(1) 当 $bf(a) - af(b) \neq 0$(即 $A \neq B$)时,有

$$\int_b^a f(x)\,\mathrm{d}x \leqslant \frac{(b-a)f(a)f(b)}{bf(a) - af(b)} \times$$

$$\int_b^a \left[1 - \frac{ba(f(b) - f(a))}{ba(f(b)-f(a)) + x(bf(a) - af(b))}\right]\mathrm{d}x$$

$$= \frac{(b-a)f(a)f(b)}{bf(a)af(b)}\left[b - a - \frac{ba(f(b)-f(a))}{bf(a) - af(b)} \times\right.$$

$$\left.\ln[ba(f(b)-f(a)) + x(bf(a) - af(b))]\Big|_a^b\right]$$

$$= \frac{(b-a)f(a)f(b)}{bf(a)af(b)}\left[b - a - \frac{ba(f(b)-f(a))}{bf(a) - af(b)}\ln\frac{bf(a)}{af(b)}\right]$$

以及

$$\frac{1}{b-a}\int_b^a f(x)\,\mathrm{d}x \leqslant \frac{f(a)f(b)}{ab\left(\dfrac{f(a)}{a} - \dfrac{f(b)}{b}\right)} \times$$

Hölder 定理

$$\left[b-a-(f(a)-f(b))\frac{\ln\frac{f(a)}{a}\ln\frac{f(b)}{b}}{\frac{f(a)}{a}-\frac{f(b)}{b}} \right]$$

$$=\frac{AB}{A-B}\left(b-a-\frac{bB-aA}{L}\right)$$

(2) 当 $bf(a)-af(b)=0(A=B)$ 时,有

$$\int_b^a f(x)\mathrm{d}x \le \frac{(b-a)f(a)f(b)}{ba(f(a)-f(b))}\int_b^a x\mathrm{d}x$$

$$=\frac{(b-a)(b^2-a^2)f(a)f(b)}{2ba(f(b)-f(a))}$$

$$\frac{1}{b-a}\int_b^a f(x)\mathrm{d}x \le \frac{(b^2-a^2)f(a)f(b)}{2ba(f(b)-f(b))}$$

$$=\frac{(b^2-a^2)AB}{2(bB-aA)}=\frac{a+b}{2}A$$

证毕.

推论 4.1 设 $b>a>0, f:[a,b]\to(0,+\infty)$ 为调和凸函数,记 $A=\dfrac{f(a)}{a}, B=\dfrac{f(b)}{b}$,则

$$\frac{1}{b-a}\int_b^a f(x)\mathrm{d}x \le \frac{(b+a)AB}{A+B}$$

证明 两个正数的对数平均不大于它们的算术平均,即 $L(A,B) \le \dfrac{A+B}{2}$(见文献[5]),再结合定理 1,知推论 1 为真.

定理 4.2 设 $b>a>0, f:[a,b]\to(0,+\infty)$ 为调和凸函数,存在 b 的左邻域 $(b-\delta,b](\delta>0)$,使得在邻域内 $f'(x)$ 存在且连续(下用 $f'(b)$ 记 $f(x)$ 在 b 处的左导数),$\left(\dfrac{f(x)}{x}\right)'$ 在 $(b-\delta,b]$ 邻域内恒负,则有

$$\int_b^a (t)\mathrm{d}t \geqslant \frac{f^2(b)}{f(b)-bf'(b)} \times$$
$$\left[b - a - \frac{b^2 f'(b)}{f(b)+bf'(b)} \times \ln\frac{bf(b)}{af(b)+b(b-a)f'(b)} \right]$$

证明 设 $x \in (b-\delta, b), a \leqslant t \leqslant x < b$,对于 t,b,存在唯一的 $\lambda_x \in [0,1]$,使得 $\lambda_x = \frac{t(b-x)}{x(b-t)}$ 和
$$x = \frac{1}{\lambda_x t^{-1} + (1-\lambda_x) b^{-1}}$$

由调和凸函数的定义知
$$f(x) \leqslant \frac{1}{\lambda_x (f(t))^{-1} + (1-\lambda_x)(f(b))^{-1}}$$
$$= \frac{1}{\dfrac{t(b-x)}{x(b-t)f(t)} + \dfrac{b(x-t)}{x(b-t)f(b)}}$$
$$\frac{x(b-t)}{f(x)} \geqslant \frac{t(b-x)}{f(t)} + \frac{b(x-t)}{f(b)}$$
$$\frac{xb(f(b)-f(x)) + t(bf(x)-xf(b))}{t(b-x)f(x)f(b)} \geqslant \frac{1}{f(t)}$$

此时知
$$xb(f(b)-f(x)) + t(bf(x)-xf(b)) > 0$$

进而有
$$f(t) \geqslant \frac{t(b-x)f(x)f(b)}{xb(f(b)-f(x)) + t(bf(x)-xf(b))}$$
$$\int_a^x f(t)\mathrm{d}t \geqslant \int_a^x \frac{t(b-x)f(x)f(b)}{xb(f(b)-f(x)) + t(bf(x)-xf(b))}\mathrm{d}t$$

由条件知 $\dfrac{f(x)}{x}$ 在 $(b-\delta, b)$ 内是严格单调函数,所以 $bf(x) - xf(b) \neq 0$ 并且
$$\int_a^x f(t)\mathrm{d}t \geqslant \frac{(b-x)f(x)f(b)}{bf(x)-xf(b)} \times$$

Hölder 定理

$$\int_a^x \left[1 - \frac{xb(f(b) - xf(x))}{1 - xb(f(b) - f(x)) + t(bf(x) - xf(b))} \right] dt$$

$$= \frac{(b-x)f(x)f(b)}{bf(x) - xf(b)} \times \left[x - a - \frac{xb(f(b) - f(x))}{bf(x) - xf(b)} \times \right.$$

$$\left. \ln(xb(f(b) - f(x)) + t(bf(x) - xf(b))) \mid_a^x \right]$$

$$= \frac{(b-x)f(x)f(b)}{bf(x) - xf(b)} \times \left[x - a - \frac{xb(f(b) - f(x))}{bf(x) - xf(b)} \times \right.$$

$$\left. \ln \frac{x(b-x)f(b)}{xb(f(b) - f(x)) + a(bf(x) - xf(b))} \right]$$

此时若令 $x \to b$,因为

$$\lim_{x \to b} \frac{(b-x)f(x)f(b)}{bf(x) - xf(b)} = \lim_{x \to b} \frac{-f(x)f(b) + (b-x)f'(x)f(b)}{bf'(x) - f(b)}$$

$$= \frac{f^2(b)}{f(b) - bf'(b)}$$

$$\lim_{x \to b} \frac{xb(f(b) - f(x))}{bf(x) - xf(b)} = \lim_{x \to b} \frac{b(f(b) - f(x)) - xbf'(x)}{bf'(x) - f(b)}$$

$$= \frac{b^2 f'(b)}{f(b) - bf'(b)}$$

$$\lim_{x \to b} \frac{x(b-x)f(b)}{xb(f(b) - f(x)) + a(bf(x) - xf(b))}$$

$$= \lim_{x \to b} \frac{(b-x)f(b) - xf(b)}{b(f(b) - f(x)) - xbf'(x) + a(bf'(x) - f(b))}$$

$$= \frac{-bf(b)}{-b^2 f'(b) + a(bf'(b) - f(b))}$$

$$= \frac{bf(b)}{af(b) + b(b-a)f'(b)}$$

所以有

$$\int_a^b f(t) dt \geq \frac{f^2(b)}{f(b) - bf'(b)} \times$$

$$\left[b - a - \frac{b^2 f'(b)}{f(b) - bf'(b)} \ln \frac{bf(b)}{af(b) + b(b-a)f'b} \right]$$

证毕.

推论 4.2 设 $b > 0$, $f:(a,b] \to (0, +\infty)$ 为调和凸函数,存在 b 的左邻域 $(b-\delta, b]$ ($\delta > 0$),使得在邻域内 $f'(x)$ 存在,记 $\eta(b)$ 为函数 $f(x)$ 在 $x = b$ 的弹性,若 $\left(\frac{f(x)}{x}\right)' < 0$ 在此邻域内恒成立,则有

$$\int_a^b f(t) dt \geqslant \frac{f^2(b)}{f(b) - bf'(b)} \left[b - \frac{b^2 f'(b)}{f(b) - bf'(b)} \ln \frac{f(b)}{bf'(b)} \right]$$

$$= \frac{bf(b)}{1 - \eta(b)} \left[1 + \frac{\eta(b)}{1 - \eta(b)} \ln \eta(b) \right]$$

证明 在定理 2 中令 $a \to 0$,可得

$$\int_a^b f(t) dt \geqslant \frac{f^2(b)}{f(b) - bf'(b)} \times \left[b - \frac{b^2 f'(b)}{f(b) - bf'(b)} \ln \frac{f(b)}{bf'(b)} \right]$$

$$= \frac{f(b)}{1 - \frac{bf'(b)}{f(b)}} \left[b - \frac{b \frac{bf'(b)}{f(b)}}{1 - \frac{bf'(b)}{f(b)}} \ln \left(\frac{bf'(b)}{f(b)} \right)^{-1} \right]$$

$$= \frac{bf(b)}{1 - \eta(b)} \left[1 + \frac{\eta(b)}{1 - \eta(b)} \ln \eta(b) \right]$$

证毕.

2. 若干应用

例 4.1 证明:

(1) 设 $0 < a < b < \frac{\pi}{2}$,则

$$\frac{1}{b-a} \int_a^b \frac{t}{\sin t} dt \leqslant \frac{a+b}{\sin a + \sin b}$$

(2) 设 $x \in \left(0, \frac{\pi}{2}\right)$,则

Hölder 定理

$$\frac{1}{x}\int_0^x \frac{t}{\sin t}dt \geqslant \frac{1}{\cos x}\left[1+\left(\frac{\tan x}{x}-1\right)\ln\left(1-\frac{x}{\tan x}\right)\right]$$

证明 由引理可证，$\frac{t}{\sin t}$ 在 $\left(0,\frac{\pi}{2}\right)$ 为调和凸函数，再结合推论 4.1 和推论 4.2，可知本题结论成立，详细计算过程从略．

例 4.2 证明：

(1) 设 $0 < a < b < \frac{\sqrt{6}}{2}$

$$\frac{1}{b-a}\int_a^b e^{x^2}dx \leqslant \frac{(b+a)e^{a^2+b^2}}{be^{a^2}+ae^{b^2}}$$

(2) 设 $x \in \left(0,\frac{\sqrt{2}}{2}\right)$，则

$$\frac{1}{x}\int_0^x e^{t^2}dt \geqslant \frac{e^{x^2}}{1-2x^2}\left[1+\frac{2x^2}{1-2x^2}\ln 2x^2\right]$$

证明 由引理 4.1 可验证函数 $f:x\in\left(0,\frac{\sqrt{6}}{2}\right)\to e^{x^2}$ 和 $g:x\in\left(0,\frac{\sqrt{2}}{2}\right)\to e^{x^2}$ 分别满足推论 4.1 和推论 4.2 的条件，所以例 4.2 结论为真．

参 考 文 献

[1] 吴善和．调和凸函数与琴生型不等式[J]．四川师范大学学报(自然科学版)，2004，27(4)：382-386．

[2] 宋振云．调和凸函数的调和平均型 Hadamard 不等式[J]．湖北职业技术学院学报，2011，14(1)：105-108．

[3] XIA W F,CHV Y M. The Schur harmonic convexity of Lehmer means [J]. International Mathematical Forum,2009,41(4):2009-2015.

[4] 石焕南. 受控理论与解析不等式[M]. 哈尔滨：哈尔滨工业大学出版社,2012.

[5] 匡继昌. 常用不等式[M].4 版. 济南：山东科学技术出版社,2010:53-70.

Hölder 定理

一类新的伪凸函数

西北大学的王敏和邢志栋二位教授1998年在实数域上定义并讨论了 γ-伪凸函数的性质. 利用 γ-次可微的定义,讨论了新型函数类的极值性质,指出通常伪凸函数是 γ-伪凸的.

§1 引 言

非凸分析或更一般的非光滑分析十多年来一直是引人注目的研究课题之一,其因在于凸函数在数学规划的研究中占有很重要的位置,无论是从分析和应用方面,它们都有许多重要的性质. 从 Rockafallar. R. T 的凸分析(1972)、Hanson. M. A 的不变凸(1981)到 Clarke. F. H 的非光滑分析(1981)都是为了突破传统凸性的限制,致力于传统凸性的拓广和发展,人们从多种途径推广凸函数,γ-凸函数便是其中之一[1]. 本章在文[1]的基础上提出了 γ-伪凸函数的概念,并且讨论了 γ-伪凸函数的良好性质.

第 5 章

第二编　再论凸函数

§2　γ-凸函数及γ-伪凸函数的定义

定义 5.2.1　$f(x):D \subset \mathbf{R}^n \to \mathbf{R}$，$D$ 为凸集，称 $f(x)$ 是凸集 D 上的凸函数，若
$$f(\lambda x + (1-\lambda)y) \leq \lambda f(x) + (1-\lambda)f(y)$$
$$\forall x, y \in D, 0 \leq \lambda \leq 1 \quad (5.2.1)$$

定义 5.2.1 是常见的，众所周知，可微凸函数其导数是单调的，在以下的讨论中均假定 $f(x):D \subset \mathbf{R} \to \mathbf{R}$，且 D 为区间.

定义 5.2.2[1]　$f(x)$ 于 $x \in D$ 的 γ-次微分（记为 $\partial_\gamma f(x)$）是以下集合

$$\partial_\gamma f(x) = \left\{ C \,\middle|\, \frac{f(x_1 + \gamma(x_1)) - f(x_1)}{\gamma(x_1)} \leq C \right.$$
$$\leq \frac{f(x_2 + \gamma(x_2)) - f(x_2)}{\gamma(x_2)}$$
$$\left. x \in [x_i, x_i + \gamma(x_i)] \in D, i = 1, 2, \right\} \quad (5.2.2)$$

其中 $\gamma(x)$ 为正的连续函数且满足 $x \to x + \gamma(x)$ 是增的，令 $\gamma^-(x) = \gamma(x - \gamma^-(x))$，如 $\gamma(x) \equiv d$，则 $\gamma^-(x) \equiv d$. 记

$$h_{f,\gamma}(x) = \frac{f(x + \gamma(x)) - f(x)}{\gamma(x)} \quad (5.2.3)$$

定义 5.2.3[1]　称 $f(x)$ 是 γ-凸函数（严格 γ-凸函数）如果 $h_{f,\gamma}(x)$ 是非减的（增的）.

熟知伪凸泛函是介于拟凸泛函与凸泛函之间的一类[3]. 与之等价的是梯度算子的伪单调性. 依照上述思想，我们在 γ-凸和 γ-拟凸之间来定义并讨论 γ-

伪凸函数.

定义 5.2.4 如 $x_1, x_2 \in D$,且 $x_1 < x_2$, $x_2 + \gamma(x_2) \in D$,称 $f(x)$ 是 D 上的 γ - 伪凸函数,如果
$f(x_1) \leqslant f(x_1 + \gamma(x_1))$ 蕴含 $f(x_2) \leqslant f(x_2 + \gamma(x_2))$
$$(5.2.4)$$

定义 5.2.5 如 $x_1, x_2 \in D$,且 $x_1 < x_2$, $x_2 + \gamma(x_2) \in D$,称 $f(x)$ 是 D 上的 γ - 伪凸函数,如果
$f(x_2 + \gamma(x_2)) \leqslant f(x_2)$ 蕴含 $f(x_1 + \gamma(x_1)) \leqslant f(x_1)$
$$(5.2.5)$$

上述两个定义是等价的,事实上,式(5.2.4)与下式是等价的,即
$f(x_2) > f(x_2 + \gamma(x_2))$ 蕴含 $f(x_1) > f(x_1 + \gamma(x_1))$
$$(5.2.6)$$

由(5.2.6)可知
$$(x_1 - x_2)(f(x_2 + \gamma(x_2)) - f(x_2)) > 0$$
蕴含 $(x_1 - x_2)(f(x_1 + \gamma(x_1)) - f(x_1)) > 0$
由伪单调的定义可知 $f(x + \gamma(x)) - f(x)$ 是伪单调的,所以有
$$(x_1 - x_2)(f(x_2 + \gamma(x_2)) - f(x_2)) > 0$$
蕴含 $(x_1 - x_2)(f(x_1 + \gamma(x_1)) - f(x_1)) > 0$
又 $x_1 < x_2$ 即得
$f(x_2 + \gamma(x_2)) \leqslant f(x_2)$ 蕴含 $f(x_1 + \gamma(x_1)) \leqslant f(x_1)$
上式即式(5.2.5)

同理由式(5.2.5)可推出式(5.2.4).

§3 γ - 伪凸函数的基本性质

性质 5.3.1 若 $f(x)$ 是 γ - 凸函数,则 $f(x)$ 是 γ -

伪凸函数.

证明 $\forall x_1 \in D, x_2 \in D, x_1 < x_2, x_2 + \gamma(x_2) \in D$ 有
$$f(x_1) \leq f(x_1 + \gamma(x_1))$$
$$h_{f,\gamma}(x) = \frac{[f(x_1 + \gamma(x_1)) - f(x_1)]}{\gamma(x_1)} \geq 0$$

由于$f(x)$是γ-凸函数,所以$h_{f,\gamma}(x)$是非减的,即对$x_1 < x_2$有
$$h_{f,\gamma}(x_1) \leq h_{f,\gamma}(x_2)$$
即
$$0 \leq \frac{[f(x_1 + \gamma(x_1)) - f(x_1)]}{\gamma(x_1)} \leq \frac{[f(x_2 + \gamma(x_2)) - f(x_2)]}{\gamma(x_2)}$$

由上式可得
$$f(x_2) \leq f(x_2 + \gamma(x_2))$$

由定义4知$f(x)$是γ-伪凸函数.

性质2 若$f(x)$是可微的伪凸函数,则$f(x)$是γ-伪凸的.

证明 由于$f(x)$是可微伪凸函数,则$f'(x)$是伪单调的,即
$$(x_2 - x_1)f'(x_1) \geq 0 \text{ 蕴含 } (x_2 - x_1)f'(x_2) \geq 0$$

由于$x_1 < x_2$可得
$$f'(x_1) \geq 0 \text{ 蕴含 } f'(x_2) \geq 0$$

又由$x_1 + \gamma(x_1) > x_1$及$f'(x_1) \geq 0$可得
$$(x_1 + \gamma(x_1) - x_1)f'(x_1) \geq 0$$

而$f(x)$是伪凸函数,所以有
$$f(x_1 + \gamma(x_1)) \geq f(x_1)$$

同理可得
$$f(x_2 + \gamma(x_2)) \geq f(x_2)$$
即

Hölder 定理

$f(x_1) \leq f(x_1 + \gamma(x_1))$ 蕴含 $f(x_2) \leq f(x_2 + \gamma(x_2))$ 故 $f(x)$ 是 D 上的 γ-伪凸函数.

定义 6 $x \in D$, 称 $u_\gamma(x) = [x - \gamma^-(x), x + \gamma(x)]$ 为 x 的 γ-邻域.

定理 1 如果 $f(x)$ 是 D 上的 γ-伪凸函数, x^* 为 γ-局部极小, 则 x^* 为一全局极小.

证明 (1) 若 $x^* + \gamma(x^*) \in D$, 对每一 $x_0 \in D$, $x_0 > x^* + \gamma(x^*)$, $\exists x_i, i = 1, 2, \cdots, k$ 满足
$$x^* < x_k \leq x_k + \gamma(x_k)$$
$$x_{i-1} = x_i + \gamma(x_i) \quad i = 1, 2, \cdots, k$$
由于 $f(x^*) \leq f(x^* + \gamma(x^*))$, $x^* < x_k$, 又 $f(x)$ 是 γ-是伪凸的, 由定义可知
$$f(x_k) \leq f(x_k + \gamma(x_k)) = f(x_{k-1}) \quad (5.3.1)$$
x_k 在 x^* 的 γ-邻域内, 所以
$$f(x^*) \leq f(x_k) \quad (5.3.2)$$
由 (5.3.1)(5.3.2) 两式可得 $f(x^*) \leq f(x_{k-1})$, 依次递推可得
$$f(x^*) \leq f(x_{k-i}) \quad (i = 0, \cdots, k)$$

(2) 如果 $x^* - \gamma^-(x^*) \in D$, 对每一 $x_0 \in D$, $x_0 < x^* - \gamma^-(x^*)$. $\exists x_i, i = 1, 2, \cdots, k$, 使得
$$x^* - \gamma^-(x^*) \leq x_k < x^* \quad (5.3.3)$$
$$x_{i-1} = x_i - \gamma^-(x_i) \quad (i = 1, 2, \cdots, k)$$
由于 x^* 是 $f(x)$ 的 γ-局部极小, 所以
$$f(x^*) \leq f(x^* - \gamma^-(x^*)) \quad (5.3.4)$$
由式 (5.3.3), 可知
$$x^* > x_k \quad (5.3.5)$$
由 (5.3.4), (5.3.5) 及 $f(x)$ 的 γ-伪凸性可得

$$f(x_k) \leqslant f(x_k - \gamma^-(x_k)) \qquad (5.3.6)$$

由于 x_k 在 x^* 的 γ-邻域内,所以

$$f(x^*) \leqslant f(x_k) \qquad (5.3.7)$$

由(5.3.6),(5.3.7)可得

$$f(x^*) \leqslant f(x_{k-1}) \qquad (5.3.8)$$

依次类推可得

$$f(x^*) \leqslant f(x_{k-i}) \quad (i = 0, \cdots, k)$$

综合(5.2.1),(5.2.2)的证明,我们有 $\forall x_0 \in D$,$f(x^*) \leqslant f(x_0)$,即 x^* 是 $f(x)$ 于 D 上的全局极小点.

推论 5.3.1 假设 $0 \in \partial_\gamma f(x^*)$,$f(x)$ 是 γ-伪凸函数,$x_0 \in D \setminus u_\gamma(x^*)$,则存在 $x_k \in D \cap u_\gamma(x^*)$,且 $f(x_k) \leqslant f(x_0)$.

推论 5.3.2 假定 $f(x)$ 是一连续函数,$[\tilde{x}, \tilde{x} + \gamma(\tilde{x})] \in D$,且 $f(\tilde{x}) = f(\tilde{x} + \gamma(\tilde{x}))$,如果 $f(x)$ 是 γ-伪凸的,则 $f(x)$ 在 $[\tilde{x}, \tilde{x} + \gamma(\tilde{x})]$ 有一全局极小.

推论 5.3.3 假定 $f(x)$ 是一连续函数,且 $0 \in \partial_\gamma f(x^*)$,如果 $f(x)$ 是 γ-伪凸的.则 $f(x)$ 在 $D \cap u_\gamma(x^*)$ 有一全局极小.

定理 5.3.1 假设 $f(x): D \subset \mathbf{R} \to \mathbf{R}$ 是 γ-伪凸的,且于 x^* 达到全局极大,$u_\gamma(x^*) \subset D$,$x \in D$.

(a) 若 $[x, x + \gamma(x)] \subset D$.则在 $[x, x + \gamma(x)]$ 中存在一全局极大.

(b) 若 $u_\gamma(x) \subset D$ 且 $u_\gamma(x + \gamma(x)) \subset D$,则 $f(x) = f(x + \gamma(x))$.

证明 不失一般性,假定 $\gamma(x) = \text{const}$

(a) 定义 $\{x_i\}: x_0 = x^*, x_i = x^* + i\gamma, i = \pm 1, \pm 2, \cdots$

$$(5.3.9)$$

Hölder 定理

由于 x^* 是全局极大,所以
$$f(x_1) \leqslant f(x^*) = f(x^0)$$
又 $x_{-1} < x_0, f(x)$ 是 γ-伪凸的,所以有
$$f(x_{-1} + \gamma) \leqslant f(x_{-1})$$
即
$$f(x_0) \leqslant f(x_{-1})$$
又 $f(x_0) = f(x^*)$ 是极大,故有 $f(x_0) = f(x_{-1})$.

同理可得 $f(x_0) = f(x_1)$. 依次类推可得
$$f(x^*) = f(x_0) = f(x \pm \gamma) = f(x \pm 2\gamma)$$
$$(5.3.10)$$

如果 $[x, x+\gamma] \subset D$,则一定存在 $i, i \in \mathbf{Z}, x \in [x, x+\gamma]$ 即 $[x, x+\gamma]$ 内定有全局极大点.

(b) 若 $u_\gamma(x) \subset D$,且 $u_\gamma(x+y) \subset D$,即 $[x-\gamma, x+2\gamma] \subset D$,如对某一 $i \in \mathbf{Z}, x = x_i$,则由 (5.3.9),(5.3.10) 可得
$$f(x) = f(x+\gamma)$$
若 $x \neq x_i$,存在整数 j,有 $x_j \in (x-\gamma, x), x_{j+1} \in (x, x+\gamma), x_{j+2} \in (x+\gamma, x+2\gamma)$,由 (5.3.10) 可得
$$f(x_{j+2}) = f(x_{j+1})$$
又 $x < x_{j+1}$,且 $f(x)$ 为 γ-伪凸函数. 所以有
$$f(x+\gamma) \leqslant f(x) \quad (5.3.11)$$
由 (5.3.11) 可知
$$f(x_j) = f(x_{j+1}), x_j < x$$
注意 $f(x)$ 的 γ-伪凸性可得
$$f(x) \leqslant f(x+\gamma) \quad (5.3.12)$$
由 (5.3.11),(5.3.12) 得到
$$f(x) = f(x+\gamma)$$

定理 5.3.2 假设 $f(x):[a,b] \to \mathbf{R}$ 是 γ-伪凸

的,且于其定义域上全局极值存在.

(a) 如 $f(a) \leqslant f(a+\gamma(a))$,则在 $[a, a+\gamma(a)]$ 中有一全局极小,在 $[b-\gamma(b), b]$ 中有一全局极大.

(b) 如 $f(b-\gamma^-(b)) \geqslant f(b)$,则在 $[a, a+\gamma(a)]$ 中有一全局极大,在 $[b-\gamma^-(b), b]$ 中有一全局极小.

证明 (a) $1°$ $\forall x \in (a, a+\gamma(a))$,令
$$x_0 = x, x_{i+1} = x_i + \gamma(x_i) \quad (i=0,1,\cdots)$$
由于 $f(a) \leqslant f(a+\gamma(a))$ 得
$$f(x_0) \leqslant f(x_1) \leqslant f(x_2) \leqslant \cdots \leqslant f(x_k)$$
$$x_k \in [b-\gamma^-(b), b]$$
故在 $[b-\gamma^-(b), b]$ 中有一全局极大.

$2°$ 再来证明在 $[a, a+\gamma(a)]$ 中有一全局极小.

用反证法,假设全局极小 $x^* \notin [a, a+\gamma(a)]$,则
$$f(x) > f(x^*) \quad \forall x \in [a, a+\gamma(a)]$$
令 $x_0 = x^*, x_{i+1} = x_i - \gamma(x_i)$,有整数 k,使得
$x_k \in [a, a+\gamma(a)]$,由于 $f(a) \leqslant f(a+\gamma(a))$,故有
$$f(x_k) \leqslant f(x_{k-1}) \leqslant \cdots \leqslant f(x_0) = f(x^*)$$
而 x^* 为全局极小,x_k 亦为一全局极小,与假设相矛盾.从而在 $[a, a+\gamma(a)]$ 中必有一全局极小.

同理可证(b).

参考文献

[1] J ORTEGA, W RHEINBOLDT. Iterative solution of nonlinear equation in several variables [M]. New York: Academic press, 1970 (中译本: 朱季纳, 多元非线性方程组迭代解法, 科学出版社, 1983), 102-108.

Hölder 定理

§4 关于高维 Dedekind 和的恒等式

浙江师范大学数学系朱伟义教授 1998 年以 Donzagier[3] 中高维 Dedekind 和为基础,研究了其算术性质,得到了一个有趣的恒等式.

5.4.1 引言

对于一个正整数 k 及任意整数 h,Dedekind 和 $S(h,k)$ 定义为

$$S(h,k) = \sum_{a=1}^{k} \left(\left(\frac{a}{k}\right)\right)\left(\left(\frac{ah}{k}\right)\right)$$

其中

$$((x)) = \begin{cases} x - [x] - \dfrac{1}{2} & \text{(如果 } x \text{ 不是整数)} \\ 0 & \text{(如果 } x \text{ 是整数)} \end{cases}$$

关于 $S(h,k)$ 的性质,许多数论专家进行过研究,也许 $S(h,k)$ 的最重要的性质是它的互反公式,即对所有的 $(h,k)=1, k \geq 1, h \geq 1$ 有

$$S(h,k) + S(k,h) = \frac{k^2 + h^2 + 1}{12ak} - \frac{1}{4}$$

对于 $S(h,k)$ 的其他性质,人们也得到了不少有趣的结果. 如 Knopp 在文[1]利用 eta-函数的函数方程研究了 $S(h,k)$ 的算术性质. 证明了下面的恒等式

$$\sum_{d \mid n} \sum_{r=1}^{d} S\left(\frac{n}{d}a + rq, dq\right) = \sigma(n) S(a,q)$$

(5.4.1.1)

另外,郑志勇在文[2]中对(5.4.1.1)进行了推广,得到了

$$\sum_{d\mid n}\sum_{r_1=1}^{d}\sum_{r_2=1}^{d}S\left(\frac{n}{d}a+r_1q,\frac{n}{d}b+r_2q,dq\right)=n\sigma(n)S(a,b,q)$$

(5.4.1.2)

其中 $S(a,b,q) = \sum_{r\bmod q}\left(\left(\frac{ar}{q}\right)\right)\left(\left(\frac{br}{q}\right)\right)$

$$\sigma(n) = \sum_{d\mid n}d$$

本文以 Don Zagier[3]中高维 Dedekind 和为基础,研究了它的算术性质,并得到了一般化的恒等式,为叙述方便,我们定义高维 Dedekind 和如下

$$S(a_1,a_2,\cdots,a_n,q) = 2^n q^u \sum_{r=1}^{q}\left(\left(\frac{a_1 r}{q}\right)\right)\cdots\left(\left(\frac{a_n r}{q}\right)\right)$$

(5.4.1.3)

其中 n 为偶数,a_i 为整数,$i=1,2,\cdots,n$,u 为非负整数,显然当 $n=2$ 时,式(5.4.1.3)是经典的 Dedekind 和,因而是经典 Dedekind 和的推广. 本文将文献[1],[2]中的恒等式推广到 $S(a_1,a_2,\cdots,a_n,q)$ 上去. 证明了下面的主要定理.

定理 5.4.1.1 设 m 是正整数,则有

$$\sum_{d\mid m}\sum_{r_1=1}^{d}\cdots\sum_{r_n=1}^{d}S\left(\frac{m}{d}a_1+r_1q,\cdots,\frac{m}{d}a_n+r_nq,dq\right)$$
$$= \sum_{L S\mid m}L^{n+u}\mu(t)\cdot t^u S\left(\frac{ma_1}{L},\cdots,\frac{ma_n}{L},sq\right)$$

其中 $L=(a,r)$,$s=\dfrac{d}{Lt}$.

定理 5.4.1.2 设 m 是正整数,$u=0$ 时,则有

Hölder 定理

$$\sum_{d\mid m}\sum_{r_1=1}^{d}\cdots\sum_{r_n=1}^{d}S\left(\frac{m}{d}a_1+r_1q,\cdots,\frac{m}{d}a_n+r_nq,dq\right)$$
$$=m\sigma_{n-1}(m)S(a_1,\cdots,a_n\cdot q)$$

5.4.2 几个引理

为完成定理的证明,我们需要几个简单的引理,首先有:

引理 5.4.2.1 设 a,q 为整数,且 q 为正整数,对任意的实数 x 有

$$\sum_{r\bmod q}\left(\left(x+\frac{ar}{q}\right)\right)=(a,q)\left(\left(\frac{qx}{(a,q)}\right)\right)$$

其中 (a,q) 为 a 和 q 的最大公约数.

证明 若 $(a,q)=1$,有

$$\sum_{r\bmod q}\left(\left(x+\frac{ar}{q}\right)\right)=\sum_{r\bmod q}\left(\left(x+\frac{r}{q}\right)\right)=((qx))$$

若 $(a,q)>1$ 则令

$$a_1=\frac{a}{(a,q)},q_1=\frac{q}{(a,q)}$$

于是

$$\sum_{r\bmod q}\left(\left(x+\frac{ra_1}{q_1}\right)\right)=(a,q)\sum_{r\bmod q}\left(\left(x+\frac{a_1r}{q_1}\right)\right)$$
$$=(a,q)((q_1,x))$$

从而引理 5.4.2.1 得证.

引理 5.4.2.2 对任意正整数 k 有

(i) $S(a_1,\cdots a_{i-1},ka_i,a_{i+1}\cdots a_n,kq)=k^u(a_1,k)\cdots(a_{i-1},k)(a_{i+1},k)\cdots(a_n,k)\times S\left(\frac{a_1}{(a_1,k)},\cdots,\frac{a_{i-1}}{(a_{i-1},k)},a_i,\cdots,\frac{a_n}{(a_n,k)},q\right)$

(ii) $S(ka_1,\cdots,ka_n,kq)=k^{u+1}S(a_1,\cdots,a_n,q)$

证明 （i）设 $r = sq + t$，由高维 Dedekind 和定义

$$S(a_1, \cdots, ka_i, \cdots, a_n, kq)$$

$$= 2^n (kq)^u \sum_{r=1}^{kq} \left(\left(\frac{a_1 r}{kq}\right)\right) \cdots \left(\left(\frac{ka_i r}{kq}\right)\right) \cdots \left(\left(\frac{a_n r}{kq}\right)\right)$$

$$= 2^n (kq)^u \sum_{s=0}^{k-1} \sum_{t=1}^{q} \left(\left(\frac{a_1 t}{qk} + \frac{a_1 s}{k}\right)\right) \cdots \left(\left(\frac{a_i t}{q}\right)\right) \cdots \left(\left(\frac{a_n t}{qk} + \frac{a_n s}{k}\right)\right)$$

$$= 2^n (kq)^u (a_1, k) \cdots (a_{i-1}, k)(a_{i+1}, k) \cdots (a_n, k) \times$$

$$\sum_{t=1}^{q} \left(\left(\frac{a_1 t}{q(a_1, k)}\right)\right) \cdots \left(\left(\frac{a_i t}{q}\right)\right) \cdots \left(\left(\frac{a_n t}{q(a_n, k)}\right)\right)$$

$$= k^u (a_1, k) \cdots (a_{i-1}, k)(a_{i+1}, k) \cdots (a_n, k)$$

$$S\left(\frac{a_1}{(a_1, k)}, \cdots, \frac{a_{i-1}}{(a_{i-1}, k)}, a_i, \cdots, \frac{a_n}{(a_n, k)}, q\right)$$

（ii）由高维 Dedekind 和的定义

$$S(ka_1, \cdots, ka_n, kq) = 2^n (kq)^u \sum_{r=1}^{kq} \left(\left(\frac{ka_1 r}{kq}\right)\right) \cdots \left(\left(\frac{ka_n r}{qk}\right)\right)$$

$$= 2^n (kq)^u \sum_{r=1}^{kq} \left(\left(\frac{a_1 r}{q}\right)\right) \cdots \left(\left(\frac{a_n r}{q}\right)\right)$$

$$= 2^n (kq)^u \cdot k \sum_{r=1}^{q} \left(\left(\frac{a_1 r}{q}\right)\right) \cdots \left(\left(\frac{a_n r}{q}\right)\right)$$

$$= k^{u+1} \cdot S(a_1, a_2, \cdots, a_n, k)$$

从而证明了引理 5.4.2.2.

5.4.3 定理的证明

有了上小节的两个引理，我们容易给出定理的证明. 事实上，对定理 5.4.2.1

$$\sum_{d \mid m} \sum_{r_1=1}^{d} \cdots \sum_{r_n=1}^{d} S\left(\frac{m}{d} a_1 + r_1 q, \frac{m}{d} a_2 + r_2 q, \cdots, \frac{m}{d} a_n + r_n q, dq\right)$$

$$= 2^n (dq)^u \sum_{d \mid m} \sum_{r_1=0}^{d-1} \cdots \sum_{r_n=0}^{d-1} \sum_{r=1}^{dq} \left(\left(\frac{ma_1 r}{d^2 q} + \frac{rr_1}{d}\right)\right) \cdots \left(\left(\frac{ma_n r}{d^2 q} + \frac{rr_n}{d}\right)\right)$$

Hölder 定理

$$= 2^n(dq)^u \sum_{d\mid m} \sum_{r_1=0}^{dq} (d,r)^n \left(\left(\frac{ma_1 r}{dq(d,r)}\right)\right)\cdots\left(\left(\frac{ma_n r}{dq(d,r)}\right)\right)$$

$$\xlongequal{\diamondsuit L=(d,r)} 2^n(dq)^u \sum_{d\mid m} L^n \sum_{\substack{r=1\\(r,d/L)=1}}^{dq/L} \left(\left(\frac{ma_1 r}{dq}\right)\right)\cdots\left(\left(\frac{ma_n r}{dq}\right)\right)$$

$$= 2^n(dq)^u \sum_{d\mid m} \sum_{L\mid d} L^n \sum_{t\mid d/L} \mu(t) \sum_{r=1}^{dq/Lt} \left(\left(\frac{ma_1 rt}{dq}\right)\right)\cdots\left(\left(\frac{ma_n rt}{dq}\right)\right)$$

$$= \sum_{d\mid m} \sum_{L\mid d} L^n \sum_{t\mid d/L} \mu(t)(Lt)^u S\left(\frac{ma_1}{L},\cdots\frac{ma_n}{L},\frac{dq}{Lt}\right)$$

$$= \sum_{d\mid m} \sum_{L\mid d} L^{n+u} \sum_{t\mid d/L} \mu(t)\cdot t^u S\left(\frac{ma_1}{L},\cdots\frac{ma_n}{L},\frac{dq}{Lt}\right)$$

$$\xlongequal{\diamondsuit s=\frac{d}{Lt}} \sum_{d\mid m} \sum_{L\mid d} L^{n+u} \sum_{t\mid d/L} \mu(t)\cdot t^u S\left(\frac{ma_1}{L},\cdots\frac{ma_n}{L},sq\right)$$

$$= \sum_{Lts\mid m} L^{n+u}\mu(t)t^u S\left(\frac{ma_1}{L},\cdots\frac{ma_n}{L},sq\right)$$

从而证明了定理 5.4.2.1。

定理 5.4.2.2 的证明,事实上,当 $u=0$ 时

$$\sum_{d\mid m}\sum_{r_1=1}^{d}\cdots\sum_{r_n=1}^{d} S\left(\frac{m}{d}a_1+r_1 q,\cdots,\frac{m}{d}a_n+r_n q,dq\right)$$

$$= \sum_{Lts\mid m} L^{n+u}\mu(t)\cdot t^u S\left(\frac{ma_1}{L},\cdots\frac{ma_n}{L},sq\right)$$

$$= \sum_{Ls\mid m} L^n S\left(\frac{ma_1}{L},\cdots\frac{ma_n}{L},sq\right)\sum_{t\mid\frac{m}{Ls}}\mu(t)$$

$$= \sum_{Ls=m} L^n S\left(\frac{ma_1}{L},\cdots\frac{ma_n}{L},\frac{m}{L}q\right)$$

$$= \sum_{Ls=m} L^n \frac{m}{L} S(a_1,\cdots,a_n,q)$$

$$= m\sigma_{n-1}(m) S(a_1,\cdots,a_n,q)$$

从而证明了定理 5.4.2.2。

参考文献

[1] M I KNOPP HECKE. Operators and identity for Dedekind sum [J]. Number Theory 12 (1980), 2-9.

[2] ZHIYONG ZHENG. Jornal of NUMBER THEORY 57 (1996), 223-230, Article. NO. 0045.

[3] Don Zagier Math. Ann, 202 (1973), 149-172, c by Springer – verlag 1973.

[4] L A PARSON. Dedekind sums and Hecke Operators, Math. Pkoc. Cambridge, philos soc. 88 (1980), 11-14.

[5] ZHIYONG ZHENG. On a theorem of Dedekind sums, Acta Math Sinca 37 (1994), 690-694.

[6] L A GOLDBERG. An elementary proof of Knopps theorem on Dedekind sums, J. Number Theory 12 (1980), 541-542.

[7] RADEMACHER, H UNITEMON. A theorem on Dedekindsums, Amer. J. Math, 63(1941), 377-407.

Hölder 定理

凸函数的某些性质及其奇异边值问题的应用

第 6 章

西南交通大学峨眉分校的田俐萍与成都信息工程学院的王凤琼教授 2001 年讨论了在区间 $[a,b]$ 上凸函数的有界变差性、拟弱收敛性、上确界和一致有界性. 并应用于一类没有连续性紧性和凹凸性假定下的奇异微分方程的边值问题.

§1 引 言

我们对区间 $[a,b]$ 上凸函数的性质做一些补充,讨论了在区间 $[a,b]$ 上凸函数的有界变差性、拟弱收敛性、上确界存在性和一致有界性,并应用于一类没有连续性紧性和凹凸性假定下的奇异微分方程的边值问题,得到较好的结果.

用 $C[a,b]$ 表示 $[a,b]$ 所有连续函数的集合. 设 $x(t)$ 为定义在有限区间 $I=[a,b]$ 上取有限值的实函数,如果 $t_1,t_2 \in I$, $\lambda \in [0,1]$,都有

第二编 再论凸函数

$$x[\lambda t_1 + (1-\lambda)t_2] \leq \lambda x(t_1) + (1-\lambda)x(t_2)$$
(6.1.1)

则 $x(t)$ 称为凸函数. 设 $x(t)$ 为 $[a,b]$ 上的凸函数(不一定连续),由文献[1]知:$x(t)$ 在 $[a,b]$ 上有界,在 (a,b) 内连续. $x(t)$ 称为凹函数,如果 $-x(t)$ 为凸函数.

凸函数具有若干很好的性质(可见文献[1]). 我们所做的补充,本身就有很好的用途(如拟弱收敛),目前尚未见报道.

§2 凸函数性质的补充

性质 6.2.1 设 $x(t)$ 为 $[a,b]$ 上的凸函数,则 $x(a+0), x(b-0)$ 存在.

证明 先证 $x(a+0)$ 存在. 设 $[a,b]$ 上的三点 $t_1 < t_2 < t_3$. 令 $\lambda = \dfrac{(t_3 - t_2)}{(t_3 - t_1)}, \lambda \in (0,1), t_2 = \lambda t_1 + (1-\lambda)t_3$. 由凸函数的定义知:$x(t_2) \leq \lambda x(t_1) + (1-\lambda)x(t_3)$. 于是

$$x(t_2) - x(t_1) \leq (1-\lambda)[x(t_3) - x(t_1)]$$
(6.2.1)

因 $x(t)$ 在 $[a,b]$ 上有界,故任意 $\{t_n\} \subseteq [a,b]$,$\{x(t_n)\}$ 总有收敛子列. 若 $x(a+0)$ 不存在,必有 $\{t_n\}$,$\{t'_n\} \subseteq (a,b), t_n \to a, t'_n \to a, x(t_n) \to c, x(t'_n) \to d, c \neq d$. 选取 $\{t_n\}, \{t'_n\}$ 的子列 $\{t_{i_k}\}, \{t'_{i_k}\}$ 和 $\{t_{j_k}\}, \{t'_{j_k}\}$ 满足

$$t_{i_{k+1}} < t'_{i_k} < t_{i_k}, t'_{j_{k+1}} < t_{j_k} < t'_{j_k}$$

由式(6.2.1)有

$$x(t'_{i_k}) - x(t_{i_{k+1}}) \leq (1-\lambda_k)[x(t_{i_k}) - x(t_{i_{k+1}})]$$
$$x(t_{j_k}) - x(t'_{j_{k+1}}) \leq (1-\lambda'_k)[x(t'_{j_k}) - x(t'_{j_{k+1}})]$$

在上面两式中,分别令 $i_k \to \infty$ 和 $j_k \to \infty$,得到:$d - c \leq$

$0, c - d \leq 0$ 因而 $c = d$，矛盾. 故 $x(a+0)$ 存在. 同理，取 $\{t_n\}, \{t'_n\} \subseteq [a,b], t_n \to b, t'_n \to b$，类似可证 $x(b-0)$ 存在. 证毕.

性质 6.2.2 设 $x(t)$ 为 $[a,b]$ 上的凸函数，则存在凸函数 $x_0(t) \in C[a,b]$，使得 $x(t) = x_0(t), t \in (a,b)$.

证明 由文献[1]知：$x(t)$ 在 (a,b) 内连续. 由性质 6.2.1

$$x_0(t) = \begin{cases} x(a+0), t = a \\ x(t), t \in (a,b) \\ x(b-0), t = b \end{cases}$$

为 $[a,b]$ 上的连续函数，且 $x(t) = x_0(t), t \in (a,b)$.

在 $x[\lambda t_1 + (1-\lambda) t_2] \leq \lambda x(t_1) + (1-\lambda) x(t_2)$ 中，让 $t_1 < t_2, t_1 \to a$，由 $x_0(t)$ 的定义得到：$x_0[a + (1-\lambda)t_2] \leq \lambda x_0(a) + (1-\lambda) x_0(t_2)$. 让 $t_1 < t_2, t_2 \to b$，有 $x_0[\lambda t_1 + (1-\lambda) b] \leq \lambda x_0(t1) + (1-\lambda) x_0(b)$. 从而 $x_0(t)$ 为 $[a,b]$ 上的凸函数. 证毕.

性质 6.2.3（有界变差性） 如果 $x(t)$ 为 $[a,b]$ 上的凸函数，则 $x(t)$ 为 $[a,b]$ 上的有界变差函数.

证明 (1) 先证 $x(t)$ 连续的情形. 设 $x(t)$ 在 $t_0 \in [a,b]$ 达到最小值.

(i) 如果 $t_0 = b$，即 $x(b) \leq \min\{x(t), t \in [a,b]\}$，取 $t_3 = b$，由式(6.2.1)知：$x(t_2) - x(t_1) \leq (1-\lambda)[x(b) - x(t_1)] \leq 0, x(t)$ 为 $[a,b]$ 上减函数.

如果 $t_0 = a$，即 $x(a) \leq \min\{x(t), t \in [a,b]\}$，取 $t_1 = a$，由式(6.2.1)知：$x(t_2) - x(a) \leq (1-\lambda)[x(t_3) - x(a)]$，于是 $x(t_2) - x(t_3) \leq \lambda[x(a) - x(t_3)], x(t)$ 为 $[a,b]$ 上增函数.

(ii) 如果 $t_0 \in (a,b)$. 由(i)知：$x(t)$ 在 $[a,t_0]$ 为减

函数,$x(t)$ 在 $[t_0,b]$ 为增函数. 令
$$g(t) = \begin{cases} x(t), t \in [a,t_0] \\ x(t_0), t \in [t_0,b] \end{cases}$$
$$h(t) = \begin{cases} 0, t \in [a,t_0] \\ x(t) - x(t_0), t \in [t_0,b] \end{cases}$$
$g(t), h(t)$ 均为 $[a,b]$ 的单调函数,且 $x(t) = g(t) + h(t)$.

结合(i)和(ii)知:$x(t)$ 为 $[a,b]$ 上的有界变差函数.

(2)一般情形. 由(1)知:性质 6.2.2 中的凸函数 $x_0(t)$ 具有有界变差 $V[x_0]$. 设 $a = t_0 < t_1 < t_2 < \cdots < t_n = b$, 由
$|x(t_1) - x(a)| + |x(t_2) - x(t_1)| + \cdots + |x(b) - x(t_{n-1})| \leq |x_0(a) - x(a)| + (|x_0(t_1) - x_0(a)| + |x_0(t_2) - x_0(t_1)| + \cdots + |x_0(b) - x_0(t_{n-1})|) + |x(b) - x_0(b)| \leq V[x_0] + |x_0(a) - x(a)| + |x(b) - x_0(b)|$
从而 $x(t)$ 为 $[a,b]$ 上的有界变差函数. 证毕.

性质 6.2.4 如果 $x(t)$ 为 $[a,b]$ 上的连续凸函数,则 $\int_a^b |x'(t)| \, dt \leq x(a) + x(b) - 2m, m = \inf\{x(t), t \in [a,b]\}$.

证明 设 $x(t)$ 在 $c \in [a,b]$ 达到最小值 m. 由性质 6.2.3 中(1)的证明知:$x(t)$ 在 $[a,c]$ 为减函数,$x(t)$ 在 $[c,b]$ 为增函数. 由文献[3,P272]知
$$\int_a^c |x'(t)| \, dt = \int_a^c x'(t) dt \leq x(c) \quad (-x(a))$$
$$= -x(c) + x(a)$$
$$\int_c^b |x'(t)| \, dt = \int_c^b x'(t) dt \leq x(b) - x(c)$$

Hölder 定理

两式相加得
$$\int_a^b |x'(t)|\,dt \leq x(a) + x(b) - 2m$$
证毕.

性质 6.2.5(拟弱收敛性[4]) 设 $\{x_n(t)\} \in C[a,b]$,满足:(1) $x_1(t) \leq x_2(t) \leq \cdots \leq x_n(t) \leq \cdots, t \in [a,b]$;

(2) $|x_n(t)| \leq M, t \in [a,b], n = 1,2,\cdots$;

(3) 对每一个 $n \in I, x_n(t)$ 为 $[a,b]$ 上凸函数,则 $\{x_n(t)\}$ 拟弱收敛于凸函数 $x_0(t) \in C[a,b]$.

证明 令 $x(t) = \lim x_n(t), t \in [a,b]$. 条件(1)和(2)蕴含 $x(t)$ 有定义. 条件(3)蕴含 $x(t)$ 为 $[a,b]$ 上的凸函数. 记 $x_0(t)$ 为性质 6.2.2 确定的连续凸函数, $x^n(t) \to x_0(t), t \in (a,b)$. 由文献[4]定理 4 的证明知: $\{x_n(t)\}$ 拟弱收敛于凸函数 $x_0(t)$. 证毕.

性质 6.2.6(上确界与一致有界原理) 设 $\{x_\alpha(t): \alpha \in I\} \subseteq C[a,b]$ 的子集,满足:

(1) 对每一 $t \in [a,b], \{x_\alpha(t): \alpha \in I\}$ 有界;

(2) 对每一个 $\alpha \in I, x_\alpha(t)$ 为 $[a,b]$ 上凸函数;则 ① $\{x_\alpha(t): t \in [a,b], \alpha \in I\}$ 在 $C[a,b]$ 具有上确界 $x_0(t)$ (凸函数);② $\{x_\alpha(t): t \in [a,b], \alpha \in I\}$ 在 $[a,b]$ 一致有界,即存在正数 M,使得 $|x_\alpha(t)| \leq M, t \in [a,b], \alpha \in I$.

证明 (1) 令 $p(t) = \sup\{x_\alpha(t): \alpha \in I\}, (t \in [a,b])$. 条件(1)蕴含 $p(t)$ 有定义. 易验证: $p(t)$ 为 $[a,b]$ 上的凸函数. 记 $p_0(t)$ 为引理 1 确定的凸函数. 注意到 $t \in (a,b), x_\alpha(t) \leq p(t) = p_0(t) (\alpha \in I)$, 及 $p_0(t)$ 在 $[a,b]$ 的连续性,可知 $\alpha \in I, x_\alpha(t) \leq p_0(t) (t \in [a,b])$. 从而 $\{x_\alpha(t): \alpha \in I\}$ 在 $C[a,b]$ 中有上确界 $p_0(t)$.

(2) 记 $M = \sup\{p_0(t): t \in [a,b]\}$. 若 $\{x_\alpha(t): t \in

$[a,b], \alpha \in I\}$ 无下界,必存在 $t_n \in [a,b], \alpha_n \in I$,使 $x_{\alpha_n}(t_n) \to -\infty$. 不妨设 $t_n \to t_0 \in [a,b]$(不然选$\{t_n\}$的子列),并记 $N = \inf\{x_\alpha(t_0):\alpha \in I\}$. 由(1)知 $N > -\infty$. 选取 n 满足: $y_n = t_0 - (t_0 - t_n) = t_n \in [a,b], z_n = t_0 + (t_0 - t_n) \in [a,b]$. 由(2)知:$x_\alpha(t_0) = x_\alpha\left[\dfrac{(y_n + z_n)}{2}\right] \leqslant \dfrac{[x_\alpha(t_n) + x_\alpha(z_n)]}{2}$. 于是 $N \leqslant \dfrac{[x_\alpha(t_n) + M]}{2}, \alpha \in I$. 特别地 $N \leqslant \dfrac{[x_\alpha(t_n) + M]}{2}$,或 $2N - M \leqslant x_{\alpha_n}(t_n)$,与 $x_{\alpha_n}(t_n) \to -\infty$ 矛盾. 故 $\{x_\alpha(t):t \in (a,b), \alpha \in I\}$ 有界. 结合1)得:$\{x_\alpha(t):t \in [a,b], \alpha \in I\}$ 有界. 证毕.

推论 性质 6.2.6 中的其他条件保持不变,(2)用下面(2)′:(2)′对每一个 $\alpha \in I, x_\alpha(t)$ 为$[a,b]$上凹函数. 则(1)$\{x_\alpha(t):t \in [a,b], \alpha \in I\}$ 在 $C[a,b]$ 具有下确界 $x_0(t)$(凹函数). (2)$\{x_\alpha(t):t \in [a,b], \alpha \in I\}$ 在$[a,b]$一致有界,即存在正数 M,使得 $|x_\alpha(t)| \leqslant M$, $t \in [a,b], \alpha \in I$.

§3 对奇异微分方程的应用

考察下面奇异微分方程的边值问题

$$\begin{cases} x'' = k(t)f(x), 0 < t < 1 \\ x(0) = x'(1) = 0 \end{cases} \quad (6.3.1)$$

的正解. 这里 $k(t) \in L[0,1] \cap C(0,1), k(t) > 0, t \in (0,1), k(t)$在 $t = 0,1$ 可以是奇异的. $f(x):[0, +\infty] \to (0, +\infty)$的连续函数.

假定:(1)$f(x)$是 x 的增函数;(2)存在$[0,1]$的非

Hölder 定理

负连续函数 $v(t)$,使得 $\int_0^1 G(t,s)k(s)f[v(s)]\mathrm{d}s \leqslant v(t)$,则方程(6.3.1)在 $\{0 \leqslant x(t) \leqslant v(t)\}$ 中有属于 $C[0,1] \cap C^2(0,1)$ 的正解. 这里 $G(t,s) = \min\{t,s\}$.

证明 容易验证:若 $x(t)$ 是下面积分方程(6.3.2)

$$x(t) = \int_0^1 G(t,s)k(s)f[x(s)]\mathrm{d}s \quad (6.3.2)$$

在 $C[0,1]$ 的解. 则 $x(t)$ 是方程(4)在 $C[0,1] \cap C^2(0,1)$ 的正解(可参见文[5,6]).

记 $Ax(t) = \int_0^1 G(t,s)k(s)f[x(s)]\mathrm{d}s$,$[0,v] = \{x(t):x(t) \in C[a,b], 0 \leqslant x(t) \leqslant v(t)\}$. 由(1)和(2),容易验证:(i)$A:[0,v] \to [0,v]$,且 $x_1(t), x_2(t) \in [0,v], x_1(t) \leqslant x_2(t)$,有 $Ax_1 \leqslant Ax_2$. (ii)对固定的 $s, G(t,s)$ 是 t 的凹函数,因而 $\{Ax(t):x(t) \in [0,v]\}$ 是凹函数集.

令 $R = \{x: Ax \leqslant x, x(t) \in [0,v]\}$,$v(t) \in \mathbf{R}, \mathbf{R}$ 不是空集. 由性质6的推论可知:$\mathbf{R}$ 在 $[0,v]$ 有下确界 $x_0(t)$. 由 $0 \leqslant x_0 \leqslant x$ 知 $Ax_0 \leqslant Ax \leqslant x$,故 $Ax_0 \leqslant x_0$. 若 $x_0 \neq Ax_0$,由(i)有 $A(Ax_0) \leqslant Ax_0$,即 $Ax_0 \in \mathbf{R}, Ax_0$ 又是 $\mathbf{R}$ 在 $[0,v]$ 的下界,矛盾. 故 $x_0 = Ax_0, x_0$ 即为方程(6.3.1)在的正解.

注 在研究奇异边值问题式(6.3.1)时,不使用连续性和紧性条件,一般需要附加一定的超线性条件或凹凸性条件(参考文献[5~8]). 我们在文中不作上述假定,得到了新结果.

参 考 文 献

[1] 孙本旺,等. 数学分析中的典型例题和解题方法[M]. 长沙:湖南科学技术出版社,1983.

[2] 吴东兴.点集拓扑学基础[M].北京:科学技术出版社,1982.

[3] 夏道行,等.实变函数与应用泛函分析基础[M].上海:上海科学技术出版社,1987.

[4] 杨光崇.应用数学和力学[J].1999,(11):1198-1102.

[5] 赵增勤.系统科学与数学[J].1999,19(2):217-224.

[6] ZHAO Z Q Nonlinear Analysis (TMA)[J]. 1994, 23(6):755-765.

[7] ERBE L H, WANG HAI YAN. Proceedings of the American Mathematical Society[M]. 1994. 20:743-748.

[8] LAN Kunquan. JEFFERY R L WEBB J. Differential Equations[M]. 1998, 148:407-421.

第 三 编
凸集与凸区域

从函数的凸性到区域的凸性

函数凸性是刻画函数几何特征的一个重要性质,因此在数学中有着广泛的应用,例如,参见文献[1,2,3,4]. 北京师范大学第二附属中学高中部的杨珍瑜老师 2015 年回顾了函数凸性的定义,其中我们约定本文所有的函数都是定义在直线 R 或者直线 R 的一个区间 I 上的实值函数,并且这里的区间可以不是开的.

设 I 为 R 的区间且 f 为定义在 I 上的实值函数,若对任意 $x_1, x_2 \in I$ 及 $\lambda \in (0,1)$,均有

$$f(\lambda x_1 + (1-\lambda)x_2) \leq \lambda f(x_1) + (1-\lambda)f(x_2) \tag{0.1}$$

则称 f 为 I 上的凸函数. 如果上述不等式(0.1)反向,即将(0.1)中的"$\leq$"改为"$\geq$",则称 f 是区间 I 上的凹函数.

函数凸性的以下等价刻画在某种意义上是已知的,例如,参见文献[2].

定理 0.1 设 I 为 R 的区间且 f 为定义在 I 上的实值函数,则以下命题等价:

(i) f 是 I 上的凸函数.

Hölder 定理

(ii) f 在区间 I 的内部是连续的且存在 $n_0 \in \{2, 3, \cdots\}$ 使得对任意 $x_1, \cdots, x_{n_0} \in I$,有

$$f\left(\frac{x_1 + \cdots + x_{n_0}}{n_0}\right) \leqslant \frac{1}{n_0}[f(x_1) + \cdots + f(x_{n_0})]$$

(0.2)

(iii) 对任意 $x_1, x_2, x_3 \in I$,有

$$\frac{f(x_2) - f(x_1)}{x_2 - x_1} \leqslant \frac{f(x_3) - f(x_2)}{x_3 - x_2}$$

(0.3)

证明 首先证明(i)与(ii)的等价性. 先证由(i)可推出(ii). 事实上,在式(0.1)中取 $\lambda = \frac{1}{2}$ 即得(0.2)对 $n_0 = 2$ 成立,故要证(ii)成立,只需再证可由式(0.1)推出 f 在 I 内部连续.

为此,设区间 I 的端点分别为 A, B. 任取 $A < a < b < B$,下证 f 在 $[a, b]$ 上连续,为此令 $M := \max\{f(a), f(b)\}$. 因对任意 $x \in (a, b)$,存在 $\lambda \in (0, 1)$,使得 $x = \lambda a + (1 - \lambda)b$. 故由式(0.1)知

$$f(x) = f(\lambda a + (1 - \lambda)b)$$
$$\leqslant \lambda f(a) + (1 - \lambda)f(b)$$
$$\leqslant \lambda M + (1 - \lambda)M = M$$

因此,f 在 $[a, b]$ 上有上界 M.

又因为对任意 $x \in (a, b)$,存在 $t \in \left(-\frac{b-a}{2}, \frac{b-a}{2}\right)$,使得 $x = \frac{a+b}{2} + t$. 故由式(0.1)知

$$f\left(\frac{a+b}{2}\right) = f\left(\frac{1}{2}\left[\frac{a+b}{2} + t\right] + \frac{1}{2}\left[\frac{a+b}{2} - t\right]\right)$$
$$\leqslant \frac{1}{2}f\left(\frac{a+b}{2} + t\right) + \frac{1}{2}f\left(\frac{a+b}{2} - t\right)$$

从而

$$f\left(\frac{a+b}{2}+t\right) \geqslant 2f\left(\frac{a+b}{2}\right) - f\left(\frac{a+b}{2}-t\right)$$

$$\geqslant 2f\left(\frac{a+b}{2}\right) - M$$

令 $m: = 2f\left(\frac{a+b}{2}\right) - M$,则 f 在 $[a,b]$ 上有下界 m. 综上可知, f 在 I 的任意闭子区间上均有上、下界.

现取 $h>0$ 使得 $[a-h,b+h] \subset (A,B)$. 由上述论述知 f 在 $[a-h,b+h]$ 上有上界 M_h 及下界 m_h. 设 $x,y \in [a,b]$ 且 $x \neq y$,令

$$z: = y + \frac{h}{|y-x|}(y-x)$$

且

$$\lambda: = \frac{|y-x|}{h+|y-x|}$$

则 $z \in [a-h,b+h]$, $\lambda \in (0,1)$, $y = \lambda z + (1-\lambda)x$. 从而由式(0.1)知

$$f(y) \leqslant \lambda f(z) + (1-\lambda)f(x)$$

即

$$f(y) - f(x) \leqslant \lambda [f(z) - f(x)] \leqslant \lambda (M_h - m_h)$$

$$= \frac{|y-x|}{h+|y-x|}(M_h - m_h)$$

$$< \frac{M_h - m_h}{h}|y-x|$$

由此及对称性进一步知

$$|f(y) - f(x)| < \frac{M_h - m_h}{h}|y-x|$$

从而知 $\lim_{y \to x} f(y) = f(x)$,即 f 在 x 连续,由 x 的任意性进一步知 f 在 $[a,b]$ 上连续. 再由 $[a,b]$ 的任意性可知

Hölder 定理

f 在 I 的内部连续.

反过来证(ii)暗示了(i). 此时,设 f 在 I 的内部连续且满足式(0.2),要证式(0.1)成立. 首先证明,若式(0.2)成立,则对任意 $n \in \{2,3,\cdots\}$ 及 $x_1,\cdots,x_n \in I$,有

$$f\left(\frac{x_1+x_2+\cdots+x_n}{n}\right) \leqslant \frac{f(x_1)+f(x_2)+\cdots+f(x_n)}{n}$$

(0.4)

当 $n=n_0$ 时,上式即为式(0.2),当 $n=n_0^2$ 时,有

$$f\left(\frac{x_1+\cdots+x_{n_0^2}}{n_0^2}\right)$$

$$=f\left[\frac{\frac{x_1+\cdots+x_{n_0}}{n_0}+\cdots+\frac{x_{n_0^2-n_0+1}+\cdots+x_{n_0^2}}{n_0}}{n_0}\right]$$

$$\leqslant \frac{1}{n_0}\left[f\left(\frac{x_1+\cdots+x_{n_0}}{n_0}\right)+\cdots+f\left(\frac{x_{n_0^2-n_0+1}+\cdots+x_{n_0^2}}{n_0}\right)\right]$$

$$\leqslant \frac{1}{n_0^2}[f(x_1)+\cdots+f(x_{n_0^2})]$$

依此类推,可知对任意 $n=n_0^k, k\in \mathbf{N}$,有

$$f\left(\frac{x_1+x_2+\cdots+x_n}{n}\right) \leqslant \frac{f(x_1)+f(x_2)+\cdots+f(x_n)}{n}$$

因此,要证式(0.4)对任意 $n\in\{2,3,\cdots\}$ 成立,由数学归纳法,只需证若式(0.4)对 $n=k+1$ 成立,则对 $n=k$ 也成立.

事实上,若令 $D:=\dfrac{x_1+\cdots+x_k}{k}$,则 $x_1+\cdots+x_k=kD$,故

$$D=\frac{x_1+\cdots+x_k+D}{k+1}$$

因式(0.4)对 $n=k+1$ 成立,故
$$f(D)=f\left(\frac{x_1+\cdots+x_k+D}{k+1}\right)\leqslant\frac{f(x_1)+\cdots+f(D)}{k+1}$$
即
$$(k+1)f(D)\leqslant f(x_1)+\cdots+f(x_k)+f(D)$$
从而
$$f(D)\leqslant\frac{f(x_1)+\cdots+f(x_k)}{k}$$
故式(0.4)对 $n=k$ 成立. 由此,对任意 $n\in\{2,3,\cdots\}$,式(0.4)成立.

下证式(0.4)成立. 当 $x_1=x_2\in I$ 时,式(0.1)显然成立. 当 $x_1,x_2\in I$ 且 $x_1\neq x_2$ 时,对任意 $\lambda\in(0,1)$,有 $\lambda x_1+(1-\lambda)x_2\in(x_1,x_2)\subset(A,B)$. 首先考虑 λ 为 $(0,1)$ 中有理数的情形,此时,记 $\lambda=\frac{m}{n}, m,n\in\mathbf{N}$ 且 $m<n$. 则由式(0.4)有
$$f(\lambda x_1+(1-\lambda)x_2)=f\left(\frac{mx_1+[n-m]x_2}{n}\right)$$
$$\leqslant\frac{mf(x_1)+(n-m)f(x_2)}{n}$$
$$=\lambda f(x_1)+(1-\lambda)f(x_2)$$
若 $\lambda\in(0,1)$ 为无理数,则存在有理数列 $\{\lambda_n\}_{n\in\mathbf{N}}\subset(0,1)$,使得当 $n\to\infty$ 时,$\lambda_n\to\lambda$ 且 $\lambda_n x_1+(1-\lambda_n)\cdot x_2\to\lambda x_1+(1-\lambda)x_2\in(A,B)$. 从而由 f 在 (A,B) 上连续知
$$f(\lambda x_1+(1-\lambda)x_2)=f(\lim_{n\to\infty}[\lambda_n x_1+(1-\lambda_n)x_2])$$
$$=\lim_{n\to\infty}f(\lambda_n x_1+(1-\lambda_n)x_2)$$
$$\leqslant\lim_{n\to\infty}[\lambda_n f(x_1)+(1-\lambda_n)f(x_2)]$$
$$=\lambda f(x_1)+(1-\lambda)f(x_2)$$

即得式(0.1). 由此即知(i)与(ii)等价.

最后证明(i)与(iii)等价. 事实上, 有

$$(3) \Leftrightarrow f(x_2) - f(x_1) \leqslant \frac{x_2 - x_1}{x_3 - x_2}[f(x_3) - f(x_2)]$$

$$\Leftrightarrow f(x_2) \leqslant \frac{x_2 - x_1}{x_3 - x_2} f(x_3) - \frac{x_2 - x_1}{x_3 - x_2} f(x_2) + f(x_1)$$

$$\Leftrightarrow \frac{x_3 - x_1}{x_3 - x_2} f(x_2) \leqslant \frac{x_2 - x_1}{x_3 - x_2} f(x_3) + f(x_1)$$

$$\Leftrightarrow f(x_2) \leqslant \frac{x_2 - x_1}{x_3 - x_1} f(x_3) + \frac{x_3 - x_2}{x_3 - x_1} f(x_1)$$

注意到

$$x_2 = \lambda x_1 + (1 - \lambda) x_3 \Leftrightarrow \frac{x_2 - x_1}{x_3 - x_1} = 1 - \lambda$$

且 $\frac{x_3 - x_2}{x_3 - x_1} = \lambda$.

故有(i)和(iii)等价. 定理得证.

注 (i)定理0.1中的区间 I 可以是开的, 也可以是闭的、或半开半闭的. 注意到文献[2]中, 在假定 f 是连续的前提下证明了定理0.1中的(i)和(ii), 当 $n_0 = 2$ 时等价. 因此, 在这个意义下, 上述定理0.1的结论更一般.

(ii)在闭区间或半开半闭区间上的凸函数在端点有可能不是连续的, 比如说在 (a, b) 内部为 0, 而在点 a, b 取值为 1 的函数是凸函数, 但显然在端点 a, b 不是连续的. 类似地, 在 (a, b) 内部为 0, 而在点 a 取值为 1 的函数是凸函数, 但显然在端点 a 不是连续的.

(iii)存在 **R** 上处处间断的函数满足当 $n_0 = 2$ 时的 (2)但该函数不是凸的, 可要构造出这样的一个函数 f, 需要更多的知识和技巧. 在此不再陈述, 参见文献[3].

参考文献

[1] 冯德兴. 凸分析基础[M]. 北京:科学出版社,1985.

[2] 裴礼文. 数学分析中的典型问题与方法(第2版)[M]. 北京:高等教育出版社,2006.

[3] G. 肖盖. 拓扑学教程——拓扑空间和距离空间、数值函数、拓扑向量空间(第2版)[M]. 北京:高等教育出版社,2009.

[4] 张恭庆,林源渠. 泛函分析讲义(上册)[M]. 北京:北京大学出版社,1987.

Hölder 定理

关于序凸集的一些注记[①]

对于半序集 E，若 $a \leq b, a, b \in E$，则称集

$$\{x \mid a \leq x \leq b, x \in E\}$$

为区间，记作 $[a,b]$. 对于集 $A \subset E$，若对任何 $a \leq b, a, b \in A$ 必有 $[a,b] \subset A$，则称 A 为序凸集.

浙江师范学院徐士英教授 1982 年证明了半序线性空间 E 中序凸与线性凸等价的充要条件是 E 同构于 R. 并讨论 Banach 格 E，证明了单位球 $\cup$ 是序凸集的充要条件是 E 是 AM 空间. 单位球 $\cup$ 是区间的充要条件是 E 同构于 $C(\Omega)$. 最后我们指出了文献 [1] 中一个定理的错误.

定理 1.1 半序线性空间 E 中序凸与线性凸等价的充要条件是 E 同构于 R.

证明 充分性显然，只须证必要性.

先证 E 为全序：

设不然，E 中存在不可比较的二元 x, y，则集

---

① 浙江师范学院学报(自然科学版), 1982 年(总第 5 期)

$$A = \{x, y\}$$

是序凸集,但不是线性凸集,得矛盾.

再证 E 满足阿氏条件

$$x \geqslant 0, nx \leqslant a \quad (n = 1, 2, \cdots) \Rightarrow x = 0$$

集 $M = \{\alpha x + (1-\alpha)a \mid 0 \leqslant \alpha \leqslant 1\}$ 是线性凸集,因而是序凸集. 而 $x, a \in M$,且 $x \leqslant a$,所以 $[x, a] \subset M$,但 $nx \in [x, a]$,故 $nx \in M$. 因此有 $0 \leqslant \alpha_n \leqslant 1 (n = 1, 2, \cdots)$ 使

$$nx = \alpha_n x + (1 - \alpha_n) a$$

当 $n \neq 1$ 时,$a_n \neq 1$,从而

$$a = \frac{n - a_n}{1 - a_n} x \quad (n = 2, 3, \cdots)$$

如果 $x \neq 0$,则取任一固定序号 n_0,有

$$a = \frac{n_0 - \alpha_{n_0}}{1 - \alpha_{n_0}} x < \left(\left[\frac{n_0 - x_{n_0}}{1 - a_{n_0}} \right] + 1 \right) x$$

与 $nx \leqslant a (n = 1, 2, \cdots)$ 矛盾.

视 E 为半序群,则 E 是满足阿氏条件的全序群,所以 E 同构于 R 中[1],即存在 E 到 R 中的映照 f,适合

1. $f(x + y) = f(x) + f(y)$;

2. $x \leqslant y$ 与 $f(x) \leqslant f(y)$ 等价.

为了证明,视 E 和 R 为半序线性空间时,两者也同构,只须证明:

3. $f(\alpha x) = \alpha f(x)$;

4. $f(E) = R$.

但 4 是 3 的必然结果,所以只须证 3. 又由 1 可得 $f(-x) = -f(x)$,且因 E 是全序集,故只须对 $\alpha > 0$,$x \geqslant 0$ 时证 3 成立已足够.

由于

Hölder 定理

$$[10^n\alpha]x \leqslant 10^n\alpha x \leqslant ([10^n\alpha]+1)x$$

据条件 1,2 有

$$[10^n\alpha]f(x) \leqslant 10^nf(\alpha x) \leqslant ([10^n\alpha]+1)f(x)$$

从而

$$\frac{[10^n\alpha]}{10^n}f(x) \leqslant f(\alpha x) \leqslant \frac{[10^n\alpha]+1}{10^n}f(x)$$

但 n 可任意大,所以有 $f(\alpha x) = \alpha f(x)$.(证毕)

注 1. 序凸集皆为线性凸集的半序线性空间未必为 R.

例 1.1 取 $E = R_2$

$$(\alpha_1,\beta_1) \geqslant (\alpha_2,\beta_2) \Leftrightarrow \begin{matrix} \alpha_1 > \alpha_2 \\ \alpha_1 = \alpha_2, \beta_1 \geqslant \beta_2 \end{matrix}$$

2. 线性凸集皆为序凸集的半序线性空间未必为 R.

例 1.2 取 $E = R_2$

$$(\alpha_1,\beta_1) \geqslant (\alpha_2,\beta_2) \Leftrightarrow \alpha_1 = \alpha_2, \beta_1 \geqslant \beta_2$$

二

定理 1.2 Banach 格 E 的单位球 $\cup$ 是序凸集的充要条件是 E 为 AM 空间.

证明 充分性.

设 $y,z \in \cup, z \leqslant x \leqslant y$,我们证明 $x \in \cup$.

由于

$$|x| = x \vee (-x) \leqslant y \vee (-z) \leqslant |y| \vee |z|$$

且 E 是 AM 空间,故

$$\|x\| = \||x|\| \leqslant \||y| \vee |z|\|$$
$$= \max(\||y|\|, \||z|\|)$$
$$= \max(\|y\|, \|z\|) \leqslant 1, x \in \cup$$

必要性.

对于 Banach 格 E,证明条件

（Ⅰ）：$x, y \geqslant 0$ 时 $\|x \vee y\| = \max(\|x\|, \|y\|)$

与

（Ⅱ）：$x \wedge y = 0$ 时 $\|x \vee y\| = \max(\|x\|, \|y\|)$

等价. 所以我们只须证明（Ⅱ）成立.

当 $x \wedge y = 0$ 时 $x \vee y = x + y$, 且
$$\|x \vee y\| = \|x + y\| = \|x - y\|$$
由 $-y \leqslant x - y \leqslant x$ 有
$$-\frac{y}{\max(\|x\|, \|y\|)} \leqslant \frac{x-y}{\max(\|x\|, \|y\|)}$$
$$\leqslant \frac{x}{\max(\|x\|, \|y\|)}$$

而
$$\frac{x}{\max(\|x\|, \|y\|)}, \frac{-y}{\max(\|x\|, \|y\|)} \in \cup$$

故
$$\frac{x-y}{\max(\|x\|, \|y\|)} \leqslant 1$$
$$\|x - y\| \leqslant \max(\|x\|, \|y\|)$$
$$\|x \vee y\| \leqslant \max(\|x\|, \|y\|)$$

反之，由于 $0 \leqslant x \leqslant x \vee y (0 \leqslant y \leqslant x \vee y)$, 故
$$\|x \vee y\| \geqslant \max(\|x\|, \|y\|)$$

（证毕）

定理 1.3 设 E 同时是 Banach 空间和 Riesz 空间，则 E 是 Banach 格且同构于 $C(\Omega)$ 的充要条件是 E 中单位球 U 是区间.

证明 必要性显然，只须证充分性.

设 $\cup = [u, v]$, 先证 E 是 Banach 格

① $\|x\| = \||x|\|$

由 $-|x| \leqslant x \leqslant |x|$ 及 $\pm \frac{|x|}{\||x|\|} \in [u, v]$ 即知

Hölder 定理

$$\frac{x}{\|\,|x|\,\|} \in [u,v], \quad \|x\| \leqslant \|\,|x|\,\|$$

反之，由 $\|x\|u \leqslant \pm x \leqslant \|x\|v$，有
$$\|x\|u \leqslant |x| \leqslant \|x\|v$$

故
$$\frac{|x|}{\|x\|} \in [u,v], \quad \|\,|x|\,\| \leqslant \|x\|$$

② $|x| \leqslant |y| \Rightarrow \|x\| \leqslant \|y\|$

由 $0 \leqslant \dfrac{|x|}{\|\,|y|\,\|} \leqslant \dfrac{|y|}{\|\,|y|\,\|}$ 有 $\dfrac{|x|}{\|\,|y|\,\|} \in \cup$

$$\|\,|x|\,\| \leqslant \|\,|y|\,\|, \quad \|x\| \leqslant \|y\|$$

Banach 格 E 的单位球 $\cup = [u,v]$，所以 E 是 AM 空间.

令 $e = |u| \vee |v|$，今证 e 为 K 么元[1].

① $e \geqslant 0$ 显然.

② $\|e\| = 1$.

$$\|e\| = \max(\|\,|u|\,\|, \|\,|v|\,\|)$$
$$= \max(\|u\|, \|v\|) \leqslant 1$$

若 $\|e\| < 1$ 则 $\dfrac{e}{\|e\|} > e > |v| > v$, $\dfrac{e}{\|e\|} \in [u,v]$

与 $\cup = [u,v]$ 矛盾.

③ $\|x\| \leqslant 1 \Rightarrow x \leqslant e$.

$$\|x\| \leqslant 1 \quad x \in [u,v] \quad x \leqslant v \leqslant |v| \leqslant e$$

AM 空间 E，具有 K 么元 e，所以 Banach 格同构于 $C(\Omega)$.

文献[1]中得到

定理（Ⅳ6.16.） Banach 空间 E Banach 格同构于 $C(\Omega)$，Ω 是紧 T_2 型空间的充要条件是 E 有锥 $\mathfrak{C}$ 满足：

1. 任给 $x \in E$ 有 $x^+ \in E$ 牵涉
$$(\mathfrak{C}+x) \cap \mathfrak{C} = \mathfrak{C}+x^+, \mathfrak{C} \cap (-\mathfrak{C}) = \{0\}$$

2. E 有元 $\mathbf{1}$,$\|\mathbf{1}\|=1$,任一个元 $x \in E$,$\|x\| \leq 1$,则 $1 \pm x \in \mathfrak{C}$.

我们指出条件是不充分的,满足定理的条件甚至 E 可以不是 Banach 格.

反例:R_2
$$\|x\| = \sqrt{x_1^2 + x_2^2} \quad x = (x_1, x_2)$$
$$\mathfrak{C} = \{(x_1, x_2) \mid x_1 > 0 \text{ 或 } x_1 = 0 \quad x_2 \geq 0\}$$

此时 $\mathfrak{C}$ 满足条件 1,而 $1 = (1,0)$ 满足条件 2,但 E 非 Banach 格,因 $(0,2) < (1,0)$,但 $\|(0,2)\| > \|(1,0)\|$.

参 考 文 献

[1] 杨宗磐. 半序空间引论[M]. 北京:科学出版社,1964.

[2] S J BERNAN. A note on (M)-Space[J]. Space, J. London Math. Soc. 1964,39:541-545.

Hölder 定理

广义凸函数相关集合的稠密性问题

贵州大学理学院数学系的旷华武,谯高东两位教授应用新方法,研究十二类广义凸函数相关集合的稠密性问题. 证明了其中的八个集合在$[0,1]$中是稠密的. 应用反例说明了其中的四个集合在$[0,1]$中不必稠密.

§1 引 言

设 X 是线性空间,K 是 X 中的非空凸子集,$f:K \to R$. 记与凸函数,严格凸函数和半严格凸函数相关的三个集合依次为

$T_1 = \{t \in (0,1) : f(tx + (1-t)y)$
$\leq tf(x) + (1-t)f(y), \forall x,y \in K\}$

$T_2 = \{t \in (0,1) : f(tx + (1-t)y)$
$< tf(x) + (1-t)f(y), \forall x,y \in K, x \neq y\}$

$T_3 = \{t \in (0,1) : f(tx + (1-t)y)$
$< tf(x) + (1-t)f(y), \forall x,y \in K,$
$f(x) \neq f(y)\}$

第三编 凸集与凸区域

记与拟凸函数,严格拟凸函数和半严格拟凸函数相关的三个集合依次为

$$T_4 = \{t \in (0,1) : f(tx + (1-t)y) \leq \max\{f(x), f(y)\}, \forall x, y \in K\}$$

$$T_5 = \{t \in (0,1) : f(tx + (1-t)y) < \max\{f(x), f(y)\}, \forall x, y \in K, x \neq y\}$$

$$T_6 = \{t \in (0,1) : f(tx + (1-t)y) < \max\{f(x), f(y)\}, \forall x, y \in K, f(x) \neq f(y)\}$$

设 $M \subseteq X, \eta : X \times X \to X$,若 $y + t\eta(x,y) \in M, \forall t \in [0,1], \forall x, y \in M$,则称 M 为 X 中的不变凸集(关于 η). 设 M 是 X 中的不变凸集, $f : M \to R$. 记与预不变凸函数,严格预不变凸函数和半严格预不变凸函数相关的三个集合依次为

$$T_7 = \{t \in (0,1) : f(y + t\eta(x,y)) \leq tf(x) + (1-t)f(y), \forall x, y \in M\}$$

$$T_8 = \{t \in (0,1) : f(y + t\eta(x,y)) < tf(x) + (1-t)f(y), \forall x, y \in M, x \neq y\}$$

$$T_9 = \{t \in (0,1) : f(y + t\eta(x,y)) < tf(x) + (1-t)f(y), \forall x, y \in M, f(x) \neq f(y)\}$$

记与预不变拟凸函数,严格预不变拟凸函数和半严格预不变拟凸函数相关的三个集合依次为

$$T_{10} = \{t \in (0,1) : f(y + t\eta(x,y)) \leq \max\{f(x), f(y)\}, \forall x, y \in M\}$$

$$T_{11} = \{t \in (0,1) : f(y + t\eta(x,y)) < \max\{f(x), f(y)\}, \forall x, y \in M, x \neq y\}$$

$$T_{12} = \{t \in (0,1) : f(y + t\eta(x,y)) < \max\{f(x), f(y)\}, \forall x, y \in M, f(x) \neq f(y)\}$$

这十二类函数的具体定义见文献[1~8]. 我们约

Hölder 定理

定凸函数是第 1 类函数,严格凸函数是第 2 类函数,依次类推. 因为 $f(x)$ 是第 i 类函数当且仅当 $T_i \neq (0,1)$, $i=1,2,\cdots,12$,所以研究 T_i 的性质是十分重要的. 例如,文献[6]与文献[8]应用反证法分别证明了 T_1 与 T_4 在[0,1]中的稠密性;文献[3]在条件 C 与条件 D 之下,应用反证法证明了 T_{10} 在[0,1]中的稠密性. 本节的目的是直接证明或通过反例研究 T_i 在[0,1]中的稠密性. 我们所获结果是新的,有意义的;所用方法是新的并且具有一般性,即本节所用方法可以用来讨论其他类型的广义凸映射相关集合的稠密性问题.

§2 $T_1 - T_6$ 的稠密性问题

由文献[6,8]知 T_1, T_4 在[0,1]中是稠密的. 本节讨论 $T_i (i=2,3,5,6)$ 在[0,1]中的稠密性.

先引进一个引理

引理 2.2.1[9-10] 设 E 是拓扑线性空间 X 中的近似凸集,即存在 $\alpha \in (0,1)$ 使 $\alpha x + (1-\alpha)y \in E$, $\forall x, y \in E$,则 E 的拓扑闭包 $\overline{E}$ 是凸集.

定理 2.2.1 若 $T_2 \neq \varnothing$,则 T_2 在[0,1]中是稠密的.

证明 $T_2 \neq \varnothing$ 知存在 $\alpha \in (0,1)$ 使 $f(\alpha x + (1-\alpha)y) < \alpha f(x) + (1-\alpha)f(y)$, $\forall x, y \in K, x \neq y$.

首先,我们证明 $\alpha^n \in T_2$, $\forall n=1,2,\cdots$. 事实上, $\forall x, y \in K, x \neq y$,由 $y \neq \alpha x + (1-\alpha)y$ 及 $\alpha \in T_2$ 知 $f(\alpha(\alpha x + (1-\alpha)y) + (1-\alpha)y) < \alpha f(\alpha x + (1-\alpha)y) + (1-\alpha)f(y)$,由于

$$f(\alpha^2 x + (1-\alpha^2)y) = f(\alpha(\alpha x + (1-\alpha)y) + (1-\alpha)y)$$
$$< \alpha f(\alpha x + (1-\alpha)y) + (1-\alpha)f(y)$$

$$< \alpha(\alpha f(x)+(1-\alpha)f(y))+(1-\alpha)f(y)$$
$$=\alpha^{k+1}f(x)+(1-\alpha^{k+1})f(y)$$

故 $\alpha^2 \in T_2$.

设 $\alpha^k \in T_2, k \geqslant 1$, 由 $y \neq \alpha^k x + (1-\alpha^k)y$ 及 $\alpha, \alpha^k \in T_2$ 知

$$f(\alpha^{k+1}x(1-\alpha^{k+1})y) = f(\alpha(\alpha^k x+(1-\alpha^k)y)+(1-\alpha)y)$$
$$< \alpha f(\alpha^k x+(1-\alpha^k)y)+(1-\alpha)f(y)$$
$$< \alpha(\alpha^k f(x)+(1-\alpha^k)f(y))+(1-\alpha)f(y)$$
$$= \alpha^{k+1}f(x)+(1-\alpha^{k+1})f(y)$$

则 $\alpha^{k+1} \in T_2$. 由数学归纳法知 $\alpha^n \in T_2, \forall n=1,2,\cdots$

其次,我们证明 T_2 是近似凸集. 这只需证明 $\forall t_1, t_2 \in T_2$, 有 $\alpha t_1 + (1-\alpha)t_2 \in T_2$. 事实上, 不妨设 $t_1 \neq t_2$, $\forall x, y \in K, x \neq y$, 由于 $t_1 x + (1-t_1)y \neq t_2 x(1-t_2)y$ 及 $f(t_i x+(1-t_i)y) < t_i f(x)+(1-t_i)f(y), i=1,2$, 于是

$$f((\alpha t_1+(1-\alpha)t_2)x+(1-\alpha t_1-(1-\alpha)t_2)y)$$
$$= f(\alpha(t_1 x+(1-t_1)y)+(1-\alpha)(t_2 x+(1-t_2)y))$$
$$< \alpha f(t_1 x+(1-t_1)y)+(1-\alpha)f(t_2 x+(1-t_2)y)$$
$$< \alpha(t_1 f(x)+(1-t_1)f(y))+(1-\alpha)(t_2 f(x)+(1-t_2)f(y))$$
$$= (\alpha t_1+(1-\alpha)t_2)f(x)+(1-\alpha t_1-(1-\alpha)t_2)f(y)$$

则 $\alpha t_1 + (1-\alpha)t_2 \in T_2$.

最后,由 $\alpha^n \in T_2, \forall n=1,2,\cdots$, 及 T_2 定义式中的对称性(意指 $t \in T_2$ 当且仅当 $1-t \in T_2$, 下文不再详细说明)知 $1-\alpha^n \in T_2, \forall n=1,2,\cdots$, 则 $0,1 \in \overline{T_2}$, 从而由引理 1 得 $\overline{T_2} = [0,1]$, 即 T_2 在 $[0,1]$ 中是稠密的.

下例说明 T_3 在 $[0,1]$ 中不必稠密.

例 2.2.1 任意 $r \in \left(0, \dfrac{1}{2}\right)$, 定义 $f:[-1,1] \to \mathbf{R}$ 为

Hölder 定理

$$f(x) = \begin{cases} 1, & x = 0 \\ \dfrac{1}{r}, & x = 1 \\ 0 & x \in [-1,1], x \neq 0,1 \end{cases}$$

记 $T_3 = \{t \in (0,1): f(tx + (1-t)y) < tf(x) + (1-t)f(y), \forall x, y \in [-1,1], f(x) \neq f(y)\}$,则 $T_3 = (r, 1-r)$.

证明 (1) $t \notin T_3, \forall t \in (0, r]$,从而由 T_3 定义式中的对称性知 $\alpha \notin T_3, \forall \alpha \in [1-r, 1)$. 事实上,由 $0 < t \leq r < \dfrac{1}{2}$ 知 $\dfrac{t}{t-1} \in (-1, 0)$ 且 $f(1) \neq f\left(\dfrac{t}{t-1}\right)$,但是

$$f\left(t \cdot 1 + (1-t) \cdot \dfrac{t}{t-1}\right) = f(0)$$

$$= 1 \not< tf(1) + (1-t)f\left(\dfrac{t}{t-1}\right) = \dfrac{t}{r}$$

因此 $t \notin T_3, \forall t \in (0, r]$.

(2) $t \in T_3, \forall t \in \left(r, \dfrac{1}{2}\right)$,从而由 T_3 定义式中的对称性知 $\alpha \in T_3, \forall \alpha \in \left(\dfrac{1}{2}, 1-r\right)$. 事实上,$\forall x, y \in [-1,1], f(x) \neq f(y)$,分类讨论如下:

当 x, y 有一个为 0 时,$tx + (1-t)y \neq 0, 1$,因此 $f(tx + (1-t)y) = 0 < tf(x) + (1-t)f(y)$.

当 x, y 都不为 0,x, y 必有其一为 1. 当 $y = 1$ 时,则 $x \in [-1, 1), x \neq 0$,由 $0 < t < \dfrac{1}{2}$ 知 $\dfrac{t-1}{t} < -1$,从而 $tx + (1-t) \cdot 1 \neq 0, 1$,因此 $f(tx + (1-t) \cdot 1) = 0 < tf(x) + (1-t)f(1)$. 当 $x = 1$,则 $y \in [-1, 1), y \neq 0$,由 $t \in \left(r, \dfrac{1}{2}\right)$ 知 $\dfrac{t}{t-1} \in (-1, 0)$,且 $t \cdot 1 + (1-t)y = 0$ 仅仅

在 $y_0 = \dfrac{t}{t-1}$ 成立,此时 $f(t \cdot 1 + (1-t)y_0) = f(0) = 1 < tf(1) + (1-t)f(y_0) = \dfrac{t}{r}$. 对余下的 $y, t \cdot 1 + (1-t)y \neq 0,1$,因此 $f(t \cdot 1 + (1-t)y) = 0 < tf(1) + (1-t)f(y)$.

以上说明 $\forall x, y \in [-1,1], f(x) \neq f(y)$,成立 $f(tx + (1-t)y) < tf(x) + (1-t)f(y)$,故 $t \in T_3$.

(3) 注意到 $0 < r < \dfrac{1}{2}$ 及 $f\left(\dfrac{1}{2} \cdot (-1) + \dfrac{1}{2} \cdot 1\right) = f(0) = 1 < \dfrac{1}{2}(f(-1) + f(1)) = \dfrac{1}{2r}$ 知 $\dfrac{1}{2} \in T_3$. 综合以上结论得 $T_3 = (r, 1-r)$.

用类似例 1 的分析方法,可得到一般性结论如下:

例 2.2.2 设 $f:[-1,1] \to \mathbf{R}, f(1) > f(0) > 0$ 且 $f(x) = 0, \forall x \in [-1,1] \setminus \{0,1\}$. 若 $\dfrac{f(0)}{f(1)} < \dfrac{1}{2}$,则 $T_3 = \left(\dfrac{f(0)}{f(1)}, \dfrac{f(1)-f(0)}{f(1)}\right)$.

定理 2.2.2 若 $T_5 \neq \varnothing$,则 T_5 在 $[0,1]$ 中是稠密的.

证明 $T_5 \neq \varnothing$ 知存在 $\alpha \in (0,1)$ 使
$f(\alpha x + (1-\alpha)y) < \max\{f(x), f(y)\}, \forall x, y \in K, x \neq y$

首先证明 $\alpha^n \in T_5, \forall n = 1, 2, \cdots$. 事实上,$\forall x, y \in K, x \neq y$,由 $y \neq \alpha x + (1-\alpha)y$ 及 $\alpha \in T_5$ 知
$$f(\alpha^2 x + (1-\alpha^2)y) = f(\alpha(\alpha x + (1-\alpha)y) + (1-\alpha)y)$$
$$< \max\{f(y), f(\alpha x + (1-\alpha)y)\}$$
$$\leq \max\{f(y), \max\{f(x), f(y)\}\}$$
$$= \max\{f(x), f(y)\}$$

则 $\alpha^2 \in T_5$.

Hölder 定理

设 $\alpha^k \in T_5, k \geqslant 1$,由 $y \neq \alpha^k x + (1-\alpha^k)y$ 及 $\alpha, \alpha^k \in T_5$ 知

$$\begin{aligned}
f(\alpha^{k+1}x + (1-\alpha^{k+1})y) &= f(\alpha(\alpha^k x + (1-\alpha^k)y) + (1-\alpha)y)\\
&< \max\{f(\alpha^k x + (1-\alpha^k)y), f(y)\}\\
&\leqslant \max\{\max\{f(x), f(y)\}, f(y)\}\\
&= \max\{f(x), f(y)\}
\end{aligned}$$

则 $\alpha^{k+1} \in T_5$. 由数学归纳法知 $\alpha^n \in T_5, \forall n = 1,2,\cdots$.

其次证明 T_5 是近似凸集. $\forall t_1, t_2 \in T_5$,下证 $\alpha t_1 + (1-\alpha)t_2 \in T_5$. 事实上,不妨 $t_1 \neq t_2, \forall x,y \in K, x \neq y$,由于 $t_1 x + (1-t_1)y \neq t_2 x + (1-t_2)y$ 及 $f(t_i x + (1-t_i)y) < \max\{f(x), f(y)\}, i=1,2$,于是

$$\begin{aligned}
&f((\alpha t_1 + (1-\alpha)t_2)x + (1-\alpha t_1 - (1-\alpha)t_2)y)\\
&= f(\alpha(t_1 x + (1-t_1)y) + (1-\alpha)(t_2 x + (1-t_2)y))\\
&< \max\{f(t_1 x + (1-t_1)y), f(t_2 x + (1-t_2)y)\}\\
&< \max\{f(x), f(y)\}
\end{aligned}$$

则 $\alpha t_1 + (1-\alpha)t_2 \in T_5$.

最后,由 $\alpha^n \in T_5, \forall n = 1,2,\cdots$,及 T_5 定义式中的对称性知 $1-\alpha^n \in T_5, \forall n=1,2,\cdots$,则 $0,1 \in \overline{T_5}$. 由引理 1 知 $\overline{T_5} = [0,1]$,即 T_5 在 $[0,1]$ 中是稠密的.

下面的例子说明 T_6 在 $[0,1]$ 中不必稠密.

例 2.2.3 设 $b > a > 0, f:[0,b] \to \mathbf{R}, f(b) > f(a) > f(0) > 0$,且 $f(x) = 0, \forall x \in [0,b] \setminus \{0,a,b\}$. 若 $\dfrac{a}{b} > \dfrac{1}{2}$,则 $T_6 = \left[\dfrac{b-a}{b}, \dfrac{a}{b}\right]$,其中

$$T_6 = \{t \in (0,1) : f(tx + (1-t)y) < \max\{f(x), f(y)\}$$
$$\forall x,y \in [0,b], f(x) \neq f(y)\}$$

证明 (1) $t \notin T_6, \forall t \in \left(\dfrac{a}{b}, 1\right)$,从而由 T_6 定义式

中的对称性知 $\alpha \notin T_6$, $\forall \alpha \in \left(0, \dfrac{b-a}{b}\right)$. 事实上, 由 $\dfrac{a}{b} <$

$t < 1$ 知 $\dfrac{a}{t} \in (a, b)$ 且 $f\left(\dfrac{a}{t}\right) \neq f(0)$, 但是

$$f\left(t \cdot \dfrac{a}{t} + (1-t) \cdot 0\right) = f(a) \not< \max\left\{f\left(\dfrac{a}{t}\right), f(0)\right\} = f(0)$$

因此 $t \notin T_6$.

(2) $\dfrac{a}{b} \in T_6$, 且由对称性知 $\dfrac{b-a}{b} \in T_6$. 事实上,
$\forall x, y \in [0, b]$, $f(x) \neq f(y)$, 分类讨论如下

当 x, y 有一个为 b 时, $\dfrac{a}{b}x + \dfrac{b-a}{b}y \neq b$, 因此

$$f\left(\dfrac{a}{b}x + \dfrac{b-a}{b}y\right) < \max\{f(x), f(y)\} = f(b).$$

当 x, y 有一个为 a 时, $\dfrac{a}{b}x + \dfrac{b-a}{b}y \neq 0, a, b$, 因此

$$f\left(\dfrac{a}{b}x + \dfrac{b-a}{b}y\right) = 0 < f(a) \leq \max\{f(x), f(y)\}.$$

当 x, y 有一个为 0 时, 若 $x = 0$, 由 $\dfrac{a}{b} \in \left(\dfrac{1}{2}, 1\right)$ 知

$\dfrac{a}{b-a} > 1$, 则 $\dfrac{a}{b} \cdot 0 + \dfrac{b-a}{b}y \neq 0, a, b$, 因此

$$f\left(\dfrac{a}{b} \cdot 0 + \dfrac{b-a}{b}y\right) = 0 < \max\{f(0), f(y)\}.$$ 若 $y = 0$, 当

且仅当 $x_0 = b$ 时 $\dfrac{a}{b}x_0 + \dfrac{b-a}{b} \cdot 0 = a$, 此时

$$f\left(\dfrac{a}{b}x + \dfrac{b-a}{b} \cdot 0\right) = f(a) < \max\{f(x_0), f(0)\} = f(b).$$

余下的 x 都满足 $\dfrac{a}{b}x + \dfrac{b-a}{b} \cdot 0 \neq 0, a, b$, 因此

$$f\left(\dfrac{a}{b}x + \dfrac{b-a}{b} \cdot 0\right) = 0 < \max\{f(x), f(0)\}.$$

Hölder 定理

以上说明 $\forall x, y \in [0, b], f(x) \neq f(y)$, 成立 $f\left(\dfrac{a}{b}x_0 + \dfrac{b-a}{b}y\right) < \max\{f(x), f(y)\}$, 则 $\dfrac{a}{b} \in T_6$.

(3) $t \in T_6$, $\forall t \in \left(\dfrac{b-a}{b}, \dfrac{a}{b}\right)$. 事实上, $\forall x, y \in [0, b], f(x) \neq f(y)$, 讨论如下:

当 x, y 有一个为 b 时, $tx + (1-t)y \neq b$ 知 $f(tx + (1-t)y) < \max\{f(x), f(y)\} = f(b)$.

当 x, y 有一个为 a 时, $tx + (1-t)y \neq 0, a, b$ 知 $f(tx + (1-t)y) = 0 < f(a) \leqslant \max\{f(x), f(y)\}$.

当 x, y 有一个为 0 时, 若 $x = 0$, 由 $\dfrac{b-a}{b} < t < 1$ 知 $\dfrac{a}{1-t} > b$, 从而 $t \cdot 0 + (1-t)y \neq 0, a, b$, 因此 $f(t \cdot 0 + (1-t)y) = 0 < \max\{f(0), f(y)\}$. 若 $y = 0$, 由 $0 < t < \dfrac{a}{b}$ 知 $\dfrac{a}{t} > b$, 从而 $tx + (1-t) \cdot 0 \neq 0, a, b$, 因此 $f(tx + (1-t) \cdot 0) = 0 < \max\{f(0), f(y)\}$.

以上说明 $\forall x, y \in [0, b], f(x) \neq f(y)$, 成立 $f(tx + (1-t)y) < \max\{f(x), f(y)\}$, 则 $t \in T_6$.

综合 (1)(2)(3) 中的结论得 $T_6 = \left[\dfrac{b-a}{b}, \dfrac{a}{b}\right]$.

一般地, 任意 $r \in \left(\dfrac{1}{2}, 1\right)$, 令 $a = 1, b = \dfrac{1}{r}$, 有下述结果.

例 2.2.4 任意 $r \in \left(\dfrac{1}{2}, 1\right)$, 设 $f: \left[0, \dfrac{1}{r}\right] \to \mathbf{R}$ 为满足 $f\left(\dfrac{1}{r}\right) > f(1) > f(0) > 0$ 且 $f(x) = 0, \forall x \in \left[0, \dfrac{1}{r}\right] \setminus$

$\left\{0, 1, \dfrac{1}{r}\right\}$ 的任一函数,记

$$T_6 = \{t \in (0,1) : f(tx + (1-t)y) < \max\{f(x), f(y)\}$$
$$\forall x, y \in \left[0, \dfrac{1}{r}\right], f(x) \neq f(y)\}$$

则 $T_6 = [1-r, r]$.

注 例 1 至例 4 中,$\dfrac{1}{2}$ 具有临界性,由 T_1, T_2, T_4, T_5 在 $[0,1]$ 中的稠密性,不存在使 T_1 或 T_2 或 T_4 或 T_5 是单点集的 $f(x)$,但是以下比较精巧的例子说明存在使 T_3 或 T_6 是单点集的 $f(x)$.

例 2.2.5 定义 $f : [-1, 1] \to \mathbf{R}$ 为

$$f(x) = \begin{cases} 1, & x = -1, 0, 1, \\ 0, & x \in [-1, 1], x \neq -1, 0, 1, \end{cases}$$

则 $T_3 = T_6 = \left\{\dfrac{1}{2}\right\}$.

§3 T_7—T_{12} 的稠密性问题

设 M 是线性空间 X 中的不变凸集(关于 η),称 η 满足条件 C(见 $[2-3]$),如果 $\forall t \in [0,1], \forall x, y \in X$,成立

$$\eta(y, y + t\eta(x,y)) = -t\eta(x,y), \eta(x, y + t\eta(x,y))$$
$$= (1-t)\eta(x,y)$$

当 η 满足条件 C 时,容易证明

$$\eta(y + t_1\eta(x,y), y + t_2\eta(x,y)) = (t_1 - t_2)\eta(x,y)$$
$$\forall x, y \in M, \forall t_1, t_2 \in [0,1]$$

且由条件 C 中的第二等式知成立

$$\eta(x,y) \neq 0 \Rightarrow y + t\eta(x,y) \neq x, \forall t \in [0,1)$$

设 $f:M\to \mathbf{R}$，称 f 满足条件 D（见[2-3]），如果
$$f(y+\eta(x,y)) \leqslant f(x), \forall x,y \in M$$
我们将证明以下结果

定理 2.3.1 若条件 C 成立且 $T_i \neq \varnothing$，则 T_i 在 $[0,1]$ 中是稠密的，其中 $i=7,8,10,11$.

T_i 稠密性的证明方法有相似之处，因此我们选择 T_8 与 T_{10} 作详细证明.

T_8 稠密性的证明 $T_8 \neq \varnothing$ 知存在 $\alpha \in (0,1)$ 使
$$f(y+\alpha\eta(x,y)) < \alpha f(x) + (1-\alpha)f(y)$$
$$\forall x,y, \in M, x \neq y$$

第一步，任意 $x,y \in M, x \neq y$，若 $\eta(x,y)=0$，则由以上不等式知必有 $f(y)<f(x)$，从而
$$f(y+k\eta(x,y)) = f(y) < kf(x) + (1-k)f(y)$$
$$\forall k \in (0,1)$$

第二步，证明 $\alpha^n \in T_8, \forall n=1,2,\cdots$. 事实上 $\forall x, y \in M, x \neq y$，不妨 $\eta(x,y) \neq 0$，则 $y+\alpha^m\eta(x,y) \neq y$，$\forall m=1,2,\cdots$. 由 $\alpha \in T_8$ 知
$$f(y+\alpha^2\eta(x,y)) = f(y+\alpha\eta(y+\alpha\eta(x,y),y))$$
$$< \alpha f(y+\alpha\eta(x,y)) + (1-\alpha)f(y)$$
$$< \alpha(\alpha f(x) + (1-\alpha)f(y)) + (1-\alpha)f(y)$$
$$= \alpha^2 f(x) + (1-\alpha^2)f(y)$$
则 $\alpha^2 \in T_8$.

设 $\alpha^k \in T_8, k \geqslant 1$，由
$$f(y+\alpha^{k+1}\eta(x,y)) = f(y+\alpha\eta(y+\alpha^k\eta(x,y),y))$$
$$< \alpha f(y+\alpha^k\eta(x,y)) + (1-\alpha)f(y)$$
$$< \alpha(\alpha^k f(x) + (1-\alpha^k)f(y)) + (1-\alpha)f(y)$$
$$= \alpha^{k+1} f(x) + (1-\alpha^{k+1})f(y)$$
知 $\alpha^{k+1} \in T_8$. 由数学归纳法知 $\alpha^n \in T_8, \forall n=1,2,\cdots$

第三步,证明 $1-(1-\alpha)^n \in T_8, \forall n=1,2,\cdots$. 事实上,$\forall x,y \in M, x \neq y$,不妨 $y+(1-(1-\alpha)^m)\eta(x,y) \neq x, \forall m=1,2,\cdots$,否则 $\eta(x,y)=0$,由第一步知以下不等式恒成立,则

$$f(y+(1-(1-\alpha)^2)\eta(x,y))$$
$$=f(y+\alpha\eta(x,y)+\alpha\eta(x,y+\alpha\eta(x,y)))$$
$$<\alpha f(x)+(1-\alpha)f(y+\alpha\eta(x,y))$$
$$<\alpha f(x)+(1-\alpha)(\alpha f(x)+(1-\alpha)f(y))$$
$$=(1-(1-\alpha)^2)f(x)+(1-\alpha)^2 f(y)$$

这说明 $1-(1-\alpha)^2 \in T_8$.

设 $1-(1-\alpha)^k \in T_8, k \geqslant 1$,则

$$f(y+(1-(1-\alpha)^{k+1})\eta(x,y))=f(y+(1-(1-\alpha)^k)\eta(x,y)+\alpha\eta(x,y+(1-(1-\alpha)^k)\eta(x,y)))$$
$$<\alpha f(x)+(1-\alpha)f(y+(1-(1-\alpha)^k)\eta(x,y))$$
$$<\alpha f(x)+(1-\alpha)((1-(1-\alpha)^k)f(x)+$$
$$(1-\alpha)^k f(y))$$
$$=(1-(1-\alpha)^{k+1})f(x)+(1-\alpha)^{k+1}f(y)$$

故 $1-(1-\alpha)^{k+1} \in T_8$. 由数学归纳法知 $1-(1-\alpha)^n \in T_8, \forall n=1,2,\cdots$.

第四步,证明 T_8 是近似凸集. $\forall t_1, t_2 \in T_8$,下证 $t_1+\alpha(t_2-t_1) \in T_8$. 事实上,不妨 $t_1 \neq t_2, \forall x,y \in M, x \neq y$,不妨 $\eta(x,y) \neq 0$,由于 $f(y+t_i\eta(x,y))<t_i f(x)+(1-t_i)f(y), i=1,2$,且 $y+t_2\eta(x,y) \neq y+t_1\eta(x,y)$,于是

$$f(y+(t_1+\alpha(t_2-t_1))\eta(x,y))$$
$$=f(y+t_1\eta(x,y)+\alpha\eta+(y+t_2\eta(x,y),y+t_1\eta(x,y)))$$
$$<\alpha f(y+t_2\eta(x,y))+(1-\alpha)f(y+t_1\eta(x,y))$$

Hölder 定理

$$< \alpha(t_2 f(x) + (1-t_2)f(y)) + (1-\alpha)(t_1 f(x) + (1-t_1)f(y))$$
$$= (t_1 + \alpha(t_2 - t_1))f(x) + (1 - t_1 - \alpha(t_2 - t_1))f(y)$$

则 $t_1 + \alpha(t_2 - t_1) \in T_8$.

第五步,由 $\alpha^n \in T_8, 1 - (1-\alpha)^n \in T_8, \forall n = 1, 2, \cdots$,得 $0, 1 \in \overline{T_8}$. 由引理 1 有 $\overline{T_8} = [0,1]$,即 T_8 在 $[0,1]$ 中是稠密的.

T_{10} 稠密性的证明 $T_{10} \neq \varnothing$ 知存在 $\alpha \in (0,1)$ 使 $f(y + \alpha\eta(x,y)) \leq \max\{f(x), f(y)\}, \forall x, y \in M$

(1) 首先证明 $\alpha^n \in T_{10}, \forall n = 1, 2, \cdots$,事实上, $\forall x, y \in M$,由 $\alpha \in T_{10}$ 知

$$f(y + \alpha^2 \eta(x,y)) = f(y + \alpha\eta(y + \alpha\eta(x,y), y))$$
$$\leq \max\{f(y), f(y + \alpha\eta(x,y))\}$$
$$\leq \max\{f(y), \max\{f(x), f(y)\}\}$$
$$= \max\{f(x), f(y)\}$$

则 $\alpha^2 \in T_{10}$.

设 $\alpha^k \in T_{10}, k \geq 1$,则
$$f(y + \alpha^{k+1}\eta(x,y)) = f(y + \alpha\eta(y + \alpha^k\eta(x,y), y))$$
$$\leq \max\{f(y + \alpha^k\eta(x,y)), f(y)\}$$
$$\leq \max\{\max\{f(x), f(y)\}, f(y)\}$$
$$= \max\{f(x), f(y)\}$$

这说明 $\alpha^{k+1} \in T_{10}$. 由数学归纳法知 $\alpha^n \in T_{10}, \forall n = 1, 2, \cdots$.

(2) 其次证明 $1 - (1-\alpha)^n \in T_{10}, \forall n = 1, 2, \cdots$. 事实上, $\forall x, y \in M$,由 $\alpha \in T_{10}$ 知
$$f(y + (1-(1-\alpha)^2)\eta(x,y))$$
$$= f(y + \alpha\eta(x,y) + \alpha\eta(x, y + \alpha\eta(x,y)))$$
$$\leq \max\{f(x), f(y + \alpha\eta(x,y))\}$$

$$\leqslant \max\{f(x), \max\{f(x), f(y)\}\}$$
$$= \max\{f(x), f(y)\}$$

则 $1 - (1 - \alpha)^2 \in T_{10}$.

设 $1 - (1 - \alpha)^k \in T_{10}, k \geqslant 1$, 则
$$f(y + (1 - (1 - \alpha)^{k+1})\eta(x, y))$$
$$= f(y + (1 - (1 - \alpha)^k)\eta(x, y) + \alpha\eta(x, y + (1 - (1 - \alpha)^k)\eta(x, y)))$$
$$\leqslant \max\{f(y + (1 - (1 - \alpha)^k\eta(x, y)), f(x)\}$$
$$\leqslant \max\{\max\{f(x), f(y)\}, f(x)\}$$
$$= \max\{f(x), f(y)\}$$

因此 $1 - (1 - \alpha)^{k+1} \in T_{10}$. 由数学归纳法知 $1 - (1 - \alpha)^n \in T_{10}$, $\forall n = 1, 2, \cdots$.

(3) 证明 T_{10} 是近似凸集. $\forall t_1, t_2 \in T_{10}$, 下证 $t_1 + \alpha(t_2 - t_1) \in T_{10}$. 事实上, $\forall x, y \in M$, 由于 $f(y + t_i \eta(x, y)) \leqslant \max\{f(x), f(y)\}$, $i = 1, 2$, 于是
$$f(y + (t_1 + \alpha(t_2 - t_1))\eta(x, y))$$
$$= f(y + t_1 \eta(x, y) + \alpha\eta(y + t_2 \eta(x, y), y + t_1 \eta(x, y)))$$
$$\leqslant \max\{f(y + t_1 \eta(x, y)), f(y + t_2 \eta(x, y))\}$$
$$\leqslant \max\{f(x), f(y)\}$$

则 $t_1 + \alpha(t_2 - t_1) \in T_{10}$.

(4) 最后, 由 $\alpha^n \in T_{10}, \forall n = 1, 2, \cdots$, 及 $1 - (1 - \alpha)^n \in T_{10}, \forall n = 1, 2, \cdots$, 得 $0, 1 \in \overline{T_{10}}, \overline{T_{10}} = [0, 1]$, 即 T_{10} 在 $[0, 1]$ 中是稠密的.

注 与 Yang 等[3, Lemma 2.1]比较, 第一, 我们在缺乏条件 D 的情况下证明了 T_{10} 在 $[0, 1]$ 中是稠密的. 第二, 我们没有应用反证法(反证法需要条件 D 以保证取确界的集合非空, 这可能是一些已知文献提条件 D 的一个原因, 见[2, 3, 12]).

Hölder 定理

注 当 $\eta(x,y) \neq x-y$ 时，与 $T_j(j=1,2,\cdots,6)$ 不同，$T_i(i=7,8,\cdots,12)$ 定义式中的对称性可能消失，例如，当 $t \in T_{10}$ 时，我们不知道是否有 $1-t \in T_{10}$？这是在证明中没有断言 $1-\alpha^n \in T_{10}$，而是断言 $1-(1-\alpha)^n \in T_{10}$ 的原因. 但若条件 C 与条件 D 成立，则应用 $y+(1-\alpha)\eta(x,y) = y+\eta(x,y)+\alpha\eta(y,y+\eta(x,y))$ 容易证明 $T_i(i=7,8,10,11)$ 定义式中的对称性必成立，即 $t \in T_i$ 当且仅当 $1-t \in T_i(i=7,8,10,11)$.

注 由例 $1-5$，T_9，T_{12} 在 $[0,1]$ 中不必稠密.

§4 其他广义凸映射相关集合稠密性问题

在广义凸性研究中，与一些已知的通过反证法获得稠密性的方法相比较，本文获得稠密性的方法是一种比较新颖的方法. 该方法可以用来研究具有某种单点广义凸性的广义凸映射类（例如锥类广义凸函数，E-凸函数和 E-拟凸函数，G-预不变凸函数，集值形式的广义凸映射，其定义见文献 $[1,2,10-12]$）相关集合的稠密性问题. 我们再举两例说明之.

设 M 是线性空间 X 中的不变凸集（关于 η），C 是线性空间 Y 中的非空尖闭凸锥，$F: M \to Y$. 记与 C-预不变凸映射相关的集合为

$$T_{13} = \{t \in (0,1) : tf(x) + (1-t)f(y) \in f(y + t\eta(x,y)) + C, \forall x, y \in M\}$$

定理 2.4.1 若条件 C 成立且 $T_{13} \neq \varnothing$，则 T_{13} 在 $[0,1]$ 中是稠密的.

定理 2.4.1 可以应用定理 2.3.1 的方法证明之. 定理 2.4.1 与文献 $[2$，引理 5.2.1$]$ 比较，后者应用了反证

316

法并附加了条件 $f(y+\eta(x,y)) \in f(x)-C, \forall x,y \in M$, 其附加条件实际上是条件 D 的转化形式.

设 M 是线性空间 X 中的不变凸集(关于 η), C 是线性空间 Y 中的非空闭凸锥, $F:M \to 2^Y$ 是集值映射. 记与 C-预不变凸集值映射相关的集合为

$T_{14} = \{t \in (0,1) : tF(x) + (1-t)F(y) \subseteq F(y + t\eta(x,y)) + C, \forall x,y \in M\}$

定理 2.4.2 若条件 C 成立, $T_{14} \neq \varnothing$, 且任意 $x \in M, F(x)$ 是 Y 中的凸子集, 则 T_{14} 在 $[0,1]$ 中是稠密的.

证明 $T_{14} \neq \varnothing$ 知存在 $\alpha \in (0,1)$ 使
$$\alpha F(x) + (1-\alpha)F(y) \subseteq (F(y+\alpha\eta(x,y))) + C$$
$$\forall x,y \in M$$

由 C 是非空闭凸锥知 $A+C = A+C+C, kA+C = k(A+C), \forall A \subseteq Y, k > 0$. 由 $F(x)$ 是 Y 中的凸子集知 $kF(x) + lF(x) = (k+l)F(x), \forall x \in M, k > 0, l > 0$.

(1) $\alpha^n \in T_{14}, \forall n = 1,2,\cdots$. 事实上, $\forall x,y \in M$,

$F(y+\alpha^2\eta(x,y)) + C$
$= F(y+\alpha\eta(y+\alpha\eta(x,y),y)) + C + C$
$\supseteq \alpha F(y+\alpha\eta(x,y)) + (1-\alpha)F(y) + C$
$= \alpha(F(y+\alpha\eta(x,y)) + C) + (1-\alpha)F(y)$
$\supseteq \alpha(\alpha F(x) + (1-\alpha)F(y)) + (1-\alpha)F(y)$
$= \alpha^2 F(x) + \alpha(1-\alpha)F(y) + (1-\alpha)F(y)$
$= \alpha^2 F(x) + (1-\alpha^2)F(y)$

则 $\alpha^2 \in T_{14}$.

设 $\alpha^k \in T_{14}, k \geq 1$, 则
$F(y+\alpha^{k+1}\eta(x,y)) + C$
$= F(y+\alpha\eta(y+\alpha^k\eta(x,y),y)) + C + C$
$\supseteq \alpha F(y+\alpha^k\eta(x,y)) + (1-\alpha)F(y) + C$

Hölder 定理

$$= \alpha(F(y+\alpha^k\eta(x,y))+C)+(1-\alpha)F(y)$$
$$\supseteq \alpha(\alpha^k F(x)+(1-\alpha^k)F(y))+(1-\alpha)F(y)$$
$$= \alpha^{k+1}F(x)+\alpha(1-\alpha^k)F(y)+(1-\alpha)F(y)$$
$$= \alpha^{k+1}F(x)+(1-\alpha^{k+1})F(y)$$

这说明 $\alpha^{k+1} \in T_{14}$. 由数学归纳法知 $\alpha^n \in T_{14}$, $\forall n = 1, 2, \cdots$.

(2) 用下列迭代式

$$y+(1-(1-\alpha)^{k+1})\eta(x,y)$$
$$= y+(1-(1-\alpha)^k)\eta(x,y)+\alpha\eta(x,y+(1-(1-\alpha)^k)\eta(x,y)), \forall k = 1, 2, \cdots$$

可以证明 $1-(1-\alpha)^n \in T_{14}$, $\forall n = 1, 2, \cdots$.

(3) T_{14} 是近似凸集. $\forall t_1, t_2 \in T_{14}$, 下证 $t_1+\alpha(t_2-t_1) \in T_{14}$. 事实上, 不妨 $t_1 \neq t_2$, $\forall x, y \in M$, 则

$$F(y+(t_1+\alpha(t_2-t_1))\eta(x,y))+C$$
$$= F(y+t_1\eta(x,y)+\alpha\eta(y+t_2\eta(x,y), y+t_1\eta(x,y)))+C+C+C$$
$$\supseteq \alpha F(y+t_2\eta(x,y))+(1-\alpha)F(y+t_1\eta(x,y))+C+C$$
$$= \alpha(F(y+t_2\eta(x,y))+C)+(1-\alpha)(F(y+t_1\eta(x,y))+C)$$
$$\supseteq \alpha(t_2F(x)+(1-t_2)F(y))+(1-\alpha)(t_1F(x)+(1-t_1)F(y))$$
$$= \alpha t_2 F(x)+(1-\alpha)t_1 F(x)+\alpha(1-t_2)F(y)+(1-\alpha)(1-t_1)F(y)$$
$$= (t_1+\alpha(t_2-t_1))F(x)+(1-t_1-\alpha(t_2-t_1))F(y)$$

据此得 $t_1+\alpha(t_2-t_1) \in T_{14}$.

(4) 由 $\alpha^n \in T_{14}$, $1-(1-\alpha)^n \in T_{14}$, $\forall n = 1, 2, \cdots$, 得

$0,1 \in \overline{T}_{14}$. 由引理 1 有 $\overline{T}_{14} = [0,1]$, 即 T_{14} 在 $[0,1]$ 中是稠密的.

最后, 提出一个我们尚未解决的问题:

问题 给定 $r \in (0,1), r \neq \dfrac{1}{2}$, 是否存在定义在某线性空间 X 的凸子集 K 上的实值函数 $f(x)$ 使 $T_3 = \{1-r, r\}$ 或 $T_6 = \{1-r, r\}$?

参 考 文 献

[1] 胡毓达,孟志青.凸分析与非光滑分析[M].上海:上海科学技术出版社,2000:41-113.

[2] 彭建文.广义凸性及其在优化问题中的应用[D].呼和浩特:内蒙古大学,2005:1-49.

[3] YANG X M, YANG X Q, TEO K L. Characterzations and applications of prequasi-invex functions [J]. J Optim Theory Appl, 2001, 110(3): 645-668.

[4] YANG X M, LIU S Y. There kinds of generalized convexity [J]. J Optim Theory Appl, 1995, 86(2): 501-503.

[5] GREENHERG H J, PIERSKALLA W P. A review of quasiconvex functions [J]. Operations Research, 1971, 19: 1553-1570.

[6] MUKHEIJEE R N, REEDY L V. Semicontinuity and quasiconvex functions [J]. J Optim Theory Appl, 1997, 94(3): 715-726.

[7] 薛声家,沈舜莺.十一种凸性[J].运筹学杂志,

1989,8(1):72-75.

[8] 杨新民.凸函数的一个新特征性质[J].重庆师范学院学报(自然科学版),2000,17(1):9-11.

[9] JEYAKUMAR V, GWINNER J. Inequality systems and optimization [J]. J Math Anal Appl, 1991, 159(1): 51-71.

[10] 旷华武.弱近似凸集及其应用[J].四川大学学报(自然科学版),2004,41(2):226-230.

[11] 韦丽兰,黄雪燕.E-凸函数和E-拟凸函数的等价条件[J].数学的实践与认识,2011,41(15):191-197.

[12] LUO H Z, WU H X. On the relationships between G-preinvex functions and semistrictly G-preinves functions [J]. J Computational Appl Maths, 2008, 222: 372-380.

第三编　凸集与凸区域

具有 β-中点性质的非 β-凸集 $(0<\beta<1)$[①]

第 3 章

常熟理工学院数学系的王见勇教授 2016 年给出了具有中点性质的 $\frac{1}{2}x+\frac{1}{2}y\in A, x,y\in A$ 的开集或者闭集均是凸集的完整证明,接着通过给出满足 β-中点性质 $\frac{1}{2^{\frac{1}{\beta}}}x+\frac{1}{2^{\frac{1}{\beta}}}y\in A, x,y\in A(0<\beta<1)$,但非 β-凸集的开集与闭集的例子各一个,从中点性质是否蕴涵相应凸性的角度揭示了集合的 β-凸性与通常凸性之间的另一显著差异.

§1 引　言

对于 $0<\beta<1$,向量空间 X 的集合 A 如果满足

[①] 数学的实践与认识,第 46 卷第 11 期,2016 年 6 月.

Hölder 定理

$$\lambda x + (1-\lambda^\beta)^{\frac{1}{\beta}} y \in A, x, y \in A, \lambda \in [0,1]$$

则称 A 是 β-凸集. 对于拓扑向量空间 X,如果存在由 β-凸集构成的 θ-邻域基,则称 X 是局部 β-凸空间[1]. 向量空间 X 上的实值泛函 f 称为 β-次半范,如果

(1) $f(x) \geq 0, x \in X$(非负性);
(2) $f(ax) = a^\beta f(x), a \in \mathbf{R}_+, x \in X$($\beta$-正齐性);
(3) $f(x+y) \leq f(x) + f(y), x, y \in X$(次可加性).

当 C 是星形吸收的 β-凸集时,由 C 生成的 β-Minkowski 泛函

$$P_{C_\beta}(x) = \inf\{\lambda > 0 : x \in \lambda^{\frac{1}{\beta}} C\}, x \in X \quad (3.1.1)$$

就是 β-次半范的一个典型例子[2]. 用 X_β^* 表示定义在 X 上的全体连续 β-次半范构成的真锥,称为 X 的 β-共轭锥,则零泛函 $\theta \in X_\beta^*$ 总成立. 注意 $\beta = 1$ 时的 β-凸集、β-次半范与局部 β-凸空间就是通常的凸集、次半范与局部凸空间.

局部凸空间 X 的共轭空间 X^* 充分大,足以分离原空间,二者相互依存,演绎出了一系列丰富多彩的对偶空间理论. 为了克服 $0 < \beta < 1$ 时局部 β-凸空间的共轭可能很小甚至平凡,不能分离原空间的不足,我们在[2]中引进了共轭锥的概念,并且证明了当空间局部 β-凸时其共轭锥充分大,足以分离原空间. 文献[2-7]用共轭锥取代可能平凡的共轭空间,初步构建了 β-凸分析理论体系.

与传统凸分析类似,β-凸分析主要由 β-凸集、β-凸泛函与局部 β-凸空间理论三部分构成. 在寻找 β-凸性与通常凸性之间的相通禀性的同时,发掘二者之间的差异是 β-凸分析的重要研究方法之一. 我们知道集合的凸性具有平移不变性,但 β-凸性不具此性质,且每

个 β-凸集均被零点 θ 约束,β-凸集的许多怪诞性质多源于此[2]. 本章首先证明具有中点性质的开集与闭集均是凸集,同时给出具有 β-中点性质、但非 β-凸集的开集与闭集的例子各一个,借此揭示集合的 β-凸性与通常凸性之间的另一显著差异.

§2 主要结论与反例

当集合 A 中任意两点所成直线段的中点仍在 A 中,即对于任意的 $x,y \in A$ 有

$$\frac{1}{2}x + \frac{1}{2}y \in A \qquad (3.2.1)$$

时,称 A 具有中点性质. 相似地,对于 $0 < \beta < 1$,当 A 中任意两点 x,y 所成 β-曲线段

$$[x,y]_\beta = \{\lambda x + (1-\lambda^\beta)^{\frac{1}{\beta}} y : \lambda \in [0,1]\}$$

的中点仍在 A 中,即

$$\frac{1}{2^{\frac{1}{\beta}}}x + \frac{1}{2^{\frac{1}{\beta}}}y \in A \qquad (3.2.2)$$

时,称 A 具有 β-中点性质.

定理 3.2.1 对于开集与闭集来说,中点性质与凸性等价.

证明 集合的凸性显然蕴涵中点性质,故只需证明对于开集与闭集来说,中点性质也蕴涵凸性. 当集合 A 具有中点性质时,对于任意的 $x,y \in A$,利用数学归纳法可以证明:

断言 对属于 $(0,1)$ 的任意二进制有理数 $r = \sum_{i=1}^{n} \frac{\delta_i}{2^i}$,其中 δ_i 是 1 或 0,总有

Hölder 定理

$$rx + (1-r)y \in A \qquad (3.2.3)$$

事实上,当 $n=1$ 时,由 $r = \dfrac{\delta_1}{2} \in (0,1)$ 可知 δ_1 只能是 1,这时由中点性质可知式(3.2.3)成立. 假设式(3.2.3)对自然数 $n \geqslant 1$ 已经证明,对 $n+1$ 与 $\sum\limits_{i=1}^{n} \dfrac{\delta_i}{2^i} + \dfrac{1}{2^{n+1}}$,由归纳假设

$$v := \left(\sum_{i=2}^{n} \dfrac{\delta_i}{2^{i-1}} + \dfrac{1}{2^n} \right) x + \left(1 - \left(\sum_{i=2}^{n} \dfrac{\delta_i}{2^{i-1}} + \dfrac{1}{2^n} \right) \right) y \in A$$

再由 $w := \delta_1 x + (1-\delta_1)y \in A$ 可知

$$rx + (1-r)y = \dfrac{1}{2}w + \dfrac{1}{2}v \in A$$

由归纳法原理可知关系式(3.2.3)总成立,这就证明了断言.

下面分两种情况证明 A 的凸性. 当 A 是闭集时,设 $x,y \in A, x \neq y, \lambda \in (0,1)$. 取 $(0,1)$ 中的二进制有理数列 $\{r_n\}$ 使 $r_n \to \lambda$. 由以上断言可知

$$r_n x + (1-r_n)y \in A$$

再由 A 的闭性可知

$$\lambda x + (1-\lambda)y = \lim_{n \to \infty} [r_n x + (1-r_n)y] \in A$$

当 A 是开集时,同样设 $x,y \in A, x \neq y, \lambda \in (0,1)$. 由 x,y 确定的直线

$$L = \{tx + (1-t)y : t \in \mathbf{R}\}$$

与 A 的交 $L \cap A$ 是 L 中的相对开集. 故由 $x,y \in L \cap A$ 与

$$\lim_{t \to 0} [(1-t)x + ty] = x, \lim_{t \to 0} [tx + (1-t)y] = y$$

可知存在 $\varepsilon > 0$,使当 $|t_0| < \varepsilon$ 时

$$(1-t_0)x + t_0 y, t_0 x + (1-t_0)y \in L \cap A \quad (3.2.4)$$

同时成立. 取二进制有理数 $r \in (0,1)$ 使 $|r-\lambda| < \varepsilon$, 于是由 (3.2.4) 可知

$$\tilde{x} := [1-(r-\lambda)]x + (r-\lambda)y \in L \cap A$$

$$\tilde{y} := (\lambda-r)x + [1-(\lambda-r)]y \in L \cap A$$

最后分别用 $\tilde{x}$ 与 $\tilde{y}$ 取代 (3.2.3) 中的 x 与 y 即得

$$\lambda x + (1-\lambda)y = r\tilde{x} + (1-r)\tilde{y} \in A$$

这就证明了 A 的凸性.

值得注意的是在定理 3.2.1 中, 对集合开或者闭的前提条件是不可或缺的. 参看下例:

例 3.2.1 在实数集中取 $A = [0,1] \cap \mathbf{Q}$, 即 A 由区间 $[0,1]$ 中的有理数构成. 则 A 显然满足中点性质, 但却是非凸集. 原因是集合既不是开集, 也不是闭集.

由定理 2.1 我们自然想到:

问题 3.2.1 对于 $0 < \beta < 1$, 具有 β-中点性质的开集或闭集是否是 β-凸集?

下面两个反例说明:

例 3.2.2 在实平面 $\mathbf{R}^2$ 上取星形闭集 $A = A_1 \cup A_2$, 其中

$$A_1 = \{(x,y): |x|+|y| \le 1\}$$
$$A_2 = \{(x,y): |x|+8|y| \le 2\}$$

则对于 $\beta = \dfrac{\log 2}{\log 3} \in (0,1)$, 闭集 A 具有 β-中点性质, 但 A 不是 β-凸集.

验证 先验证 A 具有 β-中点性质

$$\frac{1}{2^{\frac{1}{\beta}}}P + \frac{1}{2^{\frac{1}{\beta}}}Q \in A, P,Q \in A$$

即连接任意两点 $P, Q \in A$ 的 β-曲线段的中点属于 A.

Hölder 定理

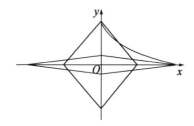

图 6.2.1

设 $P=(x_1,y_1),Q=(x_2,y_2)\in A$. 当 $P,Q\in A_1$ 时，由 A_1 的凸性

$$P+Q\in 2A_1\subset 3A$$

当 $P,Q\in A_2$ 时同理可得

$$P+Q\in 2A_2\subset 3A$$

当 $P\in A_1, Q\in A_2$ 时，设 $P+Q=(x,y)$，则 $(x,y)=(x_1+x_2,y_1+y_2)$. 由

$$|x_1|+|y_1|\leq 1, |x_2|+8|y_2|\leq 2$$

相加得

$$|x_1|+|y_1|+|x_2|+|y_2|+7|y_2|\leq 3$$

于是

$$|x|+|y|\leq |x_1|+|y_1|+|x_2|+|y_2|\leq 3-7|y_2|\leq 3$$

即

$$P+Q\in 3A_1\subset 3A$$

综合三种情况，由 $3=2^{\frac{1}{\beta}}$ 即得闭集 A 满足 β-中点性质

$$\frac{1}{2^{\frac{1}{\beta}}}P+\frac{1}{2^{\frac{1}{\beta}}}Q\in A, P,Q\in A \quad (3.2.5)$$

下面证明 A 不是 β-凸集合. 考虑 A 中两点 $P_0=(2,0), Q_0=(0,1)$，我们将找到适当的 $0<\lambda<1$，使相应的 β-凸组合

$$\lambda P_0+(1-\lambda^\beta)^{\frac{1}{\beta}}Q_0=(2\lambda,(1-\lambda^\beta)^{\frac{1}{\beta}})\notin A_1\cup A_2$$

或不等式组

$$\begin{cases} 2\lambda + (1-\lambda^\beta)^{\frac{1}{\beta}} > 1 \\ 2\lambda + 8(1-\lambda^\beta)^{\frac{1}{\beta}} > 2 \end{cases} \quad (3.2.6)$$

在 $(0,1)$ 内有解. 当 $\lambda = \dfrac{1}{2}$ 时,第一个不等式显然成立;第二个不等式等价于

$$\left(1 - \left(\frac{1}{2}\right)^\beta\right)^{\frac{1}{\beta}} > \frac{1}{8}$$

或

$$8^\beta - 4^\beta > 1$$

将 $\beta = \dfrac{\log 2}{\log 3}$ 代入计算,不难验证 $8^\beta - 4^\beta > 1.3$, 故 $\lambda = \dfrac{1}{2}$ 是不等式组 (3.2.6) 的一个解, A 中两点 P_0 与 Q_0 的由 $\lambda = \dfrac{1}{2}$ 确定的 β-凸组合不属于 A, 即 A 不是 β-凸集合.

值得注意的是,与 $\beta = 1$ 时的凸组合不同,当 $0 < \beta < 1$ 时, 由 $\lambda = \dfrac{1}{2}$ 给出的 β-凸组合

$$Z_0 = \frac{1}{2}P_0 + \left(1 - \left(\frac{1}{2}\right)^\beta\right)^{\frac{1}{\beta}} Q_0$$

中 P_0 与 Q_0 的系数不相等,即 Z_0 不是 β-曲线段 $[P_0, Q_0]_\beta$ 的中点,中点是由 $\lambda = \dfrac{1}{2^{\frac{1}{\beta}}}$ 确定的 β-凸组合

$$M_0 = \frac{1}{2^{\frac{1}{\beta}}} P_0 + \frac{1}{2^{\frac{1}{\beta}}} Q_0$$

例 3.2.3 在实平面上取星形开集 $B = B_1 \cup B_2$,,其中

$$B_1 = \{(x,y) : |x| + |y| < 1\}$$

Hölder 定理

$$B_2 = \{(x,y): |x| + 8|y| < 2\}$$

则 $\overline{B}_1 = A_1, \overline{B}_2 = A_2, \overline{B} = A$,这里 A_1, A_2 与 A 是上例中的相应集合. 则对于 $\beta = \dfrac{\log 2}{\log 3}$,与上例相似,开集 B 具有 β-中点性质,但 B 不是 β-凸集.

验证 与上例一样容易验证

$$B + B \subset 3B$$

或

$$\frac{1}{2^{\frac{1}{\beta}}} B + \frac{1}{2^{\frac{1}{\beta}}} B \subset B$$

即 B 同样满足 β-中点性质. 对于 $P_0 = (2,0), Q_0 = (0,1) \in A$ 与 $\lambda_0 = \dfrac{1}{2}$,由上例可知 β-凸组合

$$Z_0 = \lambda_0 P_0 + (1 - \lambda_0^p)^{\frac{1}{\beta}} Q_0 \notin A$$

由 A 的闭性,存在 Z_0 的开邻域 $U(Z_0)$ 使得 $U(Z_0) \cap A = \Phi$. 由 $P_0, Q_0 \in \overline{B}$ 与线性运算的连续性可知,存在 θ 点开邻域 V 与点 $P \in B \cap (P_0 + V), Q \in B \cap (Q_0 + V)$ 使

$$\lambda_0 P + (1 - \lambda_0^p)^{\frac{1}{\beta}} Q \in U(Z_0)$$

或

$$\lambda_0 P + (1 - \lambda_0^\beta)^{\frac{1}{\beta}} Q \notin B$$

这就证明了具有 β-中点性质的开集 B 也不是 β-凸集合.

参 考 文 献

[1] JARCHOW H. Locally Convex Spaces [M]. Stuttgart:B. G. Teubner,1981.

[2] WANG J Y, MA Y M. The second separation theorem in locally β-convex space and the boundedness theorem in its conjugate cone [J]. J Math Res Exposition, 2002, 22(1):25-34.

[3] 王见勇.局部β-凸空间$L^\beta(\mu,X)(0<\beta\leq1)$的共轭锥的次表示定理[J].数学学报,2012,55(6):961-974.

[4] 王见勇.实局部p-凸空间$l^p,L^p(\mu)(0<p\leq1)$的共轭锥的次表示定理[J].数学物理学报,2010,(30(6):1629-1639.

[5] WANG J Y. The subrepresentation theorem of the conjugate cone of $l^p(X)(0<\beta<1)$ [J]. Adv Math (China), 2010, 39(6):709-718.

[6] WANG J Y. The quasi-representation theorem of the conjugate cone $[L^\beta(\mu,X)]_\beta^*(0<\beta<1)$ [J]. Acta Math Sinica (Engl Ser), 2009, 25(12):1729-1740.

[7] WANG J Y. The presentation problem of the conjugate cone of Hardy space $H^p(0<p<1)$ [J]. Chinese Ann Math Ser B, 2013,34(4):541-556.

凸性模估计定理的推广[①]

河南师范大学数学系的杨长森教授和武汉大学数学系的赵俊峰教授 1998 年证明了 $L_p(X)$ 的凸性模 $\delta_{L_p(X)}(\varepsilon)$ 与 X 的凸性模 $\delta_X(\varepsilon)$ 之间有下列关系

$$a\delta_X(b\varepsilon^{\frac{p}{2}}) \leqslant \delta_{L_p(X)}(\varepsilon) \leqslant \delta_X(\varepsilon) \quad (p \geqslant 2)$$
$$c\delta_X(d\varepsilon) \leqslant \delta_{L_p(X)}(\varepsilon) \leqslant \delta_X(\varepsilon) \quad (1 < p \leqslant 2)$$

其中 a, b, c, d 是正常数.

§1 引　言

设 X 是一个 Banach 空间,$\dim(X) \geqslant 2$,定义 X 的凸性模为
$$\delta_X(\varepsilon) = \inf\{1 - \|(x+y)/2\| \quad x, y \in X$$
$$\|x\| = \|y\| = 1, \|x - y\| = \varepsilon\}$$
$$(0 < \varepsilon \leqslant 2)$$

设 $[0,1]$ 上一切 X-值可测函数组成的集合为 E,定义

[①] 数学学报第 41 卷第 1 期,1998 年 1 月.

$$L_p(X) = \left\{ f \in E; \|f\|_{Lp(X)} \right.$$
$$= \left. \left(\int_0^1 \|f(t)\|_X^p dt \right)^{\frac{1}{p}} < +\infty \right\}$$

其中 $1 < p < +\infty$。在文献[1]中，T. Figiel 和 G. Pisier 证明了对每个 Banach 空间 X，存在常数 $a, b > 0$ 使得
$$a\delta_X(b\varepsilon) \leq \delta_{L_2(X)}(\varepsilon) \leq \delta_X(\varepsilon) \quad (0 < \varepsilon \leq 2)$$
本节将这一结果推广到一般情形，得到下面定理：

定理 4.1.1 对每个 Banach 空间 X，存在正常数 a, b, c, d 使得

(1) 当 $p \geq 2$ 时，$a\delta_X(b\varepsilon^{\frac{p}{2}}) \leq \delta_{L_p(X)}(\varepsilon) \leq \delta_X(\varepsilon)$

(2) 当 $1 < p < 2$ 时，$c\delta_X(d\varepsilon) \leq \delta_{L_p(X)}(\varepsilon) \leq \delta_X(\varepsilon)$.

该不等式的阶是最佳的，因为对实空间 L_p，我们有[2]
$$\delta_{L_p}(\varepsilon) = \begin{cases} \dfrac{\varepsilon^2(p-1)}{8} + o(\varepsilon^2), & 1 < p < 2 \\ \dfrac{\varepsilon^p}{p^{2p}} + o(\varepsilon^p), & p \geq 2 \end{cases}$$

§2 定理 4.1.1 的证明

引理 4.2.1[2] 对任意的 Banach 空间 X，存在一个 $[0,2]$ 上的凸函数 $\alpha^-(\varepsilon)$，对某两个正常数 k_1, k_2 有
$$k_1 \delta_X(k_2\varepsilon) \leq \alpha^-(\varepsilon^2) \leq \delta_X(\varepsilon) \quad (0 < \varepsilon \leq 2)$$

引理 4.2.2[3] 对任意两个数 a, b 有
$$|a+b|^p + |a-b|^p \leq 2^{p-1}(|a|^p + |b|^p) \quad (p \geq 2)$$
$$|a+b|^p + |a-b|^p \leq 2(|a|^p + |b|^p) \quad (1 < p \leq 2)$$

引理 4.2.3 当 $|t| < 1$ 时，有

Hölder 定理

$$\frac{(p-1)(1-t)^2}{4} + \left(\frac{(1+t)}{2}\right)^2$$

$$\leqslant \left(\frac{(1+|t|^p)}{2}\right)^{\frac{2}{p}} \quad (1 < p \leqslant 2)$$

证明 当 $p=2$ 时,该不等式显然成立. 设 $1 < p < 2$,令

$$\Phi(t) = \frac{\left(\frac{1+t^p}{2}\right) - \left(\frac{1+t}{2}\right)^2}{(1-t)^2} \quad (0 \leqslant t < 1)$$

则

$$\Phi'(t) = \frac{2}{(1-t)^3}\left[\left(\frac{1+t^{p-1}}{2}\right)\left(\frac{1+t^p}{2}\right)^{\left(\frac{2}{p}\right)-1} - \frac{(1+t)}{2}\right]$$

满足 $\Phi'(t) = 0$ 的点必满足方程

$$\frac{(1+t)}{2} = \frac{1+t^{p-1}}{2}\left[\frac{(1+t^p)}{2}\right]^{\left(\frac{2}{p}\right)-1} \quad (4.2.1)$$

设 $t_0 \in (0,1)$ 是满足方程(4.2.1)的任一点,则

$$\Phi(t_0) = \frac{\left\{\left(\frac{1+t_0^p}{2}\right)^{\frac{2}{p}} - \frac{(1+t_0)^2}{2^2}\right\}}{(1-t_0)^2}$$

$$= \frac{\left\{\left(\frac{1+t_0^p}{2}\right)^{\left(\frac{2}{p}\right)-1}(1-t_0^{p-1})\right\}}{4(1-t_0)}$$

令 $f(t) = \dfrac{\left\{\left(\frac{1+t^p}{2}\right)^{\frac{2}{p}-1}\right\}(1-t^{p-1})}{(1-t)}, 0 < t < 1$,则

$$f'(t) = \left(\frac{1+t^p}{2}\right)^{\left(\frac{2}{p}\right)-2}(1-t)^{-2} \cdot$$

$$\left\{\frac{t^p(p-1)}{2} + \frac{t^{p-2}(1-p)}{2} - \frac{t^{2p-2}}{2} + \frac{1}{2}\right\}$$

记

$$g(t) = \frac{t^p(p-1)}{2} + \frac{t^{p-2}}{2} - \frac{t^{2p-2}}{2} + \frac{1}{2}$$

那么

$$g'(t) = \frac{t^{(p-1)}p(p-1)}{2} + \frac{t^{p-3}(1-p)(p-2)}{2} - (p-1)t^{2p-3}$$

$$\equiv t^{p-3}h(t)$$

其中 $h(t) = \frac{t^2 p(p-1)}{2} + \frac{(1-p)(p-2)}{2} - (p-1)t^p$.

因为 $h'(t) = p(p-1)t - p(p-1)t^{p-1} < 0$，从而 $h(t)$ 是单调下降的，故 $h(t) \geqslant h(1) = 0$. 再由 $g'(t) > 0$ 知 $g(t)$ 单调上升，故 $g(t) \leqslant g(1) = 0$. 最后由 $f'(t) < 0$，我们知 $f(t)$ 单调下降，故 $f(t) \geqslant \lim_{t \to 1^-} f(t) = p - 1$. 那么

$$\Phi(t_0) \geqslant \frac{(p-1)}{4} \qquad (4.2.2)$$

若 $t = 0$

$$\Phi(0) = \left(\frac{1}{2}\right)^{\frac{2}{p}} - \left(\frac{1}{2}\right)^2 \geqslant \frac{(p-1)}{4} \quad (4.2.3)$$

若 $t = 1$

$$\lim_{t \to 1^-} \Phi(t) = \frac{(p-1)}{4} \qquad (4.2.4)$$

从 (4.2.2)，(4.2.3)，(4.2.4) 我们得到 $\Phi(t) \geqslant \frac{(p-1)}{4}, (0 \leqslant t \leqslant 1)$.

类似地可以证明 $-1 < t < 0$ 时的情形.

利用引理 4.2.3 可证明下面的引理 4.2.4，引理 4.2.4 推广了 [3] 中的引理 1.e.10.

引理 4.2.4 设 X 是一个 Banach 空间，$x, y \in X$，且 $\|x\|^p + \|y\|^p = 2$，则

Hölder 定理

(ⅰ) 若 $p \geq 2$, $\|x+y\|^p \leq 2^p\{1-\delta_X(\|(x-y)/c\|^{\frac{p}{2}})\}$, 其中 $c=(1-2^{-\frac{2}{p}})^{-1}$.

(ⅱ) 若 $1 < p < 2$, $\|x+y\|^p \leq 2^p\{\frac{1-(p(p-1))}{2}\delta_X(\frac{\|x-y\|}{2})\}$.

证明 (1) $p \geq 2$ 时, 不失一般性, 设 $\|x\| \geq \|y\|$.

(ⅰ) 若

$$(\|x\|-\|y\|)^p \geq 2^p\delta_X(\|\frac{x-y}{2}\|^{\frac{p}{2}})$$

由引理 2, $\frac{\delta_X(\varepsilon)}{\varepsilon}$ 在 $(0,2]$ 上非减及 $\delta_X(\varepsilon) \leq \delta_2(\varepsilon)$ 可得

$$\|x+y\|^p \leq (\|x\|+\|y\|)^p$$
$$\leq 2^{p-1}(\|x\|^p+\|y\|^p)-(\|x\|-\|y\|)^p$$
$$\leq 2^p - 2^p\delta_X(\|\frac{x-y}{2}\|^{\frac{p}{2}})$$
$$\leq 2^p(1-\delta_X(\|\frac{x-y}{c}\|^{\frac{p}{2}}))$$

(ⅱ) 若 $(\|x\|-\|y\|)^p < 2^p\delta_X(\|\frac{x-y}{2}\|^{\frac{p}{2}})$, 则

$$(\|x\|-\|y\|)^p \leq 2^p\delta_2(\|\frac{x-y}{2}\|^{\frac{p}{2}})$$
$$=2^p\left(1-\left(1-\frac{(\|\frac{x-y}{2}\|^p)}{4}\right)^{\frac{1}{2}}\right) \leq \frac{\|x-y\|^p}{4}$$

故有 $\|x\|-\|y\| \leq 2^{-\frac{2}{p}}\|x-y\|$. 令 $z=\frac{x\|y\|}{\|x\|}$, 则

$$\|y-z\| \geq \|x-y\|-\|x-z\|$$
$$=\|x-y\|-(\|x\|-\|y\|) \geq \frac{\|x-y\|}{c}$$

$$\delta_X\left(\frac{\|x-y\|}{c\|y\|}\right) \leq \delta_X\left(\frac{\|y-z\|}{\|y\|}\right) \leq 1 - \left(\frac{\|y+z\|}{2\|y\|}\right)$$

故

$$\|x+y\| \leq \|x-z\| + \|y+z\|$$

$$\leq \|x\| + \|y\| - 2\delta_X\left(\frac{\|x-y\|}{c\|y\|}\right)\|y\|$$

$$\leq \|x\| + \|y\| - 2\delta_X\left(\frac{\|x-y\|}{c}\right)$$

再由 $\|x\| + \|y\| \leq 2^{\frac{1}{q}}(\|x\|^p + \|y\|^p)^{\frac{1}{p}} = 2$,知

$$\|x+y\|^p \leq 2^p\left(1 - \delta_X\left(\frac{\|x-y\|}{c}\right)\right)^p$$

$$\leq 2^p\left(1 - \delta_X\left(\frac{\|x-y\|}{c}\right)^{\frac{p}{2}}\right)$$

(2) $1 < p \leq 2$,

(i) 若 $(\|x\| - \|y\|)^2 \leq 4\delta_X\left(\frac{\|x-y\|}{2}\right)$, 则

$$(\|x\| - \|y\|)^2 \leq 4\delta_2\left(\frac{\|x-y\|}{2}\right) \leq \left(\frac{\|x-y\|}{2}\right)^2$$

令 $z = \frac{x\|y\|}{\|x\|}$, 可证

$$\|y-z\| \geq \|x-y\| - \|x-z\| \geq \frac{\|x-y\|}{2}$$

$$\delta_X\left(\frac{\|x-y\|}{2\|y\|}\right) \leq \delta_X\left(\frac{\|y-z\|}{\|y\|}\right) \leq 1 - \left(\frac{\|y+z\|}{2\|y\|}\right)$$

$$\|x+y\| \leq \|x-z\| + \|y+z\|$$

$$\leq \|x\| + \|y\| - 2\delta_X\left(\frac{\|x-y\|}{2\|y\|}\right)\|y\|$$

$$\leq 2 - 2\delta_X\left(\frac{\|x-y\|}{2}\right)$$

从而 $\|x+y\|^p \leq 2^p\left(1 - \delta_X\left(\frac{\|x-y\|}{2}\right)\right)^p \leq$

Hölder 定理

$$2^p\left(1-\frac{p(p-1)}{2}\delta_X\left(\frac{\|x-y\|}{2}\right)\right).$$

(ii) 如果 $(\|x\|-\|y\|)^2 > 4\delta_X\left(\left\|\frac{(x-y)}{2}\right\|\right)$,

由引理 4.2.3 知

$$(p-1)\frac{(\|x\|-\|y\|)^2}{4}$$

$$\leqslant \left(\frac{(\|x\|^p+\|y\|^p)}{2}\right)^{\frac{2}{p}} - \left(\frac{(\|x\|+\|y\|)}{2}\right)^2$$

$$\leqslant 1-\left(\frac{(\|x+y\|)}{2}\right)^2.$$

因此 $\|x+y\|^p \leqslant 2^p\left(1-\frac{p(p-1)}{2}\delta_X\left(\frac{\|x-y\|}{2}\right)\right).$

另一证明方法

(1) 当 $p \geqslant 2$ 时, 由于 X 等距于 $L_p(X)$ 的一个子空间, 故 $\delta_{L_p(X)}(\varepsilon) \leqslant \delta_X(\varepsilon)$.

下面证左边的不等式. 设 $f,g \in L_p(X)$ 且 $\|f\|_p = \|g\|_p = 1$, $\|f-g\|_p = \varepsilon$. 令 $\Phi(t) = \left(\frac{(\|f(t)\|_X^p+\|g(t)\|_X^p)}{2}\right)^{\frac{1}{p}}$. 不妨设 $\Phi(t) > 0$. 引理 4.2.4 得

$$\int_0^1 \|f(t)+g(t)\|_X^p \mathrm{d}t$$

$$\leqslant \int_0^1 \Phi^p(t) 2^p\left(1-\delta_X\left(\left\|\frac{f(t)-g(t)}{c\Phi(t)}\right\|_X^{\frac{p}{2}}\right)\right)\mathrm{d}t$$

$$= 2^p\left(1-\int_0^1 \Phi^p(t)\delta_X\left(\left\|\frac{f(t)-g(t)}{c\Phi(t)}\right\|_X^{\frac{p}{2}}\right)\mathrm{d}t\right)$$

应用引理 4.2.1 及 $\alpha^-(\varepsilon)$ 的凸性, 我们有

$$\|f+g\|_X^p \leqslant 2^p\left(1-\int_0^1 \Phi^p(t)\alpha^-\left(\left\|\frac{f(t)-g(t)}{c\Phi(t)}\right\|_X^p\right)\mathrm{d}t\right)$$

336

第三编 凸集与凸区域

$$\leqslant 2^p \left(1 - \alpha^{-} \left(\int_0^1 \left\|\frac{f(t)-g(t)}{c}\right\|_X^p\right) \mathrm{d}t\right)$$

$$= 2^p \left(1 - \alpha^{-} \left(\frac{\varepsilon}{c}\right)^p\right)$$

$$\leqslant 2^p \left(1 - k_1 \delta_X \left(k_2 \left(\frac{\varepsilon}{c}\right)^{\frac{p}{2}}\right)\right)$$

因为 $\|f+g\|_p \leqslant 2(1 - a\delta_X(b\varepsilon^{\frac{p}{2}}))$. 故 $\delta_{L_p(X)}(\varepsilon) \geqslant a\delta_X(b\varepsilon^{\frac{p}{2}})$, 其中 a,b 为两个正常数.

(2) 当 $1 < p < 2$ 时, 仍有 $\delta_{L_p(X)}(\varepsilon) \leqslant \delta_X(\varepsilon)$. 为证左边不等式, 设 $f,g \in L_p(X)$, $\|f\|_p = \|g\|_p = 1$, $\|f-g\|_p = \varepsilon$, 令 $\Phi(t) = \left(\frac{(\|f(t)\|_X^p + \|g(t)\|_X^p)}{2}\right)^{\frac{1}{p}}$.

不妨设 $\Phi(t) > 0$. 由引理 4.2.4 得

$$\|f+g\|_p^p$$

$$\leqslant \int_0^1 \Phi^p(t) 2^p \left(1 - \frac{p(p-1)}{2}\right) \delta_X \left(\left\|\frac{(f(t)-g(t))}{2\Phi(t)}\right\|_X\right) \mathrm{d}t$$

$$= 2^p - 2^{p-1} p(p-1) \int_0^1 \Phi^p(t) \delta_X \left(\left\|\frac{(f(t)-g(t))}{2\Phi(t)}\right\|_X\right) \mathrm{d}t$$

$$\leqslant 2^p - 2^{p-1} p(p-1) \int_0^1 \Phi^p(t) \alpha^{-} \left(\left\|\frac{(f(t)-g(t))}{2\Phi(t)}\right\|_X^2\right) \mathrm{d}t$$

$$\leqslant 2^p - 2^{p-1} p(p-1) \alpha^{-} \int_0^1 \Phi^{p-2}(t) \left(\left\|\frac{(f(t)-g(t))}{2}\right\|_X^2\right) \mathrm{d}t$$

另一方面

$$\int_0^1 \left\|\frac{(f(t)-g(t))}{2}\right\|_X^p \mathrm{d}t$$

$$= \int_0^1 \left\|\frac{(f(t)-g(t))}{2}\right\|_X^p \Phi^{\frac{p(p-2)}{2}}(t) \Phi^{\frac{p(2-p)}{2}}(t) \mathrm{d}t$$

Hölder 定理

$$\leq \left(\int_0^1 \left\|\frac{(f(t)-g(t))}{2}\right\|_X^2 \Phi^{p-2}(t)dt\right)^{\frac{p}{2}} \left(\int_0^1 \Phi^p(t)dt\right)^{\frac{(2-p)}{2}}$$

$$= \left(\int_0^1 \left\|\frac{(f(t)-g(t))}{2}\right\|_X^2 \Phi^{p-2}(t)dt\right)^{\frac{p}{2}}$$

因此 $\left\|\frac{(f-g)}{2}\right\|_p^2 \leq \int_0^1 \Phi^{p-2}(t)\left\|\frac{(f(t)-g(t))}{2}\right\|_X^2 dt$. 故

$$\|(f+g)\|_p^p \leq 2^p - 2^{p-1}p(p-1)k_1\delta_X \cdot$$

$$\left(k_2\left(\int_0^1 \left\|\frac{(f(t)-g(t))}{2}\right\|_X^2 \Phi^{p-2}(t)dt\right)\right)^{\frac{1}{2}}$$

$$\leq 2^p - 2^{p-1}p(p-1)k_1\delta_X\left(k_2\left(\left\|\frac{(f-g)}{2}\right\|_p\right)\right)$$

$$= 2^p - 2^p c\delta_X(d\varepsilon)$$

因此 $\delta_{L_p}(\varepsilon) \geq c\delta_X(d\varepsilon)$. 其中 c,d 为两个正常数. 定理证毕.

如果用 $\rho_X(\tau)$ 表示 Banach 空间 X 的光滑模

$$\rho_X(\tau) = \sup\left\{\frac{(\|x+y\|+\|x-y\|)}{2} - 1;\right.$$

$$\left. x,y \in X, \|x\|=1, \|y\|=\tau\right\}$$

由对偶性, 可证

定理 4.2.1 对每个 Banach 空间 X, 存在正数 a, b,c, 使得

$$\rho_X(\tau) \leq \rho_{L_p(X)}(\tau) \leq \rho_X(\tau), \tau \geq 0, p \geq 2$$

$$\rho_X(\tau) \leq \rho_{L_p(X)}(\tau) \leq \sup\left\{\frac{\tau\varepsilon}{2} - a\delta_X \cdot (b\varepsilon^{\frac{q}{2}}); 0 \leq \varepsilon \leq 2\right\}$$

$$(1 < p < 2)$$

其中 $\frac{1}{p}+\frac{1}{q}=1$. 特别地, 当 $\delta_X^*(\varepsilon) = d\varepsilon^2 + o(\varepsilon^2)$ 时有

$$\rho_X(\tau) \leq \rho_{L_p(X)}(\tau) \leq c_2'\tau^p \leq c_2\rho_X(\tau^{\frac{p}{2}})$$

§3 关于凸性模的几点注记

如果 $0 < \beta < 1$,定义

$$\delta_X^{(\beta)}(\varepsilon) = \inf\{1 - \|\beta x + (1-\beta)y\|$$
$$\|x\| = \|y\| = 1, \|x-y\| = \varepsilon\}$$
$$\rho_X^{(\beta)}(\tau) = \sup\{\beta_0\|x+y\| + \|(1-\beta_0)x - \beta_0 y\| - 1$$
$$\|x\| = 1, \|y\| = \tau\}$$

其中 $\beta_0 = \min(\beta, 1-\beta)$. 则有

定理 4.3.1 设 X 是一个 Banach 空间,$\dim(X) \geqslant 2$. 则 X 是一致凸的充要条件是:对某 $\beta \in (0,1)$ 有 $\delta_X^{(\beta)}(\varepsilon) > 0$ 对任意 $\varepsilon > 0$ 成立. 事实上,我们有下面的不等式

$$\delta_X(2\beta_0 \varepsilon) \leqslant \delta_X^{(\beta)}(\varepsilon) \leqslant \delta_X(2(1-\beta_0)\varepsilon)$$

其中 $\beta_0 = \min\{\beta, 1-\beta\}$.

证明 不妨设 $0 < \beta \leqslant \dfrac{1}{2}, 1-\beta \geqslant \beta$.

$$1 - \|\beta x + (1-\beta)y\| = 1 - \left\|\frac{(u+v)}{2}\right\|$$
$$\|x\| = \|y\| = 1, \|x-y\| = \varepsilon.$$

其中,$u = 2\beta x + (1-2\beta)y, v = y$,则 $\|u\| \leqslant 1; \|v\| \leqslant 1$,$\|u-v\| = 2\beta\varepsilon$. 故 $\delta_X^{(\beta)}(\varepsilon) \geqslant \delta_X(2\beta\varepsilon)$.

反之,令 $u = x, v = \dfrac{\left(1 - \dfrac{\beta}{1-\beta}\right)x + \left(1 + \dfrac{\beta}{1-\beta}\right)y}{2}$,则

$$1 - \left\|\frac{(x+y)}{2}\right\| = 1 - \|\beta u + (1-\beta)v\|$$
$$\|u-v\| = \frac{\varepsilon}{2(1-\beta)}$$

Hölder 定理

故 $\delta_X(\varepsilon) \geqslant \delta_X^{(\beta)}\left(\dfrac{\varepsilon}{2(1-\beta)}\right)$. 类似于 $\delta_X(\varepsilon)$ 与 $\rho_X(\tau)$ 的性质可证:

定理 4.3.2 设 X 是一个 Banach 空间,X^* 是 X 的共轭空间. 则

(1) $\rho_{X^*}^{(\beta)}(\tau) = \sup\{\beta_0\tau\varepsilon - \delta_X^{(\beta)}(\varepsilon); 0 \leqslant \varepsilon \leqslant 2\}$;

(2) $\lim\limits_{\tau \to 0} \dfrac{\rho_X(\tau)}{\tau} = 0$ 当且仅当对某 $\beta \in (0,1)$,有 $\lim\limits_{\tau \to 0} \rho_X^{(\beta)} \dfrac{(\tau)}{\tau} = 0$;

(3) $\dfrac{\delta_X^{(\beta)}(\varepsilon)}{\varepsilon}$ 是 $(0,2]$ 上的非降函数;$\beta \in (0,1)$;

(4) $\rho_X^{(\beta)}(\tau)$ 满足 Δ_2 条件于 $\tau = 0$ 处,即

$$\lim_{\tau \to 0^+} \sup \rho_X^{(\beta)} \dfrac{(2\tau)}{\rho_X^{(\beta)}(\tau)} \leqslant \dfrac{(3-2\beta)}{\beta}.$$

(5) 存在一个正常数,使得对任意 $0 < \tau < \eta$,有 $\dfrac{\rho_X^{(\beta)}(\eta)}{\eta^2} \leqslant \dfrac{\varphi\rho_X^{(\beta)}(\tau)}{\tau^2}$.

对于 $L_p(X)$,我们有下列推论:

推论 4.3.1 设 X 是一个 Banach 空间,$1 < p < +\infty$,$\dim(X) \geqslant 2$, $0 < \beta < 1$,则

$$\delta_X^{(\beta)}(\varepsilon) \geqslant \delta_{L_p(X)}^{(\beta)}(\varepsilon) \geqslant a\delta_X^{(\beta)}(b\varepsilon^{\frac{p}{2}}) \quad (p \geqslant 2)$$

$$\delta_X^{(\beta)}(\varepsilon) \geqslant \delta_{L_p(X)}^{(\beta)}(\varepsilon) \geqslant c\delta_X^{(\beta)}(d\varepsilon) \quad (1 < p < 2)$$

其中 a,b,c,d 是与 ε 无关的正常数.

参 考 文 献

[1] FIGIEL T, PISIER G. Séries aléatoires dans les espaes uniformément convexe ou uniformément

lisses[J]. C R Acad Sci, Paris, 1974, 279(A):611-614.

[2] LINDENSTRAUSS J, TZAFRIRI L. Classical Banach Spaces Ⅱ, Function Spaces [M]. New York: Springer, 1979, 59-69.

[3] JAKIMOVSKI A, RUSSELL D C. An inequality for the L^p – norm related to uniform convexity [J]. R Math Rep Acad Sci Canada, 1981, 3(1):23-27.

[4] 赵俊峰. Banach 空间结构理论[M]. 武汉:武汉大学出版社,1991.

附 录

赋范空间中凸泛函 Lipschitz 连续性与函数有下界的关系[①]

凸函数是许多数学分支中的一个重要研究对象,其性质的研究受到各学科领域的广泛关注. Lipschitz 连续性是许多非线性问题中的一个最基本的假设条件. 因此,有关凸函数的 Lipschitz 连续性的研究具有重要的理论意义,在许多数学分支中都有重要应用. 张纯彦在文献[1]中证明了赋范线性空间中凸函数在某一点连续等价于函数的局部 Lipschitz 连续性. 而 C. D. Aliprantism 在文献[2]中完整地证明了凸泛函在某一点局部有上界等价于函数的局部 Lipschitz 连续性,并且得到了凸函数的 Lipschitz 连续性的一系列等价命题(见下面定理1). 但是,据我们所知,关于凸泛函的 Lipschitz 连续性和凸泛函的局部有下界的关系并没有被研究过. 函数的 Lipschitz 连续性显然蕴含函数在某点局部下有界,而后者是否像局部上有界那样也

---

① 安杨. 赵福军.

Hölder 定理

蕴含函数的 Lipschitz 连续性,仍不得而知.

本文首先利用赋范空间的 Hamel 基证明了一个重要命题:在任意无穷维赋范线性空间中都存在这样的凸函数,它在全空间有下界但不是 Lipschitz 连续的. 其次,我们利用 Banach 空间的 Baire 纲理论,证明了完备赋范空间中凸函数的 Lipschitz 连续性与其在某一球型邻域内下半连续等价.

设 E 是赋范线性空间,p 是定义在 E 上的一个函数. 不失一般性,本文假设函数 p 不取 ∞,即 $\forall x \in E$, $p(x) \neq \infty$(否则,我们可以在 $\mathrm{int}(D(f))$,$D(f) = \{x \in E, |p(x)| < +\infty\}$ 上做讨论).

首先,我们回顾有关凸函数的一系列等价性质[2]:

定理 1 在任意赋范线性空间中,凸函数的以下性质相互等价:

(1)在某一点局部有上界;

(2)在某一点上极限为有限数;

(3)在某一点上半连续;

(4)在某一点连续;

(5)处处连续;

(6)一致连续;

(7)是 Lipschitz 连续的.

上述定理表明,凸函数在某一点局部有上界蕴含函数的 Lipschitz 连续性. 那么,一个自然的问题是,如果一个凸函数在某一点局部有下界,能不能得到类似的 Lipschitz 连续性. 下面的命题表明,即使凸函数在全空间有下界,也不能得到这个结论.

命题 任何一个无穷维赋范线性空间 E 中都存

在有下界的凸泛函 p,它不是连续的.

证明 事实上,任何一个有限维赋范线性空间中的凸泛函都是连续的,文献[3]给出了证明. 设 $\{e_\lambda\}$ 是 E 中的一组 Hamel 基,由于 E 是无穷维空间,因此 $\{e_\lambda\}$ 必是无限的,从而可以从中选取一个可数子列 $\{e_i\}(i\in\mathbf{N})$,对于任意 $x\in E$,由 Hamel 基的性质知必有

$$x = \sum_{k=1}^{n} x_k e_k + \sum_{j=1}^{m} x_j e_{\lambda_i} \quad (n,m\in\mathbf{N})$$

我们首先定义泛函 $f_0(x)$

$$f_0(x) = f_0\left(\sum_{k=1}^{n} x_k e_k + \sum_{j=1}^{m} x_j e_{\lambda_j}\right) \triangleq \sum_{k=1}^{n} kx_k, \forall x\in E$$

它显然是线性的,再构造一个函数 $p(x)$

$$p(x) = |f_0(x)|$$

由三角不等式可得它的凸性从而它是一个凸泛函,且有 $p(x)\geq 0$,它在全空间 E 上是有下界的. 但是,我们将要说明 $p(x)$ 在原点不连续. 事实上,取 $x_n = \dfrac{1}{\sqrt{n}}e_n$ $(n\in\mathbf{N})$ 这是一个空间 E 中的元列,显然有 $x_n\to\theta$ $(n\to\infty)$,但是

$$p(x_n) = \left|f_0\left(\frac{1}{\sqrt{n}}e_n\right)\right| = \frac{n}{\sqrt{n}} = \sqrt{n} \to +\infty \quad (n\to\infty)$$

而

$$p(\theta) = f_0(\theta) = 0$$

于是 $p(x)$ 在原点不连续.

上述命题表明,如果凸函数 p 在某一点局部有下界,并不能得到函数的连续性,自然也不能得到 p 是

Lipschitz 连续的. 不过,如果所研究的空间是完备的,并且适当加强 p 在某一点局部有下界的条件,则可以得到函数的连续性. 事实上,我们可以证明如下定理.

定理 2 设 E 完备,p 是定义在 E 中的凸泛函,则 p 是 Lipschitz 连续的,当且仅当它在某邻域内下半连续. 因此,在完备的赋范线性空间中,下列命题等价:

(1) 在某一点局部有上界;

(2) 在某一点上极限为有限数;

(3) 在某一点上半连续;

(4) 在某一点连续;

(5) 处处连续;

(6) 一致连续;

(7) 是 Lipschitz 连续的;

(8) 在某一球型邻域内均下半连续.

证明 仅证明(8)与(7)的等价性. 不妨设 p 在开球 $O_r(\theta)$ 中每点都下半连续. 下面我们用反证法来证明,p 必在某一点局部上有界,从而根据(1)与(7)的等价性,立即可以得到 p 在 E 上是 Lipschitz 连续的.

假设 p 在任意一点的任意邻域内都无上界,我们来这样构造一个数列:取 $x_0 = \theta$,则由于 p 在点 x_0 处下半连续,即有:给定 $\varepsilon_0 > 0$ 必存在 $r_1 > 0$ 在开球 $O_{r_1}(x_0)$ 内任意一点 x 都满足

$$p(x) > p(x_0) - \varepsilon_0$$

又因为假设条件,p 在任意邻域内都不是局部有上界的,故在 $O_{r_1}(x_0)$ 中必可以找到点 x_1 使得 $p(x_1) > 1$. 且由 p 在点 x_1 处下半连续性可知,对于给定的这个 $\varepsilon_0 > 0$ 必存在 $r_2, 0 < r_2 < \dfrac{1}{2} r_1$,以及 $B_{r_2}(x_1) \subset O_{r_1}(x_0)$.

其中 $B_{r_2}(x_1)$ 是 $O_{r_2}(x_1)$ 的闭包,使得在 $O_{r_2}(x_1)$ 内任意一点 x 都满足

$$p(x) > p(x_1) - \varepsilon_0$$

这样 x_1, r_2 的地位和最初 x_0, r_1 的地位完全相同,我们可继续依照这样的方法取下去,便可得到点列 $\{x_n\}$ 以及一系列的开球型邻域 $O_{r_{n+1}}(x_n)$. 在每个球 $O_{r_{n+1}}(x_n)$ 中均有

$$p(x) > p(x_n) - \varepsilon_0, p(x_n) > n$$

以及

$$r_{n+1} < \frac{1}{2} r_n, B_{r_{n+1}}(x_n) \subset O_{r_n}(x_{n-1}) \quad (n \in \mathbf{N})$$

这一系列开球的闭包所对应的闭球套 B_{r_n} 的直径趋向于零,且 $x_m \in B_{r_n}(x_{n-1}) (m > n)$,因此 $\{x_n\}$ 是空间中的基本列,由空间的完备性得知,存在唯一的 $\tilde{x} \in E$,使得 $x_n \to \tilde{x} (n \to \infty)$. 对于任意的一个球 B_{r_n},除点列 $\{x_n\}$ 中的有限项外,其余均在 B_{r_n} 中. 因此 $\tilde{x} \in \bigcap_{n \in \mathbf{N}} B_{r_n}$,注意到 B_{r_n} 是 O_{r_n} 的闭包,且 $B_{r_n} \subset O_{r_{n-1}}$,故 $\tilde{x} \in \bigcap_{n \in \mathbf{N}} O_{r_n}$,从而导出

$$p(\tilde{x}) > p(x_n) - \varepsilon_0 > n - \varepsilon_0 \quad (n \in \mathbf{N})$$

这与 $p(\tilde{x})$ 是有限数矛盾. 故假设不成立,因而必存在一点,使得 p 在此点局部有上界,故根据(1)与(7)的等价性,我们便可得到 p 在 E 上是 Lipschitz 连续的.

参考文献

[1] 张纯彦. 泛函凸性的等价条件及凸泛函连续的充要条件[J]. 白城师范学院学报, 2001, 15:38-43.

[2] ALIPRANTIS C D, KIM C B. Infinite Dimensional Analysis[M]. 3rd ed. New York:Springer,2006: 188-190.

[3] 常庚哲,史济怀. 数学分析教程(下册)[M]. 北京:高等教育出版社,2003:100.

凸函数的一些新性质[①]

凸函数是一个传统的研究课题,具有广泛的实际背景和应用价值.对凸函数性质的探究有利于概念的理解及有效地应用.有关凸函数及其性质的研究,一方面是介绍凸函数的定义及其几何意义,凸函数的性质和判定定理,另一方面是琴生(Jensen)不等式及其应用[1].后人在此基础上对凸函数的概念进行了推广,研究得到许多新的性质并将其应用于不同领域.凸函数的一类推广,分别称为平方凸函数和几何凸函数[2].在定义加权同构平均值的基础上将凸函数,平方凸函数,几何凸函数等理论统一为双变量同构凸函数理论,从而在凸函数和琴生不等式的基础上引入了新的元素[3]."双变量同构凸函数"实际上是将一个函数的"双变量同构凸函数"的一般凸性作为它本身的特殊凸性来研究,这样就揭示了普遍凸函数和某些特殊凸函数如几何凸函数,平方凸函数理论

---

① 吴燕.李武.

的一种统一上升理论[4].

本文将从凸函数的定义出发,研究得出凸函数一些新的性质结果.

定义 1 设 $f(x)$ 为定义在区间 I 上的函数,若对 I 上的任意两点 x_1,x_2 和任意实数 $\lambda \in [0,1]$,总有
$$f(\lambda x_1 + (1-\lambda)x_2) \leqslant \lambda f(x_1) + (1-\lambda)f(x_2)$$
则称 $f(x)$ 为 I 上的凸函数.

定理 1 设 $F:\mathbf{R}\to\mathbf{R}$ 是凸函数,则对任意 $x,y \in \mathbf{R}$ 和任意的自然数 n,有
$$F\left(\frac{x}{2^{2n-1}}\right) \leqslant \frac{1}{2^{2n-1}}F(x+y) + \sum_{p=1}^{2n-1}\frac{1}{2^p}F\left(\frac{(-1)^p y}{2^{2n-1-p}}\right)$$

证法 1(应用数学归纳法)

当 $n=1$ 时,因为
$$F\left(\frac{x}{2}\right) = F\left(\frac{x+y-y}{2}\right) = F\left(\frac{x+y}{2} + \frac{-y}{2}\right)$$
故由定义 1 得
$$F\left(\frac{x}{2}\right) \leqslant \frac{1}{2}F(x+y) + F(-y) \qquad (*)$$
结论显然成立.

当 $n=2$ 时,因为
$$F\left(\frac{x}{2^3}\right) = F\left(\frac{\frac{x+y}{2^2} + \frac{-y}{2^2}}{2}\right) \leqslant \frac{1}{2}F\left(\frac{x+y}{2^2}\right) + \frac{1}{2}F\left(\frac{-y}{2^2}\right)$$
$$= \frac{1}{2}F\left(\frac{\frac{x}{2}+\frac{y}{2}}{2}\right) + \frac{1}{2}F\left(-\frac{y}{4}\right)$$
$$\leqslant \frac{1}{4}F\left(\frac{x}{2}\right) + \frac{1}{4}F\left(\frac{y}{2}\right) + \frac{1}{2}F\left(-\frac{y}{4}\right)$$
故由式(*)可得

$$F(\frac{x}{2^3}) \leq \frac{1}{4}\left[\frac{1}{2}F(x+y) + \frac{1}{2}F(-y)\right] +$$
$$\frac{1}{4}F(\frac{y}{2}) + \frac{1}{2}F(-\frac{y}{4})$$
$$\leq \frac{1}{8}F(x+y) + \frac{1}{8}F(-y) + \frac{1}{4}F(\frac{y}{2}) +$$
$$\frac{1}{2}F(-\frac{y}{4})$$

故当 $n=2$ 时,有

$$F(\frac{x}{2^3}) \leq \frac{1}{2^3}F(x+y) + \sum_{p=1}^{3}\frac{1}{2^p}F(\frac{(-1)^p y}{2^{3-p}})$$

假设 $n=k$ 时命题成立,即有

$$F(\frac{x}{2^{2k-1}}) \leq \frac{1}{2^{2k-1}}F(x+y) + \sum_{p=1}^{2k-1}\frac{1}{2^p}F(\frac{(-1)^p y}{2^{2k-1-p}})$$

则当 $n=k+1$ 时,必有

$$F(\frac{x}{2^{2n+1}}) = F(\frac{\frac{x+y}{2^{2k}} + \frac{-y}{2^{2k}}}{2})$$
$$\leq \frac{1}{2}F(\frac{x+y}{2^{2k}}) + \frac{1}{2}F(\frac{-y}{2^{2k}})$$
$$= \frac{1}{2}F(\frac{\frac{x}{2^{2k-1}} + \frac{y}{2^{2k-1}}}{2}) + \frac{1}{2}F(\frac{-y}{2^{2k}})$$
$$\leq \frac{1}{2^2}F(\frac{x}{2^{2k-1}}) + \frac{1}{2^2}F(\frac{y}{2^{2k-1}}) + \frac{1}{2}F(\frac{-y}{2^{2k}})$$
$$\leq \frac{1}{2^2}\left[\frac{1}{2^{2k-1}}F(x+y) + \sum_{p=1}^{2k-1}\frac{1}{2^p}F(\frac{(-1)^p y}{2^{2k-1-p}})\right]$$
$$= \frac{1}{2^{2k+1}}F(x+y) + \sum_{p=1}^{2k+1}\frac{1}{2^p}F(\frac{(-1)^p y}{2^{2k-1-p}})$$

这就证明了对任何正整数 n,凸函数 F 总有以上

Hölder 定理

不等式成立.

证法 2(应用琴生不等式)

因为

$$F(\frac{x}{2^{n-1}}) = F(\frac{x+y-y+\cdots+y-y}{2^{n-1}})$$

$$= F(\frac{x+y}{2^{n-1}} + \frac{1}{2}\frac{-y}{2^{n-2}} + \frac{1}{2^2}\frac{y}{2^{n-3}} + \cdots +$$

$$\frac{1}{2^{n-2}}\frac{y}{2} + \frac{1}{2^{n-1}}(-y))$$

不妨取

$$\lambda_1 = \frac{1}{2^{n-1}}, \lambda_2 = \frac{1}{2}, \lambda_3 = \frac{1}{2^2}, \cdots, \lambda_{n-1} = \frac{1}{2^{n-2}}, \lambda_n = \frac{1}{2^{n-1}}$$

那么 $\lambda_i > 0 (i=1,2,\cdots,n)$,且 $\sum_{i=1}^{n}\lambda_i = 1$,故由琴生不等式可得

$$F(\lambda_1(x+y) + \lambda_2\frac{-y}{2^{n-2}} + \cdots + \lambda_n(-y))$$

$$\leq \lambda_1 F(x+y) + \lambda_2 F(\frac{-y}{2^{n-2}}) + \cdots + \lambda_n F(-y)$$

从而有

$$F(\frac{x}{2^{n-1}}) \leq \frac{1}{2^{n-1}}F(x+y) + \frac{1}{2}F(\frac{-y}{2^{n-2}}) + \cdots +$$

$$\frac{1}{2^{n-2}}F(\frac{y}{2}) + \frac{1}{2^{n-1}}F(-y)$$

$$= \frac{1}{2^{n-1}}F(x+y) + \sum_{p=1}^{2n-1}\frac{1}{2^p}F(\frac{(-1)^p y}{2^{n-1-p}})$$

定理 2 如果 $F: \mathbf{R} \to \mathbf{R}$ 是凸函数,则对任何的自然数 m 和 $v_1, v_2, v_3 \in \mathbf{R}$,有

$$-F(v_1 + v_2 + v_3) \leq -2^{2m}F(\frac{v_1}{2^m}) + 2^{2m-1}F(\frac{-v_2}{2^{m-1}}) +$$

$$\sum_{p=1}^{2m-1} 2^{2m-1-p} F\left(\frac{(-1)^p v_3}{2^{2m-1-p}}\right)$$

证法 1(应用数学归纳法)

当 $m=1$ 时,因为

$$F\left(\frac{v_1}{2^2}\right) = F\left(\frac{\frac{v_1}{2}+\frac{v_2}{2}}{2} + \frac{\frac{-v_2}{2}}{2}\right)$$

$$\leqslant \frac{1}{2} F\left(\frac{v_1+v_2}{2}\right) + \frac{1}{2} F\left(\frac{-v_2}{2}\right)$$

$$= \frac{1}{2} F\left(\frac{v_1+v_2+v_3}{2} + \frac{-v_3}{2}\right) + \frac{1}{2} F\left(\frac{-v_2}{2}\right)$$

$$\leqslant \frac{1}{2^2} F(v_1+v_2+v_3) + \frac{1}{2^2} F(-v_3) + \frac{1}{2} F\left(\frac{-v_2}{2}\right)$$

所以

$$-2^2 F\left(\frac{v_1}{2^2}\right) \geqslant -F(v_1+v_2+v_3) - F(-v_3) - 2F\left(\frac{-v_2}{2}\right)$$

也即

$$-F(v_1+v_2+v_3) \leqslant -2^2 F\left(\frac{v_1}{2^2}\right) + 2F\left(\frac{-v_2}{2}\right) + F(-v_3)$$

当 $m=2$ 时,因为

$$F\left(\frac{v_1}{2^4}\right) = F\left(\frac{\frac{v_1}{2^3}+\frac{v_2}{2^3}+\frac{-v_2}{2^3}}{2}\right)$$

$$\leqslant \frac{1}{2} F\left(\frac{v_1+v_2}{2^3}\right) + \frac{1}{2} F\left(\frac{-v_2}{2^3}\right)$$

$$= \frac{1}{2} F\left(\frac{\frac{v_1+v_2}{2^2}+\frac{v_3}{2^2}}{2} + \frac{\frac{-v_3}{2^2}}{2}\right) + \frac{1}{2} F\left(\frac{-v_2}{2^3}\right)$$

Hölder 定理

$$\leqslant \frac{1}{2^2}F(\frac{v_1+v_2+v_3}{2^2}) + \frac{1}{2^2}F(\frac{-v_3}{2^2}) + \frac{1}{2}F(\frac{-v_2}{2^3})$$

$$= \frac{1}{2^2}F(\frac{\frac{v_1+v_2}{2}+\frac{v_3}{2}}{2}) + \frac{1}{2^2}F(\frac{-v_3}{2^2}) + \frac{1}{2}F(\frac{-v_2}{2^3})$$

$$\leqslant \frac{1}{2^3}F(\frac{v_1+v_2}{2}) + \frac{1}{2^3}F(\frac{v_3}{2}) + \frac{1}{2^2}F(\frac{-v_3}{2^2}) + \frac{1}{2}F(\frac{-v_2}{2^3})$$

$$= \frac{1}{2^3}F(\frac{v_1+v_2+v_3}{2} + \frac{-v_3}{2}) + \frac{1}{2^3}F(\frac{v_3}{2}) +$$

$$\frac{1}{2^2}F(\frac{-v_3}{2^2}) + \frac{1}{2}F(\frac{-v_2}{2^3})$$

$$\leqslant \frac{1}{2^4}F(v_1+v_2+v_3) + \frac{1}{2^4}F(-v_3) + \frac{1}{2^3}F(\frac{v_3}{2}) +$$

$$\frac{1}{2^2}F(\frac{-v_3}{2^2}) + \frac{1}{2}F(\frac{-v_2}{2^3})$$

所以

$$-2^4 F(\frac{v_1}{2^4}) \geqslant -F(v_1+v_2+v_3) - F(-v_3) -$$

$$2F(\frac{v_3}{2}) - 2^2 F(\frac{-v_3}{2^2}) - 2^3 F(\frac{-v_2}{2^3})$$

也即

$$-F(v_1+v_2+v_3) \leqslant -2^4 F(\frac{v_1}{2^4}) + 2^3 F(\frac{-v_2}{2^3}) +$$

$$2^2 F(\frac{-v_3}{2^2}) + 2F(\frac{v_3}{2}) + F(-v_3)$$

$$= -2^4 F(\frac{v_1}{2^4}) + 2^3 F(\frac{-v_2}{2^3}) +$$

$$\sum_{p=1}^{3} 2^{3-p} F(\frac{(-1)^p v_3}{2^{3-p}})$$

假设 $m=k$ 时命题成立,即有

$$-F(v_1+v_2+v_3) \leqslant -2^{2k}F(\frac{v_1}{2^{2k}}) + 2^{2k-1}F(\frac{-v_2}{2^{2k-1}}) + \sum_{p=1}^{2k-1} 2^{2k-1-p} F(\frac{(-1)^p v_3}{2^{2k-1-p}})$$

则当 $m=k+1$ 时,因为

$$F(\frac{v_1}{2^{2k+2}}) = F(\frac{\frac{v_1+v_2}{2^{2k+1}}}{2} + \frac{\frac{-v_2}{2^{2k+1}}}{2})$$

$$\leqslant \frac{1}{2}F(\frac{v_1+v_2}{2^{2k+1}}) + \frac{1}{2}F(\frac{-v_2}{2^{2k+1}})$$

由性质 1 得

$$F(\frac{v_1+v_2}{2^{2k+1}}) \leqslant \frac{1}{2^{2k+1}}F(v_1+v_2+v_3) + \sum_{p=1}^{2k+1} \frac{1}{2^p}F(\frac{(-1)^p v_3}{2^{2k+1-p}})$$

所以

$$F(\frac{v_1}{2^{2k+2}}) \leqslant \frac{1}{2^{2k+2}}F(v_1+v_2+v_3) + \sum_{p=1}^{2k+1}\frac{1}{2^{p+1}}F(\frac{(-1)^p v_3}{2^{2k+1-p}}) + \frac{1}{2}F(\frac{-v_2}{2^{2k+1}})$$

从而有

$$-F(v_1+v_2+v_3) \leqslant -2^{2k+2}F(\frac{v_1}{2^{2k+2}}) + \frac{1}{2}F(\frac{-v_2}{2^{2k+1}}) + \sum_{p=1}^{2k+1} 2^{2k+1-p}F(\frac{(-1)^p v_3}{2^{2k+1-p}})$$

故由数学归纳法可知,对任意的自然数 m,F 总有以上不等式成立.

证法 2(应用定理 1)

因为

Hölder 定理

$$F(\frac{v_1}{2^{2m}}) = F(\frac{\frac{v_1+v_2}{2^{2m-1}} + \frac{-v_2}{2^{2m-1}}}{2})$$

$$\leq \frac{1}{2}F(\frac{v_1+v_2}{2^{2m-1}}) + \frac{1}{2}F(\frac{-v_2}{2^{2m-1}})$$

$$F(\frac{v_1+v_2}{2^{2m-1}}) \leq \frac{1}{2^{2m-1}}F(v_1+v_2+v_3) + \sum_{p=1}^{2m-1}\frac{1}{2^p}F(\frac{(-1)^p v_3}{2^{2m-1-p}})$$

所以

$$F(\frac{v_1}{2^{2m}}) \leq \frac{1}{2^{2m}}F(v_1+v_2+v_3) +$$

$$\frac{1}{2}\sum_{p=1}^{2m-1}\frac{1}{2^p}F(\frac{(-1)^p v_3}{2^{2m-1-p}}) + \frac{1}{2}F(\frac{-v_2}{2^{2m-1}})$$

也即

$$-F(v_1+v_2+v_3) \leq -2^{2m}F(\frac{v_1}{2^{2m}}) + 2^{2m-1}F(\frac{-v_2}{2^{2m-1}}) +$$

$$\sum_{p=1}^{2m-1} 2^{2m-1-p}F(\frac{(-1)^p v_3}{2^{2m-1-p}})$$

定理 3 设 $f(x)$ 是 **R** 上可导的凸函数,则对任意的 $x,y \in \mathbf{R}$,有

$$f(x)-f(y) \geq f'(y)(x-y)$$

证法 1 若 $f(x)$ 是 **R** 上的凸函数,对任意的 x, $y \in \mathbf{R}$ 和 $\lambda_1,\lambda_2 \in [0,1]$ 且 $\lambda_1+\lambda_2=1$,有

$$f(\lambda_1 x+\lambda_2 y) \leq \lambda_1 f(x)+\lambda_2 f(y)$$

令 $\alpha = \lambda_1 x+\lambda_2 y(x<y)$,则 $x<\alpha<y$,且

$$\lambda_1=\frac{y-\alpha}{y-x}, \lambda_2=\frac{\alpha-x}{y-x}$$

从而有不等式

$$f(\alpha) \leq \frac{y-\alpha}{y-x}f(x) + \frac{\alpha-x}{y-x}f(y)$$

附　录

$$(y-\alpha)f(x)+(x-y)f(\alpha)+(\alpha-x)f(y)\geqslant 0$$

所以

$$\frac{f(\alpha)-f(x)}{\alpha-x}\leqslant\frac{f(y)-f(\alpha)}{y-\alpha}$$

由于 $f(x)$ 在 **R** 上可导,故

$$\lim_{\alpha\to y}\frac{f(\alpha)-f(y)}{\alpha-y}\geqslant\frac{f(y)-f(x)}{y-x}$$

因此

$$f'(y)\geqslant\frac{f(y)-f(x)}{y-x}$$

也即

$$f(x)-f(y)\geqslant f'(y)(x-y)$$

证法2　由凸函数的定义,任给 $t\in[0,1]$,有

$$f(y+t(x-y))=f(tx+(1-t)y)$$

$$\frac{f(y+z(x-y))-(1-t)f(y)}{t}\leqslant f(x)$$

$$f(y)+\frac{f(y+t(x-y))-f(y)}{t}\leqslant f(x)$$

$$\frac{f(y+t(x-y))-f(y)}{t(x-y)}(x-y)\leqslant f(x)-f(y)$$

$$\left(\lim_{t\to 0^+}\frac{f(y+z(x-y))-f(y)}{t(x-y)}\right)(x-y)\leqslant f(x)-f(y)$$

$$f(x)-f(y)\geqslant f'_+(y)(x-y)$$

由于 $f(x)$ 在 **R** 上可导,即得

$$f(x)-f(y)\geqslant f'(y)(x-y)$$

参考文献

[1] 菲赫金哥尔茨. 微分学教程:第一卷第一分册

Hölder 定理

[M].北京:人民教育出版社,1959:291-300.

[2] 吴善和.平方凸函数与詹森不等式[J].首都师范大学学报:自然科学学报,2005,26(1):16-20.

[3] 胡长松.凸函数的一种推广[J].湖北师范学院学报,2006,26(1):6-10.

[4] 刘渊.论双变量同构凸函数[J].高等数学研究,2007,10(4):81-86.

附 录

多元函数凹凸性的定义和判别法[①]

一元函数的凹凸性在数学分析和高等数学教材中占据着重要的地位,对函数的形状和极值的判别有着重要作用,而在经济学研究中则更多涉及多元函数的凹凸性,文献[1][2]将常见高等数学教材中一元函数凹凸性定义推广到了多元函数,并讨论了多元函数凹凸性的判别方法,而文献[3]就一元函数中凹函数的两种不同定义

$$f(\frac{x_1+x_2}{2}) \geq \frac{1}{2}[f(x_1)+f(x_2)] \quad (1)$$

$$f(\lambda x_1+(1-\lambda)x_2) \geq \lambda f(x_1)+(1-\lambda)f(x_2) \quad (2)$$

进行了研究,得出结论只有当$f(x)$连续时,才能由式(1)推出式(2),亦即式(1)和式(2)并不是等价的. 而文献[4]~[6]使用定义式(2)等对一些特殊情况下的多元函数凹凸性给出了判别方法,其中文献[4]给出的判别法并没有利用多元函数的

---

① 宋礼民.

Hölder 定理

二阶导数,仅用不等式加以描述;文献[5]中给出的只是二次函数的一个特例;文献[6]没有区分凹凸性和严格凹凸性;文献[2]中的猜想很容易举出反例说明不成立.

本附录采用凹凸性定义式(2)对多元函数的凹凸性进行研究,给出用多元函数二阶导数构成的海赛矩阵判别多元函数凹凸性的一个结论,并用该结论讨论了几个二元函数的凹凸性.

定义 1 设 $D \subset \mathbf{R}^n$ 为凸区域, $f: D \to \mathbf{R}$,若对 D 内任意两点 $P_1(x_{11}, x_{12}, \cdots, x_{1n})$, $P_2(x_{21}, x_{22}, \cdots, x_{2n})$ 和任意 $\lambda \in [0,1]$,有

$$f(\lambda P_1 + (1-\lambda) P_2) \leq \lambda f(P_1) + (1-\lambda) f(P_2)$$

则称函数 f 在 D 内为凸函数. 若有

$$f(\lambda P_1 + (1-\lambda) P_2) \geq \lambda f(P_1) + (1-\lambda) f(P_2)$$

则称函数 f 在 D 内为凹函数(本定义采用国外教材中对凹凸性的说法).

在定义 1 中,当 $P_1 = P_2$ 时,对任意 λ,等号恒成立;当 $P_1 \neq P_2$ 时, $\lambda = 0$ 或者 $\lambda = 1$ 时等号恒成立. 排除这两种情况,有严格凹凸函数定义.

定义 2 设 $D \subset \mathbf{R}^n$ 为凸区域, $f: D \to \mathbf{R}$,若对 D 内任意两点 $P_1(x_{11}, x_{12}, \cdots, x_{1n})$, $P_2(x_{21}, x_{22}, \cdots, x_{2n})$, $P_1 \neq P_2$ 和任意 $\lambda \in (0,1)$,有

$$f(\lambda P_1 + (1-\lambda) P_2) < \lambda f(P_1) + (1-\lambda) f(P_2)$$

则称函数 f 在 D 内为严格凸函数. 若有

$$f(\lambda P_1 + (1-\lambda) P_2) > \lambda f(P_1) + (1-\lambda) f(P_2)$$

则称函数 f 在 D 内为严格凹函数.

定理 1 对一元函数

$$y = f(x) \quad (x \in D \subset \mathbf{R})$$

若在 D 上有
$$\mathrm{d}^2 y = f''(x)\mathrm{d}x^2 > 0$$
则 $y = f(x)$ 在 D 上严格凸;若有
$$\mathrm{d}^2 y = f''(x)\mathrm{d}x^2 < 0$$
则 $y = f(x)$ 在 D 上严格凹.

由于 $\mathrm{d}x^2$ 非负,由一元函数凹凸性判别的二阶导数条件,该结论显然成立.

定理 2 设二阶连续可微函数
$$z = f(x,y) \quad ((x,y) \in D \subset \mathbf{R}^2)$$
若在 D 上有
$$\mathrm{d}^2 z = f_{11}\mathrm{d}x^2 + 2f_{12}\mathrm{d}x\mathrm{d}y + f_{22}\mathrm{d}y^2 > 0$$
则 $z = f(x,y)$ 在 D 上严格凸;若有
$$\mathrm{d}^2 z = f_{11}\mathrm{d}x^2 + 2f_{12}\mathrm{d}x\mathrm{d}y + f_{22}\mathrm{d}y^2 < 0$$
则 $z = f(x,y)$ 在 D 上严格凹.

证明 任取 $(x_1, y_1), (x_2, y_2) \in D$,设
$$\lambda x_1 + (1-\lambda) x_2 = x_0$$
$$\lambda y_1 + (1-\lambda) y_2 = y_0$$
则由凸集定义知 $(x_0, y_0) \in D$. 再令
$$x_1 - x_0 = \Delta x$$
$$y_1 - y_0 = \Delta y$$
则有
$$x_2 - x_0 = \frac{\lambda}{\lambda - 1}\Delta x$$
$$y_2 - y_0 = \frac{\lambda}{\lambda - 1}\Delta y$$
由二元函数泰勒公式得
$$\lambda f(x_1, y_1) + (1-\lambda)f(x_2, y_2) -$$
$$f(\lambda x_1 + (1-\lambda)x_2, \lambda y_1 + (1-\lambda)y_2)$$

Hölder 定理

$$= \lambda f(x_1, y_1) + (1-\lambda)f(x_2, y_2) - f(x_0, y_0)$$
$$= \lambda f(x_1, y_1) - \lambda f(x_0, y_0) + \lambda f(x_0, y_0) +$$
$$\quad (1-\lambda)f(x_2, y_2) - (1-\lambda)f(x_0, y_0) +$$
$$\quad (1-\lambda)f(x_0, y_0) - f(x_0, y_0)$$
$$= \lambda [f(x_1, y_1) - f(x_0, y_0)] +$$
$$\quad (1-\lambda)[f(x_2, y_2) - f(x_0, y_0)]$$
$$= \lambda [f_1(x_0, y_0)\Delta x + f_2(x_0, y_0)\Delta y] +$$
$$\quad \frac{1}{2}\lambda [f_{11}(\xi_1, \eta_1)(\Delta x)^2 + 2f_{12}(\xi_1, \eta_1)\Delta x\Delta y +$$
$$\quad f_{22}(\xi_1, \eta_1)(\Delta y)^2] + (1-\lambda)[f_1(x_0, y_0)\frac{\lambda}{\lambda-1}\Delta x +$$
$$\quad f_2(x_0, y_0)\frac{\lambda}{\lambda-1}\Delta y] + \frac{1}{2}(1-\lambda)[f_{11}(\xi_2, \eta_2)$$
$$\quad \left(\frac{\lambda}{\lambda-1}\Delta x\right)^2 + 2f_{12}(\xi_2, \eta_2)\left(\frac{\lambda}{\lambda-1}\right)^2\Delta x\Delta y + f_{22}(\xi_2, \eta_2)$$
$$\quad \left(\frac{\lambda}{\lambda-1}\Delta y\right)^2]$$
$$= \frac{1}{2}\lambda [f_{11}(\xi_1, \eta_1)(\Delta x)^2 + 2f_{12}(\xi_1, \eta_1)\Delta x\Delta y +$$
$$\quad f_{22}(\xi_1, \eta_1)(\Delta y)^2] + \frac{1}{2}\frac{\lambda^2}{1-\lambda}[f_{11}(\xi_2, \eta_2)(\Delta x)^2 +$$
$$\quad 2f_{12}(\xi_2, \eta_2)\Delta x\Delta y + f_{22}(\xi_2, \eta_2)(\Delta y)^2]$$

其中
$$\xi_1 = x_0 + \theta_1(x_1 - x_0)$$
$$\eta_1 = y_0 + \theta_1(y_1 - y_0)$$
$$\xi_2 = x_0 + \theta_2(x_2 - x_0)$$
$$\eta_2 = y_0 + \theta_2(y_2 - y_0)$$

显然有 $(\xi_1, \eta_1) \in D, (\xi_2, \eta_2) \in D$. 另外,式中
$$f_{11}(\xi_1, \eta_1)(\Delta x)^2 + 2f_{12}(\xi_1, \eta_1)\Delta x\Delta y + f_{22}(\xi_1, \eta_1)(\Delta y)^2$$

附 录

为 $z=f(x,y)$ 在 (ξ_1,η_1) 的二阶全微分,而
$$f_{11}(\xi_2,\eta_2)(\Delta x)^2+2f_{12}(\xi_2,\eta_2)\Delta x\Delta y+f_{22}(\xi_2,\eta_2)(\Delta y)^2$$
为 $z=f(x,y)$ 在 (ξ_2,η_2) 的二阶全微分,当
$$\mathrm{d}z^2=f_{11}\mathrm{d}x^2+2f_{12}\mathrm{d}x\mathrm{d}y+f_{22}\mathrm{d}y^2>0$$
时,则有
$$\lambda f(x_1,y_1)+(1-\lambda)f(x_2,y_2)-$$
$$f(\lambda x_1+(1-\lambda)x_2,\lambda y_1+(1-\lambda)y_2)>0$$
说明函数 $z=f(x,y)$ 是严格凸函数. 同理可说明函数 $z=f(x,y)$ 是严格凹函数的情形. 证毕.

将二元函数 $z=f(x,y)$ 的二阶全微分看作 $\mathrm{d}x$ 和 $\mathrm{d}y$ 的二次型,取
$$\boldsymbol{X}=[\mathrm{d}x,\mathrm{d}y]^{\mathrm{T}},\boldsymbol{A}=\begin{bmatrix}f_{11}&f_{12}\\f_{21}&f_{22}\end{bmatrix}$$
则有
$$\mathrm{d}^2z=\boldsymbol{X}^{\mathrm{T}}\boldsymbol{A}\boldsymbol{X}$$
由于函数 $z=f(x,y)$ 二阶连续可微,故 $f_{12}=f_{21}$,矩阵 $\boldsymbol{A}$ 为对称矩阵,叫作函数 $z=f(x,y)$ 的海赛矩阵,记为 $\boldsymbol{H}$.

利用二次型正定概念有关判别法,有如下结论:

定理 3 设二阶连续可微函数
$$z=f(x,y)\quad((x,y)\in D\subset\mathbf{R}^2)$$
另设
$$\boldsymbol{H}=\begin{bmatrix}f_{11}&f_{12}\\f_{21}&f_{22}\end{bmatrix}$$
为 $z=f(x,y)$ 的海赛矩阵,则有

(1) 若矩阵 $\boldsymbol{H}$ 的顺序主子式
$$|H_1|>0,|H_2|>0$$
则 $z=f(x,y)$ 为严格凸函数.

(2) 若矩阵 $\boldsymbol{H}$ 的顺序主子式

Hölder 定理

$$|H_1|<0, |H_2|>0$$

则 $z=f(x,y)$ 为严格凹函数.

（3）$z=f(x,y)$ 是凸函数的充分必要条件是 H 的所有一阶主子式

$$|H_1^*|\geqslant 0$$

二阶主子式

$$|H_2^*|=|H|\geqslant 0$$

（4）$z=f(x,y)$ 是凹函数的充分必要条件是 H 的所有一阶主子式

$$|H_1^*|\leqslant 0$$

二阶主子式

$$|H_2^*|=|H|\geqslant 0$$

证明 仅对（1）和（3）加以证明.

因为

$$d^2z=f_{11}dx^2+2f_{12}dxdy+f_{22}dy^2=X^T HX$$

由定理 2，当

$$d^2z=X^T HX>0$$

时，$z=f(x,y)$ 为严格凸函数. 而二次型 $X^T HX>0$ 的充要条件是 H 正定，而 H 正定的充要条件是其顺序主子式都大于零. 因此，结论（1）成立.

另由定理 2 的证明过程容易得到，当

$$d^2z=f_{11}dx^2+2f_{12}dxdy+f_{22}dy^2=X^T HX\geqslant 0$$

时，$z=f(x,y)$ 为凸函数，而二次型 $X^T HX\geqslant 0$ 的充要条件是 H 半正定. 而 H 半正定的充要条件是它的所有主子式都大于或等于 0，故结论（3）的充分性得证. 而当 $z=f(x,y)$ 为凸函数时，有

$$d^2z=f_{11}dx^2+2f_{12}dxdy+f_{22}dy^2=X^T HX\geqslant 0$$

说明 H 是半正定矩阵，也可得出其所有主子式都大于

或等于零. 结论(3)的必要性得证. 证毕.

例 1 讨论函数
$$f(x,y) = x^4 + 2x^2y^2 + y^4$$
的凹凸性.

解 因为
$$f_{11} = 12x^2 + 4y^2$$
$$f_{22} = 12y^2 + 4x^2$$
$$f_{12} = f_{21} = 8xy$$

故海赛矩阵
$$H = \begin{bmatrix} 12x^2 + 4y^2 & 8xy \\ 8xy & 4x^2 + 12y^2 \end{bmatrix}$$

其顺序主子式
$$|H_1| = |f_{11}| = 12x^2 + 4y^2 \geqslant 0$$
$$|H_2| = |H| = 48(x^2 + y^2)^2 \geqslant 0$$

由定理 3 知函数 $f(x,y)$ 为凸函数,由于只有在 $x=0$ 且 $y=0$ 时才有
$$|H_1| = 0, |H_2| = 0$$
说明函数 $f(x,y)$ 为严格凸函数.

该题也说明定理 3 中海赛矩阵顺序主子式大于零只是严格凸函数的充分条件.

例 2 讨论函数
$$f(x,y) = x^3 + y^3 - 3xy$$
的凹凸性.

解 因为
$$f_{11} = 6x, f_{22} = 6y, f_{12} = f_{21} = -3$$
故海赛矩阵
$$H = \begin{bmatrix} 6x & -3 \\ -3 & 6y \end{bmatrix}$$

Hölder 定理

要使
$$|H_2| = |H| = 36xy - 9 > 0$$
必须有
$$xy > \frac{1}{4}$$
再考虑一阶顺序主子式,要使
$$|H_1| = |f_{11}| = 6x > 0$$
必须有
$$x > 0$$
故函数在区域
$$D_1 = \{(x,y) : y > \frac{1}{4x}, x > 0\}$$
上是严格凸函数;容易得到函数在区域
$$D_2 = \{(x,y) : y < \frac{1}{4x}, x < 0\}$$
上是严格凹函数. 函数在其定义域内不具备凹凸性.

例 3 讨论函数
$$f(x,y) = 3x + y^2$$
的凹凸性.

解 因为
$$f_{11} = 0, f_{22} = 2, f_{12} = f_{21} = 0$$
故海赛矩阵
$$H = \begin{bmatrix} 0 & 0 \\ 0 & 2 \end{bmatrix}$$
其两个一阶主子式
$$|H_1^*| = |f_{11}| = 0$$
$$|H_1^*| = |f_{22}| = 2 > 0$$
二阶主子式
$$|H_2^*| = |H| = 0$$

因此,海赛矩阵为半正定,函数为凸函数.

例4 讨论函数
$$f(x,y) = 5 - (x+y)^2$$
的凹凸性.

解 因为
$$f_{11} = f_{22} = f_{12} = f_{21} = -2$$
故海赛矩阵的顺序主子式
$$|H_1| = |f_{11}| = -2 < 0$$
$$|H_2| = |H| = 0$$
故函数是凹函数(并非严格的).事实上,令 $z = 1$,得曲线方程
$$\begin{cases} z = 5 - (x+y)^2 \\ z = 1 \end{cases}$$
该方程表示一条直线,这说明在曲面上有直线存在,函数不是严格凹函数.

对于 n 元函数,将定理3推广,容易得到用海赛矩阵判别凹凸性的如下定理.

定理4 设 H 为二阶连续可微函数
$$y = f(X) \quad (X \in \mathbf{R}^n)$$
的海赛矩阵,则有

(1) 对于 $X \in \mathbf{R}^n$,若
$$|H_1| > 0, |H_2| > 0, \cdots, |H_n| = |H| > 0$$
则 f 是严格凸函数.

(2) 对于 $X \in \mathbf{R}^n$,若
$$|H_1| < 0, |H_2| > 0, \cdots,$$
$$|H_n| = |H| \begin{cases} > 0 (n \text{ 为偶数}) \\ < 0 (n \text{ 为奇数}) \end{cases}$$
则 f 是严格凹函数.

(3) 对于 $X \in \mathbf{R}^n$, f 为凸函数的充要条件是
$|H_1^*| \geq 0, |H_2^*| \geq 0, \cdots, |H_n^*| = |H| \geq 0$

(4) 对于 $X \in \mathbf{R}^n$, f 为凹函数的充要条件是
$|H_1^*| \leq 0, |H_2^*| \geq 0, \cdots,$
$|H_n^*| = |H| \begin{cases} \geq 0 (n \text{ 为偶数}) \\ \leq 0 (n \text{ 为奇数}) \end{cases}$

参考文献

[1] 张国坤. 多元函数的凹凸性[J]. 曲靖师专学报:自然科学版, 1990, 9(1):9-13.

[2] 张国坤. 多元函数的凹凸性再探[J]. 曲靖师专学报:自然科学版, 1995, 14(6):29-31.

[3] 曾明, 范周田. 关于凸函数的几点思考[J]. 高等数学研究, 2010, 13(4):94-96.

[4] 张文君, 孙胜利. 关于多元函数的凹凸性[J]. 商丘职业技术学院学报, 2011, 10(5):6-7.

[5] 米翠兰, 王新春. 多元二次函数凹凸性的判别方法[J]. 唐山师范学院学报, 2006, 28(5):25-26.

[6] 陈朝晖. 二元函数凹凸性的判别法及最值探讨[J]. 高师理科学刊, 2010, 30(5):25-38.

关于(α,m)-预不变凸函数的 Ostrowski 型不等式[①]

1. 引言

1938 年,Ostrowski 证明了下面的积分不等式[1]:

设函数$f:[a,b]\to \mathbf{R}$在$[a,b]$上连续,在(a,b)内可导,且其导函数满足$\sup\limits_{x\in(a,b)}|f'(x)|=M$,则对任意的$x\in[a,b]$,有 Ostrowski 型不等式

$$\left|f(x)-\frac{1}{b-a}\int_a^b f(u)\mathrm{d}u\right|$$
$$\leq M(b-a)\left[\frac{1}{4}+\left(\frac{x-\frac{a+b}{2}}{b-a}\right)^2\right] \quad (1)$$

近年来,人们给出了 Ostrowski 型不等式的各种改进和推广. 在文献[2]中,作者考虑了二次可微函数的 Ostrowski 型不等式. 此结果在文献[3]中被推广至高阶可微函数情形. 最近,随着各种类型凸函数概念

---

① 陈群.

Hölder 定理

的提出,不少作者讨论了有关凸函数的 Ostrowski 型不等式. 例如,在文献[4]中,作者给出了第二类 s-凸函数的 Ostrowski 型不等式. 在文献[5-7]中,作者分别考虑了 m-凸函数,(α,m)-凸函数和预不变凸函数的 Ostrowski 型不等式. 下面我们首先给出不变凸集和预不变凸函数的定义.

定义 1[8-9] 设非空集合 $A \subset \mathbf{R}$,若存在连续函数 $\eta: A \times A \to \mathbf{R}$,使得对任意的 $x,y \in A$ 和 $t \in [0,1]$,恒有 $x + t\eta(y,x) \in A$,则称 A 为关于 η 的不变凸集.

显然当 $\eta(x,y) = y - x$ 时,关于 η 的不变凸集即为凸集.

定义 2[8-9] 设 A 是关于 η 的不变凸集,$f: A \to \mathbf{R}$ 为连续函数. 若对任意的 $x, y \in A$ 和 $t \in [0,1]$,恒有
$$f(x + t\eta(y,x)) \leq (1-t)f(x) + tf(y)$$
则称 $f(x)$ 为 A 上关于 η 的预不变凸函数.

显然当 $\eta(x,y) = y - x$ 时,关于 η 的预不变凸函数即为凸函数.

在文献[7]中,Iscan 证明了以下预不变凸函数的 Ostrowski 型不等式.

引理 1 设 $A \subset [0, +\infty)$ 是关于 $\eta: A \times A \to \mathbf{R}$ 的开不变凸集,对 $a,b \in A$ 有 $a < a + \eta(b,a) < \infty$,$f: A \to \mathbf{R}$ 为可微函数,且 $f' \in L^1[a, a+\eta(b,a)]$. 若 $|f'|$ 为 A 上的预不变凸函数,则对任意的 $x \in [a, a+\eta(b,a)]$ 有下列不等式成立
$$\left| f(x) - \frac{1}{\eta(b,a)} \int_a^{a+\eta(b,a)} f(u)\mathrm{d}u \right|$$
$$\leq \eta(b,a) \left\{ \left[\frac{1}{2}\left(\frac{x-a}{\eta(b,a)}\right)^2 - \frac{1}{3}\left(\frac{x-a}{\eta(b,a)}\right)^3 + \right. \right.$$

附　录

$$\left.\frac{1}{3}\left(\frac{a+\eta(b,a)-x}{\eta(b,a)}\right)^3\right]|f'(a)|+$$

$$\left[\frac{1}{6}-\frac{1}{2}\left(\frac{x-a}{\eta(b,a)}\right)^2+\frac{2}{3}\left(\frac{x-a}{\eta(b,a)}\right)^3\right]|f'(b)|\right\} \tag{2}$$

引理 2 设 $A\subset[0,+\infty)$ 是关于 $\eta:A\times A\to \mathbf{R}$ 的开不变凸集,对 $a,b\in A$ 有 $a<a+\eta(b,a)<\infty$, $f:A\to \mathbf{R}$ 为可微函数,且 $f'\in L^1[a,a+\eta(b,a)]$. 若 $|f'|^q$, $q>1$ 为 A 上的预不变凸函数,则对任意的 $x\in[a,a+\eta(b,a)]$ 有下列不等式成立

$$\left|f(x)-\frac{1}{\eta(b,a)}\int_a^{a+\eta(b,a)}f(u)\mathrm{d}u\right|$$

$$\leqslant \eta(b,a)\left(\frac{1}{2}\right)^{\frac{1}{p}}\left\{\left(\frac{x-a}{\eta(b,a)}\right)^{\frac{2}{p}}\left[\frac{(x-a)^2(3\eta(b,a)-2x+2a)}{6\eta^3(b,a)}\cdot\right.\right.$$

$$\left.|f'(a)|^q+\frac{1}{3}\left(\frac{x-a}{\eta(b,a)}\right)^3|f'(b)|^q\right]^{\frac{1}{q}}+\left(\frac{a+\eta(b,a)-x}{\eta(b,a)}\right)^{\frac{2}{p}}\cdot$$

$$\left[\frac{1}{3}\left(\frac{a+\eta(b,a)-x}{\eta(b,a)}\right)^3|f'(a)|^q+\right.$$

$$\left.\left.\left(\frac{1}{6}+\frac{(x-a)^2(2x-3\eta(b,a)-2a)}{6\eta^3(b,a)}\right)|f'(b)|^q\right]^{\frac{1}{q}}\right\} \tag{3}$$

其中 $\frac{1}{p}+\frac{1}{q}=1$.

其他与 Ostrowski 型不等式相关的研究结果及其应用可参见文献[10,11].

本文将在文献[7]的基础上,根据 (α,m)-预不变凸函数的定义以及 Hölder 不等式,得到一些新的 (α,m)-预不变凸函数的 Ostrowski 型不等式,从而推广了预不变凸函数的 Ostrowski 型不等式.

2. 主要结果

首先我们给出(α,m)-预不变凸函数的定义.

定义 3[12] 设A是关于η的非空不变凸集,$f:A\to \mathbf{R}$为连续函数,$\alpha,m\in(0,1]$. 若对任意的$x,y\in A$和$t\in[0,1]$,恒有

$$f(x+t\eta(y,x))\leq (1-t^{\alpha})f(x)+mt^{\alpha}f\left(\frac{y}{m}\right) \quad (4)$$

则称f为A上关于η的(α,m)-预不变凸函数.

若$\alpha=m=1$,(α,m)-预不变凸函数即为预不变凸函数.

为了证明我们的结果,需要以下的引理.

引理 3[7] 设$A\in \mathbf{R}$是关于$\eta:A\times A\to \mathbf{R}$的开不变凸集,对$a,b\in A$有$a<a+\eta(b,a)<\infty$,$f:A\to \mathbf{R}$为可微函数. 若$f'\in L^1[a,a+\eta(b,a)]$,则对任意的$x\in[a,a+\eta(b,a)]$,有

$$f(x)-\frac{1}{\eta(b,a)}\int_a^{a+\eta(b,a)}f(u)\mathrm{d}u$$

$$=\eta(b,a)\left\{\int_0^{\frac{x-a}{\eta(b,a)}}tf'(a+t\eta(b,a))\mathrm{d}t+\int_{\frac{x-a}{\eta(b,a)}}^1(t-1)f'(a+t\eta(b,a))\mathrm{d}t\right\} \quad (5)$$

基于(α,m)-预不变凸函数的定义和引理3,我们可以证明以下新的(α,m)-预不变凸函数的Ostrowski型不等式.

定理 1 设$A\subset[0,+\infty)$是关于$\eta:A\times A\to \mathbf{R}$的开不变凸集,对$a,b\in A$有$a<a+\eta(b,a)<\infty$,$f:A\to \mathbf{R}$为可微函数,且$f'\in L^1[a,a+\eta(b,a)]$. 若$|f'|$为$A$上关于$\eta(b,a)$的$(\alpha,m)$-预不变凸函数,其中$\alpha,m\in(0,1]$,则对任意的$x\in[a,a+\eta(b,a)]$有下列不等式

成立.

$$\left| f(x) - \frac{1}{\eta(b,a)} \int_a^{a+\eta(b,a)} f(u)\,du \right|$$

$$\leq \eta(b,a) \left\{ \left[\frac{(x-a)(x-a-\eta(b,a))}{\eta^2(b,a)} + \frac{1}{1+\alpha}\left(\frac{x-a}{\eta(b,a)}\right)^{1+\alpha} - \right.\right.$$

$$\left. \frac{2}{2+\alpha}\left(\frac{x-a}{\eta(b,a)}\right)^{2+\alpha} + \frac{\alpha(\alpha+3)}{2(1+\alpha)(2+\alpha)} \right] |f'(a)| +$$

$$m \left[\frac{2}{2+\alpha}\left(\frac{x-a}{\eta(b,a)}\right)^{2+\alpha} - \frac{1}{1+\alpha}\left(\frac{x-a}{\eta(b,a)}\right)^{1+\alpha} + \right.$$

$$\left.\left. \frac{1}{(1+\alpha)(2+\alpha)} \right] \left| f'\left(\frac{b}{m}\right) \right| \right\}$$

证明 由引理 3 的式(5)知 $|f'|$ 的 (α, m)-预不变凸性得

$$\left| f(x) - \frac{1}{\eta(b,a)} \int_a^{a+\eta(b,a)} f(u)\,du \right|$$

$$\leq \eta(b,a) \left\{ \int_0^{\frac{x-a}{\eta(b,a)}} t |f'(a+t\eta(b,a))|\,dt + \int_{\frac{x-a}{\eta(b,a)}}^1 (1-t)|f'(a+t\eta(b,a))|\,dt \right\}$$

$$\leq \eta(b,a) \left\{ \int_0^{\frac{x-a}{\eta(b,a)}} t\left[(1-t^\alpha)|f'(a)| + mt^\alpha \left|f'\left(\frac{b}{m}\right)\right|\right] dt + \int_{\frac{x-a}{\eta(b,a)}}^1 (1-t)\left[(1-t^\alpha)|f'(a)| + mt^\alpha \left|f'\left(\frac{b}{m}\right)\right|\right] dt \right\}$$

$$= \eta(b,a) \left[\int_0^{\frac{x-a}{\eta(b,a)}} t(1-t^\alpha)\,dt + \int_{\frac{x-a}{\eta(b,a)}}^1 (1-t)(1-t^\alpha)\,dt \right] |f'(a)| +$$

$$m\eta(b,a) \left[\int_0^{\frac{x-a}{\eta(b,a)}} t^{1+\alpha}\,dt + \int_{\frac{x-a}{\eta(b,a)}}^1 (1-t)t^\alpha\,dt \right] \left| f'\left(\frac{b}{m}\right) \right|$$

$$= \eta(b,a)\left\{\left[\frac{(x-a)(x-a-\eta(b,a))}{\eta^2(b,a)} + \frac{1}{1+\alpha}\left(\frac{x-a}{\eta(b,a)}\right)^{1+\alpha} - \right.\right.$$

$$\left.\frac{2}{2+\alpha}\left(\frac{x-a}{\eta(b,a)}\right)^{2+\alpha} + \frac{\alpha(\alpha+3)}{2(1+\alpha)(2+\alpha)}\right]|f'(a)| +$$

$$m\left[\frac{2}{2+\alpha}\left(\frac{x-a}{\eta(b,a)}\right)^{2+\alpha} - \frac{1}{1+\alpha}\left(\frac{x-a}{\eta(b,a)}\right)^{1+\alpha} + \right.$$

$$\left.\left.\frac{1}{(1+\alpha)(2+\alpha)}\right]\left|f'\left(\frac{b}{m}\right)\right|\right\}$$

通过简单的计算可以证明:当 $\alpha = m = 1$ 时,定理 1 即为引理 1.

定理 2 设 $A \subset [0, +\infty)$ 是关于 $\eta: A \times A \to \mathbf{R}$ 的开不变凸集,对 $a, b \in A$ 有 $a < a + \eta(b,a) < \infty$,$f: A \to \mathbf{R}$ 为可微函数,且 $f' \in L^1[a, a+\eta(b,a)]$. 若 $|f'|^q$, $q > 1$ 为 A 上关于 $\eta(b,a)$ 的 (α, m)-预不变凸函数,其中 $\alpha, m \in (0,1]$,则对任意的 $x \in [a, a+\eta(b,a)]$ 有下列不等式成立

$$\left|f(x) - \frac{1}{\eta(b,a)}\int_a^{a+\eta(b,a)} f(u)\mathrm{d}u\right|$$

$$\leq \eta(b,a)\left(\frac{1}{2}\right)^{\frac{1}{p}}\left\{\left(\frac{x-a}{\eta(b,a)}\right)^{\frac{2}{p}}\left[\frac{1}{2}\left(\frac{x-a}{\eta(b,a)}\right)^2 - \right.\right.$$

$$\left.\frac{1}{2+\alpha}\left(\frac{x-a}{\eta(b,a)}\right)^{2+\alpha}\right)|f'(a)|^q +$$

$$\left.\frac{m}{2+\alpha}\left(\frac{x-a}{\eta(b,a)}\right)^{2+\alpha}\left|f'\left(\frac{b}{m}\right)\right|^q\right]^{\frac{1}{q}} + \left(\frac{a+\eta(b,a)-x}{\eta(b,a)}\right)^{\frac{2}{p}} \cdot$$

$$\left[\left(\frac{(x-a)(x-a-2\eta(b,a))}{2\eta^2(b,a)} + \frac{1}{1+\alpha}\left(\frac{x-a}{\eta(b,a)}\right)^{1+\alpha} - \right.\right.$$

$$\left.\frac{1}{2+\alpha}\left(\frac{x-a}{\eta(b,a)}\right)^{2+\alpha} + \frac{\alpha(3+\alpha)}{2(1+\alpha)(2+\alpha)}\right)|f'(a)|^q +$$

$$m\left(\frac{1}{2+\alpha}\left(\frac{x-a}{\eta(b,a)}\right)^{2+\alpha} - \frac{1}{1+\alpha}\left(\frac{x-a}{\eta(b,a)}\right)^{1+\alpha} + \right.$$

附　录

$$\frac{1}{(1+\alpha)(2+\alpha)}\Big)\Big|f'\Big(\frac{b}{m}\Big)\Big|^q\Big]^{\frac{1}{q}}\Big\}$$

其中 $\dfrac{1}{p}+\dfrac{1}{q}=1$.

证明　由引理 3 的式(5), $|f'|^q$ 的 (α,m)-预不变凸性, $\dfrac{1}{p}+\dfrac{1}{q}=1$ 以及 Hölder 不等式得到

$$\Big|f(x)-\frac{1}{\eta(b,a)}\int_a^{a+\eta(b,a)}f(u)\,\mathrm{d}u\Big|$$

$$\leq \eta(b,a)\Big\{\int_0^{\frac{x-a}{\eta(b,a)}} t|f'(a+t\eta(b,a))|\,\mathrm{d}t +$$

$$\int_{\frac{x-a}{\eta(b,a)}}^1 (1-t)|f'(a+t\eta(b,a))|\,\mathrm{d}t\Big\}$$

$$\leq \eta(b,a)\Big(\int_0^{\frac{x-a}{\eta(b,a)}} t\,\mathrm{d}t\Big)^{\frac{1}{p}}\Big(\int_0^{\frac{x-a}{\eta(b,a)}} t|f'(a+t\eta(b,a))|^q\,\mathrm{d}t\Big)^{\frac{1}{q}}+$$

$$\eta(b,a)\Big(\int_{\frac{x-a}{\eta(b,a)}}^1 (1-t)\,\mathrm{d}t\Big)^{\frac{1}{p}}\Big(\int_{\frac{x-a}{\eta(b,a)}}^1 (1-t)|f'(a+t\eta(b,a))|^q\,\mathrm{d}t\Big)^{\frac{1}{q}}$$

$$\leq \eta(b,a)\Big(\frac{1}{2}\Big)^{\frac{1}{p}}\Big\{\Big(\frac{x-a}{\eta(b,a)}\Big)^{\frac{2}{p}}\Big[\int_0^{\frac{x-a}{\eta(b,a)}} t[(1-t^\alpha)|f'(a)|^q +$$

$$mt^\alpha\Big|f'\Big(\frac{b}{m}\Big)\Big|^q]\,\mathrm{d}t\Big]^{\frac{1}{q}}+\Big(\frac{a+\eta(b,a)-x}{\eta(b,a)}\Big)^{\frac{2}{p}}\Big[\int_{\frac{x-a}{\eta(b,a)}}^1 (1-t)\cdot$$

$$[(1-t^\alpha)|f'(a)|^q+mt^\alpha\Big|f'\Big(\frac{b}{m}\Big)\Big|^q]\,\mathrm{d}t\Big]^{\frac{1}{q}}\Big\}$$

$$=\eta(b,a)\Big(\frac{1}{2}\Big)^{\frac{1}{p}}\Big\{\Big(\frac{x-a}{\eta(b,a)}\Big)^{\frac{2}{p}}\Big[\Big(\frac{1}{2}\Big(\frac{x-a}{\eta(b,a)}\Big)^2-$$

$$\frac{1}{2+\alpha}\Big(\frac{x-a}{\eta(b,a)}\Big)^{2+\alpha}\Big)|f'(a)|^q+\frac{m}{2+\alpha}\Big(\frac{x-a}{\eta(b,a)}\Big)^{2+\alpha}\cdot$$

$$\Big|f'\Big(\frac{b}{m}\Big)\Big|^q\Big]^{\frac{1}{q}}+\Big(\frac{a+\eta(b,a)-x}{\eta(b,a)}\Big)^{\frac{2}{p}}\Big[\Big(\frac{(x-a)(x-a-2\eta(b,a))}{2\eta^2(b,a)}+$$

377

Hölder 定理

$$\frac{1}{1+\alpha}\left(\frac{x-a}{\eta(b,a)}\right)^{1+\alpha} - \frac{1}{2+\alpha}\left(\frac{x-a}{\eta(b,a)}\right)^{2+\alpha} + \frac{\alpha(3+\alpha)}{2(1+\alpha)(2+\alpha)}\right) \cdot$$

$$|f'(a)|^q + m\left(\frac{1}{2+\alpha}\left(\frac{x-a}{\eta(b,a)}\right)^{2+\alpha} - \frac{1}{1+\alpha}\left(\frac{x-a}{\eta(b,a)}\right)^{1+\alpha} + $$

$$\frac{1}{(1+\alpha)(2+\alpha)}\left|f'\left(\frac{b}{m}\right)\right|^q\right]^{\frac{1}{q}}\right\}$$

通过简单的计算可以证明:当 $\alpha = m = 1$ 时,定理 2 即为引理 2.

参考文献

[1] 匡继昌. 常用不等式(第三版) [M]. 山东:山东科学技术出版社,2004.

[2] 陈颖树,俞元洪. 二次可微函数的 Ostrowski 型不等式[J]. 数学实践与认识,2005,35(22):188-191.

[3] 桂旺生. 高阶可微函数的 Ostrowski 型不等式[J]. 大学数学,2007,23(2):138-140.

[4] ALOMARI M, DARUS M, DRAGOMIR S S, et al. Ostrowski type inequalities for functions whose derivatives are s-convex in the second sense [J]. Appl. Math. Let, 2010(23):1071-1076.

[5] KAVURMACI H, OZDEMIR M E, AVCI M. New Ostrowski type inequalities for m-convex functions and its applications [J]. Hacettepe Hacet J. Math. Stat., 2011,40(2):135-145.

[6] OZDEMIR M E, KAVURMACI H, SET E. Ostrowski's Type Inequalities for (α, m)-Convex Functions [J]. Kyungpook Math. J., 2010(50):

371-378.

[7] ISCAN I. Ostrowski type inequalities for functions whose derivatives are preinvex[J]. arXiv:1204.2010[math.CA]

[8] WEIR T, MOND B. Preinvex functions in multiple objective optimization[J]. J. Math. Anal. Appl., 1988, 136(1):29-38.

[9] MOHAMMAD W A, SABIR H. An inequality of Ostrowski's type for preinvex functions with applications [J]. Tamsui Oxf J. Inf Math. Sci.,2013,29(1):29-37.

[10] LIU W J, ZHI Y T, PARK J. Some companions of perturbed Ostrowski-type inequalities based on the quadratic kernel function with three sections and applications[J]. J. Inequal Appl., 2013(226): 1-14.

[11] XUE Q L, WANG S F, LIU W J. A new generalization of Ostrowski-Gruss type inequalities involving functions of two independent variables[J]. Miskolc Math. Notes,2011(12):265-272.

[12] LATIF M A, SHOAIB M. Hermite-Hardamard type integral inequalities for differentiable m-preinvex and (α, m)-preinvex functions [J]. RGMIA Research Report Collection,2013,(16):Article 57.

Hölder 定理

凸函数的性质

若函数 $y=f(x)$ 在从 $x=a$ 到 $x=b$ 这条线段上的图形的任何弧 $\overset{\frown}{MN}$ 都位于对应的弦 MN 之上 (图1), 就称此函数在这个区间上向上凸 (或只简单说是凸的)①. 这种函数的例子有: 对数函数 $y=\log x$, 在它的全部定义域上, 即从 0 到 ∞; 幂函数 $y=-x^m$, 在同样的区间上 (这里假定 $m>1$); 指数函数 $y=-a^x$, 在从 $-\infty$ 到 $+\infty$ 的区间上; 或函数 $y=-x\log x$, 在从 0 到 $+\infty$ 的区间上 (图 2(a)~(d)).

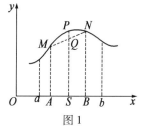

图 1

---

① 在高等数学中讲到了可应用于充分广泛的函数类 (特别地, 可应用于这个附录中所考虑的所有函数) 的这种凸函数的特征. 这个特征是函数 $y=f(x)$ 的二阶导数 y'' 是负的.

附　录

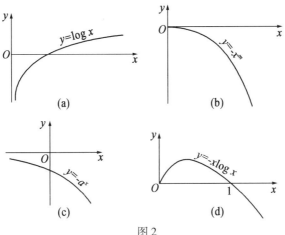

图 2

定理 1　若 $y=f(x)$ 是区间 $[a,b]$ 上的凸函数,x_1 和 x_2 是函数的自变量在此区间内所取的两个值(即两个任意的数,满足 $a<x_1<x_2<b$),则

$$\frac{f(x_1)+f(x_2)}{2}<f\left(\frac{x_1+x_2}{2}\right) \quad (1)$$

证明　设图 18 中 $OA=x_1$,$OB=x_2$;这时 $AM=f(x_1)$,$BN=f(x_2)$. 其次,若 S 是线段 AB 的中点,则 $OS=\frac{x_1+x_2}{2}$,因而 $SP=f\left(\frac{x_1+x_2}{2}\right)$. 另一方面,因为梯形 $ABNM$ 的中线 SQ 等于两底 AM 与 BN 之和的一半,则 $SQ=\frac{f(x_1)+f(x_2)}{2}$. 但根据凸函数的定义,弦 MN 的中点 Q 位于弧 $\overset{\frown}{MN}$ 的中点 P 之下;因而

$$\frac{f(x_1)+f(x_2)}{2}<f\left(\frac{x_1+x_2}{2}\right)$$

Hölder 定理

这就是所要证明的①.

例 1②　$y = \log x$. 这时就有

$$\frac{\log x_1 + \log x_2}{2} < \log \frac{x_1 + x_2}{2}$$

即

$$\log \sqrt{x_1 x_2} < \log \frac{x_1 + x_2}{2}$$

这样最后就得到

$$\sqrt{x_1 x_2} < \frac{x_1 + x_2}{2}$$

即两个不相等的正数之几何平均数小于其算术平均数.

例 2　$y = -x^m, m > 1$. 这时得到

$$-\frac{x_1^m + x_2^m}{2} < -\left(\frac{x_1 + x_2}{2}\right)^m$$

或者用另一种形式写为

$$\frac{x_1^m + x_2^m}{2} > \left(\frac{x_1 + x_2}{2}\right)^m, \left(\frac{x_1^m + x_2^m}{2}\right)^{\frac{1}{m}} > \frac{x_1 + x_2}{2}$$

---

①　证明时我们是限于 $f(x_1)$ 和 $f(x_2)$ 有同样符号的情况（这种情况也是我们今后唯一需要的）. 建议读者独立地考虑相反的情况（在这时，代替梯形中线的性质，而应该应用下述定理：梯形的中线介于它的两条对角线之间的部分，等于梯形二底之差的一半）.

②　本书内容实质上只用到了与凸函数 $y = -x\log x$ 和 $y = \log x$ 有关的不等式；在这里及以后的例 2 只有说明的作用. ［关于凸函数的理论乃是各种不等式的最丰富的源泉. 因此，这类例子的数目可以相当大地增加. ］

附 录

表示式 $\left(\dfrac{a_1^m + a_2^m + \cdots + a_k^m}{k}\right)^{\frac{1}{m}}$ 是 k 个数 $a_1, a_2, \cdots, a_k$ 的 m 次幂的算术平均数的 m 次方根,称为这 k 个数的 m 次幂平均(特别地,对于 $m = 2$,表示式 $\sqrt{\dfrac{a_1^2 + a_2^2 + \cdots + a_k^2}{k}}$ 就称为 k 个数 $a_1, a_2, \cdots, a_k$ 的平方平均). 因此,所得结果就可陈述为:两个不同的正数之 $m > 1$ 次幂平均恒大于其算术平均.

例 3 $y = -x \log x$. 从定理 1 就得到

$$-\dfrac{x_1 \log x_1 + x_2 \log x_2}{2} < -\dfrac{x_1 + x_2}{2} \log \dfrac{x_1 + x_2}{2}$$

或

$$-\dfrac{1}{2} x_1 \log x_1 - \dfrac{1}{2} x_2 \log x_2 < -\dfrac{1}{2}(x_1 + x_2) \log \dfrac{x_1 + x_2}{2}$$

定理 1 的不等式可推广如下:

定理 2 若函数 $y = f(x)$ 是区间 $[a, b]$ 上的凸函数,x_1 和 x_2 是这区间内的两个任意数($a < x_1 < x_2 < b$),p 与 q 是和为 1 的两个任意正数,则

$$pf(x_1) + qf(x_2) < f(px_1 + qx_2) \tag{2}$$

当 $p = q = \dfrac{1}{2}$ 时,定理 2 就成为定理 1.

证明 首先指出:若 M 和 N 是坐标分别为 (x_1, y_1) 和 (x_2, y_2) 的两个点,Q 是分这个线段 MN 成比例 $MQ : QN = q : p (p + q = 1)$ 的点,则 Q 的坐标就等于 $px_1 + qx_2$ 和 $py_1 + qy_2$. 事实上分别用 X_1, X_2 和 $X; Y_1, Y_2$ 和 Y 表示 M, N 和 Q 这三个点在两个坐标轴上的投影(图 3);这时 X 和 Y 这两点就都分别分线段 $X_1 X_2$ 和

Hölder 定理

Y_1Y_2 成比 $q:p$. 由此就可得到[①]:

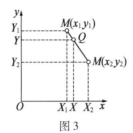

图 3

$OX = OX_1 + X_1X = x_1 + q(x_2 - x_1) = (1-q)x_1 + qx_2 = px_1 + qx_2$
和
$OY = OY_2 + Y_2Y = y_2 + p(y_1 - y_2) = (1-p)y_2 + py_1 = py_1 + qy_2$

现在再考虑凸函数 $y = f(x)$ 的图形(图 4),并设 $OA = X_1, OB = X_2, AM = f(x_1), BN = f(x_2)$. 由前面的证明可知,分线段 MN 成比 $MQ:QN = q:p$ 的点 Q 之坐标等于 $px_1 + qx_2$ 和 $py_1 + qy_2$;因此,在图 4 上,$SQ = pf(x_1) + qf(x_2), SP = f(px_1 + qx_2)$(因为 $OS = px_1 + qx_2$). 但由于函数 $y = f(x)$ 是凸的,故点 Q 位于点 P 之下,这就表示

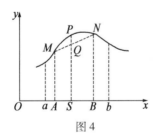

图 4

[①] 图 3 表示 x_1, x_2, y_1, y_2 这四个数都是正的情形(实质上只有这种情形是我们需要的). 建议读者独立地考虑别的情形.

附　录

$$pf(x_1) + qf(x_2) < f(px_1 + qx_2)$$

这就是我们所要证明的①.

例 1　$y = \log x$. 这时不等式(2)给出

$$p\log x_1 + q\log x_2 < \log(px_1 + qx_2)$$

由此可得

$$x_1^p x_2^q < px_1 + qx_2 \quad (p + q = 1)$$

例 2　$y = -x^m, m > 1$. 我们有

$$-px_1^m - qx_2^m < -(px_1 + qx_2)^m$$

或

$$px_1^m + qx_2^m > (px_1 + qx_2)^m, p + q = 1$$

例 3　$y = -x\log x$. 这时我们得到

$$-px_1\log x_1 - qx_2\log x_2 < -(px_1 + qx_2)\log(px_1 + qx_2)$$
$$p + q = 1$$

定理 1 还可以在另一个方向推广.

定理 3　若函数 $y = f(x)$ 是区间 $[a, b]$ 上的凸函数, $x_1, x_2, \cdots, x_k$ 是这个区间内函数的自变量之彼此不全相等的某 k 个值, 则

$$\frac{f(x_1) + f(x_2) + \cdots + f(x_k)}{k} < f\left(\frac{x_1 + x_2 + \cdots + x_k}{k}\right) \tag{3}$$

(詹森(Jensen)不等式的特款).

当 $k = 2$ 时, 定理 3 就变成了定理 1.

证明　我们从定义一个在几何和分析问题中经常

---

① 不难看出: 线段 MN 上每个点的坐标都可表示成 $(px_1 + qx_2, py_1 + qy_2)$ 的形式, 其中 $p > 0, q > 0, p + q = 1$. 这样一来, 由不等式(2)就可断言: 任何弦 MN 都位于曲线 $y = f(x)$ 之下, 即它等价于凸函数的定义.

Hölder 定理

遇到的概念开始讨论. 设 $M_1M_2M_3\cdots M_k$ 是任意 k 角形（图 5（a））；Q_2 是这 k 角形的边 M_1M_2 之中点 $\left(M_1Q_2:Q_2M_2=\frac{1}{2}:\frac{1}{2}\right)$；$Q_3$ 是分线段 M_3Q_2 成比 2:1 的点 $\left(M_3Q_3:Q_3Q_2=\frac{2}{3}:\frac{1}{3}\right)$；$Q_4$ 是分线段 M_4Q_3 成比 3:1 的点 $\left(M_4Q_4:Q_4Q_3=\frac{3}{4}:\frac{1}{4}\right)$，……；最后，$Q_k$ 是分线段 M_kQ_{k-1} 成比 $(k-1):1$ 的点 $\left(M_kQ_k:Q_kQ_{k-1}=\frac{k-1}{k}:\frac{1}{k}\right)$.

点 Q_k 称为 k 角形 $M_1M_2\cdots M_k$ 的形心（或重心）. 对 $\triangle M_1M_2M_3$ 的情形（图5(b)），形心 Q_3 和三中线的交点重合：事实上，这时 Q_2 是边 M_1M_2 的中点，线段 M_3Q_2 是一条中线，而分这个线段成比 $M_3Q_3:Q_3Q_2=2:1$ 的点 Q_3 是三角形三条中线的交点.

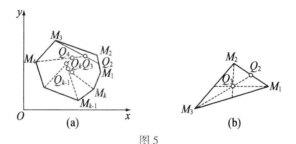

图 5

现在证明：若 k 角形的各顶点 $M_1,M_2,\cdots,M_k$ 的坐标分别为 $(x_1,y_1),(x_2,y_2),\cdots,(x_k,y_k)$，则形心 Q_k 的坐标就为

附　录

$$\frac{x_1+x_2+\cdots+x_k}{k} \text{和} \frac{y_1+y_2+\cdots+y_k}{k}①$$

事实上,根据开始证明定理 2 时所引入的命题,各个点 $Q_2, Q_3, Q_4, \cdots$,及最后 Q_k,各有如下坐标

$$Q_2\left(\frac{x_1+x_2}{2}, \frac{y_1+y_2}{2}\right)$$

$$Q_3\left(\frac{2}{3}\cdot\frac{x_1+x_2}{2}+\frac{1}{3}x_3, \frac{2}{3}\cdot\frac{y_1+y_2}{2}+\frac{1}{3}y_3\right)$$

或

$$\left(\frac{x_1+x_2+x_3}{3}, \frac{y_1+y_2+y_3}{3}\right)$$

$$Q_4\left(\frac{3}{4}\cdot\frac{x_1+x_2+x_3}{3}+\frac{1}{4}x_4, \frac{3}{4}\cdot\frac{y_1+y_2+y_3}{3}+\frac{1}{4}y_1\right)$$

或

$$\left(\frac{x_1+x_2+x_3+x_4}{4}, \frac{y_1+y_2+y_3+y_4}{4}\right)$$

$$\cdots$$

$$Q_k\left(\frac{k+1}{k}, \frac{x_1+x_2+\cdots+x_{k-1}}{k-1}+\frac{1}{k}x_k,\right.$$

$$\left.\frac{k-1}{k}\cdot\frac{y_1+y_2+\cdots+y_{k-1}}{k-1}+\frac{1}{k}y_k\right)$$

或

$$\left(\frac{x_1+x_2+\cdots+x_{k-1}+x_k}{k}, \frac{y_1+y_2+\cdots+y_{k-1}+y_k}{k}\right)$$

---

① 特别地,由此可得:k 角形的形心是由这个 k 角形所完全确定而不依赖于它的顶点的列举顺序(不是像从形心的定义出发所想到的一样);对三角形,这也可从形心与三中线交点重合推出.

现在回到我们的凸函数 $y=f(x)$. 设 $M_1, M_2, \cdots$, M_k 是这个函数的图形在所考虑的区间上一系列的 k 个点(图6),根据函数的凸性,k 角形 $M_1M_2\cdots M_k$ 应是凸的,且整个位于曲线 $y=f(x)$ 之下. 若各点 $M_1, M_2, \cdots$, M_k 的横坐标分别为 $x_1, x_2, \cdots x_k$,则显然纵坐标就应等于 $f(x_1), f(x_2), \cdots f(x_k)$. 所以 k 角形 $M_1M_2\cdots M_k$ 的形心 Q 的坐标就等于

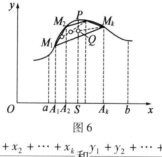

图6

$$\frac{x_1+x_2+\cdots+x_k}{k} \text{和} \frac{y_1+y_2+\cdots+y_k}{k}$$

因而

$$OS=\frac{x_1+x_2+\cdots+x_k}{k}, SQ=\frac{f(x_1)+f(x_2)+\cdots+f(x_k)}{k}$$

和

$$SP=f\left(\frac{x_1+x_2+\cdots+x_k}{k}\right)$$

(参看图6). 但凸 k 角形形心应位于这 k 角形的内部(这可从形心的定义本身推出). 因而点 Q 在点 P 之下,这就表示

$$\frac{f(x_1)+f(x_2)+\cdots+f(x_k)}{k}<f\left(\frac{x_1+x_2+\cdots+x_k}{k}\right)$$

这就是所要证明的.

这个讨论当 k 个点 $M_1, M_2, \cdots, M_k$ 中某些点(不是全部)相重合(数 $x_1, x_2, \cdots, x_k$ 中的某些个彼此相等)而 k 角形 $M_1 M_2 \cdots M_k$ 退化变成顶点较少的多边形时,仍然有效.

例1 $y = \log x$. 从定理 3 得到

$$\frac{\log x_1 + \log x_2 + \cdots + \log x_k}{k} < \log \frac{x_1 + x_2 + \cdots + x_k}{k}$$

或

$$\sqrt[k]{x_1 x_2 \cdots x_k} < \frac{x_1 + x_2 + \cdots + x_k}{k}$$

彼此不全相等的 k 个正数的几何平均值恒小于其算术平均值(关于几何平均值和算术平均值的定理).

例2 $y = -x^m, m > 1$. 这时得到

$$-\frac{x_1^m + x_2^m + \cdots + x_k^m}{k} < -\left(\frac{x_1 + x_2 + \cdots + x_k}{k}\right)^m$$

或

$$\left(\frac{x_1^m + x_2^m + \cdots + x_k^m}{k}\right)^{\frac{1}{m}} > \frac{x_1 + x_2 + \cdots + x_k}{k}$$

任意的 k 个彼此不全相等的正数之 $m > 1$ 次幂平均值恒大于其算术平均值.

例3 $y = -x \log x$. 这时定理 3 给出

$$-\frac{x_1 \log x_1 + x_2 \log x_2 + \cdots + x_k \log x_k}{k}$$

$$< -\frac{x_1 + x_2 + \cdots + x_k}{k} \log\left(\frac{x_1 + x_2 + \cdots + x_k}{k}\right) \quad (4)$$

最后再证明下面的定理,它既是定理 2 的推广,又是定理 3 的推广:

定理4 设 $y = f(x)$ 是区间 $[a, b]$ 上的凸函数,而

Hölder 定理

$x_1, x_2, \cdots, x_k$ 是这个函数的自变量在所考虑的区间中彼此不相等的某 k 个值,$p_1, p_2, \cdots, p_k$ 是和为 1 的 k 个正数,则这时

$$p_1 f(x_1) + p_2 f(x_2) + \cdots + p_k f(x_k)$$
$$< f(p_1 x_1 + p_2 x_2 + \cdots + p_k x_k) \tag{5}$$

(较一般的詹森不等式).

当 $k = 2$ 时,定理 4 成为定理 2,而当 $p_1 = p_2 = \cdots = p_k = \dfrac{1}{k}$ 时,就成为定理 3 了.

证明 仍考虑凸函数 $y = f(x)$ 的图形,并在这个图形上画一凸 k 角形 $M_1 M_2 \cdots M_k$,其顶点的坐标分别为 $(x_1, y_1), (x_2, y_2), \cdots, (x_k, y_k)$(图 7).

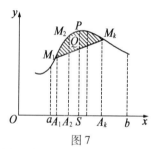

图 7

现设 Q_2 是这个凸 k 角形的边 $M_1 M_2$ 上的这样的点,使 $M_1 Q_2 : Q_2 M_2 = \dfrac{p_2}{p_1 + p_2} : \dfrac{p_1}{p_1 + p_2}$;$Q_3$ 是线段 $M_3 Q_2$ 上的这样的点,使 $M_3 Q_3 : Q_3 Q_2 = \dfrac{p_3}{p_1 + p_2 + p_3} : \dfrac{p_1 + p_2}{p_1 + p_2 + p_3}$;$Q_4$ 是线段 $M_4 Q_3$ 上的这样的点,使 $M_4 Q_4 : Q_4 Q_3 = \dfrac{p_4}{p_1 + p_2 + p_3 + p_4} : \dfrac{p_1 + p_2 + p_3}{p_1 + p_2 + p_3 + p_4}$;……;最后:$Q$ 是线段 $M_k Q_{k-1}$ 上的这样的点,使 $M_k Q : Q Q_{k-1} = p_k : (p_1 + p_2 + \cdots +$

附　录

p_{k-1}).（若 $p_1 = p_2 = \cdots = p_k = \dfrac{1}{k}$，则 Q 便是 k 角形 $M_1 M_2 \cdots M_k$ 的形心）. 利用我们开始证明定理 2 时所用的命题，就可求出 $Q_2, Q_3, \cdots, Q$ 各点的坐标

$$Q_2\left(\frac{p_1 x_1 + p_2 x_2}{p_1 + p_2}, \frac{p_1 f(x_1) + p_2 f(x_2)}{p_1 + p_2}\right)$$

$$Q_3\left(\frac{p_1 + p_2}{p_1 + p_2 + p_3} \cdot \frac{p_1 x_1 + p_2 x_2}{p_1 + p_2} + \frac{p_3}{p_1 + p_2 + p_3} x_3,\right.$$

$$\left.\frac{p_1 + p_2}{p_1 + p_2 + p_3} \cdot \frac{p_1 f(x_1) + p_2 f(x_2)}{p_1 + p_2} + \frac{p_3}{p_1 + p_2 + p_3} f(x_3)\right)$$

或

$$\left(\frac{p_1 x_1 + p_2 x_2 + p_3 x_3}{p_1 + p_2 + p_3}, \frac{p_1 f(x_1) + p_2 f(x_2) + p_3 (f_3)}{p_1 + p_2 + p_3}\right)$$

$$Q_4\left(\frac{p_1 + p_2 + p_3}{p_1 + p_2 + p_3 + p_4} \cdot \frac{p_1 x_1 + p_2 x_2 + p_3 x_3}{p_1 + p_2 + p_3} + \frac{p_4}{p_1 + p_2 + p_3 + p_4} x_4,\right.$$

$$\frac{p_1 + p_2 + p_3}{p_1 + p_2 + p_3 + p_4} \cdot \frac{p_1 f(x_1) + p_2 f(x_2) + p_3 f(x_3)}{p_1 + p_2 + p_3}$$

$$\left.+ \frac{p_4}{p_1 + p_2 + p_3 + p_4} f(x_4)\right)$$

或

$$\left(\frac{p_1 x_1 + p_2 x_2 + p_3 x_3 + p_4 x_4}{p_1 + p_2 + p_3 + p_4},\right.$$

$$\left.\frac{p_1 f(x_1) + p_2 f(x_2) + p_3 f(x_3) + p_4 f(x_4)}{p_1 + p_2 + p_3 + p_4}\right)$$

$$\cdots$$

$$Q_k\left(\frac{p_1 x_1 + p_2 x_2 + \cdots + p_{k-1} x_{k-1} + p_k x_k}{p_1 + p_2 + \cdots + p_{k-1} + p_k},\right.$$

$$\left.\frac{p_1 f(x_1) + p_2 f(x_2) + \cdots + p_{k-1} f(x_{k-1}) + p_k f(x_k)}{p_1 + p_2 + \cdots + p_{k-1} + p_k}\right)$$

Hölder 定理

或写成另一种形式

$(p_1x_1 + p_2x_2 + \cdots + p_kx_k, p_1f(x_1) + p_2f(x_2) + \cdots + p_kf(x_k))$

（因为 $p_1 + p_2 + \cdots + p_k = 1$）.

这样一来，在图 7 上就有

$$SQ = p_1f(x_1) + p_2f(x_2) + \cdots + p_kf(x_k)$$
$$OS = p_1x_1 + p_2x_2 + \cdots + p_kx_k$$
$$SP = f(p_1x_1 + p_2x_2 + \cdots + p_kx_k)$$

而因为点 Q 位于点 P 之下（因为整个 k 角形 $M_1M_2\cdots M_k$ 都位于曲线 $y = f(x)$ 之下，而 Q 是这个 k 角形的内点），所以

$$p_1f(x_1) + p_2f(x_2) + \cdots + p_kf(x_k)$$
$$< f(p_1x_1 + p_2x_2 + \cdots + p_kx_k)$$

这就是所要证明的①.

例 1 $y = \log x$. 这时我们得到

$$p_1\log x_1 + p_2\log x_2 + \cdots + p_k\log x_k < \log(p_1x_1 + p_2x_2 + \cdots + p_kx_k)$$

由此就得出

$$x_1^{p_1}x_2^{p_2}\cdots x_k^{p_k} < p_1x_1 + p_2x_2 + \cdots + p_kx_k, \; p_1 + p_2 + \cdots + p_k = 1$$

（关于几何平均值和算术平均值的一般定理）.

例 2 $y = -x^m, m > 1$. 我们有

$$-p_1x_1^m - p_2x_2^m - \cdots - p_kx_k^m < -(p_1x_1 + p_2x_2 + \cdots + p_kx_k)^m$$

或

$$p_1x_1^m + p_2x_2^m + \cdots + p_kx_k^m > (p_1x_1 + p_2x_2 + \cdots + p_kx_k)^m$$

---

① 不难看出：k 角形 $M_1M_2\cdots M_k$ 的每个内点的坐标都可写成形式 $(p_1x_1 + p_2x_2 + \cdots + p_kx_k, p_1f(x_1) + p_2f(x_2) + \cdots + p_kf(x_k))$，其中 $p_1 > 0, p_2 > 0, \cdots, p_k > 0$，而 $p_1 + p_2 + \cdots + p_k = 1$. 因此不等式(5)可推出这种情况：即在凸函数的图形上画出的多边形全位于这个图形之下.

$$p_1 + p_2 + \cdots + p_k = 1$$

例 3 $y = -x\log x$. 定理 4 给出

$$-p_1 x_1 \log x_1 - p_2 x_2 \log x_2 - \cdots - p_k x_k \log x_k$$
$$< -(p_1 x_1 + p_2 x_2 + \cdots + p_k x_k)\log(p_1 x_1 + p_2 x_2 + \cdots + p_k x_k)$$
$$p_1 + p_2 + \cdots + p_k = 1 \qquad (6)$$

推导(4)和(6)这两个不等式正是这个附录的基本目的. 从不等式(4)可立刻得出: 有 k 个结局的实验 α 的熵决不会超过有 k 个等概结局的实验 α_0 的熵 $\log k$; 这时, 只有在 α 的全部结局等概时, 即实验 α 与 α_0 没有区别时, 才有 $H(\alpha) = \log k$. 事实上, 先用 k 乘这个不等式两端, 然后设其中 $x_1 = p(A_1), x_2 = p(A_2), \cdots, x_k = p(A_k)$, 这里 $A_1, A_2, \cdots, A_k$ 都是实验 α 的结局(因此, $p(A_1) + p(A_2) + \cdots + p(A_k) = 1$; 各概率 $p(A_1), p(A_2), \cdots, p(A_k)$ 彼此不全相等). 这时就有

$$-p(A_1)\log p(A_1) - p(A_2)\log p(A_2) - \cdots - p(A_k)\log p(A_k)$$
$$< -[p(A_1) + p(A_2) + \cdots + p(A_k)]$$
$$\log \frac{p(A_1) + p(A_2) + \cdots + p(A_k)}{k}$$
$$= -1 \cdot \log \frac{1}{k} = \log k$$

或

$$H(\alpha) < H(\alpha_0)$$

要证明在 α 的条件下实验 β 的条件熵 $H_\alpha(\beta)$ 不大于同一个实验的无条件熵 $H(\beta)$, 可以利用不等式(6). 事实上, 在不等式(6)中设 $p_1 = p(A_1), p_2 = p(A_2), \cdots, p_k = p(A_k), x_1 = p_{A_1}(B_1), x_2 = p_{A_2}(B_1), \cdots, x_k = p_{A_k}(B_1)$ 后(其中 $A_1, A_2, \cdots, A_K; B_1, B_2, \cdots, B_l$ 分别是 α 和 β 这两个实验的结局; $p(A_1) + p(A_2) + \cdots + p(A_k) = 1$), 我们

Hölder 定理

就可以得到

$$-p(A_1)p_{A_1}(B_1)\log p_{A_1}(B_1) - p(A_2)p_{A_2}(B_1)\log p_{A_2}(B_1) - \cdots - p(A_k)p_{A_k}(B_1)\log p_{A_k}(B_1)$$
$$< -[p(A_1)p_{A_1}(B_1) + p(A_2)p_{A_2}(B_1) + \cdots + p(A_k)p_{A_k}(B_1)] \times \log [p(A_1)p_{A_1}(B_1) + p(A_2)p_{A_2}(B_1) + \cdots + p(A_k)p_{A_k}(B_1)]$$

因为根据全概率公式,$p(A_1)p_{A_1}(B_1) + p(A_2)p_{A_2}(B_1) + \cdots + p(A_k)p_{A_k}(B_1) = p(B_1)$,所以,最后这个不等式可以写成

$$-p(A_1)p_{A_1}(B_1)\log p_{A_1}(B_1) - p(A_2)p_{A_2}(B_1)\log p_{A_2}(B_1) - \cdots - p(A_k)p_{A_k}(B_1)\log p_{A_k}(B_1) < -p(B_1)\log p(B_1)$$

我们指出,若 $p_{A_1}(B_1) = p_{A_2}(B_1) = \cdots = p_{A_k}(B_1) = p(B_1)$(最后的等式可从全概率公式得出),则此不等式就变成等式. 同样可得

$$-p(A_1)p_{A_1}(B_2)\log p_{A_1}(B_2) - p(A_2)p_{A_2}(B_2)\log p_{A_2}(B_2) - \cdots - p(A_k)p_{A_k}(B_2)\log p_{A_k}(B_2) < -p(B_2)\log p(B_2) -$$
$$p(A_1)p_{A_1}(B_3)\log p_{A_1}(B_3) - p(A_2)p_{A_2}(B_3)\log p_{A_2}(B_3) - \cdots - p(A_k)p_{A_k}(B_3)\log p_{A_k}(B_3) < -p(B_3)\log p(B_3)$$

……

附　录

$$-p(A_1)p_{A_1}(B_l)\log p_{A_1}(B_l) -$$
$$p(A_2)p_{A_2}(B_l)\log p_{A_2}(B_l) - \cdots -$$
$$p(A_k)p_{A_k}(B_l)\log p_{A_k}(B_l) <$$
$$-p(B_l)\log p(B_l)$$

现在把所有这些不等式相加,就可得到

$$p(A_1)H_{A_1}(\beta)+p(A_2)H_{A_2}(\beta)+\cdots+p(A_k)H_{A_k}(\beta)<H(\beta)$$

或

$$H_\alpha(\beta)<H(\beta)$$

若二实验 α 和 β 不是无关的,即若存在这样的 i 和 $j(1\leqslant i\leqslant k,1\leqslant j\leqslant l)$,使 $p_{A_i}(B_j)\neq p(B_j)$,就成立这个不等式. 若二实验 α 和 β 无关,则显然, $H_\alpha(\beta)=H(\beta)$.

还须指出,若在不等式

$$p_1\log x_1+p_2\log x_2+\cdots+p_k\log x_k$$
$$\leqslant\log(p_1x_1+p_2x_2+\cdots+p_kx_k)$$
$$p_1+p_2+\cdots+p_k=1$$

中代入 $x_1=\dfrac{q_1}{p_1},x_2=\dfrac{q_2}{p_2},\cdots,x_k=\dfrac{q_k}{p_k}$,其中 $q_1+q_2+\cdots+q_k\leqslant 1$,则我们就可得到

$$p_1\log\frac{q_1}{p_1}+p_2\log\frac{q_2}{p_2}+\cdots+p_k\log\frac{q_k}{p_k}$$
$$\leqslant\log(q_1+q_2+\cdots+q_k)\leqslant\log 1=0$$

由此,再注意到 $\log\dfrac{q_1}{p_1}=\log q_1-\log p_1,\log\dfrac{q_2}{p_2}=\log q_2-\log p_2,\cdots,\log\dfrac{q_k}{p_k}=\log q_k-\log p_k$,就有

$$-p_1\log p_1-p_2\log p_2-\cdots-p_k\log p_k$$
$$\leqslant -p_1\log q_1-p_2\log q_2-\cdots-p_k\log q_k$$

Hölder 定理

最后,我们还要提到前面谈到过的,推广了不等式 $H_\alpha(\beta) \leqslant H(\beta)$ 的不等式

$$H_{\alpha\gamma}(\beta) \leqslant H_\gamma(\beta)$$

(若假设实验 γ 有以概率 1 实现的唯一结局,则这个不等式就成为 $H_\alpha(\beta) \leqslant H(\beta)$). 容易从不等式 $H_\alpha(\beta) \leqslant H(\beta)$ 推出这个不等式. 事实上,分别用 $C_1, C_2, \cdots, C_m$ 表示实验 γ 的各结局;设 $\alpha^{(1)}$ 和 $\beta^{(1)}$ 是两个实验,其结局分别为 $A_1^{(1)}, A_2^{(1)}, \cdots, A_k^{(1)}$ 和 $B_1^{(1)}, B_2^{(1)}, \cdots, B_l^{(1)}$,它们分别以概率 $p(A_1^{(1)}) = p_{C_1}(A_1), p(A_2^{(1)}) = p_{C_1}(A_2), \cdots, p(A_k^{(1)}) = p_{C_1}(A_k)$,和 $p(B_1^{(1)}) = p_{C_1}(B_1), p(B_2^{(1)}) = p_{C_1}(B_2), \cdots, p(B_l^{(1)}) = p_{C_1}(B_l)$ 实现. 根据前面所证明的可得

$$H_{\alpha^{(1)}}(\beta^{(1)}) \leqslant H(\beta^{(1)})$$

但

$$\begin{aligned}H(\beta^{(1)}) &= -p(B_1^{(1)})\log p(B_1^{(1)}) - p(B_2^{(1)})\log p(B_2^{(1)}) \\ &\quad - \cdots - p(B_l^{(1)})\log p(B_l^{(1)}) \\ &= -p_{C_1}(B_1)\log p_{C_1}(B_1) - p_{C_1}(B_2)\log p_{C_1}(B_2) \\ &\quad - \cdots - p_{C_1}(B_l)\log p_{C_1}(B_l) \\ &= H_{C_1}(\beta)\end{aligned}$$

又

$$H_{\alpha^{(1)}}(\beta^{(1)}) = p(A_1^{(1)})HA_1^{(1)}(\beta^{(1)}) + p(A_2^{(1)})HA_2^{(1)} \cdot (\beta^{(1)}) + \cdots + p(A_k^{(1)})HA_k^{(1)}(\beta^{(1)})$$

其中

$$\begin{aligned}HA_1^{(1)}(\beta^{(1)}) &= -pA_1^{(1)}(B_1^{(1)})\log pA_1^{(1)}(B_1^{(1)}) \\ &\quad -pA_1^{(1)}(B_2^{(1)})\log pA_1^{(1)}(B_2^{(1)}) - \cdots \\ &\quad -pA_1^{(1)}(B_l^{(1)})\log pA_1^{(1)}(B_l^{(1)})\end{aligned}$$

$$HA_2^{(1)}(\beta^{(1)}) = -pA_2^{(1)}(B_1^{(1)})\log pA_2^{(1)}(B_1^{(1)})$$

附 录

$$-pA_2^{(1)}(B_2^{(1)})\log pA_2^{(1)}(B_2^{(1)}) - \cdots$$
$$-pA_2^{(1)}(B_l^{(1)})\log pA_2^{(1)}(B_l^{(1)})$$
$$\cdots$$
$$HA_k^{(1)}(\beta^{(1)}) = -pA_k^{(1)}(B_1^{(1)})\log pA_k^{(1)}(B_1^{(1)})$$
$$-pA_k^{(1)}(B_2^{(1)})\log pA_k^{(1)}(B_2^{(1)}) - \cdots$$
$$-pA_k^{(1)}(B_l^{(1)})\log pA_k^{(1)}(B_l^{(1)})$$

现在,我们来求条件概率 $pA_1^{(1)}(B_1^{(1)})$, $pA_1^{(1)}(B_2^{(1)})$ 等. 根据概率乘法法则, $pA_1^{(1)}(B_1^{(1)})$ 等于事件 $A_1^{(1)}B_1^{(1)}$ 和 $A_1^{(1)}$ 的概率之比,但 $p(A_1^{(1)}) = p_{C_1}(A_1)$;至于事件 $A_1^{(1)}B_1^{(1)}$ 的概率,则它显然等于条件概率 $p_{C_1}(A_1B_1)$ ($A_1^{(1)}$ 是在实现了事件 C_1 的条件下实现事件 A_1, $B_1^{(1)}$ 是在同样的条件下实现事件 B_1;所以 $A_1^{(1)}B_1^{(1)}$ 就是在同样的条件下实现事件 A_1B_1). 但根据概率乘法法则,
$p_{C_1}(A_1B_1) = p_{C_1}(A_1) \cdot p_{C_1A_1}(B_1)$;因而

$$pA_1^{(1)}(B_1^{(1)}) = \frac{p(A_1^{(1)}B_1^{(1)})}{p(A_1^{(1)})} = \frac{p_{C_1}(A_1)p_{C_1A_1}(B_1)}{p_{C_1}(A_1)} = p_{C_1A_1}(B_1)$$

可同样证明

$$pA_1^{(1)}(B_2^{(1)}) = p_{C_1A_1}(B_2), pA_1^{(1)}(B_3^{(1)}) = p_{C_1A_1}(B_3), \cdots,$$
$$pA_k^{(1)}(B_l^{(1)}) = p_{C_1A_k}(B_l)$$

由此就可得到

$$HA_1^{(1)}(\beta^{(1)}) = -p_{C_1A_1}(B_1)\log p_{C_1A_1}(B_1)$$
$$-p_{C_1A_1}(B_2)\log p_{C_1A_1}(B_2)$$
$$-\cdots-p_{C_1A_1}(B_l)\log p_{C_1A_1}(B_l)$$
$$= H_{C_1A_1}(\beta)$$

类似地有

$$HA_2^{(1)}(\beta^{(1)}) = H_{C_1A_2}(\beta), HA_3^{(1)}(\beta^{(1)}) = H_{C_1A_2}(\beta), \cdots,$$
$$HA_k^{(1)}(\beta^{(1)}) = H_{C_1A_k}(\beta)$$

Hölder 定理

因此,我们就得到(注意 $p(A_1^{(1)}) = p_{C_1}(A_1)$, $p(A_2^{(1)}) = p_{C_1}(A_2), \cdots, p(A_k^{(1)}) = p_{C_1}(A_k)$)

$$H_{\alpha^{(1)}}(\beta^{(1)}) = p_{C_1}(A_1) H_{C_1A_1}(\beta) + p_{C_1}(A_2) H_{C_1A_2}(\beta) + \cdots + p_{C_1}(A_k) H_{C_1A_k}(\beta)$$

所以,不等式 $H_{\alpha^{(1)}}(\beta^{(1)}) \leq H(\beta^{(1)})$ 可以改写成如下形式

$$p_{C_1}(A_1) H_{C_1A_1}(\beta) + p_{C_1}(A_2) H_{C_1A_2}(\beta) + \cdots + p_{C_1}(A_k) H_{C_1A_k}(\beta) \leq H_{C_1}(\beta)$$

在这个不等式的两端均乘以 $p(C_1)$,并注意 $p(C_1)p_{C_1}(A_1) = p(C_1A_1)$, $p(C_1)p_{C_1}(A_2) = p(C_1A_2), \cdots, p(C_1)p_{C_1}(A_k) = p(C_1A_k)$,就有

$$p(C_1A_1) H_{C_1A_1}(\beta) + p(C_1A_2) H_{C_1A_2}(\beta) + \cdots + p(C_1A_k) H_{C_1A_k}(\beta) \leq p(C_1) H_{C_1}(\beta)$$

同样可证明下列各不等式

$$p(C_2A_1) H_{C_2A_1}(\beta) + p(C_2A_2) H_{C_2A_2}(\beta) + \cdots + p(C_2A_k) H_{C_2A_k}(\beta) \leq p(C_2) H_{C_2}(\beta)$$

$$p(C_3A_1) H_{C_3A_1}(\beta) + p(C_3A_2) H_{C_3A_2}(\beta) + \cdots + p(C_3A_k) H_{C_3A_k}(\beta) \leq p(C_3) H_{C_3}(\beta)$$

$$\cdots$$

$$p(C_mA_1) H_{C_mA_1}(\beta) + p(C_mA_2) H_{C_mA_2}(\beta) + \cdots + p(C_mA_k) H_{C_mA_k}(\beta) \leq p(C_m) H_{C_m}(\beta)$$

把所有这些不等式逐项相加后,就可得到

$$H_{\gamma\alpha}(\beta) \leq H_{\gamma}(\beta)$$

这就是我们所要证明的($\gamma\alpha$ 和 $\alpha\gamma$ 这两个事件没有不同).

非线性分析与优化中的猜想和公开问题荟萃[①]

本附录收集了非线性分析与优化中的 14 个猜想和公开问题,这些问题可以归为 3 类:纯数学味浓的问题,科学计算与应用领域提出的问题,以及尚欲寻求更佳证明的问题. 我们将对每一个问题分别做简洁的描述,提供合适的参考文献,并介绍该问题的研究现状.

引言、猜想和公开问题,与实际应用需要以及回答其他科学领域提出的数学问题等其他因素,是数学研究的主要动机与推动力. 数学的每个分支或子分支都有自己的一系列猜想,这些猜想大抵是相关领域的专门问题,由于需要有必要的背景

---

① 译自:SIAM Review, Vol. 49(2007), No. 2, p. 255 – 273, Potpourri of Conjectures and Open Questions in Nonlinear Analysis and Optimization, Jean – Baptiste Hiriart – Urruty, figure number 2. Copyright @ 2007 Society for Industrial and Applied Mathematics. Reprinted with permission. All rights reserved. 美国工业和应用数学会授予译文出版许可.

或技术知识而难于阐释于众;同时,由于它们具有不同的显著特点,如该问题是否在一段长的时间内仍然未被解决,它的解决是否会引发新问题,导致一些相关问题的解决或者为人们打开新的研究视角等,因此这些猜想又或多或少为人所知.

本附录罗列了笔者近些年来搜集整理的关于非线性分析与优化的一系列猜想和公开问题.诚然,这些问题从一定程度上反映了作者的研究兴趣.同样的一个问题,可能一位数学工作者认为它令人兴奋,值得投入大量的热情,而另一位研究者则认为其不值一提.本附录罗列的问题可分成以下 3 类,但这不是严格的划分,因为有的问题可能同属两类.

● 纯数学味浓的问题. 一些科学界同行主张,探索科学的动机在于要"切中要害". 因此,我们的一些问题具有纯数学味:他们的最后解决将不会革新整个领域. 属于此类的有问题 4,5,6,⋯

● 科学计算与应用领域提出的问题. 这类问题的解决往往能够提供新的解法或算法,或者揭示学科的发展前景. 属于此类的有问题 1,2,9,10,⋯

● 尚欲寻求更佳证明的问题. 对这类问题,人们希望能有一个更加简洁,更加自然,或者更加优美的证明. 一些评估数学活动的同行专家认为,有 2/3 的数学研究其实是在总结或澄清已存在的数学结果,或者给出新的证明,提供新的视角等. 我们也有此类的问题:问题 2,7,⋯

对于本附录描述的 14 个问题,我们将提供一个清晰的轮廓以及适当的最新的参考文献. 总之,读者将能够从中了解其研究现状,并获得进一步研究需要的资料,对于一些著名的历时已久的猜想是否仍属公开问题,我们已和相关专家进行确认. 我们得到的典型回答是:"过去专家们认为该猜想是合理的,直至努力证明未果;而现在认为该猜想是错误的,却不能够证实." 经验告诉我们,只要找到一个原始的证明或构造一个巧妙的反例,那么关于一个猜想的原本一致的观点就会被戏剧性地推翻.

读者可以根据自己的兴趣爱好独立地阅读下面的每一个问题,这也是我们为每个问题单独列出参考文献的原因.

符号说明:$\langle\cdot,\cdot\rangle$ 表示 $\mathbb{R}^d$ 空间里的普通内积,$\|\cdot\|$ 表示由该内积导出的范数(这些记号同样适用于希尔伯特(Hilbert)空间);$S_d(\mathbb{R})$ 表示 d 维实对称矩阵空间;如果 f 在点 x 处可微,$\nabla f(x)$ 表示函数 f 在点 x 处的梯度(向量).

问题目录

问题 1. 凸多胞形的 d 步猜想

问题 2. 减少多项式不等式约束的个数

问题 3. 通过极集的体积来估计凸体体积的乘积

问题 4. 梯度的类达布性质

问题 5. 希尔伯特空间中切比雪夫(Tchebychev)集可能的凸性

问题 6. 拥有唯一最远点性质的集合是否是单元集?

问题 7. 在全空间求解 Monge-Ampère 类型方程

问题 8. 在空间 $\mathbb{R}^n$ 的开子集上求解 Eikonal 类型方程

问题 9. 具有最小阻力的凸体

Hölder 定理

问题 10. J. Cheeger 几何最优化问题

问题 11. 两个凸二次型之积的 Legendre-Fenchel 变换

问题 12. 利用合同变换同时对角化有限多个对称矩阵

问题 13. 二次方程组的求解问题

问题 14. 有限多个二次函数的最大值的最小化问题

问题 1 凸多胞形的 d 步猜想

凸多胞形的 d 步猜想是关于凸多胞形(即紧凸多面体)结构的最基本的公开问题之一. 该猜想首先由 W. M. Hirsch 在 1957 年进行表述,后来被转换成 d-形式(d 步猜想由此得名;见下). 该猜想仍然未被解决,尽管对许多特殊类型的多胞形它已证明为真,而且对它的稍强一些的猜想人们已经找到了反例. 猜想的初衷是为了更好地理解线性规划中边界跟踪算法的计算复杂性.

我们在这里只对它做简洁的描述.

设 x 和 y 为凸多胞形 P 的顶点,$\delta_P(x,y)$ 表示联结 x 和 y 的路径的最小边数 k. 当 x 和 y 遍历 P 的所有顶点,最大的 $\delta_P(x,y)$ 值即为所谓的 P 的直径. 对 $n > d \geq 2$,定义 $\Delta(d,n)$ 为 $\mathbb{R}^d$ 中所有具有 n 个面($d-1$ 维面)的凸多胞形 P 的最大直径. 例如,读者容易验证,$\Delta(2,n)$ 等于 $\dfrac{n}{2}$ 的整数部分. 另外,通过考虑 $\mathbb{R}^d$ 中的凸多胞形 $[-1,1]^d$(它具有 $2d$ 个面),人们注意到有 $\Delta(d,2d) \geq d$.

Hirsch 猜想表述如下:

附 录

对 $n > d \geq 2$, 有 $\Delta(d,n) \leq n - d$ (1.1)

上述猜想结论并不明显,但如果人们能够证明 $n = 2d$ 的特殊情形,即 $\Delta(d,2d) \leq d$(此即已知的 d 步猜想),Hirsch 猜想可能也会相应得到解决. 从开始给出的关系式 $\Delta(d,2d) \geq d$ 知,d 步猜想提供的界无疑是最佳的. 因此,d 步猜想的等价表述如下

对 $d \geq 2$, 有 $\Delta(d,2d) = d$ (1.2)

在旨在解决这些猜想的研究结果中,我们挑选列举如下两个:Hirsch 猜想(如(1.1)所述)对所有 $d \leq 3$ 以及任意 n 成立,或者数对 (n,d) 满足 $n \leq d + 5$;d 步猜想(如(1.2)所述)当 $d \leq 5$ 时成立.

如前所述,当 $d \geq 6$ 时,d 步猜想仍然没有解决. 该论题方面的专家目前的共识是,该猜想对较大的 d 并不成立.①

问题 2 减少多项式不等式约束的个数

考察具有如下形式的闭集

$$S: = \{x \in \mathbb{R}^d \mid P_1(x) \leq 0, \cdots, P_m(x) \leq 0\} \quad (2.1)$$

其中 m 为一正整数,P_i 是关于 d 维变量 $x = (x_1, x_2, \cdots, x_d)$ 的多项式函数. Bröcker 和 Scheiderer 给出了一个令人惊讶的很强的结果:闭集 S 可以用至多 $\dfrac{d(d+1)}{2}$ 个多项式不等式约束进行表示,即存在多项式函数 $Q_1, \cdots, Q_{\frac{d(d+1)}{2}}$,使得

$$S = \{x \in \mathbb{R}^d \mid Q_1(x) \leq 0, \cdots, Q_{\frac{d(d+1)}{2}}(x) \leq 0\} \quad (2.2)$$

这一结果目前已由代数几何领域扩展到多项式优

---

① 本文每个问题的叙述之后都有若干文献,译文中略去.——编注

Hölder 定理

化领域. 然而,到现在为止,它只是一个存在性结果,作者所提出的证明并不是构造性证明,没有给出 Q_i 的显式表达式;特别地,Q_i 的次数并无控制.

它确实是一个惊人的结果:设想 $\mathbb{R}^2$ 空间中的一个紧凸多面体,假定其有 10^6 个顶点或边界线段,它可以被 3 个多项式不等式刻画. 当 P_i 是仿射变换时

$$P_i(x) = \langle a_i, x \rangle - b_i = \sum_{j=1}^{d}(a_i)_j x_j - b_i$$
$$(a_i \in \mathbb{R}^d, b_i \in \mathbb{R})$$

Grötschel 和 Henk 导出了多项式函数 Q_i 满足的一些必要的基本性质,例如

$$\{Ax \leq b\} = \{x \in \mathbb{R}^d \mid \langle a_i, x \rangle - b_i \leq 0, i=1,\cdots,m\} \quad (2.3)$$
$$= \{x \in \mathbb{R}^d \mid Q_1(x) \leq 0, \cdots, Q_{v(d)}(x) \leq 0\} \quad (2.4)$$

并且构造出了指数多个满足式(2.4)的 Q_i. 当 $d=2$ 或 3 时,他们成功地达到了"降低后"的上界 $\dfrac{d(d+1)}{2}$.

Lasserre 表明,在 S 的一些附加假设下(例如 S 是紧的),式(2.2)中的多项式函数 Q_i 可以选成平方和的仿射组合(系数为 P_i).

几个问题如下:

● 即使是在多面体情形(2.3),怎样构造多项式函数 Q_i 的显式构造,使其满足(2.3)~(2.4),并且它们的个数 $v(d)$ 是关于维数 d 的多项式? 进一步的研究可能是得到"降低后"的上界 $v(d) = \dfrac{d(d+1)}{2}$.

● (很可能非常困难)怎样给出 Bröcker 和 Schei-

derer 定理的一个构造性证明? 即如何找到一个有效计算方法,以从(2.1)中的 $P_1,\cdots,P_m$ 得到(2.2)中的 $Q_1,\cdots,Q_{\frac{d(d+1)}{2}}$?

● 不可思议之魔数 $\frac{d(d+1)}{2}$ 恰好是 d 维实对称矩阵构成的向量空间 $S_d(\mathbb{R})$ 的维数,考虑到 SDP 优化(约束中要求某些矩阵半正定的优化问题)近年来的影响力以及 SDP 和多项式优化之间的关系,我们自然提出这样一个问题:Bröcker-Scheiderer 定理和多项式优化问题中的 SDP 松弛之间有何关系?

在 2004 年完整地陈述了上述问题之后,我们注意到有一篇新的相关论文,该文给出了进一步的结果和猜想. 若 S 是个 n 维多面体(如式(2.3)所述),那么在式(2.4)中 $v(d)=2d-1$ 是可能的,作者还给出了式(2.4)所需的多项式函数 Q_i 的显式表示. 他们猜想,在这种特殊情形下,维数 d 本身就是 $v(d)$ 的一般上界.

问题 3　通过极集的体积来估计凸体体积的乘积

这里要考虑的问题与 $\mathbb{R}^d$ 空间中关于原点 O 对称并且包含原点在内的紧凸集有关. 我们记这样凸体的全体集合为 $\mathscr{C}_0$.

如果 $K\in\mathscr{C}_0$,则必有 K 的极集 $K^0\in\mathscr{C}_0$. 例如,设 ξ_A 是关于对称正定 $d\times d$ 矩阵 A 的椭圆型凸集(此时 ξ_A 的边界是关于 A 的椭球面)

$$\xi_A:=\{x\in\mathbb{R}^d\mid\langle Ax,x\rangle\leqslant 1\}$$

则 $\xi_A\in\mathscr{C}_0$,而且

(i) $\xi_A^0=\xi_{A^{-1}}$;

(ii) ξ_A 的体积(d 维勒贝格测度)为 $\dfrac{V_d}{\sqrt{\det A}}$,此处

Hölder 定理

V_d 表示 $\mathbb{R}^d$ 空间中单位欧氏球的体积,即

$$V_d = \frac{\pi^{\frac{d}{2}}}{\Gamma\left(\frac{d}{2}+1\right)}.$$

因此,$\mathrm{Vol}(\xi_A) \cdot \mathrm{Vol}(\xi_A^0) = V_d^2$。

另一个基本的例子来自 l^1 和 l^∞ 意义下的单位球,l^∞ 单位球 B_∞(或称单位立方体,可以表述为 $[-1,+1]^d$)与 l^1 单位球 B_1(也叫十字多面体,它是集合 $\{\pm e_i \mid i=1,\cdots,d\}$ 的凸包)均属于 $\mathscr{C}_0$,而且它们互极。考虑它们的体积

$$\mathrm{Vol}(B_\infty) = 2^d, \mathrm{Vol}(B_1) = \frac{2^d}{d!}$$

于是可以它们体积的乘积 $\mathrm{Vol}(B_\infty) \cdot \mathrm{Vol}(B_1) = \frac{2^d}{d!}$。

Mahler(1939)猜想,在任意 $\mathbb{R}^d$ 空间中均成立

$$V_d^2 \geq \mathrm{Vol}(K) \cdot \mathrm{Vol}(K^0) \geq \frac{4^d}{d!} \quad \text{对所有 } K \in \mathscr{C}_0$$

(3.1)

左边的不等式正好反映了椭圆集的特征,而右边的不等式反映了 l^1 或 l^∞ 球(依赖于可逆线性映射的象)的性质。

对于 Mahler 的上述双边不等式猜想,目前的研究现状如下:左侧不等式已经被证明;右侧的精确界至今对 $d \geq 3$ 尚不知晓,自从 Mahler 之后只知它对 $d=2$ 成立。1985 年,Bourgain 和 Milman 证明了存在常数 $c > 0$,使得

$$\mathrm{Vol}(K) \cdot \mathrm{Vol}(K^0) \geq \frac{c^d}{d!}, \text{对所有 } K \in \mathscr{C}_0 \quad (3.2)$$

如何从常数 c 过渡到 Mahler 的猜想值 4,仍然不

得而知.

我们这里还愿意提及一个较为简单但相关的问题,就是根据 K 的支撑函数 σ_K 的表达式来获得 $\mathrm{Vol}(K^0)$ 的表达式. 事实上, 对于 $K = \xi_A$, 我们注意到

$$\mathrm{Vol}(\xi_A^0) = \mathrm{Vol}(\xi_{A^{-1}}) = V_d \sqrt{\det A} \quad (3.3)$$

以及

$$\int_{\mathbb{R}^d} e^{-\sqrt{\langle A^{-1}u,u \rangle}} \mathrm{d}u = d! V_d \sqrt{\det A} \quad (3.4)$$

此处, 映射 $u \to \sqrt{\langle A^{-1}u,u \rangle}$ 并非其他, 正好是 ξ_A 的支撑函数. 对一般的 $K \in \mathscr{C}_0$, 推广形式如下

$$\mathrm{Vol}(K^0) = \frac{1}{d!} \int_{\mathbb{R}^d} e^{-\sigma_K(u)} \mathrm{d}u \quad (3.5)$$

目前, 我们仅知道上式的一种证明方法, 即选择合适的积分并作变量代换. 我们希望能借助现代凸分析的技巧和结果获得(3.5)的一个简洁而清晰的证明.

问题 4　梯度的类达布性质

源于达布(Darboux)的一个古老的结果断言: 对于一个可微函数 $f: \mathbb{R} \to \mathbb{R}$, 任一区间 I 在 f' 下的象仍然是 $\mathbb{R}$ 中的一个区间(即便 f' 不连续). 该达布性质不适用于向量值函数, 因为存在这样的可微函数 f 以及区间 $I \subset \mathbb{R}$, 使得 $f'(I)$ 不连通.

最近几年, 人们又兴起了研究可微函数 $f: X \to Y$ 的类达布性质的热潮. 前述定理的推广有几个可以预知的方向, 它们分别取决于:

● X 和 Y 的拓扑结构(但这里我们仅考虑实值函数;

● 函数 f 的光滑程度;

● 我们需弄清楚 $Df(C) \subset X^*$ 的拓扑性质($C \subset X$

且 Df 是 f 的微分）：当 C 连通时，$Df(C)$ 的连通性，它的"半闭"性（即 $Df(C)$ 是其内部的闭包），等等.

这里有一些人们最近得到的结果以及要提出的公开问题.

Malý 发表了如下有趣的结果：

定理 4.1 令 X 为 Banach 空间，$f: x \to \mathbb{R}$ 为 Fréhet - 可微函数. 则 X 的任意具有非空内点的闭凸子集 C，其在 Df 下的象 $Df(C)$ 是 X^*（即 X 的拓扑对偶空间）的连通子集.

若 C 无内点，上述结果不成立（即使对于只具有两个自变量的函数 f，也能找到反例）. 我们要提出的第一个问题是：能否把定理中 C 的凸性假设代之以也许更加自然的连通性假设？

Malý 的结论可以依据所谓的冲击函数（bump function）(f 被称作一个"凸点"，如果 f 具有非空有界支撑）进行改写；事实上，我们所研究的领域中的大部分结果都是对冲击函数来陈述的.

定理 4.2 若 $f: X \to \mathbb{R}$ 是可微冲击函数，则 $Df(X)$ 是一个连通子集.

我们现在给出 Gaspari 的两个结论：

● 若 $f: \mathbb{R}^2 \to \mathbb{R}$ 为 C^2 冲击函数，那么 $\nabla f(\mathbb{R}^2)$ 等于其内点集的闭包.

这是一个关于双自变量函数的特殊结果. 问题：我们真的需要 f 是 C^2 的，还是只要求 C^1 就足够了呢？最近，Kolář 和 Kristensen 取得了一个进展：类达布性质成立，如果 $f: \mathbb{R}^2 \to \mathbb{R}$ 是 C^1 的，且 ∇f 的连续模 $\omega(\cdot)$ 满足当 $t \searrow 0$ 时，$\frac{\omega(t)}{\sqrt{t}} \to 0$.

●令 Ω 为 $\mathbb{R}^n$ 的包含原点 O 的连通开子集,则存在一个 Fréchet‐可微冲击函数 $f: \mathbb{R}^n \to \mathbb{R}$,使得 $f(\mathbb{R}^n) = \Omega$.

Rifford 借助微分几何的工具,证明了如下结论:

●令 $f: \mathbb{R}^n \to \mathbb{R}$ 为 C^{n+1} 的冲击函数,则 $\nabla f(\mathbb{R}^n)$ 等于其内点集的闭包.

问题:当 $n \geq 3$ 时,f 的光滑性假设是最优的吗?

令 $f: \mathbb{R}^n \to \mathbb{R}$ 为 C^1 冲击函数,$\nabla f(\mathbb{R}^n)$ 是否等于其内点集的闭包?

问题 5 希尔伯特空间中切比雪夫集可能的凸性

令 $(H, \langle \cdot, \cdot \rangle)$ 为一个希尔伯特空间,并记 $\|\cdot\|$ 为由内积 $\langle \cdot, \cdot \rangle$ 所导出的范数. 给定 H 的一个非空闭子集 S,对于任意 $x \in H$,记 $d_S(x)$ 为 x 到 S 的距离,$P_S(x)$ 为点 x 在 S 上的"投影"构成的点集:

$$d_S(x) := \inf\{ \|x - s\| ; s \in S \} \quad (5.1)$$
$$P_S(x) := \{ s \in S; d_S(x) = \|x - s\| \} \quad (5.2)$$

我们称集合 S 为切比雪夫集,如果 $P_S(x)$ 对每个 $x \in H$ 均为单点集. 逼近论和最优化理论的一个经典结果是,希尔伯特空间中的每一个闭凸集都是切比雪夫集. 我们这里要问,反之如何?换句话说,是否每一个切比雪夫集一定是凸的? Bunt (1934) 和 Motzkin (1935) 告诉我们,若 H 是有限维的,则答案是肯定的. 如果 H 是无限维的呢?Klee(约 1961)清楚地阐述了这一问题,并且猜想此时答案为否:他认为存在无限维的希尔伯特空间,它含有一个非凸切比雪夫集(事实上,在准希尔伯特空间中存在非凸的切比雪夫集). 过去 40 年里有大量的研究工作致力于此一课题,然而前述问题仍然没有完全回答. 读者可以了解多方面的研

Hölder 定理

究工作. 就我们而言,我们推崇凸分析与/或微分分析的观点.

考虑如下函数,它很方便地与 S 联系在一起

$$x \in H \to f_S(x) := \begin{cases} \frac{1}{2}\|x\|^2 & x \in S, \\ +\infty & \text{否则} \end{cases} \quad (5.3)$$

该函数 f_S 是 H 上的下半连续函数,并且它是凸的当且仅当 S 是凸的. 我们容易计算 f_S 的 Legendre-Fenchel 共轭 f_S^*(得力于关于希尔伯特空间范数 $\|\cdot\|$ 特殊的计算规则)

$$p \in H \to \varphi_S(p) := f_S^*(p) = \frac{1}{2}[\|p\|^2 - d_S^2(p)]$$
$$(5.4)$$

迄今为止,已被证明的结论可以总结如下

S 是切比雪夫集 + 某些附加条件 $(C) \Rightarrow S$ 是凸的
$$(5.5)$$

例如,(C) 可以是"弱闭的";或"映射 p_S($p_S(x)$ 表示 $P_S(x)$ 中的唯一元素)具有某种'径向连续性'";或"$d_S(x)$ 定义中的极小化序列存在收敛子列".

如果我们从可微性的角度考虑该问题,目前已经知道的主要结论是,若 S 是切比雪夫集,如下表述是等价的:

(i) d_S^2(或 φ_S)在 H 上是 Gâteaux - 可微的;
(ii) d_S^2(或 φ_S)在 H 上是 Fréchet - 可微的;
(iii) S 是凸集.

故,现在的中心问题是:S 的切比雪夫性质是否蕴含了 d_S^2(或凸函数 φ_S)在 H 上是 Gâteaux - 可微的?

问题 6　拥有唯一最远点性质的集合是否是单元集?

实分析和逼近论里最古老的问题之一(可追溯到 20 世纪 60 年代)是所谓的最远点猜想,它与问题 5 有关,可表述如下:给定一赋范向量空间 X 的有界闭子集 S,考虑集值映射 Q_S,$Q_S(x)$ 表示 S 中所有距离 x 最远的点的集合,若对所有的 $x \in X$, $Q_S(x)$ 有且仅有一个元素,那么能否断言 S 本身是个单点集? 自这一问题提出以来,至今已有 100 多篇研究论文,它们在比较一般化的情形(诸如当 S 是紧的,若 X 是有限维的,当 X 是一个特殊的赋范向量空间等)正面回答了上述问题,但并不是最一般的情况.

我们可以从凸分析与/或微分分析的角度考虑该问题,而将它归结为回答一个特殊函数的 Fréchet - 可微性的问题. 鉴于最初由 Klee(约 1961 年)提出的问题仍未在希尔伯特空间中解决,我们在该背景下考虑它.

对于希尔伯特空间 $(H, \langle .,. \rangle)$ 的一个非空有界闭子集 S,对所有的 $x \in H$,令

$$\Delta S(x) := \sup\{\|x-s\|; s \in S\} \quad (6.1)$$

$$Q_S(x) := \{s \in S; \Delta_S(x) = \|x-s\|\} \quad (6.2)$$

其中 $\|\cdot\|$ 表示由内积 $\langle .,. \rangle$ 导出的希尔伯特范数.

有两个函数很方便地与 S 相关联

$$x \in H_1 \to g_S(x) := \begin{cases} -\dfrac{1}{2}\|x\|^2 & x \in -S \\ +\infty & \text{否则} \end{cases} \quad (6.3)$$

$$x \in H_1 \to \theta_S(x) := \dfrac{1}{2}\|x\|^2 - \sigma - S(x) \quad (6.4)$$

Hölder 定理

其中 σ_{-S} 表示 $-S$ 的支撑函数（即 $\sigma_{-S}(x) := \sup_{\sigma \in -S} \langle x, \sigma \rangle$）. 函数 θ_S 在 H 上有限而且连续.

θ_S（或 g_S）的凸性回答了最远点猜想；事实上，如下命题等价：

(i) g_S 是凸的；(ii) θ_S 是凸的；(iii) S 是单点集.

Legendre-Fenchel 变换会对我们理解最远点猜想带来怎样的帮助呢？首先，g_S 和 θ_S 的 Legendre-Fenchel 共轭为

$$p \in H \to \psi(p) := g_S^*(p) = \frac{1}{2}[\Delta_S^2(p) - \|p\|^2]$$

$$\theta_S^*(p) = \frac{1}{2}\Delta_S^2(p)$$

其次，(任意) 函数 h 的 Legendre-Fenchel 共轭 h^* 的 Fréchet - 可微性蕴含了 h 的凸性. 故而最远点猜想归结为如下问题

$Q_S(x)$ 对所有 $x \in H$ 是单点集

$\overset{?}{\Rightarrow} \Delta_S^2$ 是 H 上的 Fréchet - 可微（凸）函数.

最后，通过对比问题 5, 6 的定义和结果，我们有趣地发现两者之间的平行关系：

	问题 5	问题 6
假设	对所有的 $x \in H$，$P_S(x)$ 是单点集	对所有的 $x \in H$，$Q_S(x)$ 是单点集
涉及函数	$f_S, d_S^2,$ $\varphi_S = \frac{1}{2}[\|\cdot\|^2 - d_S^2]$	$g_S, \Delta_S^2,$ $\psi_S = \frac{1}{2}[\Delta_S^2 - \|\cdot\|^2]$
欲证	S 是凸的	S 是单点集
关键点	φ_S（或 d_S^2）的可微性	ψ_S（或 Δ_S^2）的可微性

问题 7 在全空间求解 Monge-Ampère 类型方程

Monge-Ampère 方程是具有如下形式的非线性偏微分方程

$$\det(\nabla^2 f) = g \quad 在 \Omega 上 \qquad (7.1)$$

其中 $\nabla^2 f$ 表示所求的"光滑"解 f 的黑塞(Hesse)矩阵,g 是给定函数,Ω 是 $\mathbb{R}^d$ 的开子集. 关于"f 是(7.1)的解"有多种解释;解 f 的正则性非常依赖于 f 在 Ω 边界处的性态;

这里考虑一个特殊情况:$\Omega = \mathbb{R}^d$. 此时,我们不必考虑 f 在 Ω 边界处的性态;这种对问题的"刚性条件"导出如下结果:

定理 7.1 令 $f:\mathbb{R}^d \to \mathbb{R}$ 为 C^2 凸函数,满足

$$\det(\nabla^2 f(x)) = 1 \quad 对所有 x \in \mathbb{R}^d \qquad (7.2)$$

那么,f 是一个二次函数.

Jorgens 在 1954 年证明了 $d = 2$ 的情况(运用了复分析里的技巧和结果),之后 Calabi 和 Pogorelov(1964 年)给出了其他某些 d 值(如 $d = 3,5$)的证明. 正如定理 7.1 所述的(对任何维数 d 的)一般性的结论要归功于 Pogorelov. 我们现在提出的问题是:如何借助现代凸分析的手段证明定理 7.1?如下的理由说明此问题很有意义:

● "刚度条件"(7.2)是全局的;故解集具有旋转(变量替换)不变性.

● $\nabla^2 f(x)$ 的特征值 $\lambda_1(x) \geq \lambda_2(x) \geq \cdots \geq \lambda_d(x)$ 是连续函数(关于 $x \in \mathbb{R}^d$;它们需要满足的条件是

$$\prod_{i=1}^{d} \lambda_i(x) = 1 \quad (对所有 x \in \mathbb{R}^d) \qquad (7.3)$$

预期 λ_i 不依赖于 x.

Hölder 定理

● 不失一般性,我们可以假设
$$f(0) = 0, \nabla f(0) = 0 \qquad (7.4)$$

因此,凸函数 f 在 $\mathbb{R}^d$ 上恒为正,接下来的第一步是要证 f 在 $\mathbb{R}^d$ 上是 $1-$ 强制的,即当 $\|x\| \to +\infty$ 时, $\dfrac{f(x)}{\|x\|} \to +\infty$.

现在我们考虑凸函数 f 的 Legendre-Fenchel 变换 $f \to f^*$. f 和 f^* 的梯度向量和黑塞矩阵之间存在精确的关系,其中一个是:令 $f: \mathbb{R}^d \to \mathbb{R}$ 为二次可微的凸函数,并且在 $\mathbb{R}^d$ 上是 $1-$ 强制的;进一步假设对所有 $x \in \mathbb{R}^d$, $\nabla^2 f(x)$ 正定. 那么, f^* 亦具有同样的性质,而且

● $\nabla f(\mathbb{R}^d) = \mathbb{R}^d \qquad (7.5)$

● $\nabla f^*(p) = x, \nabla^2 f^*(p) = [\nabla^2 f(x)]^{-1}$

在 $p = \nabla f(x)$ 处

因此, f^* 具有和 f 相同的性质,特别是 f^* 满足"刚度条件"(7.2). 然而,仅有少数几类凸函数在 Legendre-Fenchel 变换下具有稳定性——事实上, $\dfrac{1}{2}\|\cdot\|^2$ 是唯一满足 $f^* = f$ 的凸函数. 因此我们离二次凸函数并不遥远: $x \to \dfrac{1}{2}\langle Ax, x \rangle$,其中 A 是对称正定阵. 这个问题将如何终结呢?

问题 8 在空间 $\mathbb{R}^n$ 的开子集上求解 Eikonal 类型方程

令 Ω 为 $\mathbb{R}^n$ 的一个开子集,我们感兴趣的是 Ω 上偏微分方程 $\|\nabla f\| = 1$ 的(古典)解,即 C^1 光滑函数 $f: \Omega \to \mathbb{R}$,满足

$$\|\nabla f(x)\| = 1 \quad \text{对所有的} \ x \in \Omega \qquad (8.1)$$

其中 $\|\cdot\|$ 为 $\mathbb{R}^n$ 空间中通常意义下的欧氏范数. 我们

还可要求 f 在 Ω 的闭包上连续,但目前在 Ω 的边界并未施加任何条件.(8.1)类型的偏微分方程统称为 Eikonal 类方程,来源于几何光学."f 是(8.1)的解"有几种可能的定义:古典解,广义解,或者粘性解.我们这里仅考虑古典解.

首先看一个例子,考虑 $\Omega=(a,b)\subset\mathbb{R}$,寻找 f: $[a,b]\to\mathbb{R}$,它在 $=[a,b]$ 上连续,在 (a,b) 中可微,对所有的 $x\in(a,b)$ 满足 $|f'(x)|=1$. 易证,f 是 $[a,b]$ 上的仿射变换,即

$$f(x)=f(a)\pm(x-a)\quad 对所有\ x\in[a,b]$$

我们列举一些已知结论:

● 若 $\Omega=\mathbb{R}^n$,施加于问题(8.1)的"刚性"条件(类似于 Monge-Ampère 方程;见问题 7)意味着唯一解是 $\mathbb{R}^n$ 上的仿射函数,即

$$x\in\mathbb{R}^n\to f(x)=\langle\mu,x\rangle+v$$

其中 $\mu\in\mathbb{R}^n,\|\mu\|=1,v\in\mathbb{R}$.

这一结果可以运用微分方程的手段或应用 Cauchy 特性证明.

● 若 $\Omega=\mathbb{R}^n/\{a\}$,其中 $a\in\mathbb{R}^n$,方程(8.1)存在另一个解

$$x\in\mathbb{R}^n\to g(x)=g(a)\pm\|x-a\|\quad (8.2)$$

● 若 $\Omega\ne\mathbb{R}^n$,原问题仅在部分情形下的解已知. 例如,若 C 是任意一个包含于 Ω^C(Ω 的补集)的闭凸集,那么凸分析里的经典结论告诉我们,距离函数 d_C 即是(8.1)的一个解.

事实上,C 的距离函数 d_C,以及符号距离函数 Δ_C

$$x\in\mathbb{R}^n\to\Delta_C(x):=d_C(x)-d_{\Omega^C}(x)\quad (8.3)$$

(从凸分析和非光滑分析角度对它们做了研究看来在

解决问题中扮演了关键角色. 例如, 设 $\Omega = \{x \in \mathbb{R}^n, x \neq 0, \|x\| \neq 1\}$, 则函数 $x \to \|x\|$ (到 Ω^c 中一个单点集的距离), 以及函数 $x \to \Delta_{\overline{B}(0,1)}$ (与单位闭球 $\overline{B}(0,1)$ 相关联的符号距离) 均是 (8.1) 的解.

问题 (8.1) 的解到底是什么? 它们是否在 Ω 的每个连通部分上都具有形式 $\pm d_S + r$ (对各种的 S 和 r)?

问题 9 具有最小阻力的凸体

早在 1686 年, 牛顿就提出了这样一个问题: 等底限高 (底为半径 $R > 0$ 的圆盘; 高的上限 $L > 0$ 是给定) 的空间几何体具备什么形状时能使其在某流体中 (流体物理特性给定) 以恒速运动时受到最小的阻力?

牛顿当时仅考虑了回转体 (函数 $r \to u(r)$ 的图像绕水平轴旋转而成的几何体), 并假设了该问题的物理背景. 最终问题归结为如下一维变分问题 (图 9.1):

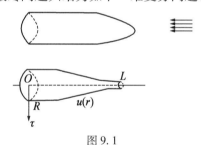

图 9.1

$$\begin{cases} 极小化 J(u) := \int_0^R \dfrac{r}{1+|\dot{u}(r)|^2} dr \\ u(0) = L, u(R) = 0 \\ \dot{u}(r) \leq 0, r \in [0, R] \end{cases} \quad (P)$$

牛顿给出的解如图 9.2 所示, 该几何体尾部出人意料地有一个扁平底. 如今, 解决问题 (P) 的一种标准途径是借助最优控制的方法 ($\dot{u} = v$ 是控制变量,

$V = \mathbb{R}_-$ 是可行控制集).

图 9.2

大多数数学家认为牛顿的最小阻力几何体问题已经解决了. 如果假设几何体具有径向对称性质, 确实如此(而且, 这已经被严格证明了). 然而, 最近的研究指出, 存在非径向对称的凸体比牛顿所考虑的径向对称情形下的最优凸体产生更小的阻力. 这一发现推动了关于该论题新的研究工作, 参见 Lachand-Robert 的网站(http://www.lama,univ-savoie.fr/~lachand/).[①] 读者可以在该网站上找到大部分合适的参考文献与文章. 从数学角度, 一般的变分问题具有如下形式

$$\text{极小化} J(u) := \int_{B(0,R)} \frac{1}{1+\|\nabla u(x)\|^2} dx, u \in C \tag{P'}$$

其中 $C := \{u \in W_{loc}^{1,\infty} \mid 0 \leqslant u \leqslant L, u \text{ 凹}\}$ (u 是二维变量 x 的函数).

u 的形状条件(u 必须是凹的)足够强, 可以导出一个紧性假设, 该假设暗含了问题 (P') 解的存在性. 牛顿考虑的情形对应于同一个变分问题, 只是约束集

---

① T. Lachand-Robert 不幸于 2006 年 2 月在家中意外去世, 享年 39 岁. 问题 9, 10 献给他, 聊以纪念. ——原注

Hölder 定理

缩小为
$$Grad := \{u \in C \mid u \text{ 径向对称}\}$$
如前所述,新的事实是
$$\inf_{u \in C} J(u) < \inf_{u \in Crad} J(u) \qquad (9.1)$$

总结关于该论题最新的工作以及尚未解决的问题,可以说我们正面临一种奇怪的数学情景:

●变分问题(P′)确实存在解(除了一些非常特殊的情形,其最优解尚不清楚).

●变分问题(P′)有无穷多解(问题(P′)的解必需是非径向对称的,以致于将其绕轴旋转会得到另一个解).

●(通常的)数值方法不能解决问题(P′)(所需要的几何体的凹性在数值上是一个很难处理的约束).

人们猜测,问题(P′)的最优解是钻石状的几何体(带有许多扁平面).确实,对于极小曲面,不存在子集使得问题(P′)在其上的最优几何体是严格凸的;特别地,在高斯曲率有限的地方,它是空集.

目前,通过一种特殊方法得到的数值剖面优于以往猜想的最优形状.总之,问题(P′)解的理论性质及其有效的数值逼近仍然是未解决的富有挑战性的问题.

问题 10　J. Cheeger 几何最优化问题

给定非空有界开集 $\Omega \subset \mathbb{R}^2$,考虑如下几何最优化问题
$$\text{极小化} \frac{X \text{ 之周长}}{X \text{ 之面积}}, X \text{ 是 } \overline{\Omega} \text{ 的单连通开集} \qquad (P)$$

当允许 X 是紧包含于 Ω 的具有光滑边界而且单连通的区域时,上述问题则被称为 Ω 上的 Cheeger 问

附 录

题.问题(P)的(正的)最小值可以在接触 Ω 边界的 Ω 的一个子集上取得. 容易想象问题(P)在 d 维情形的推广:给定有界开集 $\Omega \subset \mathbb{R}^d$,考虑 Ω 的闭包 $\overline{\Omega}$ 的子集 X,问什么样的子集 X 使其表面积与体积之比值达到最小?

目前关于这个问题的研究结果均针对二维情形:

● 若 Ω 为凸集,则问题(P)存在唯一的最优解 X,记其为 X_Ω. X_Ω 的显式形式只在某些特殊情况下已经清楚:当 Ω 是一个圆盘或环时(此时 $X_\Omega = \Omega$);当 Ω 是一个三角形或矩形时(此时 X_Ω 可以通过"磨圆 Ω 的角"得到).

在高维情形($d \geq 3$),与最优化问题(P)有关的所有问题尚未回答,其中包括:

(i)若 X 是凸集,问题(P)是否存在唯一解?

(ii)仍假定 Ω 为凸,问题(P)所有最优解均为凸吗?(我们所知道的是至少存在一个最优解为凸.)

当 Ω 是 $\mathbb{R}^3$ 中的凸集时,提出了一个求解问题(P)的一个凸最优解 X_Ω 的逼近算法,并用例题进行了测试. 这一算法同样适用于其他一些凸体的最优化问题,如牛顿的最小阻力几何体问题(见前述问题 9).

问题 11　两个凸二次型之积的 Legendre-Fenchel 变换

令 A 和 B 为两个 n 阶对称正定矩阵,q_A(q_B 类似)为 $\mathbb{R}^n$ 上相应的二次型,即

$$x \in \mathbb{R}^n \to q_A(x) := \frac{1}{2}\langle Ax, x \rangle \quad (11.1)$$

众所周知,q_A 在 $\mathbb{R}^n$ 上严格凸(甚至强凸),而且它的 Legendre-Fenchel 共轭为

Hölder 定理

$$s \in \mathbb{R}^n \to q_A^*(s) = \frac{1}{2}\langle A^{-1}, s, s\rangle \quad (11.2)$$

现在我们转而考虑乘积函数

$$x \in \mathbb{R}^n \to f(x) := q_A(x) q_B(x) \quad (11.3)$$

f 显然是 $\mathbb{R}^n$ 上的 C^∞ 函数;f 在点 $x \in \mathbb{R}^n$ 处的二阶 Taylor-Young 展开导出 f 在 x 处的黑塞矩阵

$$\nabla^2 f(x) = q_B(x)A + q_A(x)B + Axx^T B + Bxx^T A$$

$$(11.4)$$

不巧的是,并非在所有的点 $x \in \mathbb{R}^n$ 处 $\nabla^2 f(x)$ 都半正定,即使是在 $B = A^{-1}$ 的情况. 然而,从变分分析的角度,我们提出如下饶有兴趣的问题:函数 f 的 Lefendre-Fenchel 共轭是什么形式呢?

极有可能,q_A^* 和 q_B^* 在 $f^*(s)$ 的表达式中扮演一定角色. 对上述问题的一个(有用的)回答很可能将提供关于凸二次型的有趣的(目前可能尚不知道的)不等式.

问题的一个特例是当 $B = A^{-1}$ 时,此时,$f(x) = q_A(x) q_{A^{-1}}(x)$ 的 Legendre-Fenchel 变换将可能允许我们重新发现 Kantorovich 不等式之类的不等式

$$\|x\|^4 \leq \langle Ax, x\rangle \langle A^{-1}x, x\rangle$$

$$\leq \frac{1}{4}\left(\sqrt{\frac{\lambda_1}{\lambda_n}} + \sqrt{\frac{\lambda_n}{\lambda_1}}\right)^2 \|x\|^4, 对所有 x \in \mathbb{R}^n \quad (11.5)$$

上式中 λ_1 和 λ_n 表示矩阵 A 的最大和最小特征值.

问题 12 利用合同变换同时对角化有限多个对称矩阵

我们称 m 个 n 阶对称方阵 $\{A_1, A_2, \cdots, A_m\}$ 可以通过合同变换同时对角化,如果存在非奇异矩阵 P 使得每一个 $P^T A_i P$ 都是对角阵. 利用合同变换同步对角

化的过程,相当于通过简单的变量代换,将关于 A_i 的二次型 q_i(即 $q_i(x) = \langle A_i x, x \rangle$,[①]对 $x \in \mathbb{R}^n$)变换为平方项的线性组合;这比通过相似变换将矩阵对角化相比更容易理解(注意两种矩阵变换之间的区别).

在这里以及接下来的两个问题里,我们约定 >0 (≥ 0)表示正定(半正定).

对于仅有两个 n 阶对称方阵的情形,我们有如下两个结论:

● 若
存在 $\mu_1, \mu_2 \in \mathbb{R}$,使得 $\mu_1 A + \mu_2 B > 0$(例如当 $A > 0$ 时)
(12.1)
那么
$\quad A, B$ 可以通过合同变换同时对角化 (12.2)
这是矩阵分析论中的一个经典结果.

● 令 $n \geq 3$. 若
$$\begin{cases} \langle A, x \rangle = 0 \\ \langle Bx, x \rangle = 0 \end{cases} \Rightarrow x = 0 \quad (12.3)$$
那么(12.2)成立.

Milnor 给出的证明清楚地表明,空间维数 $n \geq 3$ 的假设是本质的.

事实上,只要 $n \geq 3$,命题(12.1)和(12.2)相互等价;这一结果最初由 Finsler(约 1936 年)证明,后来被 Calabi(1964)重新发现.

当涉及两个以上对称矩阵时,以上两个结论均不再成立,这与锥体
$$K = \{(\langle A_1 x, x \rangle, \langle A_2 x, x \rangle, \cdots, \langle A_m x, x \rangle) \mid x \in \mathbb{R}^n\}$$

---

① 原文把 $\langle A_i x, x \rangle$ 误为 $\langle Ax, x \rangle$ ——译注

的凸性或非凸性有关. 因此, 以下问题仍然有难度: 寻找关于矩阵 $A_1, A_2, \cdots, A_m$ 可以判断而且"较为浅显"的条件, 确保它们能通过合同变换同时对角化.

问题 13 二次方程组的求解问题

正如问题 12 所述, 当 A 和 B 是两个 n 阶对称方阵 ($n \geq 3$) 时, 下述两个结论等价:

联立二次方程组

$$\langle Ax, x \rangle = 0, \langle Bx, x \rangle = 0 \text{ 只有唯一零解};$$
$$(13.1)$$

$$\text{存在 } \mu_1, \mu_2 \in \mathbb{R}, \text{使得 } \mu_1 A + \mu_2 B > 0 \quad (13.2)$$

然而, 当 $n = 2$ 时, (13.1) 并不一定能推出 (13.2). 一个简单的反例是 $A = \begin{pmatrix} 1 & 0 \\ 0 & -1 \end{pmatrix}, B = \begin{pmatrix} 0 & 1 \\ 1 & 0 \end{pmatrix}$; 此时 (13.1) 为真, 而 (13.2) 无法成立. 究其原因是, 象集

$$B := \{ (\langle Ax, x \rangle, \langle Bx, x \rangle) \mid \|x\| = 1 \}$$

缺少凸性. Brickman 定理 (1961) 断言当 $n \geq 3$ 时, 象集 B 是凸的; 因此, 借助于在 $\mathbb{R}^2$ 中将原点 $(0, 0)$ 和象集 B "分离", 可以从 (13.1) 推出 (13.2).

当涉及 $m (\geq 3)$ 个对称矩阵 $A_1, A_2, \cdots, A_m$ 时, 条件

$$\mu_1, \mu_2, \cdots, \mu_m \in \mathbb{R}, \text{使得} \sum_{i=1}^{m} \mu_i A_i > 0 \quad (13.3)$$

确实保证了

$$(\langle A_i x, x \rangle 0, i = 1, 2, \cdots, m) \Rightarrow (x = 0) \quad (13.4)$$

但到目前为止这是一个太强的充分条件. 故而我们提出如下问题: 如何根据 A_i 给出与 (13.4) 中的结论等价的条件 (或给出"稍弱的"保证 (13.4) 成立的充分条件)?

问题 14 有限多个二次函数的最大值的最小化问题

前一问题中的条件(13.1)可以被表述成变分形式：

$$\max\{|\langle Ax,x\rangle|,|\langle Bx,x\rangle|\} > 0, x \neq 0, \forall x \in \mathbb{R}^n \tag{14.1}$$

通过加强此不等式(即去掉(14.1)中的绝对值)，我们有可能得到问题 13 中(13.1)和(13.2)的等价性的一种"单边"形式，此时对任意 n 均成立. 这就是所谓的袁氏引理(Yuan's lemma)：

令 A 和 B 为两个 n 阶对称矩阵，则如下两个命题等价：

- $\max\{\langle Ax,x\rangle,\langle Bx,x\rangle\} > 0,$
  $\forall x \neq 0, x \in \mathbb{R}^n, (\geq 0, \forall x \in \mathbb{R}^n)$
- $\exists \mu_1 > 0, \mu_2 > 0, \mu_1 + \mu_2 = 1,$
  使得 $\mu_1 A + \mu_2 B > 0; (\geq 0)$ $\tag{14.2}$

所以，问题 13 结尾提出的问题的"单边"形式如下：令 $A_1, A_2, \cdots, A_m$ 为 m 个 n 阶对称矩阵，如何根据 A_i 给出与下述不等式等价的条件(或给出"稍弱的"保证(13.4)成立的充分条件)

$$\max\{\langle A_1 x,x\rangle, \langle A_2 x,x\rangle, \cdots, \langle A_m x,x\rangle\} > 0$$
$$\forall x \neq 0, x \in \mathbb{R}^n, (\geq 0, \forall x \in \mathbb{R}^n)? \tag{14.3}$$

如果 A_i 的某个凸组合是正定的(或半正定的)，我们显然有一个保证(14.3)成立的充分条件，但它并非必要条件(至少对 $m \geq 3$ 时如此).

值得着重指出的是，(14.3)式与非光滑优化的必要/充分条件有关：函数 $x \in \mathbb{R}^n \to q(x) := \max\{\langle A_i x, x\rangle | i = 1, 2, \cdots, m\}$ 在 $\bar{x} = 0$ 处达到全局最小(在(14.3)

423

的假设下);然而,用于表示 q 在 $\bar{x}=0$ 处达到全局最小的广义二阶必要条件未能给出关于这些 A_i 有用的信息.

这后面暗含有一个更加一般的问题,它与非光滑函数 $f=\max\{f_1,f_2,\cdots,f_m\}$(这里 $f_i\in C^2(\mathbb{R}^n)$)的"二阶逼近模型"或"广义黑塞算子"有关,对于 $\bar{x}=0$ 附近的一阶逼近模型或最优性条件,我们非常清楚

$\partial f(\bar{x}):=\{\nabla f_i(\bar{x})\mid i\text{ 满足 }f_i(\bar{x})=f(\bar{x})\}$ 的凸包是一个合适的"多层梯度",可以起到和光滑函数在 $\bar{x}$ 点的梯度同样的作用. 至于 f 在 $\bar{x}$ 附近的二阶逼近模型,沿 $d\in\mathbb{R}^n$ 方向移动时有用的黑塞矩阵与满足 $f_i(\bar{x})=f(\bar{x})$ 的指标 i 有关,而且进一步有

$$\max\{\langle\nabla f_i(\bar{x}),d\rangle\mid f_i(\bar{x})=f(\bar{x})\}=\langle\nabla f_i(\bar{x}),d\rangle$$

最近几年,人们进一步从不同方向考虑了二阶逼近模型,并由此得到了用于求解形如 $\max\{f_1,f_2,\cdots,f_m\}$ 之类函数的最小值的算法. 然而,尽管这方面已经有众多的新思想和新工作,目前仍然没有显著的"广义黑塞算子".

参考文献(略).

编辑手记

本书的许多内容都相当的老,但还很有价值.笔者曾经看过一篇小说,里面的主人公说:"回忆和泡菜腐乳之类的产生原理一样,都是借助了腐烂的力量,才产生些许与众不同的味道."

有人说在中国目前这个凡事讲实用,要有用的环境下出版这样一本书是奢侈的.它不是指钱而是指做一本书的态度和心力.做一件事,不计成本投入自己的时间与气力,除了基本的职业操守外,你的内心还必须是骄傲的.只有骄傲,才感觉值得,才会赋予自己和所做选题更强盛的力量.本工作室做过几本关于赫尔德的书,因为他很重要,研究范围也很广.

赫尔德(Hölder,1859—1937)德国人.1859 年 12 月 22 日生于斯图特加.大部分时间在莱比锡大学任教授.1937 年

Hölder 定理

8月29日逝世.

赫尔德在代数学、分析学、位势论、函数论、级数论、数论和数学基础等方面都有贡献.在代数学方面,他对置换群进行了深入的研究.1889年证明了约当-赫尔德定理,同时引进了因子群的抽象概念;1892年论述了单群;1895年又论述了复合群.这些工作构成了抽象群理论的发展方向之一.在无穷级数方面,他于1882年推广了弗罗比尼提出的发散级数的一种可和性定义,得到了所谓(H,r)求和法.在差分方程与微分方程方面,他证明了赫尔德定理,即差分方程

$$y(x+1) - y(x) = x^{-1}$$

的解不满足任何代数微分方程.在调和函数理论中,有著名的赫尔德条件.此外,他提出的赫尔德不等式、赫尔德积分不等式,都是数学分析和泛函分析中的重要不等式.

其中在中学数学奥林匹克中常用的是如下题中所用的不等式.

由 T. Andreescu 提供给2004年美国数学奥林匹克的一个试题为证明:对所有的 $a,b,c \geq 0$,有

$$(a^5 - a^2 + 3)(b^5 - b^2 + 3)(c^5 - c^2 + 3) \geq (a+b+c)^3$$

成立.

证法如下:

对所有的 $x > 0$,有

$$x^5 - x^2 + 3 \geq x^3 + 2$$

因为这等价于 $(x^3 - 1)(x^2 - 1) \geq 0$. 因此

$$(a^5 - a^2 + 3)(b^5 - b^2 + 3)(c^5 - c^2 + 3)$$
$$\geq (a^3 + 1 + 1)(1 + b^3 + 1)(1 + 1 + c^3)$$

回忆赫尔德不等式,它的最一般形式说明,对 r_1,

$r_2, \cdots, r_k > 0, \dfrac{1}{r_1} + \dfrac{1}{r_2} + \cdots + \dfrac{1}{r_k} = 1$，且对正实数 $a_{ij}, i = 1, 2, \cdots, k, j = 1, 2, \cdots, n$，有

$$\sum_{i=1}^{n} a_{1i} a_{2i} \cdots a_{ki} \leq \left(\sum_{i=1}^{n} a_{1i}^{r_1} \right)^{\frac{1}{r_1}} \left(\sum_{i=1}^{n} a_{2i}^{r_2} \right)^{\frac{1}{r_2}} \cdots \left(\sum_{i=1}^{n} a_{ki}^{r_k} \right)^{\frac{1}{r_k}}$$

对 $k = n = 3, r_1 = r_2 = r_3 = 3$ 与数 $a_{11} = a, a_{12} = 1, a_{13} = 1, a_{21} = 1, a_{22} = b, a_{23} = 1, a_{31} = 1, a_{32} = 1, a_{33} = c$ 应用以上不等式，得

$$(a + b + c) \leq (a^3 + 1 + 1)^{\frac{1}{3}} (1 + b^3 + 1)^{\frac{1}{3}} (1 + 1 + c^3)^{\frac{1}{3}}$$

因此有

$$(a^3 + 1 + 1)(1 + b^3 + 1)(1 + 1 + c^3) \geq (a + b + c)^3$$

证明了不等式.

本书中除了一些经典的节选外还有若干近期的论文汇编，要完全读懂本书是不容易的.

数学总是言简意赅，惜墨如金，而读者必须置身于其中，每时每刻，他都应该自省是否读懂了文章的观点. 问问自己这些问题：

为什么这个结论是正确的？

你确定？

我能向另一个人证明这个结论的正确性么？

为什么作者不用另一种方式证明它？

我有更好的方法来说明这个结论么？

为什么作者和我的思路不一样？

我的方法是正确的么？

我真的理解了这个结论么？

我是不是忽视了一些细节？

作者是否忽视了一些细节？

如果我没法理解这个结论，我是否能够理解一个类似但稍微简单一些的结论？

Hölder 定理

这个简单一些的结论是什么?

需要完全理解这个结论么?

我能不能去理会这个结论的证明细节呢?

忽略这个结论的证明会使我对整篇文章的理解产生偏差么?

不去考虑这些问题就好像心不在焉地看小说. 发呆了一会儿之后你会突然发现虽然你已经翻了很多页,但却完全想不起你看了什么.

笔者的建议是对每一个抽象的结论,最好都能找到一个适合自己的具体例子. 既不能太难, 又不过于平凡, 还要有余味.

如下例:

令 $x_1, x_2, \cdots, x_n$ 是实数. 求实数 a 使下式取最小值
$$|a-x_1| + |a-x_2| + \cdots + |a-x_n|$$

用本书中的结论很好解,把 x_i 按递增顺序排列 $x_1 \leq x_2 \leq \cdots \leq x_n$. 函数
$$f(a) = |a-x_1| + |a-x_2| + \cdots + |a-x_n|$$
是凸函数,即凸函数之和. 它是分段线性函数. 若在点 a 邻域中 f 是线性的,则在点 a 上的导数等于 $x_i < a$ 的个数与 $x_i > a$ 的个数之差. 全局最小值在导数变号之处达到. 对奇数 n,这恰好在 $x_{\lfloor n/2 \rfloor+1}$ 上发生,若 n 是偶数,则最小值在区间 $[x_{\lfloor n/2 \rfloor}, x_{\lfloor n/2 \rfloor+1}]$ 的任一点上达到,在这个点上一阶导数为 0,且函数是常数.

从而本题答案是: 当 n 是奇数时, $a = x_{\lfloor n/2 \rfloor+1}$, 当 n 是偶数时, a 是区间 $[x_{\lfloor n/2 \rfloor}, x_{\lfloor n/2 \rfloor+1}]$ 中任一数.

我们还注意到有如下推广. 要求的数 x 称为 $x_1, x_2, \cdots, x_n$ 的中位数. 一般地, 若 $x \in \mathbf{R}$ 以概率分布 $\mathrm{d}\mu(x)$ 出现, 则它们的中位数 a 使
$$E(|x-a|) = \int_{-\infty}^{\infty} |x-a| \, \mathrm{d}\mu(x)$$

最小. 中位数是任一数使

$$\int_{-\infty}^{\infty} \mathrm{d}\mu(x) = P(x \leqslant a) \geqslant \frac{1}{2}$$

与

$$\int_{a}^{\infty} \mathrm{d}\mu(x) = P(x \geqslant a) \geqslant \frac{1}{2}$$

在本题的特殊情形下,数 $x_1, x_2, \cdots, x_n$ 以相等概率出现,因此中位数在中心位置.

至于为什么要读本书或更广泛一点的问:为什么要学习数学. 在微信朋友圈中找到了一个恰当的回答. "知识就是力量"项目创办于 1994 年,今天在美国最落后的社区里运营着 183 家公立特许学校. 这些学校重视纪律,每天教学时间也比较长,非常重视数学、阅读和写作的教学,并且强调布置作业. "知识就是力量"项目的前任首席执行官斯科特·汉密尔顿说:"有一次,在学校里,有一个女孩就问他,'我想要成为一名服装设计师,我为什么要学代数呢?'汉密尔顿当场被问住了."

后来,他就打电话给研究教育的一个认知科学家丹·威林厄姆,问这个科学家,"很多高中生离开学校之后,其实很少会在生活中用到代数,为什么他们还要学习代数呢?"威林厄姆回答说:"代数是大脑的体操. 代数教大脑如何把抽象的理论应用于实际."也就是说,代数是座桥梁,连接着理念世界和现实世界. 汉密尔顿得到了答案. 代数本身其实并不重要,重要的是代数教给人的抽象思维能力. 而抽象思维能力就像是人思考时的指南针.

同理,为什么要学习写作和编程这些基础技能也是一样的. 让孩子们学习写作,不是因为所有孩子未来都可以成为作家或记者,而是因为学习写作可以帮助

Hölder 定理

人更好地表达自己的想法和更好地思考.编程则是计算机时代的写作.

但是在对这些基础学科的教学上,也出现了分歧和不平等.穷人社区的学校往往漠视它们的重要性,富人学校却相反.教育学家詹姆斯·吉说:"到最后,我们会有两套教学系统,一套属于富人,一套属于穷人."穷人的教学系统教学生如何应试,保证获得基本知识,进而胜任服务工作.而富人的教学系统强调解决问题、创新和探索新知的能力.因此,争取平等的新的战场,已经不再是就业机会的平等,"而是代数."

关于书中人名均采用英文的原因是译成中文后由于译法不同会产生许多歧义.中国的名人录中有一本名为《外国尚友录》,其中有"牛顿"这个条目.但在书中却有两条.一条就叫"牛顿".这一条很正确,很完整地记述了他的生平情况,他的出生,他的学术贡献,他如何发明了微积分,发现了万有引力等.另外一条叫"牛董",其实也是牛顿,但是讲的事情和那一条完全不相干.它也会说明他是英国人,物理学家等,但是它主要讲的是什么呢?它说牛董终身没有娶妻.为什么没有娶妻呢?说他小的时候就很好学,每天除了吃饭、睡觉,就是在读书,没有时间去谈恋爱,一辈子就没有婚配.这就是它的主要内容,就是介绍牛董的故事,这对我们理解牛顿好像没有什么特别的帮助.

选择英文原名虽然增加了初学者的负担,但从长远看是有好处的,而非假洋鬼子所为!

刘培杰

2017.10.18

于哈工大